U1010109

中国水利教育协会　组织

全国水利行业"十三五"规划教材

工程水文
与水力计算基础

主　编　拜存有
主　审　江　洧

中国水利水电出版社
www.waterpub.com.cn
·北京·

内 容 提 要

本教材是"中央财政支持高等职业学校提升专业服务产业发展能力"计划项目——杨凌职业技术学院水利工程专业系列建设成果之一，主要面向水利基层从业人员，为解决小型水利工程建设与管理过程中的水文、水力计算问题提供基础。主要内容包括静水压强与静水压力计算，水流运动的基本原理，恒定有压管流水力计算，明渠均匀流水力计算，堰、闸水力计算，河流水文基本知识，水文测验与资料收集，水文统计的基本方法，年径流分析与计算，设计洪水分析计算，水库基本常识等。

本教材主要作为基层水利职工培训教材，也可以作为高职水利类专业选用教材，以及水利行业从业人员自学参考用书。

本书配有电子教案，读者可从中国水利水电出版社"行水云课"平台免费下载，同时也可扫描书后二维码查看。

图书在版编目（CIP）数据

工程水文与水力计算基础 / 拜存有主编. -- 北京 : 中国水利水电出版社, 2018.1(2025.7重印).
全国水利行业"十三五"规划教材. 职工培训
ISBN 978-7-5170-6289-9

Ⅰ. ①工… Ⅱ. ①拜… Ⅲ. ①工程水文学－职工培训－教材②水利计算－职工培训－教材 Ⅳ. ①TV12 ②TV214

中国版本图书馆CIP数据核字(2018)第016614号

书　　名	全国水利行业"十三五"规划教材（职工培训） **工程水文与水力计算基础** GONGCHENG SHUIWEN YU SHUILI JISUAN JICHU
作　　者	主编　拜存有　　主审　江洧
出版发行	中国水利水电出版社 （北京市海淀区玉渊潭南路1号D座　100038） 网址：www.waterpub.com.cn E-mail：sales@mwr.gov.cn 电话：(010) 68545888（营销中心）
经　　售	北京科水图书销售有限公司 电话：(010) 68545874、63202643 全国各地新华书店和相关出版物销售网点
排　　版	中国水利水电出版社微机排版中心
印　　刷	天津嘉恒印务有限公司
规　　格	184mm×260mm　16开本　16.75印张　397千字
版　　次	2018年1月第1版　2025年7月第5次印刷
印　　数	8501—13500册
定　　价	**55.00**元

前言

教材事关国家和民族的前途命运，教材建设必须坚持正确的政治方向和价值导向。本书坚持党的二十大精神，全面贯彻党的教育方针，落实立德树人根本任务，为党育人，为国育才，弘扬劳动光荣、技能宝贵、创造伟大的时代风尚。

按照《教育部 财政部关于支持高等职业学校提升专业服务产业发展能力的通知》（教职成〔2011〕11号）要求，以提升专业服务产业发展能力（简称专业服务能力）为出发点，整体提高高等职业学校办学水平和人才培养质量，提高高等职业教育服务国家经济发展方式转变和现代产业体系建设的能力，教育部、财政部决定2011—2012年在全国独立设置公办高等职业学校中，实施“支持高等职业学校提升专业服务能力”项目，支持1000个左右高等职业教育专业进行重点建设，提升高等职业教育服务经济社会能力。以推动高等职业学校加快人才培养模式改革，创新体制机制，提高人才培养质量和办学水平，提高服务国家经济社会发展的能力，为中国创造战略目标的实施输送大批优秀高端技能型专门人才。

在杨凌职业技术学院2009年顺利通过国家示范院校项目验收和全国水利示范院校建设的基础上，学院决定把水利工程专业列入“高等职业学校提升专业服务产业发展能力”计划项目，并根据陕西省水利发展需求制定了专业建设方案，计划使用中央财政425万元用于水利工程专业人才培养方案制定与实施、课程与教学资源建设、实习实训条件改善、师资队伍与服务能力建设等4个二级项目建设，该项目于2013年12月顺利通过省级验收。

按照子项目建设方案，在广泛调研的基础上，与行业企业专家共同研讨，在国家示范院校建设成果的基础上引入水利水电建筑工程专业“合格+特长”的人才培养模式，以水利工程建设一线的主要技术岗位职业能力培养为主线，兼顾学生职业迁移和可持续发展需要，构建工学结合的课程体系，优化课程内容，实现“五个对接”，进行专业平台课与优质专业核心课的建设。同时，为了提升专业服务能力，在项目实施过程中积极承担地方基层水利职工的培训任务，通过校内、校外办班，长期和短期结合等方式先后为基层企事业单位培训职工2000多人次，经过三年的探索实践取得了一系列的成果，2013年12月顺利通过省级验收。为了固化项目建设成果，进一步为水利行业职工服务，经学院专门会议审核，决定正式出版基层水利职工培训系列教材，共计7部。

本册《工程水文与水力计算基础》是根据基层水利企事业单位的主要技术岗位工作要求，以小型水利工程项目的设计、施工和管理运用等工作过程中所涉及的水文与水力计算典型工作任务构建课程内容体系，以工作任务为导向，贯彻工程规范要求，遵循学习认知规律，编排教材的内容，力求浅显、易学、基础、实用。

本教材分为上篇“工程水力计算基础”和下篇“工程水文基础”。

上篇主要围绕小型水利工程建设与管理过程中的简单水力计算问题构建内容体系，包括静水力学计算和动水力学计算两部分内容，主要解决小型水利工程建设与管理中的典型水力计算问题。

下篇主要围绕小型水利工程建设与管理过程中涉及的水文问题选取学习内容，主要分为工程水文基础、水文分析计算和水库常识三个部分。

本教材编写团队由高职院校教师和行业企业专家共同组成。全书由杨凌职业技术学院拜存有任主编。杨凌职业技术学院刘红英、马雪琴、韩红亮、霍海霞、冯建栋任参编，西北水电勘测设计研究院王康柱和广东水利电力职业技术学院江洧任主审。

本教材编写出版过程中得到了中国水利教育协会、中国水利职业教育集团、中国水利水电出版社、陕西省水利厅的大力支持，借鉴了多所院校有关课程教材和职工培训教材，书后未能一一列出，编者在此一并表示诚挚的感谢！另外由于编者经验和水平有限，书中错误与缺陷在所难免，恳望各位专家与读者多提宝贵意见！

编　者

2017年8月

目　录

绪　论

【学习指导】 本分册内容是一名基层水利工作者所必须掌握的基础性知识，也是河流水资源开发利用中要用到的专业技能。这里主要介绍河流水资源开发利用的方式、水利水电工程的建设程序、本分册的主要内容和任务，以及学习本分册需要的基础知识及学习方法等。

第一节　水资源及其开发利用

一、水资源的涵义

水是一种重要的自然资源，也是人类乃至于整个生态系统赖以存在和发展的基本物质条件。对于水资源，目前还没有非常明确的定义，但比较普遍的说法是有广义和狭义之分。广义的水资源是指地球水圈内的水，它以气态、固态和液态等形式存在和运动着。如海洋水、湖泊水、河流水、地下水、土壤水、生物水和大气水等。地球上水资源的总储量达13.86亿km^3，其中海水占96.5%，天然淡水量约0.35亿km^3，占总储量的2.53%，而其中的99.86%是深层地下水和两极、高山冰雪等难以为人们所利用的静态水。真正与人类活动密切相关的江、河等河槽淡水量只占淡水总储量的0.006%，由此可见真正可供人类目前开发利用的河流水资源是非常有限的。

因此，从狭义角度讲，水资源是指在目前的经济技术条件下，可供人们开发利用的淡水量；是在一定时间内可以得到恢复和更新的动态量。一般包括水量和水质两个方面。由地表水、土壤水和地下水及其相互转化构成水资源系统。大气降水是其总补给来源。但是，随着科学技术和社会经济的不断发展，狭义水资源的内涵也是在不断发展变化的。现在人们常说的水资源，一般是指狭义水资源。

二、水资源的开发利用

水资源是一种动态资源。其特点主要表现为可恢复性、有限性、时空分布不均匀性和利害双重性。人们在长期的生产生活过程中，为了自身和环境的需要在不断地认识和开发利用水资源，其内容包括兴水利、除水害和保护水环境。兴水利主要指农田灌溉、水力发电、城乡给排水、水产养殖、航运等；除水害主要是防止洪水泛滥成灾；保护水环境主要是防治水污染，维护生态平衡，给子孙后代的可持续利用和发展留一片绿水青山。

水资源的开发利用主要是通过各种各样的工程措施来实现的。

按照开发利用水资源的目的划分如下：

兴利工程：如农田灌溉工程、水力发电工程、城乡给排水工程、航道整治工程等。

防洪工程：如水库工程、堤防工程、分洪工程、滞洪工程等。

水环境保护工程：如治污工程、水土保持工程、天然林保护工程等。

按开发利用水资源的类型划分如下：

地表水资源开发利用工程：如引水工程、蓄水工程、扬水工程、调水工程等。

地下水资源开发利用工程：如管井、大口井、辐射井、渗渠等。

综上所述，无论哪种工程措施都与水密切相关。所以工程的规划设计、施工和管理运用都必须用到关于水的科学知识。

三、我国水资源开发利用现状

新中国成立以来，水利事业取得了长足的发展，水资源开发利用成绩斐然。据统计，截至2014年年底，建成水库97735座，总蓄水库容8394亿m^3，其中，大型水库697座，总库容6617亿m^3；中型水库3799座，总库容1075亿m^3；小型水库93239座，总库容702亿m^3。同时灌溉事业也得到了蓬勃发展，全国农田实灌面积发展到5497.5万hm^2，占全国耕地面积的40.7%。全国工程节水灌溉面积达到2901.9万hm^2，其中，喷灌316.2万hm^2，微灌468.2万hm^2，低压灌溉827.1万hm^2。中华人民共和国成立60多年来，我国累计解决了2.72亿农村人口的饮水困难，到2004年年底基本结束了我国农村严重缺乏饮用水的历史。到2015年年底全国水电装机总量约3.19亿kW，年发电量达9960亿kW·h。如长江三峡工程总装机容量达到2250万kW（左、右岸装26台×70万kW，地下厂房装6台×70万kW，2台×5万kW电源机组），成为目前世界上最大的水电站。

全国总用水量从1949年的1000多亿m^3增加到2014年的6095亿m^3，其中，工业用水占22.2%，农田灌溉用水占63.5%，生活用水占12.6%，生态环境补水（仅包括人为措施供给的城镇环境用水和部分河湖、湿地补水）占1.7%。但是，与世界上先进国家相比，工业和城镇生活用水所占的比例较低，农业用水占的比例过大，总用水水平较低。例如，我国2014年，全国人均综合用水量447m^3，万元国内生产总值（当年价）用水量96m^3，是发达国家的3～7倍。农业灌溉水的利用系数平均约为0.53，而先进国家为0.7甚至0.8，也与发达国家相差较远。

根据《2020年水资源公报》，2020年全国总供水量5812.9亿m^3，占当年水资源总量的18.4%。其中，地表水源供水量4792.3亿m^3，占总供水量的82.4%；地下水源供水量892.5亿m^3，占总供水量的15.4%；其他水源供水量128.1亿m^3，占总供水量的2.2%。地表水源供水量中，蓄水工程供水量占32.9%，引水工程供水量占31.3%，提水工程供水量占31.0%，水资源一级区间调水量占4.8%。地下水供水量中，浅层地下水占95.7%，深层承压水占3.9%，微咸水占0.4%。其他水源供水量中，再生水、集雨工程利用量分别占85.0%和6.2%。

第二节 水利水电工程项目的建设程序

一、建设程序的概念

建设程序是指由行政性法规、规章所规定的，进行基本建设所必须遵循的阶段及其先后顺序。这个法则是人们在认识客观规律，科学地总结建设工作的实践经验的基础上，结合经济管理体制制定的。它反映了项目建设所固有的客观规律和经济规律，体现了现行建设管理体制的特点，是建设项目科学决策和顺利进行的重要保证。国家通过制定有关法规，把整个基本建设过程划分为若干个阶段，规定了每一阶段的工作内容、原则以及审批权限。建设程序既是基本建设应遵循的准则，也是国家对基本建设进行监督管理的手段之一。它是国家计划管理、宏观资源配置的需要，是主管部门对项目各阶段监督管理的需要。

二、水利水电工程建设程序

我国的工程项目建设程序是随着人们对项目建设认识的日益深化而逐步建立、发展起来的，并随着我国经济体制改革的深入得到进一步完善。1952 年，我国出台了第一个有关建设程序的全国性文件，对基本建设阶段做出了初步的规定。1978 年，明确规定项目从计划建设到建成投产必须经过以下阶段：编制计划任务书（选定建设地点）；经批准后，进行勘察设计；初步设计，经批准列入国家投资年度计划后，组织施工；工程按设计完成，进行验收，交付使用。1979 年，决定建立建设项目开工报告制度。1981 年，对利用外资、引进技术项目提出要编制项目建议书和可行性研究报告的要求。1983 年做出决定，国内项目也试行项目建议书和可行性研究报告的做法。1984 年确定所有项目都实行项目建议书和设计任务书审批制度，利用外资和引进技术项目以可行性研究报告代替设计任务书。1991 年又进一步规定，将国内投资的项目设计任务书和利用外资项目的可行性研究报告统一称为可行性研究报告，取消设计任务书的名称。

1995 年，水利部《水利工程建设项目管理规定（试行）》（水利部水建〔1995〕128 号）文件规定，水利工程建设程序一般分为项目建议书、可行性研究报告、初步设计、施工准备（包括招标设计）、建设实施、生产准备、竣工验收、后评价等阶段。

水利工程项目建设程序中，通常将项目建议书、可行性研究和初步设计作为一个大阶段，称为项目建设前期阶段，初步设计以后的建设活动作为另一大阶段，称为项目建设实施阶段，最后是生产阶段。水利水电工程建设程序各阶段相关的主要工作，如图 0－1 所示。

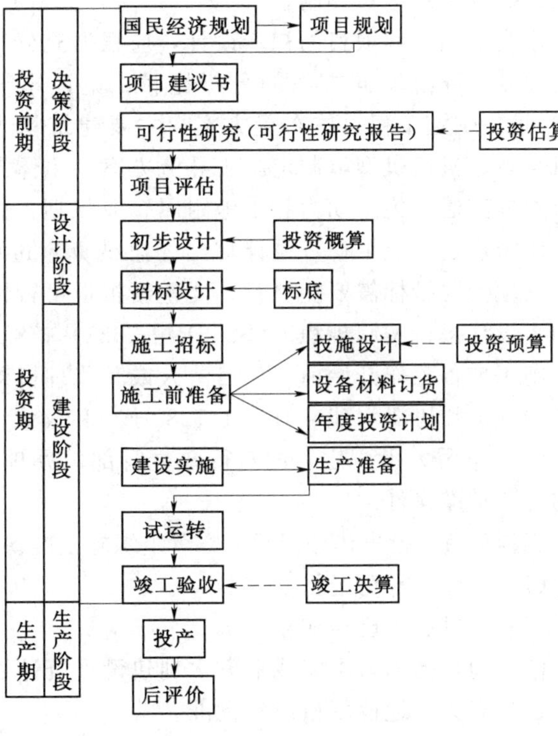

图 0－1

项目建议书是要求建设某一具体工程项目的建议文件，是基本建设程序中最初阶段的工作，是投资决策前对拟建项目的轮廓设想。编制项目建议书，应根据国民经济和社会发展规划与地区经济发展规划的总体要求，在经批准的流域（区域）综合利用规划或行业发展规划的基础上，提出开发目标和任务，对项目的建设条件进行调查和必要的勘察工作，并在对资金筹措进行分析后，择优选定建设项目及其建设规模、地点和时间，论证项目建设的必要性，初步分析项目建设的可能性。

可行性研究报告是在可行性研究的基础上编制的一个重要文件。它确定建设项目的建设原则和建设方案，是编制设计文件的重要依据。可行性研究报告的主要内容包括建设项目的目标与依据、建设规模、建设条件、建设地点、资金来源、综合利用要求、环保评估、建设工期、投资估算、经济评价、工程效益、存在的问题和解决方法等，要求必须有相当的深度和准确性。具体要求按照《水利水电工程可行性研究报告编制规程》(SL 618—2013) 执行。可行性研究报告经批准后，该建设项目即可立项并进行下一步的勘测设计工作。

设计是对拟建工程的实施在技术上和经济上所进行的全面而详细的安排，是基本建设计划的具体化，是整个工程的决定环节，是组织施工的依据。它直接关系着工程质量和将来的使用效果。可行性研究报告经批准后，应委托设计单位，按照批准的可行性研究报告的内容和要求进行设计，编制设计文件。

根据建设项目的不同情况，设计过程一般划分为两个阶段，即初步设计和施工图设计。重大项目和技术复杂项目，可根据不同行业的特点和需要，增加技术设计阶段。

初步设计是根据批准的可行性研究报告和必要而准确的设计资料，对设计对象进行系统研究，阐明拟建工程在技术上的可行性和经济上的合理性，规定项目的各项基本技术参数，编制项目的总概算。初步设计应择优选择有相应资格的设计单位承担，并依照有关初步设计编制规定进行编制。

水利水电工程项目的初步设计，应根据充分利用水资源、综合利用工程设施和就地取材的原则，通过不同方案的分析比较，论证本工程及主要建筑物的等级标准，选定坝（闸）址，确定工程总体布置方案、主要建筑物形式和控制性尺寸、水库各种特征水位、装机容量、机组机型，制定施工导流方案、主体工程施工方法、施工总进度及施工总布置以及对外交通、施工动力和工地附属企业规划，并进行选定方案的设计和编制设计概算。根据国家规定，如果初步设计提出的总概算超过可行性研究报告确定的投资估算 10%以上或其他主要指标需要变更时，要重新报批可行性研究报告。具体要求按照《水利水电工程初步设计报告编制规程》(SL 619—2021) 执行。

施工准备工作开始前，项目法人或其代理机构，应依照《水利工程建设项目管理规定（试行）》（水利部水建〔1995〕128 号）和《水利工程建设项目报建管理办法》（水建〔1998〕275 号）的规定，向水行政主管部门办理报建手续，项目报建须交验工程建设项目的有关批准文件。

工程项目进行报建登记后，方可组织施工准备工作。进行施工准备必须满足如下条件：

（1）初步设计已经批准。

（2）项目法人已经成立。

（3）项目已列入国家或地方水利建设投资计划，筹资方案已经确定。

（4）有关土地使用权已经批准。

（5）已办理报建手续。

项目法人或建设单位向主管部门提出主体工程开工申请报告前，必须进行施工准备工作，主要包括以下内容：

(1) 建设项目列入国家年度计划、落实年度建设资金。

(2) 施工现场的征地、拆迁。

(3) 完成施工用水、电、通信、道路和场地平整等工程。

(4) 必需的生产、生活临时建筑工程。

(5) 组织招标设计、咨询服务。

(6) 选择设计单位并落实初期主体工程施工详图设计。

(7) 组织项目监理、设备采购、施工等招标。

竣工验收是工程建设过程的最后一环，是全面考核基本建设成果、检验工程设计和施工质量的重要步骤，也是基本建设转入生产或使用的标志。工程在投入使用前必须通过竣工验收。竣工验收应在全部工程完建后3个月内进行，且应具备以下条件：

(1) 工程已按批准设计规定的内容全部建成。

(2) 各单位工程能正常运行。

(3) 历次验收所发现的问题已基本处理完毕。

(4) 归档资料符合工程档案资料管理的有关规定。

(5) 工程建设征地补偿及移民安置等问题已基本处理完毕，工程主要建筑物安全保护范围内的迁建和工程管理土地征用已完成。

(6) 工程投资已经全部到位。

(7) 竣工决算已经完成并通过竣工审计。

工程竣工验收前应进行初步验收。初步验收工作组由设计、施工、监理、质量监督、运行管理、有关上级主管单位代表以及有关专家组成。

项目后评价的主要内容包括：影响评价——项目投产后对各方面的影响进行评价；经济效益评价——对项目投资、国民经济效益、财务效益、技术进步和规模效益、可行性研究深度等进行评价；过程评价——对项目的立项、设计施工、建设管理、竣工投产、生产运营等全过程进行评价；持续运营评价——对项目持续运营的预期效果评价。项目后评价一般按三个层次组织实施，即项目法人的自我评价、项目行业的评价、计划部门（或主要投资方）的评价。

综上所述，水利水电建设项目的建设程序按照投资过程分为三个阶段：投资准备期、投资期、生产期（投资回收期）；按照工程建设过程也可以分为三个阶段：规划设计阶段（包括决策阶段和设计阶段）、建设阶段（也称施工阶段）、生产阶段（也称管理运用阶段）。当然不是所有的水利水电工程都严格按照以上程序进行建设，尤其是小型工程建设程序可以适当简化。以上各个阶段的承担主体和主要工作任务是有所不同的。

第三节　工程水文与水力计算在水利水电工程建设中的应用

本分册的内容包括工程水力计算和工程水文分析计算两大部分。主要解决水利水电工程建设运用过程中的与水有关的问题。

一、工程水力计算的主要内容和任务

该部分主要是学习水体在平衡状态和机械运动状态下的力学规律，并探讨用这些规律去解决工程实际问题。其内容包括静水力学计算和动水力学计算。水静力学主要研究水体处于静止（或相对静止）状态下的力学规律及其在工程实际中应用；动水力学主要研究水体处在机械运动的各种规律及其在工程实际中的应用。

在水资源开发利用过程中，水力计算的应用非常广泛，如在河道上筑坝拦水形成水利枢纽用于灌溉、发电、城市供水、通航等，整个水利枢纽在规划设计、施工和管理运用过程中都会遇到一系列的水力计算问题，对小型水利工程归纳起来常见的有以下几个方面：水流对建筑物的作用力问题；建筑物的过流能力问题；水能利用与能量损失问题等。

二、工程水文分析计算的主要内容和任务

工程水文分析计算是指“工程水文学”在水利水电工程建设中的应用。从广义而言就是利用水文学知识解决水利水电工程在规划设计、施工和管理用各阶段的水文学问题。水文学是研究地球上各种水体的一门科学，属于地球物理学的一个分支。它研究各种水体的存在、循环和分布规律；探讨水体的物理和化学性质以及它们对环境的作用，包括它们对生物的关系。根据研究的水体不同，水文学可分为水文气象学、陆地水文学、海洋水文学和地下水文学。但是，与人类关系最为密切的是陆地水文学，它又可分为河流水文学、湖泊水文学、沼泽水文学、冰川水文学等。河流水文学发展最早、最快，内容也最为丰富。因此，一般所说的水文学指的就是河流水文学。

河流水文学按其研究的任务不同，可分为以下几门主要分支学科：

水文学原理：研究水循环的基本规律和径流形成过程的物理机制。

水文测验与资料整编：研究如何布设水文站网，通过长期的定位观测收集较准确的有代表性的基本水文资料。同时通过水文调查，弥补实测水文资料的不足。然后将所得资料按科学的方法和全国统一规范，进行整编刊印或建立资料数据库，供国民经济建设各部门使用。

水文分析与计算：根据长期实测和调查的水文资料，运用数理统计法，并结合成因分析法、地区综合法，推估未来长期的水文情势，为水利水电工程的规划设计提供合理的水文依据。

水文预报：根据实测和调查资料，在研究过去水文现象变化规律的基础上，预报未来短期内或中长期（如几天、几个月）内的水文情势，为防洪、抗旱及水利水电工程的施工和管理运用等提供依据。

水利水电规划：在水文分析与计算和水文预报的基础上，根据预估和预报未来的水文情势，进行水量、水能调节计算和经济论证，对水利水电工程的位置、规模、工作情况等提出经济合理的方案，以满足合理综合开发利用水资源的目的。

水资源是一种特殊而宝贵的自然资源。对它的综合开发利用是国民经济建设中的一项重要任务，而开发利用水资源的各种措施（包括工程措施和非工程措施）都需要研究掌握水资源的变化规律。每一项工程的实施过程一般可以分为规划设计、施工和管理运用三个阶段。每一阶段的任务是不同的。工程水文学主要是研究水利水电工程建设各个阶段的水文问题，为工程的规划设计、施工和管理运用提供所需的暴雨、洪水、年径流、泥沙等方

面的分析计算和预报结果。内容主要包括水文分析计算和水利计算。

在工程的规划设计阶段，主要是研究河流水情的变化规律，对河流未来的水量、泥沙和洪水等水文情势做出合理的预估，经径流调节计算确定工程的规模参数，如水库的死库容与死水位、兴利库容与正常蓄水位、调洪库容与设计洪水位、水电站的保证出力和多年平均发电量等，并确定主要建筑物尺寸，如水库大坝高度、溢洪道尺寸、引水渠道尺寸、水电站的装机容量等。然后再经过不同方案（即不同的参数组合）的经济技术和环境评价、论证，确定最后的设计方案。

在施工阶段，主要是研究整个工程施工期的水文问题，如施工期的设计洪水或预报洪水大小、施工导流问题、水库蓄水计划等。从而确定临时建筑物（如围堰、导流隧洞等）的规模尺寸，以及编制工程初期蓄水方案等。

在管理运用阶段，需要根据当时的和预报的水文情况，编制工程调度运用计划，以充分发挥工程的效益。例如，为了控制有防洪任务的水库，需要进行洪水预报，以便提前腾空库容和及时拦蓄洪水。在工程建成以后，还要不断复核和修改设计阶段的水文计算成果，对工程进行改造。

总之，在开发利用水资源的过程中，为了建好、管好和用好各种水利工程，必须应用工程水文与水力计算的基本知识、原理和方法，解决实际问题为工程建设服务。因此，本课程涉及的研究范围很广，内容丰富，并且还在不断发展之中，有些问题还需进一步探索。

三、本课程在水利水电工程建设中的应用

如上所述，水利水电工程的建设与运用都是以“水”为研究对象。工程水文分析计算在工程的不同阶段有不同的任务，在规划设计阶段主要是通过对河流未来水文情势（包括年来水过程、洪水、泥沙等）的预估，为水利水能计算提供必需的水文数据，再经过径流调节计算，确定工程的规模大小（如大坝高度、泄洪建筑物的尺寸、水电站装机容量等），为工程的方案比较论证提供依据；在施工阶段是预报或预估施工期的洪水大小，为工程临时性建筑物（如围堰、护岸等）的设计和度汛提供依据；在管理运用阶段，则是根据预报来水和洪水情况编制科学合理的工程调度方案，以充分发挥工程效益。水力计算在上述几个阶段都有应用，相对而言，在工程的设计阶段应用最为普遍，如大坝设计、引水渠道设计，给排水管网设计等等均需做大量的水力计算。因此，工程水文与水力计算是水利水电工程建设与管理运用所必需的专业知识。

第四节　本分册的学习基础与学习方法

县级水务部门的主要工作职责包括：负责区域内水资源库管理，负责区域内河道治理和防洪抗旱工作、负责区域内城乡及农村饮水工作、负责区域内小型水利工程（水库、灌区、泵站、水闸等）的建设与运行管理工作，负责区域的水土保持工作，这些工作的共同特点是要与“水”打交道，因此，从业者要胜任这些工作，就必须了解“水”的知识，掌握“ 水”的规律，本分册的内容主要是针对解决这些问题的，学习的基础是具有高中以上文化，重点是高中理科的数学、物理、化学等知识，当然在学习本分册之前还应先学习

《水利工程测量技术》和《水利工程制图与识图》分册的有关知识。对于工程水文和工程水力计算两部分内容，应该将工程水力计算安排在前面，它的一些知识又是工程水文的学习基础。同时，本分册又是《乡镇给排水技术》《水利工程施工与建材》《农业灌排工程技术》《小型水利工程建设与管理》等分册的学习基础。

本分册的内容特点主要“分析计算”，主要与物理中的力学知识和数学中概率论知识有关，计算方法比较简单，但计算过程相对复杂，尤其是工程水文分析计算，由于目前计算机已经广泛应用，有些计算可以用计算机来完成，当然，这还需要进一步学习计算机的有关软件应用知识，这里不作介绍。大家在学习过程中，应该首先理解基本概念原理，掌握有关计算的方法步骤，以书中的例题为参考，通过完成相关练习题来掌握。

内容小结

基层水利工作主要是围绕区域内的水资源开发利用和管理展开的。狭义的水资源是指在目前的经济技术条件下，可供人们开利用、在一定时间的恢复更新的淡水量。通常以河流水资源为主要形式。水资源的主要特点表现在可重复性、有限性、利害双重性和时空分布不均匀性。人们开发利用水资源的主要目的就是兴水利、除水害。主要实现的途径为各种各样的工程措施，比如，灌溉工程、水力发电工程、供水工程、防洪工程等。

水利水电工程项目建设一般要经过前期决策阶段、设计阶段、施工建设阶段和生产运行阶段四个大的阶段。各个阶段的主要任务也有所不同，前期决策阶段主要是项目建议和可行性研究，主要是论证项目建设的必要性和可行性，争取项目立项；设计阶段主要是对工程的规模、建筑物形式、尺寸等进行细化，形成设计文件；施工建设阶段主要包括施工准备阶段和施工阶段，是工程项目的实质实施过程，也就是将设想变成现实的过程；工程生产运行阶段主要是项目完成后交付使用，发挥工程效益的阶段。一般小型工程的程序比较简单，要结合上级要求来实施。

自测练习题

选择题

1. 现阶段我们常用的自来水主要是（　　）。

A. 江河水　　B. 地下水　　C. 海水　　D. 土壤水

2. 下列哪些不是狭义的水资源（　　）?

A. 北极冰盖水　　B. 海水　　C. 湖泊水　　D. 大气降水

3. 下列哪些不是水利工程（　　）?

A. 河堤　　B. 水电站　　C. 渠道　　D. 桥梁

4. 下列哪些不属于水利工程建设程序（　　）?

A. 编制项目建议书　　B. 编制项目可研报告

C. 初步设计报告　　D. 工程监理

5. 下列哪些不是“工程水力计算”的主要问题（　　）?

A. 水流对水工建筑物的作用力问题　　B. 渠道、管道的过流能力问题

C. 水流的能量大小问题　　D. 河流水量多少

上篇　工程水力计算基础

第一章　静水压强与静水压力计算

【学习指导】 本章主要学习水体的主要特性，静水压强的概念、静水压强基本方程以及静水压强测量，平面壁静水压力计算和曲面壁静水压力计算。重点是静水压强的测量、矩形平板闸门和弧形闸门的静水压力计算。

第一节　水的主要特性

一、水的物理性质

从物理学中可知：纯净的水是一种无色、无臭、无味、透明的液体。纯净的水不易导电。在常压下，水的凝固点（冰点）是0℃，沸点是100℃，在4℃时，$1m^3$ 的水的质量为1kg（水的密度为$1000kg/m^3$），此时密度最大。将水冷却到0℃，可以结成冰而体积增加，它的体积为原来的1.09倍；如果加热到100℃，使水变成水蒸气，体积增加1600多倍。在常温常压下，水以液态形式存在于自然界中，当气温降到其冰点以下时，水将以固态（冰）形式存在，当气温升高时水将产生汽化（蒸发），固、液、汽三态转换如图1-1所示。水对很多物质的溶解能力很强。水中含有溶解的空气，水中生物的生活就是依靠溶解在水中的氧气。

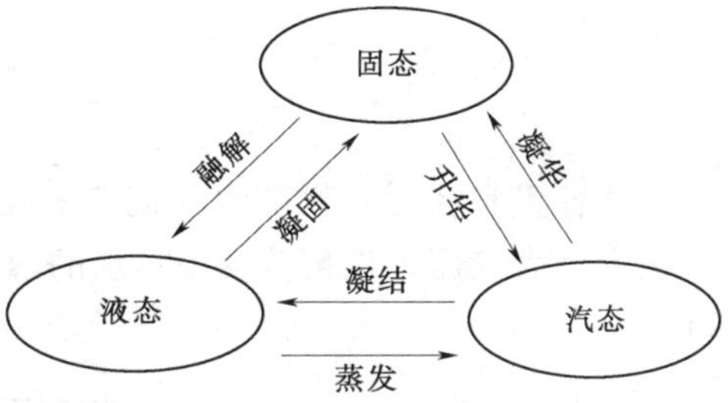

图1-1

水是自然界广泛存在的一种物质，除了上述物理性质外，还具有很多其他物理性质，比如水的力学性质（物理性质实际包括力学性质），主要是指惯性、万有引力特性、黏滞性、压缩性和表面张力特性。我们主要学习前三个特性。

二、惯性

水与其他物体一样，具有惯性。惯性就是物体保持原有运动状态的特性。惯性的大小用质量来度量，质量大的物体，惯性也大。当水体受外力作用使运动状态发生改变时，由于水体的惯性引起对外界抵抗的反作用力称为惯性力，其大小遵循牛顿第三定律（$F=-Ma$）。

单位体积的水体质量称为水的密度。常用符号 ρ 表示，若一均质水体质量为 M，体积为 V，其密度为

$$\rho=\frac{M}{V} \tag{1-1}$$

在国际单位制（SI 单位制）中，质量的单位为克（g）或千克（kg），体积的单位用立方米（m^3）表示，则密度的单位为千克/米^3（kg/m^3）。

严格地说，水体的密度随水体的温度及其所受的压力的变化而有微小变化，但在实际使用时一般可看作常数。在一个大气压下温度为 4℃时水的密度为 $\rho=1000kg/m^3$。

三、万有引力特性

万有引力特性是指任何物体之间相互具有引力的性质，其吸引力称为万有引力。地球对物体的引力称为重力，或重量。水在地球上与其他物质一样，总是要受到重力的作用，而重力的作用方向总是铅垂向下的，当无外界能量加入时，水流运动的趋势必然从高处流向低处，这便是人们常说的“水往低处流”的道理。

一定水体所受的重力大小用单位体积水体的重量（称为容重，用 γ 表示）来表示，对于均质水体，若重量为 G，体积为 V，则

$$\gamma=\frac{G}{V} \tag{1-2}$$

因重力 $G=Mg$ [g 为重力加速度，单位为米/秒^2（m/s^2）]，代入式（1-2）有

$$\gamma=\frac{G}{V}=\frac{Mg}{V}=\rho g \tag{1-3}$$

则

$$\rho=\frac{\gamma}{g} \tag{1-4}$$

水的容重和密度一样随水体温度和压力的变化而有微小变化，在实际使用时也看成常数。在一个大气压下温度为 4℃时水的容重为 $\gamma=9800N/m^3$。水在不同温度下的容重见表 1-1。

表 1-1　　水在不同温度下的容重

t/℃	0	4	10	20	30	40	60	80	100
γ/(N/m^3)	9798.73	9800.00	9797.55	9782.95	9758.45	9725.03	9637.12	9525.01	9394.77

四、黏滞性

当水处在运动状态时，若水质点之间存在着相对运动，则质点间要产生内摩擦力抵抗其相对运动，这种性质称为水体的黏滞性，此内摩擦力又称为黏滞力。

水体黏滞性的存在可用下例来说明。当水在重力作用沿渠道流动时，如果测出水流横断面某条垂线上的流速分布图，如图 1-2 所示，就可发现流速沿垂线分布是不均匀的，渠底流速为零，离渠底越远，流速越大，至水面附近流速最大。因为紧靠渠底的第一层极薄的水层由于附着力的作用贴附在底面上不动，该水层又通过黏滞作用而影响第二层的流

速，第二层又通过黏滞作用而影响第三层的流速，……但离渠底越远，渠底对流速的影响越小。这样逐层影响就形成了如图 1－2 所示的流速分布状态。这说明水流是具有黏滞性的。

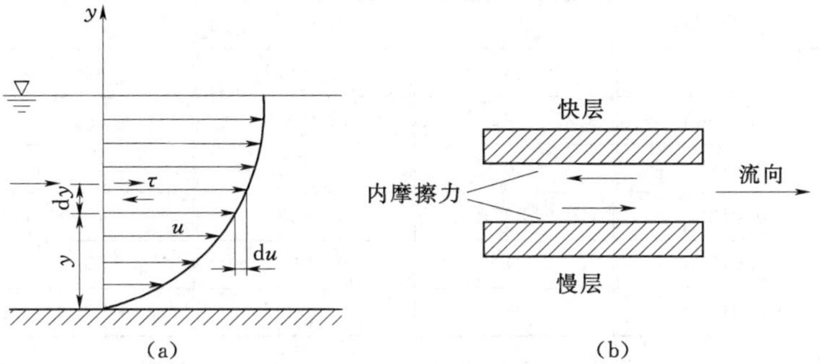

图 1－2

因各流层的流速不等，即水层间有相对运动，相邻水层间就出现内摩擦力。流的快的水层对流的慢的水层起拖动作用，因而上层（流速快）作用于下层（流速慢）的摩擦力与水流方向一致；反之，下层对上层起阻滞作用，则下层作用于上层的摩擦力与水流方向相反，如图 1－2 所示。这两个摩擦力大小相等、方向相反，都具有抗拒其相对运动的性质。

根据前人的科学实验证明，当水流质点作互不掺混的层状流动时，相邻流层接触面的单位面积上所产生的内摩擦力 τ 的大小，与两流层间的流速差 du 成正比，与两流层间的距离 dy 成反比，同时与水的黏滞性有关。将试验结果写成表达式，即

$$\tau \propto \frac{du}{dy}$$

或

$$\tau = \mu \cdot \frac{du}{dy} \tag{1-5}$$

式中　μ——水的动力黏滞系数，牛顿·秒/米^2（$N \cdot s/m^2$）。

不同的液体各不相同。两流层间流速差与其距离的比值$\frac{du}{dy}$又称为流速梯度。式（1－5）称为牛顿内摩擦定律。它表述为：做层流运动的液体，相邻液层间单位面上所作用的内摩擦力（或黏滞力）与流速梯度成正比，同时与液体性质有关。

水力学中常用的是 μ 与密度 ρ 的比值，以 ν 表示，即

$$\nu = \frac{\mu}{\rho} \tag{1-6}$$

ν 也反映液体黏滞性的大小，称为运动黏滞性系数，其单位为米^2/秒（m^2/s）或厘米^2/秒（cm^2/s）。

动力黏滞系数和运动黏滞系数与液体种类有关，并随温度的升高而减小，对于水，ν 可按下列经验公式计算：

$$\nu = \frac{0.01775}{1 + 0.0337t + 0.000221t^2} \tag{1-7}$$

式中　t——水温，℃。

ν 以厘米²/秒（cm^2/s）计。为了方便，表 1-2 已列出不同温度时水的 ν 值。

表 1-2　　不同水温时的运动黏滞系数 ν 值

温度/℃	ν/(cm^2/s)	温度/℃	ν/(cm^2/s)	温度/℃	ν/(cm^2/s)
0	0.01775	14	0.01176	28	0.00839
2	0.01674	16	0.01118	30	0.00803
4	0.01568	18	0.01062	35	0.00725
6	0.01473	20	0.01010	40	0.00659
8	0.01387	22	0.00989	45	0.00603
10	0.01310	24	0.00919	50	0.00556
12	0.01239	26	0.00877	55	0.00515

根据牛顿内摩擦定律，液体的切应力与剪切变形速度呈线形关系，即液体种类和温度不变时，比例系数（动力黏滞系数）为常数。符合上述规律的液体称为牛顿液体。由于液流内部存在内摩擦力，在流动过程中内摩擦力做功而不断消耗液流的机械能，即液流的部分机械能通过其内部的摩擦作用不断转化为热能而散逸。这种液流机械能的消耗称为液流的能量损失。因此，黏滞性是引起液流能量损失的主要根源。液流的能量损失是水力学中的一个重要问题，它和每一个水动力学问题都有密切关系，将在第二章中介绍。

由于黏滞性的存在，使水流运动情况变得异常复杂（如使流速分布不均匀，引起水流机械能损失等）。在分析水力学问题时，为了简单起见，有时不考虑液体的黏滞性的存在。这种假想的没有黏滞性的液体称为理想液体，而具有黏滞性的液体称为实际液体。

第二节　静水压强及其基本方程

一、静水压强的定义

人们在生活与工程实践中知道：游泳时当水淹过胸部时，就会感到有一种压力；木桶壁箍得不牢，盛水后就会散开；水库大坝设计不当就会被水压垮；水闸的门板没有一定的厚度，就会被水压弯。通过这些现象，人们可形成一个概念，即处于静止状态的水体，对盛着它的容器或挡着它的水工建筑物都有压力的作用。就是在液体内部，一部分液体对相邻的另一部分液体也有压力的作用。我们把静止液体作用在与之接触的表面上的压力称为静水压力，通常用大写英文字母 P 表示。

单位面积上静水的压力值，称为静水压强，其表达式为

$$p=\frac{P}{A} \tag{1-8}$$

式中　p——静水压强，单位为牛顿/平方米（N/m^2），也称帕斯卡（Pa）；或千牛/平方米（kN/m^2），即千帕（kPa）；

P——静水总压力，单位为牛顿（N）或千牛顿（kN）；

A——受压面面积，或称作用面，单位为平方米（m^2）。

上式计算出的静水压强是受压面上的平均静水压强。但事实上，受压面上各处的静水压强一般都不相等，用平均静水压强只能反映受压面上受压的平均情况，因此还必须建立点静水压强的概念。

如图 1-3 所示，为一圆柱形水箱，在水箱中任取一点 M，以点 M 为中心，在它周围一块微小面积 ΔA 上的静水总压力为 ΔP，则微小面积上的平均静水压强为

$$p=\frac{\Delta P}{\Delta A}$$

如果当面积 ΔA 围绕 M 点无限缩小而趋近于零时，则比值$\frac{\Delta P}{\Delta A}$的极限称为 M 点的静水压强，即

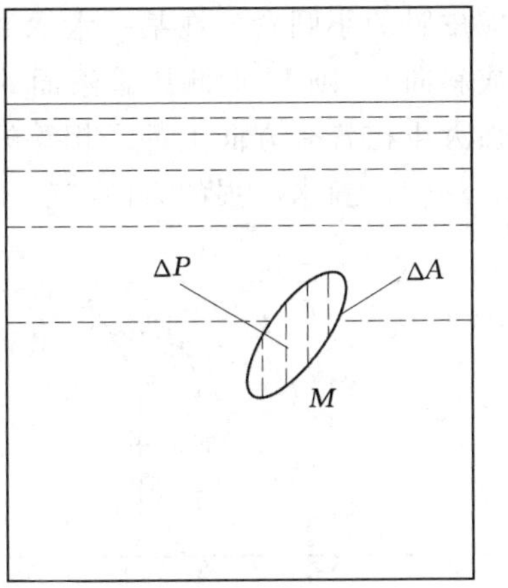

图 1-3

$$p=\lim_{\Delta A\to 0}\frac{\Delta P}{\Delta A} \tag{1-9}$$

在后面的水力学有关计算中，如果没有特别说明，静水压强均指点静水压强这一概念。

二、静水压强的两个基本特性

静水压强具有两个重要的特性：

(1) 静水中任何一点处各个方向的静水压强的大小都是相等的，与受压面的方位无关。

这一特性可以用图 1-4 所示的装置进行实验说明。

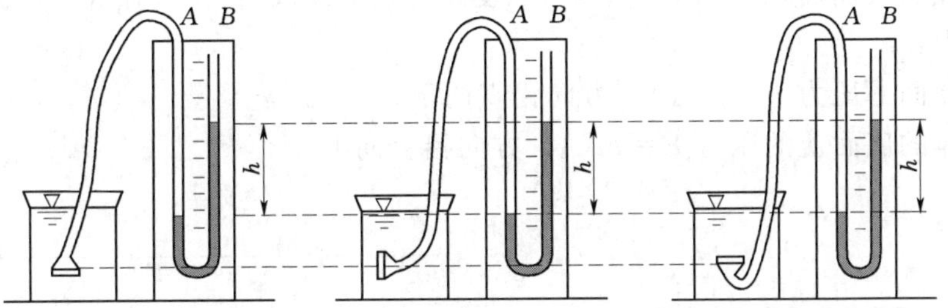

图 1-4

把一个两端开口的 U 形玻璃管（U 形测压管）固定在有刻度的壁面上，并注入有色液体。实验前，由于两端都通大气，所以，管中液面位于同一高度。如果用一根橡皮管把一个蒙有橡皮膜的小圆盒连接到测压管 A 端，B 端与大气相通。这时，管中液面仍位于同一高度上。若用手指去压橡皮膜，则 U 形测压管中液面高度就会发生变化（A 管液面下降，B 管液面上升)，加力越大，两管液面的高度差 h 也越大；若手指放开，液面又恢复至同一高度。

实验开始：把蒙有橡皮膜的小圆盒放入水中，发现入水越深，管中液面的高度差 h 也越大。这一现象说明，静水中是存在压强的，而且静水压强的大小与水深有关；若把蒙有

橡皮膜的小圆盒放在某一水深处，只改变盒口橡皮膜的方向（使橡皮膜向上、下、左、右或斜向），则U形测压管液面的高度差 h 均不变。这一现象说明，静水中任一点的静水压强大小在各个方向上都是相等的，与受压面的方位无关。

（2）静水压强的方向与受压面垂直并指向受压面。如图1-3所示，如果静水压力 ΔP 不垂直受压面 ΔA，则 ΔA 可分解为两个分力，一个力垂直于受压面，另一个力平行受压面，这个与受压面平行的力即为切力。由于静止液体不能承受切力抵抗剪切变形，所以平行于受压面的切力应等于零，否则液体将在此切应力作用下而流动。

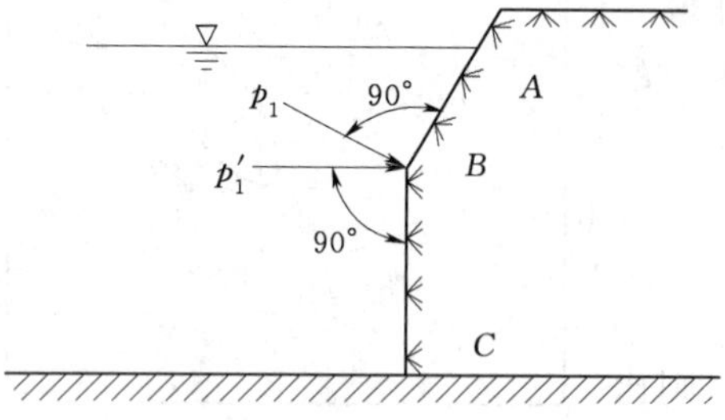

图1-5

同时，静止液体又不可能抵抗拉力，只能承受垂直并指向受压面的压力。也就是说，静水压强的方向永远垂直并指向受压面。

如图1-5所示，在与水相接触的折面 ABC 上，B 点是边壁上的转折点，它既是平面 AB 上的一点，也是平面 BC 上的一点，对不同方位的受压面来说，其压强的作用方向不同，B 点的压强 p_1 垂直于受压面 AB，B 点的压强 p_1' 垂直于受压面 BC，但 p_1 和 p_1' 的压强大小是相等的。

三、静水压强的基本方程

静水中任意一点的压强的大小，可以通过力学分析的方法，建立液体受力的平衡方程，从而得到静水压强的计算公式。

如图1-6（a）所示，仅在重力作用下处于静止状态的水体，取一铅直的小水柱为脱离体，小水柱的底面面积为 ΔA，高为 h，表面压强为 p_0，底面压强为 p，分析作用于此小水柱上的力：

小水柱顶面的压力 $P=p_0\Delta A$，方向铅直向下。

小水柱体的底面上的压力 $P=p\Delta A$，方向铅直向上。

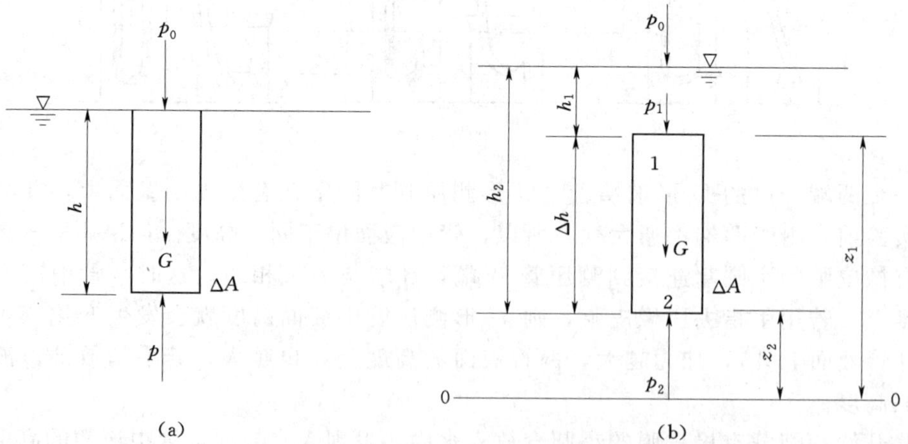

图1-6

小水柱体的自重 $G=\gamma h\Delta A$，方向铅直向下。

作用于小水柱体周围表面上的水压力：因小水柱侧面都是铅直面，侧面水压力皆为水平力，小水柱又处于静止状态，侧面上所受的水平力是相互平衡的，即作用于小水柱体水平方向的合力为零。

列出小水柱铅垂方向上的静力平衡方程，可得

$$p\Delta A=p_0\Delta A+\gamma h\Delta A$$

上式两端同除以 ΔA，整理得

$$p=p_0+\gamma h \tag{1-10}$$

式中　p——某点在液面以下的深度为 h 处的静水压强；

p_0——静水表面的压强；

γ——液体的容重；

h——计算点在液面下的深度。

上式为常用的静水压强的基本方程。它表明：仅在重力作用下，静水中任一点的静水压强，等于表面的压强加上水的容重与该点在水面下的深度的乘积，即静水中某点的压强大小与该点在水面下的深度成正比。

由式（1-10）还可以看出：静水中任意一点的压强是由两部分组成的：一是从水体表面传来的表面压强 p_0；二是单位面积上高度为 h 的水柱重量。若表面压强 p_0 以某种方式使之增大，则此压强可不变大小地传递至水体中的各个部分。这就是帕斯卡原理。

如图 1-6（b）所示，取位于水面下铅直线上任意两点 1、2，其压强分别为 p_1 和 p_2，围绕两点取微小面积 ΔA，并以 ΔA 为底、Δh 为高的铅直小水柱为脱离体，分析小水柱的受力情况：点 1 和点 2 处的淹没深度分别为 h_1、h_2，利用式（1-10）可写出该两点静水压强各为

$$\left.\begin{aligned}p_1=p_0+\gamma h_1\\p_2=p_0+\gamma h_2\end{aligned}\right\} \tag{1-11}$$

故

$$p_2-p_1=\gamma(h_2-h_1)=\gamma\Delta h$$

即

$$p_2-p_1=\gamma\Delta h \text{ 或 } p_2=p_1+\gamma\Delta h \tag{1-12}$$

上式表明：静水中任意两点的压强差等于作用在单位面积上，高度为 Δh 的水柱重量。

在图 1-6（b）中，如果把点 1 和点 2 位置改用离某一共同水平面，即基准面 0—0 的距离表示，其位置高度分别为 z_1 和 z_2，显然，$\Delta h=z_1-z_2$，代入式（1-12）并整理可得

$$z_1+\frac{p_1}{\gamma}=z_2+\frac{p_2}{\gamma} \tag{1-13}$$

式（1-13）是静水压强分布规律的另一种表达式。它表明：在静止水体中，位置高度 z 越大，静水压强越小；位置高度 z 越小，静水压强越大。该式还表明：在均质（$\gamma=$常数）、连通的液体中，水平面（$z_1=z_2=$常数）必然是等压面（$p_1=p_2=$常数），这就是通常所说的连通器原理。利用这一原理，计算点静水压强时非常方便。

图 1-7（a）中的 1—1 水平面不是等压面，因两边的液体不连通；图 1-7（b）中的 1—1 水平面也不是等压面，因一边是汽油，另一边是水，不是均质的液体。因此，在计

算点压强取等压面时要特别注意均质、连通这一条件。

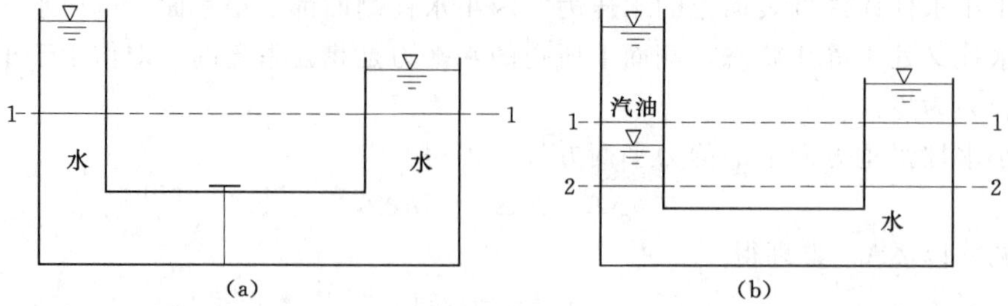

图 1-7

在水利工程中，计算静水压强时，通常不考虑作用于水面上的大气压强，这是由于大气均匀地作用在建筑物各个方向而相互抵消了，实际作用在建筑物上的压强值 p 仅与 γh 有关。若令 p_a 表示大气压强，即当水体表面压强 $p_0=p_a=0$ 时，式（1-10）可写为

$$p=\gamma h \tag{1-14}$$

该式表明，静水中任一点的压强与该点在水面下淹没的深度 即水深 h 呈线性关系。

【例 1-1】 求水库水深为 10m、20m 处的静水压强。

已知水库表面压强为大气，故 $p_0=p_a=0$。

水深 10m 处：$p=\gamma h=9.8\times10=98$(kPa)。

水深 20m 处：$p=\gamma h=9.8\times20=196$(kPa)。

【例 1-2】 有清水和水银两种液体，求深度各为 1m 处静水压强值。已知液面为大气压强，水银容重 $\gamma_m=133.3\text{kN/m}^3$。

水深为 1m 处静水压强：$p=\gamma h=9.8\times1=9.8$(kPa)。

水银中深为 1m 处的压强：$p=\gamma h=133.3\times1=133.3$(kPa)。

四、静水压强基本方程的意义

1. 几何意义

在图 1-8 的容器中，任取两点 1 点和 2 点，并在该高度边壁上开小孔，孔口处连接一垂直向上的开口玻璃管，通称测压管，可看到各测压管中均有水柱升起。测压管液面上为大气压，故容器内 1、2 两点的静水压强分别为

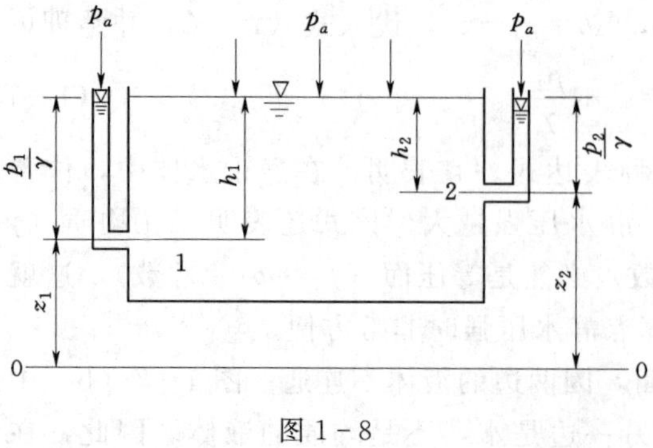

图 1-8

$$p_1=\gamma h_1, p_2=\gamma h_2$$

因此，测压管中水面上升的高度为

$$h_1=\frac{p_1}{\gamma}, h_2=\frac{p_2}{\gamma}$$

显然，在均质、连通的容器内，γ 为定值，测压管中水面上升高度说明静水中各点压强的大小。

水力学中，通常称 Z 为位置高度（或位置水头），$\frac{p}{\gamma}$ 为测压管高度（或压强水

头）；$\left(z+\frac{p}{\gamma}\right)$称为测压管水头。

如图 1-8 所示，当基准面 0—0 确定后，水面到基准面 0—0 的距离是不变的，因此，式（1-13）表明：处于静止状态的水中，任何一点的测压管水头为一常数，即

$$z+\frac{p}{\gamma}=C \tag{1-15}$$

常数 c 的大小随基准面的位置而变，所选基准面一定，则常数 c 的值也就确定了。各点测压管中水面的连线，称为测压管水头线。因此，式（1-15）从几何上表明：静止状态的水仅受重力作用时，其测压管水头线必为水平线。

2. 物理意义

由物理学可知：质量为 m 的物体在高度为 Z 的位置，具有的位置势能为 mgz。对于液体，它不仅具有位置势能，液体内部的压力也有做功的本领，水力学中把它称为压力势能，简称压能。如在图 1-8 中质量为 m 的液体在点 1 处所具有的压能为 $mg\frac{p_1}{\gamma}$。

在研究液体时，常取单位重量的液体作为研究对象。这样，单位重量的液体在点 1 处（图 1-8）所具有的位置势能，简称单位位能：

$$z_1=\frac{mgz_1}{mg}$$

单位重量的液体在点 1 处所具有的压力势能，简称单位压能：

$$\frac{p_1}{\gamma}=\frac{mgp_1/\gamma}{mg}$$

单位重量的液体在点 1 处所具有的总势能，简称单位势能，应为 $z_1+\frac{p_1}{\gamma}$。任意一点的单位势能为 $z+\frac{p}{\gamma}$。

由式（1-15）可得

$$z_1+\frac{p_1}{\gamma}=z_2+\frac{p_2}{\gamma}=C \tag{1-16}$$

所以，静水压强基本方程从能量的观点表明：仅受重力作用处于静止状态的水中，任意点对同一基准面的单位势能为一常数。

第三节　静水压强的计算与测量

一、静水压强的常用单位

水利工程中常采用的压强计算单位有以下三种。

1. 应力单位

所谓应力就是单位面积上所受的力。压强就是单位面积上的压力，所以用应力表示压强是压强的最常用的表示方法。其单位为 N/m^2（Pa）或 kN/m^2（kPa）。

2. 工程大气压单位

物理学中规定，以海平面平均气压 760mm 高的水银柱的压强为一标准大气压，其数值为：1 标准大气压 101.3kPa，水利工程中为计算方便常以工程大气压来表示压强的大小，规定

$$1\text{ 工程大气压}=98\text{kPa}$$

3. 水柱高度单位

由于水的容重 γ 为一常数，水柱高度 $h\left(\dfrac{p}{\gamma}\right)$ 的数值就反映了压强的大小。

压强三种单位间的关系是：①1 工程大气压＝98kPa；②1 工程大气压也相当于 10m 水柱；③压强也可用汞柱高表示：1 工程大气压相当于 735mm 汞柱。

二、静水压强的表示方法

1. 绝对压强与相对压强

静水中对于同一点的压强，由于采用不同的起算基准，会有不同的压强数值。

如果以没有空气的绝对真空，即压强为零作基准算起的压强数值，叫作绝对压强，以 $p_{绝}$ 表示。

水利工程中，一般情况下，水流表面或水工建筑物表面为大气压强 p_a，为简化计算，常以大气压为零作为计算的起点。这种以大气压为基准（零）起算的压强数值，叫做相对压强，以 p 表示。

显然，相对压强是指超过大气压的压强数值（图 1-9），即

$$p=p_{绝}-p_a \tag{1-17}$$

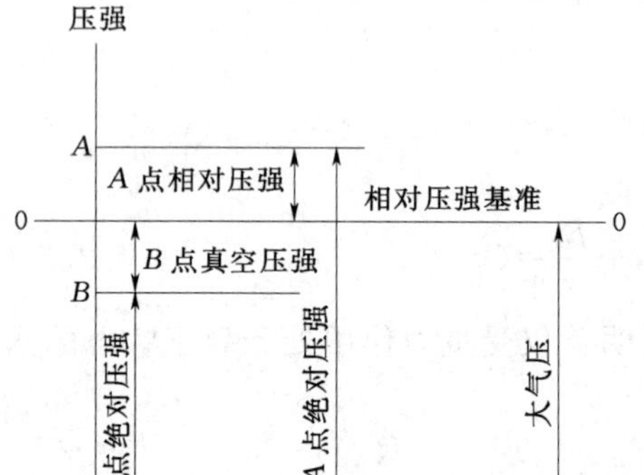

图 1-9

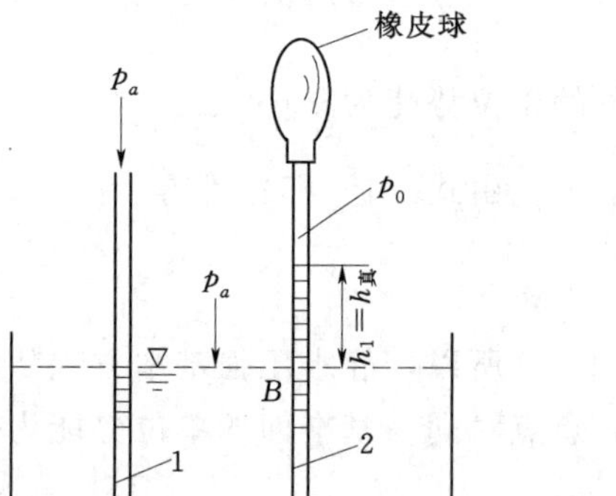

图 1-10

2. 真空压强及真空高度

如图 1-10 所示，在静止的液体中插入一个两端开口的玻璃管 1，这时管内外的液面必在同一高度。若在玻璃管的一端装上橡皮球，并把球内的气体排出，再放入水中（图 1-10中的管 2），这时管 2 内液面就会高于管外的液面。这说明管内液面压强 p_0 已不是一个大气压。根据静水压强基本方程可知

$$p_0+\gamma h_{真}=p_a$$

即
$$p_0=p_a-\gamma h_{真}$$

上式表明 p_0 是一个小于大气压的压强，即管 2 液面上出现了真空。如果用相对压强表示，即 $p_a=0$ 时，则管内液面压强为 $-\gamma h_{真}$。通常也称管 2 液面出现了“负压”，这个负压（$-\gamma h_{真}$）的绝对值 $\gamma h_{真}$，称为真空值，或称真空压强。

上述实验表明，当液体中某点的绝对压强小于大气压强时，即该点的相对压强为负值，在水利工程中就认为该点处产生了负压或称为真空，真空程度以真空压强 $p_{真}$ 大小来衡量。真空压强 $p_{真}$ 与相对压强 p 和绝对压强 $p_{绝}$ 的关系为

$$p_{真}=p_a-p_{绝}=-p_{相} \tag{1-18}$$

离心泵和虹吸管能把水从低处吸到一定的高度，就是利用了真空原理。

真空压强以水柱高度表示，称为真空高度，用 $h_{真}$ 表示。显然，真空高度为

$$h_{真}=\frac{p_{真}}{\gamma} \tag{1-19}$$

三、点压强的量测

应用静水压强基本方程式（1-10）或式（1-13）及连通器原理，可以测算各种情况下某点的静水压强。

1. 水测压管

较简单的测压管如图 1-11（a）中所示的一端开口的玻璃管（一般管径为 8～10mm），管中水柱高度就反映了所测点 A 的相对压强 p，p 可按式（1-14）计算，即 $p=\gamma h$，h 为测压管内水面上升的垂直高度，γ 为管内水体的容重。

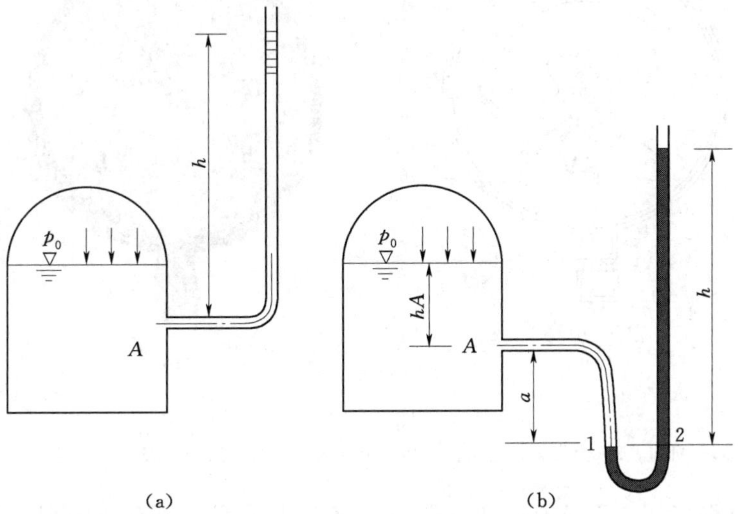

图 1-11

水测压管主要用于实验室测量单点压强，在教学与水工模型试验中应用广泛。一般测量范围在 0.1～1.8m 水柱高为宜。

2. U 形水银测压计

如果某容器内的压强较大时，测压管水柱高度必然很大，需要的测压管长度较长，安装测量很不方便，因此，常采用容重值较大的 U 形水银测压计测压，其装置如图 1-11（b）所示。测定容器中任一点压强时，只要测得 U 形管中两水银面高差 h 及测点距任一水银面间的距离 a，便可计算出该点的压强。

根据连通器原理，水平面 1—2 为等压面。因此，点 1 和点 2 的压强相等，由静水压强方程得

$$p_1 = p_A + \gamma a$$

$$p_2 = \gamma_m h \text{（按相对压强计算）}$$

因 $p_1 = p_2$ 所以

$$p_A + \gamma a = \gamma_m h$$

则

$$p_A = \gamma_m h - \gamma a \tag{1-20}$$

U 形水银测压计也是测量单点压强的一种装置，其用途和水测压管基本相同，只是测量的范围比水测压管大一些，通常可以测量 1.8～10m 水柱范围的压强。

3. 金属压力表

金属压力表是指以弹性元件为敏感元件，测量并指示高于环境压力的仪表，如图 1-12 所示。它几乎遍及所有的工业流程和科研领域。在热力管网、油气传输、供水供气系统、车辆维修保养厂店等领域随处可见。尤其在水利行业的水电站、水泵站、有压供水管道等方面应用普遍。

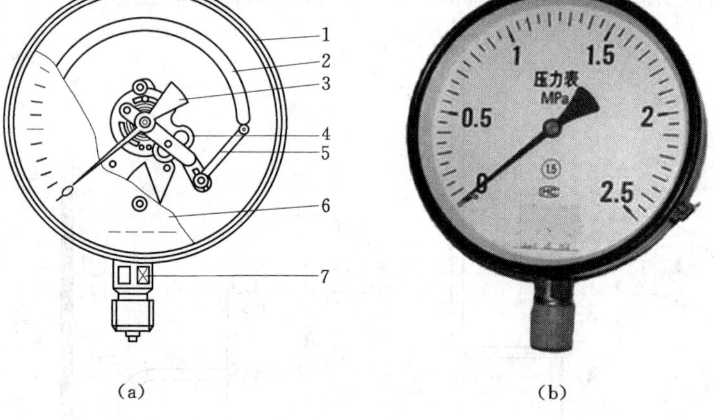

图 1-12

1—机座；2—弹簧管；3—指针；4—上夹板；5—连杆；6—表盘；7—接头

压力表种类很多，它不仅有一般（普通）指针指示型，还有数字型；不仅有常规型，还有特种型；不仅有接点型，还有远传型；不仅有耐振型，还有抗震型；不仅有隔膜型，还有耐腐型等。

从量域和量程区段看，在正压量域分为微压量程区段、低压量程区段、中压量程区段、高压量程区段、超高压量程区段，每个量程区段内又细分出若干种测量范围（仪表量

程)；在负压量域（真空）又有 3 种负压（真空表)；正压与负压联程的压力表是一种跨量域的压力表。其规范名称为压力真空表，也有称之为真空压力表。它不但可以测量正压压强，也可测量负压压强。

压力表的精度等级分类十分细致。常见精度等级有 4 级、2.5 级、1.6 级、1 级、0.4 级、0.25 级、0.16 级、0.1 级等。

测量范围确定的一般原则是：在测量稳定压强时，最大工作压强不应超过测量上限值的 2/3；测量脉动压强时，最大工作压强不应超过测量上限值的 1/2；测量高压时，最大工作压强不应超过测量上限值的 3/5。一般被测压强的最小值应不低于仪表测量上限值的 1/3。

4. 压差计（比压计）

压差计又叫比压计，是测量两点压强差的仪器，如图 1-13 所示。只要测出两水银面高差 Δh，根据连通器原理，就可求得 A、B 两点间的压差。图中水平面 1—2、2—3、4—5 均为等压面，据此可推求得

$$p_A - p_B = (\gamma_m - \gamma)\Delta h - \gamma\Delta z \tag{1-21}$$

如果两容器位于同一高度（图 1-12)，即 $\Delta z = 0$ 时，则式（1-16）可写为

$$p_A - p_B = (\gamma_m - \gamma)\Delta h \tag{1-22}$$

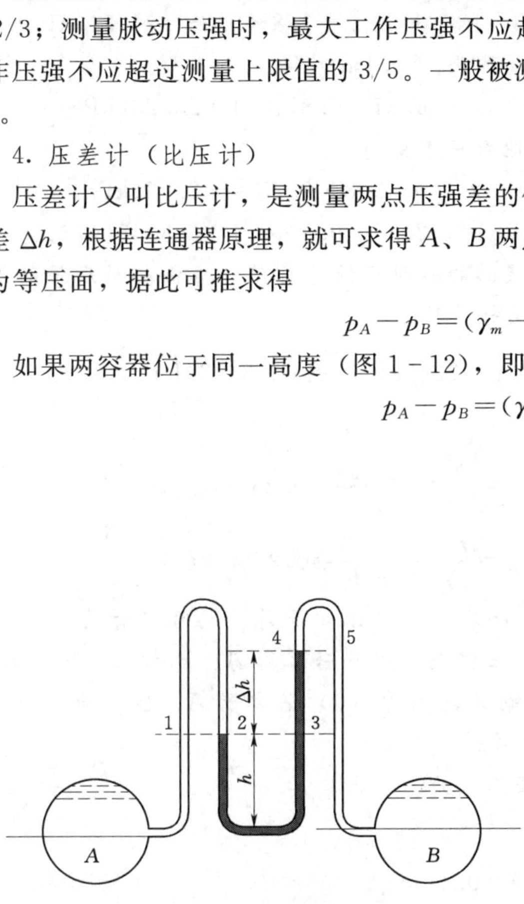

图 1-13

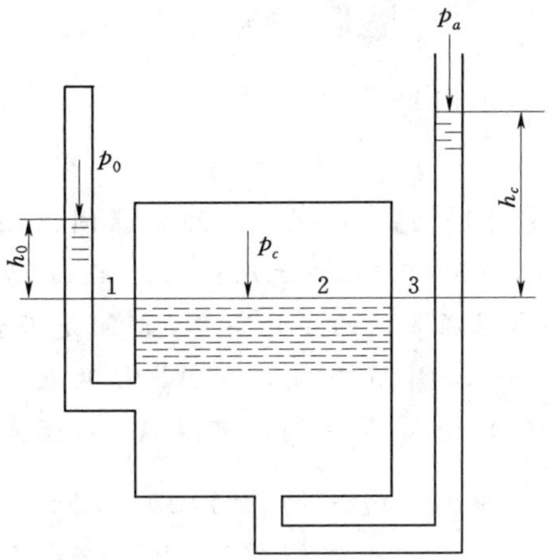

图 1-14

【例 1-3】 有一盛水的封闭容器接有两根玻璃管，一根顶端封闭，其中表面相对压强 p_0 为 14.64kPa，水柱高为 h_0；另一根顶端开口，其中水柱高 h_c 为 2.0m（图 1-14)。求：(1) 容器内水面的相对压强 p_c；(2) 封闭管内水柱高度 h_0 值。

(1) 求压强 p_c。水平面 2-3 为等压面，所以

$$p_c = p_3 = \gamma h_c = 9.8 \times 2 = 19.6(\text{kPa})$$

(2) 求封闭管内水柱高度 h_0。水平面 1—2 也为等压面，即

$$p_1 = p_c$$

根据静压方程并以相对压强计，则有

$$p_1 = p_0 + \gamma h_0$$

即
$$p_0+\gamma h_0=p_c$$
得
$$h_0=\frac{p_c-p_0}{\gamma}=\frac{19.6-14.64}{9.8}=0.506(\mathrm{m})$$

【例 1-4】 如图 1-15 所示，$h=20\mathrm{cm}$，$a=25\mathrm{cm}$，$h_A=10\mathrm{cm}$。求 A 点压强 p_A、液面压强 p_0；如 $h=0$，其他数据不变，p_A、p_0 又是多少？其真空压强和真空高度是多少？

根据式（1-20）可得

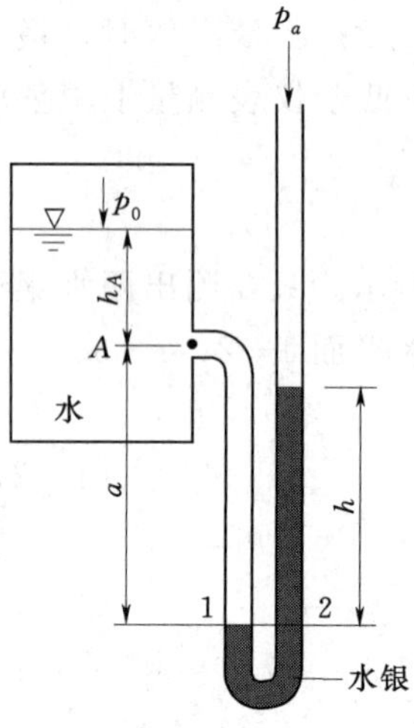

图 1-15

$$p_A=\gamma_m h-\gamma a=133.3\times0.2-9.8\times0.25=24.21(\mathrm{kPa})$$

由式（1-10）当 $h_A=0.1\mathrm{m}$ 时得

$$p_0=p_A-\gamma h_A=24.21-9.8\times0.1=23.23(\mathrm{kPa})$$

当 $h=0$，其他数据不变时

$$p_A=\gamma_m h-\gamma a=0-9.8\times0.25=-2.45(\mathrm{kPa})$$
$$p_0=p_A-\gamma h_A=-2.45-9.8\times0.1=-3.43(\mathrm{kPa})$$

由于 A 点和液面的相对压强为负值，根据相对压强的绝对值即为真空值的概念，则

$$p_{A真}=2.45\mathrm{kPa}\quad p_{0真}=3.43\mathrm{kPa}$$

真空高度

$$h_{A真}=\frac{p_{A真}}{\gamma}=\frac{2.45}{9.8}=0.25(\mathrm{m})水柱$$
$$h_{0真}=\frac{p_{0真}}{\gamma}=\frac{3.43}{9.8}=0.35(\mathrm{m})水柱$$

【例 1-5】 在 A、B 两容器间（图 1-16）连接水银比压计。两容器皆为水，$\Delta z=0.4\mathrm{m}$，$\Delta h=0.3\mathrm{m}$。试求：(1) A、B 两点的压强差。(2) 若容器 A、B 高程和压强不变，变动水银压差计的安装高度 h，问是否会影响读数 Δh？(3) 若容器 A、B 变为同一高程（$\Delta z=0$），且 Δh 不变，求 A、B 两点的压强差。

(1) 由式（1-21）可得 A、B 两点的压强差为

$$\begin{aligned}p_A-p_B&=(\gamma_m-\gamma)\Delta h-\gamma\Delta z\\&=(133.3-9.8)\times0.3-9.8\times0.4\\&=33.1(\mathrm{kPa})\end{aligned}$$

(2) 从上述计算公式可知：A、B 两点的压强差仅与 Δh 和 Δz 有关，而与 h 无关。也就是说，水银比压计读数 Δh 仅与容器 A、B 的压强差和位置高差有关，与测压计安装高度 h 无关。

(3) 若容器 A、B 点同高，即 $\Delta z=0$ 时，按式（1-22）得

$$\begin{aligned}p_A-p_B&=(\gamma_m-\gamma)\Delta h\\&=(133.3-9.8)\times0.3\\&=37.0(\mathrm{kPa})\end{aligned}$$

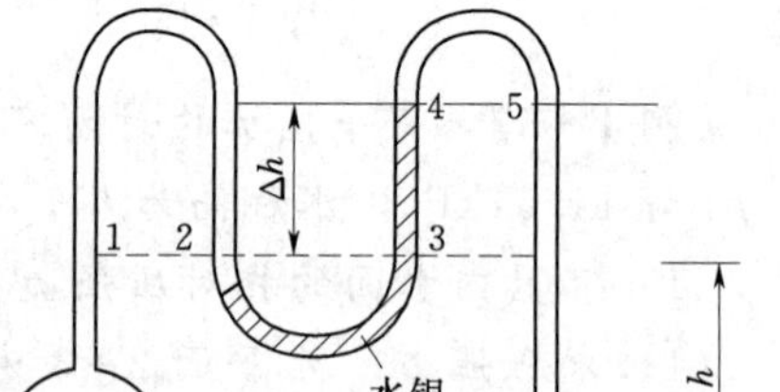

图 1-16

第四节　作用在平面壁上的静水总压力计算

一、问题提出

在水利工程中，有很多水工建筑物受压面为平面，如矩形平板闸门、圆形盖板闸门、土石坝坝面等，这些建筑物的结构安全与静水压力有直接关系，因此，平面壁静水压力计算是静水力学计算的主要问题之一。下面以矩形平板闸门和圆形盖板闸门的静水压力计算为例说明计算方法思路。

为了控制水流、抬高水位常常需要修建闸门。矩形平板闸门就是其中最为普遍的一种，所用材料有钢材、钢筋混凝土、木材等。无论用哪种材料，在设计制造闸门时，首先需要知道闸门在工作时所受的静水压力大小，这是闸门制造的重要依据。

另外，对于小型水库放水洞常用圆形盖板闸门，其受力问题也是比较常见的静水压力计算问题。当然，这些计算方法也可以推广到其他平面。

二、作用在平面壁上静水压强分布图绘制

由静水压强方程式 $p=\gamma h$ 可知：压强 p 与水深 h 呈线性函数关系。所以可用几何图形清晰地表示出受压面上压强与水深的函数关系，这种图形称为静水压强分布图，简称压力图。

如图 1－17（a）所示，是一个铅直放置的平面闸门 AB 的静水压强分布图。它的绘制方法是：由 $p=\gamma h$ 确定静水中任一点压强的大小，以静水压强的特性来确定压强的方向。按一定比例尺，用箭杆长度表示其大小，用箭头标出其方向。

绘制受压面为平面的压力图时，可选受压面最上（或水面）和最下两点，用式 $p=\gamma h$ 计算出点压强的大小，按一定比例绘于图上；因 p 与 h 成直线关系，所以连接 A、C 两点，即得静水压强分布图［图 1－17（a）］。

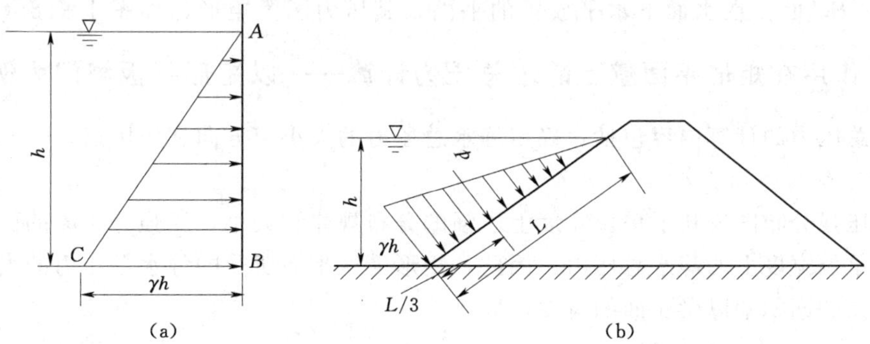

图 1－17

受压面无论是斜面，折面或曲面，根据静水压强的特性和基本方程式都可绘出压力图。

现将工程上常见的几种情况绘出其压力图，如图 1-17 和图 1-18 所示。

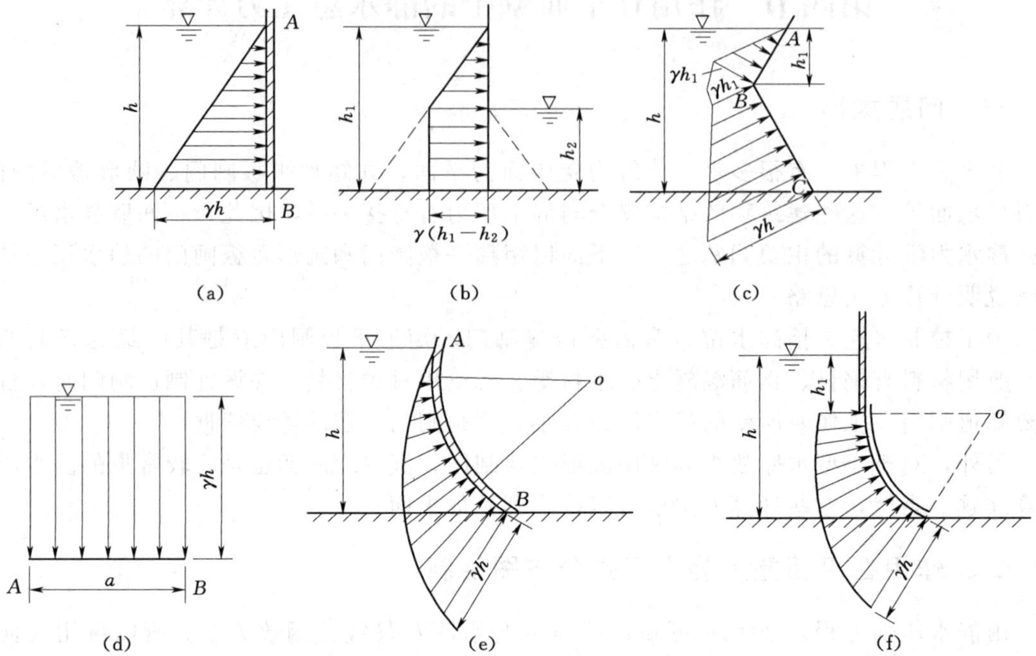

图 1-18

总之，绘制平面上的压力图，要记住：各点的压强大小由 γh 来决定，水深多少就画多长，方向总是垂直指向受压面，然后连接各点箭杆的尾部。可以将绘制静水压强分布图的方法步骤形象地总结为 15 字绘图口诀：取两点，算压强，定箭杆，连直线，绘分布。

压力图的形状大体有三种基本形状，即受压平面一端在水面的，压力图为直角三角形，如图 1-18 (a) 所示；受压平面淹没在水下的，压力图一般为直角梯形，如图 1-18 (c) 中 BC 面；在水面下水平放置的平面，其压力图为矩形，如图 1-18 (d) 所示。

三、作用在矩形平面壁上静水总压力计算——以矩形平板闸门为例

静水总压力的计算内容包括：确定静水总压力的大小，方向和作用点。

1. 静水总压力的大小

由于压强分布图反映了单位宽度上压强的分布规律和大小，压强分布图的面积就应等于作用在单位宽度上的静水总压力，因此，矩形受压平面所受的静水总压力的大小就等于压强分布图的面积乘以受压面的宽度，即

$$P=sb \tag{1-23}$$

式中 s——静水压强分布图的面积，kN/m；

b——闸门（受压面）宽度，m。

这样，对于图 1-19 所示的梯形压强分布图。

$$P=\frac{1}{2}\gamma(h_1+h_2)lb \tag{1-24}$$

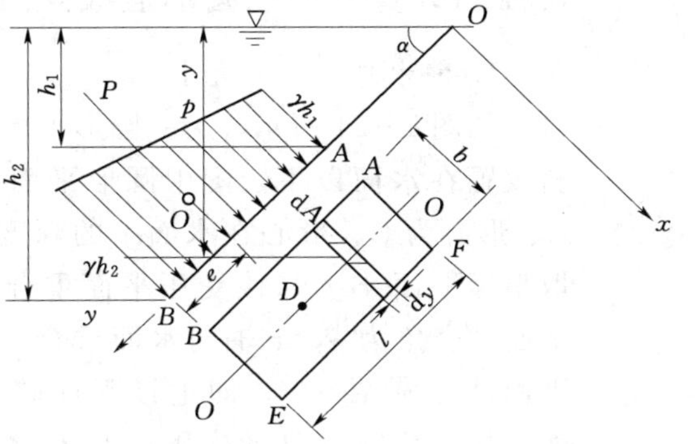

图 1-19

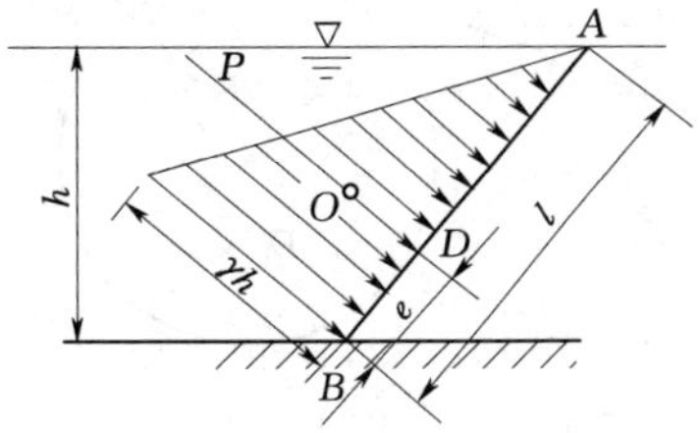

图 1-20

对于压强分布图为三角形（图 1-20）时

$$P=\frac{1}{2}\gamma hlb \tag{1-25}$$

2. 静水总压力的方向和作用点

根据静水压强的特性，受压面上各点的压强都垂直受压面，因而，其合力即静水总压力的方向必然垂直于受压面。

总压力 P 的作用线与受压面的交点，即总压力的作用点，称压力中心，用 D 表示。在闸门宽度方向上，D 位于对称轴上；在水深方向上，用 D 至受压面底缘的距离 e 表示压力中心的位置。

矩形平面壁上总压力 P 的作用线必通过压力图形心（注意要和受压面形心区别开），并垂直于受压面，而且落在受压面的对称轴上。

压力中心 D 的位置 e 可用平行力求合力作用点的方法计算。

当压强分布图为三角形（图 1-20）时

$$e=\frac{1}{3}l$$

当压强分布图为梯形（图 1-19）时

$$e=\frac{l}{3}\cdot\frac{2h_1+h_2}{h_1+h_2}$$

对于较复杂的压强分布图，可分成三角形、矩形或梯形等简单图形，先求分力、再求合力和合力作用线位置。

综上所述，矩形平板闸门静水总压力计算的图解步骤如下：

（1）绘制静水压强分布图。

（2）计算静水压强分布图的面积 s。

（3）计算静水总压力的大小 $P=sb$。

（4）确定压力中心 D 位置 e，并在图上标出 D 和总压力 P 的作用线。

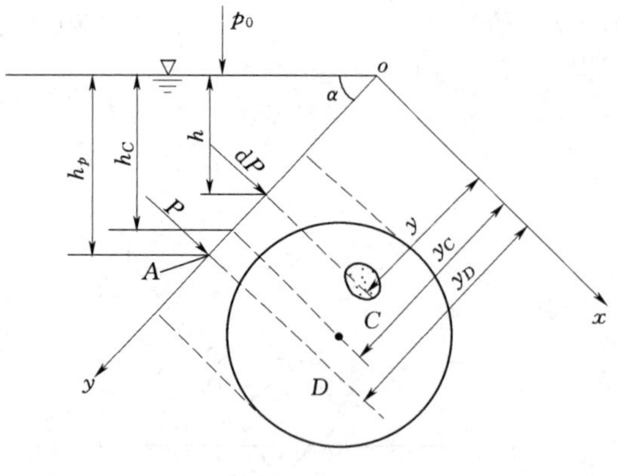

图 1-21

四、作用在任意平面壁上的静水总压力计算——以圆形盖板闸门为例

1. 静水总压力的大小

如图 1-21 所示，为一圆形平板闸门倾斜放置在水面以下。图中圆形平面面积为 A、形心为 C、形心在水面下的深度为 h_C。取坐标平面 xoy 与该受压平面重合，与水平面的交角为 α，x 轴与水面重合。将 xoy 平面绕 y 轴转 90°，即把该平面转展在纸面。静水总压力 P 的作用点 D 在水面下的深度为 h_D，沿 oy 轴的距离为 y_D。

由工程力学知，静水总压力

$$P=\gamma\sin\alpha yA=\gamma h_C A=p_C A \quad (1-26)$$

$$h_C=y_C\sin\alpha$$

$$p_C=\gamma h_C$$

式中　h_C——受压面形心 C 点的水深，m；

p_C——受压面形心 C 点的静水压强，kPa；

A——受压面面积，m^2。

式（1-26）是任意形状平面壁上静水总压力的计算公式。它表明，任意形状平面壁上所受静水总压力的大小，等于受压面面积与其形心处静水压强的乘积。

2. 静水总压力的方向和作用点

根据静水压强特性，静水总压力的方向，必然垂直并指向受压平面。

通常受压面为纵向对称轴的平面，压力中心必然位于对称轴上。具体位置一般用 y_D 表示（图 1-21），可根据合力矩定理推求，即由各分力对 ox 轴的力矩的关系来推求，即

$$y_D=\frac{I_{ox}}{y_C A}$$

设 I_C 为面积 A 对通过其形心 C 且与 ox 平行的轴的惯性矩，由工程力学知

$$I_{ox}=I_C+Ay_C^2$$

代入上式得

$$y_D=y_C+\frac{I_C}{y_C A} \quad (1-27)$$

因为 $\frac{I_C}{y_C A}>0$，所以 $y_D>y_C$，即压力中心 D 的位置比受压面形心 C 的位置低 $\frac{I_C}{y_C A}$。

对于一定形状尺寸的图形，I_C、A 都是定值。为了便于计算，将几种常见图形的 A、y_C、I_C 值列于表 1-3。

表 1-3　　常见平面图形的 A、y_C 及 I_{Cx} 的值

几何图形名称		面积 A	y_C	对通过形心点 Cx 轴的惯性矩 I_{Cx}
矩形	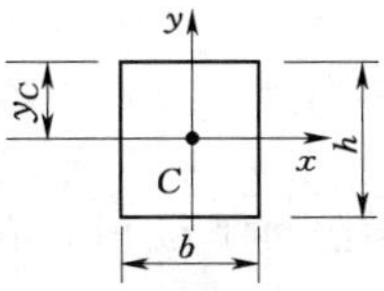	bh	$\frac{h}{2}$	$\frac{bh^3}{12}$
三角形	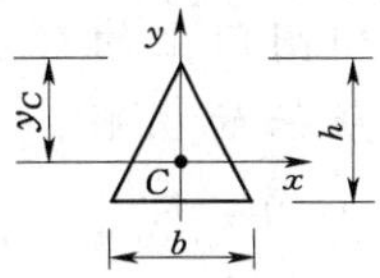	$\frac{bh}{2}$	$\frac{2h}{3}$	$\frac{bh^3}{36}$
梯形	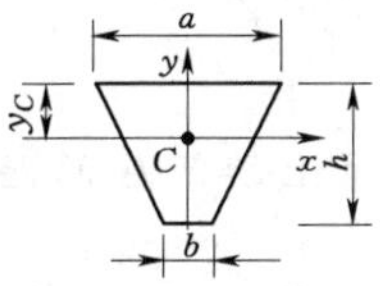	$\frac{h(a+b)}{2}$	$\frac{h}{3}\cdot\frac{a+2b}{a+b}$	$\frac{h^3}{36}\cdot\frac{a^2+4ab+b^2}{a+b}$
圆	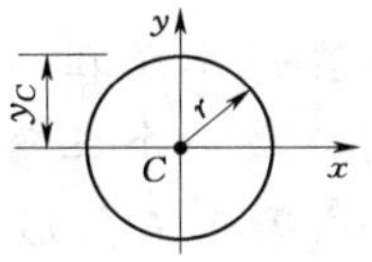	πr^2	r	$\frac{1}{4}\pi r^4$
半圆	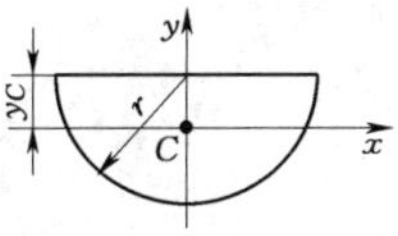	$\frac{1}{2}\pi r^2$	$\frac{4r}{3\pi}=0.4244r$	$\frac{9\pi^2-64}{72\pi}\cdot r^4=0.1098r^4$

【例 1-6】 如图 1-22 所示，在某一输水渠道中，有一矩形平板闸门，宽度 $b=1.2$m，闸前水深 $h=1.6$m。求作用在闸门上的静水总压力。

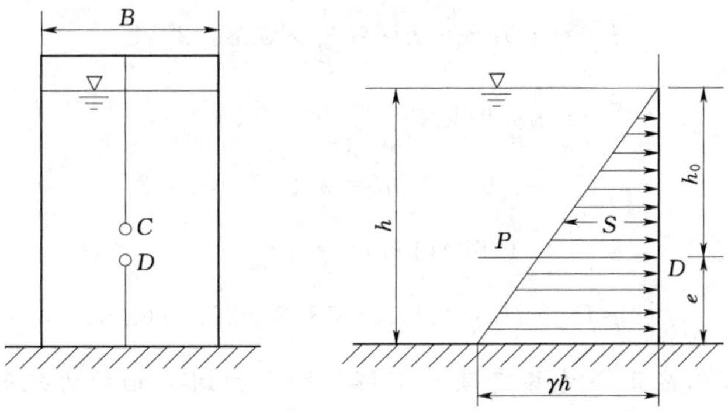

(a)　　(b)

图 1-22

首先绘制静水压强分布图，如图 1-21（b）所示的三角形。作用在闸门上的静水总压力大小 P 按式（1-25）计算，即

$$P=\frac{1}{2}\gamma bh^2=\frac{1}{2}\times 9.8\times 1.2\times 1.6^2=15.05(\mathrm{kN})$$

压力中心 D 距闸门底缘的距离：

$$e=\frac{1}{3}h=\frac{1}{3}\times 1.6=0.53(\mathrm{m})$$

【例 1-7】 如图 1-23 所示，为一引水涵洞，设置闸门为铅直的平板门，闸门高 2m，宽 3m，上方有挡水胸墙。最大洪水位时上游水深为 5m，求闸门上的静水总压力。

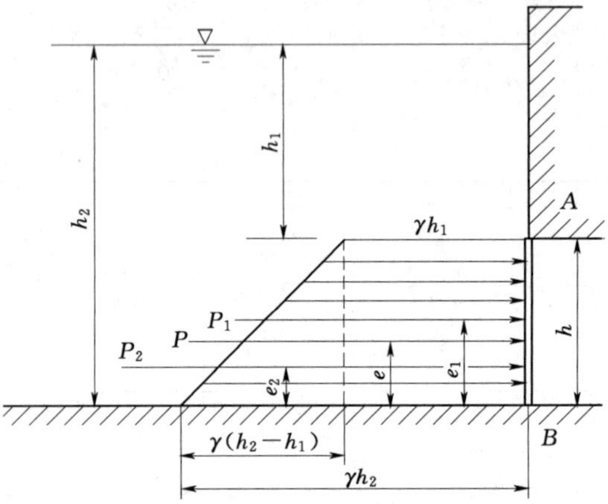

图 1-23

方法一：绘制闸门上的静水压强分布图，如图 1-22 所示的梯形。总压力大小 P 按式（1-24）计算，即

$$P=\frac{1}{2}\gamma(h_1+h_2)hb=\frac{1}{2}\times 9.8(3+5)\times 2\times 3$$
$$=235.2(\mathrm{kN})$$

压力中心 D 至上游河底的距离为

$$e=\frac{h}{3}\cdot\frac{2h_1+h_2}{h_1+h_2}=\frac{2}{3}\times\frac{2\times 3+5}{3+5}=0.92(\mathrm{m})$$

方法二：在计算静水总压力时，可将梯形压强分布图划分成一个三角形和一个矩形。梯形面积 s 应等于三角形面积 s_2 与矩形面积 s_1 之和，即

$$P=sb=s_2b+s_1b=P_2+P_1$$

式中　P_1——矩形面积产生的压力；

　　P_2——三角形面积产生的压力。

只要分别计算出这两部分的压力，即可得到总压力 P。

$$P_2=s_2b=\frac{1}{2}\gamma h^2b=\frac{1}{2}\times 9.8\times 2^2\times 3$$
$$=58.8(\mathrm{kN})$$
$$P_1=s_1b=\gamma h_1hb=9.8\times 3\times 2\times 3$$
$$=176.4(\mathrm{kN})$$
$$P=P_1+P_2=176.4+58.8=235.2(\mathrm{kN})$$

计算压力中心可以应用合力矩定理来求解，即合力对某轴的力矩等于其各分力对同轴力矩的代数和。

P_1 距门底的力臂　　$e_1=\frac{h}{2}=\frac{2}{2}=1.0(\mathrm{m})$

P_2 距门底的力臂　　$e_2=\frac{h}{3}=\frac{2}{3}=0.667(\mathrm{m})$

设总压力 P 距门底的力臂为 e，则

$$Pe=P_1e_1+P_2e_2$$

$$e=\frac{P_1e_1+P_2e_2}{P}=\frac{176.4\times1.0+58.8\times0.667}{235.2}=0.92(\text{m})$$

总压力作用点 D 距水面的深度为

$$h_D=h_2-e=5-0.92=4.08(\text{m})$$

【例 1-8】 如图 1-21 所示，为一圆形平板闸门，半径 $r=0.5\text{m}$，$\alpha=45^\circ$，闸门上边缘距水面深度为 1m，求闸门所受的静水总压力。

$$h_C=1+r\sin\alpha=1+0.5\times\sin45^\circ=1.35(\text{m})$$

$$P=\gamma h_C A=9.8\times1.35\times0.5^2\times3.14=10.39(\text{kN})$$

$$I_C=\frac{\pi r^4}{4}=\frac{1}{4}\times3.14\times0.5^4=0.049(\text{m}^4)$$

$$y_C=\frac{1}{\sin\alpha}+r=\frac{1}{\sin45^\circ}+0.5=1.91(\text{m})$$

$$y_D=y_C+\frac{I_C}{y_C A}=1.91+\frac{0.049}{1.91\times3.14\times0.5^2}=1.94(\text{m})$$

第五节　作用在曲面壁上的静水总压力计算

一、问题的提出

水工建筑物中，承受静水压力的面除平面外，还有曲面，如弧形闸门、拱坝坝面、闸墩和边墩等。由于曲面上的静水压强分布图为不规则图形，如图 1-18 (e)、(f) 所示，因曲面上各点静水压强的方向垂直指向作用面，即曲面上各点的内法线方向，所以各点的压强互不平行，求平面壁静水总压力的方法这里不再适用，需要另辟蹊径求解。

下面，以弧形闸门为例，讨论作用在曲面壁上的静水总压力的大小、方向和作用点。

二、作用在曲面壁上的静水总压力计算分析

如图 1-24 (a) 所示弧形闸门，假设其所受的静水总压力为 P，它肯定垂直指向受压面（与通过作用点 D 位置的切线方向垂直），并指向转动轴中心 O 点，这里采用物理学中力的分解原则，先把静水总压力 P 分解为两个分力，即水平总压力 P_x 和铅直总压力 P_Z [图 1-24 (a)]，并分别求出 P_x、P_z，再求合力 P 的方法，求解静水总压力。

另外，有时工程中不一定要计算出合力 P，只要分别求出 P_x、P_z，就可以解决实际问题。为确定分力 P_x 和 P_z，先选取宽度为 b（即闸门宽度）、截面为 ABC 的水体为脱离体，如图 1-24 (b) 所示，研究该水体的平衡。

在图 1-24 (b) 中，P' 为闸门 AB 对水体的反作用力，与水对闸门的静水总压力 P 大小相等，方向相反；P'_x、P'_z 为 P' 的水平分力和铅垂分力；P_{AC}、P_{BC} 分别为作用在 AC 面和 BC 面的静水总压力；G 为脱离体的水重。

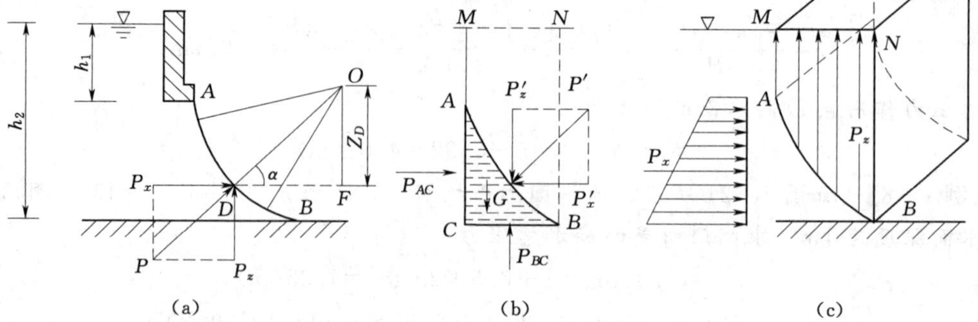

图 1-24

1. 静水总压力的水平分力

因脱离体在水平方向是静止的，故水平方向的合力为零，即

$$P'_x = P_{AC}$$

根据作用力与反作用力大小相等、方向相反的原理，闸门受到的水平分力为

$$P_x = P_{AC} \qquad (1-28)$$

上式表明：作用于曲面壁上的静水总压力 P 的水平分力 P_x 等于作用在该曲面的铅垂投影面积上的静水总压力。其铅垂投影面为矩形平面，故可利用确定矩形平面壁静水总压力的方法来求 P_x，即

$$P_x = sb$$

式中 s——AB 曲面的铅垂投影面上的静水压强分布图面积；

b——AB 曲面的宽度。

2. 静水总压力的铅垂分力

脱离体在铅垂方向是静止的，故铅垂方向合力为零，即

$$P'_z = P_{BC} - G$$

P_{BC} 为 BC 平面上受到的静水总压力。BC 面为一等压面，其面积用 A_{BC} 表示，所处水深为 h_2，故 BC 面上各点的压强都等于 γh_2，则

$$P_{BC} = \gamma h_2 A_{BC} = \gamma V_{MCBN}$$

式中，V_{MCBN} 是以 $MCBN$ 为底面积、b 为高度的水体体积。

如以 V_{ACB} 表示以 ACB 为底面积、b 为高度的水体体积，则重力 G 为

$$G = \gamma V_{ACB}$$

故

$$P'_z = P_{BC} - G = \gamma V_{MCBN} - \gamma V_{ACB} = \gamma V_{MABN}$$

由作用力与反作用力大小相等的原理，得

$$P_z = P'_z = \gamma V_{MABN}$$

式中，V_{MABN} 是以 $MABN$ 为底面积、b 为高度的水体体积，通称为“压力体”[图 1-24 (c)]。通常计算中，压力体体积用 V 表示，于是得

$$P_z = \gamma V = \gamma A_{剖}\ b \qquad (1-29)$$

式（1-29）表明：曲面上静水总压力的铅垂分力等于压力体内的水重。其中压力体的体积 V 又等于压力体剖面图面积 $A_{剖}$ 与曲面宽度 b 的乘积。因此，正确绘制压力体剖面图，是求解铅垂分力 P_z 的关键。

图 1-25 中，绘制了几种弧形闸门不同受力情况的压力体剖面图形。从这些图形可以看出，压力体剖面图是由下列几条线围成的几何图形：

(1) 顶面线，即水面线或水面线的延长线。

(2) 底面线，即受压曲面剖面线自身。

(3) 侧面线，即通过曲面剖面线两个端点向水面线或水面线的延长线所作的铅垂线。

关于垂直分力 P_z 的方向，应根据曲面与压力体的关系而定：当水体和压力体位于曲面的同一侧，即压力体内有水［图 1-25（a）］时，P_z 方向向下；当水体及压力体各在曲面之一侧，即压力体内无水［图 1-25（b）］时，P_z 方向向上。

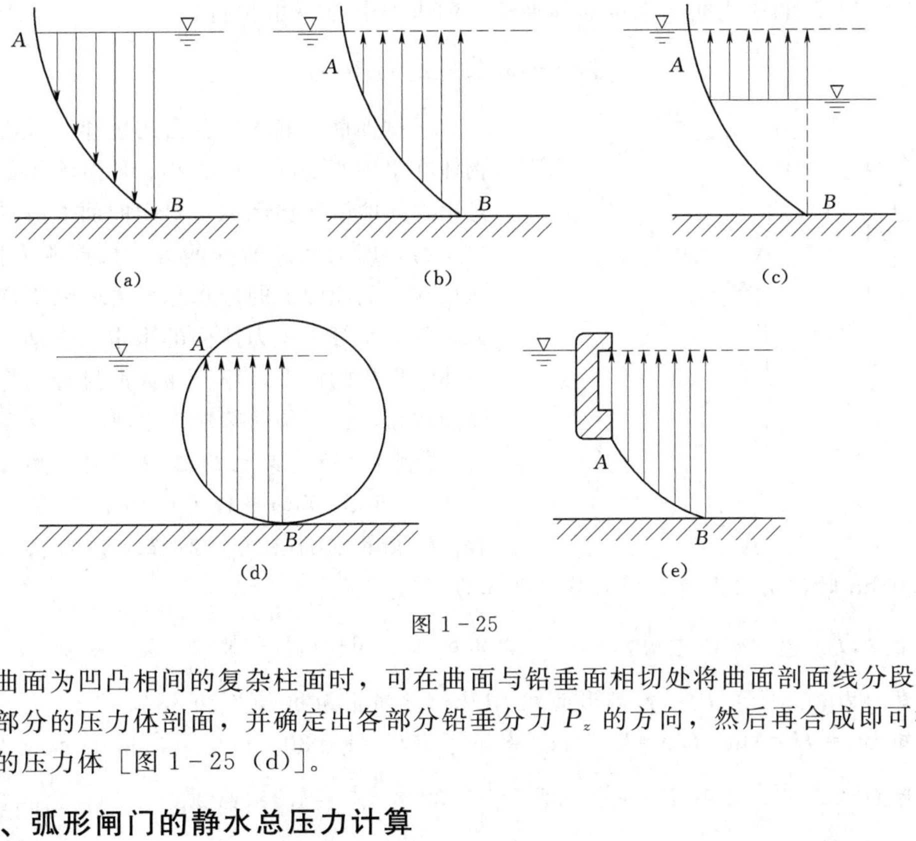

图 1-25

当曲面为凹凸相间的复杂柱面时，可在曲面与铅垂面相切处将曲面剖面线分段，分别绘出各部分的压力体剖面，并确定出各部分铅垂分力 P_z 的方向，然后再合成即可得出总的曲面的压力体［图 1-25（d）］。

三、弧形闸门的静水总压力计算

弧形闸门的静水总压力计算任务依然是总压力大小、方向与作用点位置。

根据以上分析，P_x、P_z 求得后，总压力大小可根据力的合成法则求得，即

$$P=\sqrt{P_x^2+P_z^2} \tag{1-30}$$

为了确定总压力 P 的方向，可以求出 P 的作用线与水平面的夹角 α 值［图 1-24（a）］：

$$\alpha=\arctan\frac{P_z}{P_x} \tag{1-31}$$

总压力作用点：总压力作用线和曲面的交点 D 即为总压力的作用点，称为压力中心。D 在铅垂方向的位置以受压曲面曲率中心至该点的铅垂距离 Z_D 表示。一般弧形闸门的面板为圆柱面的一部分，从图 1-24（a）的三角形 ODF 可得

$$Z_D = R\sin\alpha \tag{1-32}$$

式中　R——圆柱面的半径。

综上所述，曲面壁静水总压力的计算步骤如下：

（1）先绘制压力体剖面图。

（2）计算静水总压力的水平分力 P_x，计算方法和矩形平面壁上静水总压力的计算方法相同。

（3）计算静水总压力的铅垂分力 P_z，P_z 等于压力体内的水重。

（4）计算其合力 P，$P=\sqrt{P_x^2+P_z^2}$。

（5）计算 P 的作用线与水平面的夹角 α 和压力中心 D 的位置 Z_D：

$$\alpha = \arctan\frac{P_z}{P_x}, Z_D = R\sin\alpha$$

根据曲面壁静水总压力的规律，很容易说明物体在水中所受浮力的大小。任意物体都可看作是由封闭曲面所包围的，封闭曲面上所受的静水总压力，即为物体所受的力。根据压力体定义，作用在封闭曲面上的静水总压力是铅直向上的浮力，其大小等于压力体内的水重。也即：物体在液体中所受的浮力，等于物体所排开的那部分液体的重量，这就是阿基米德原理。

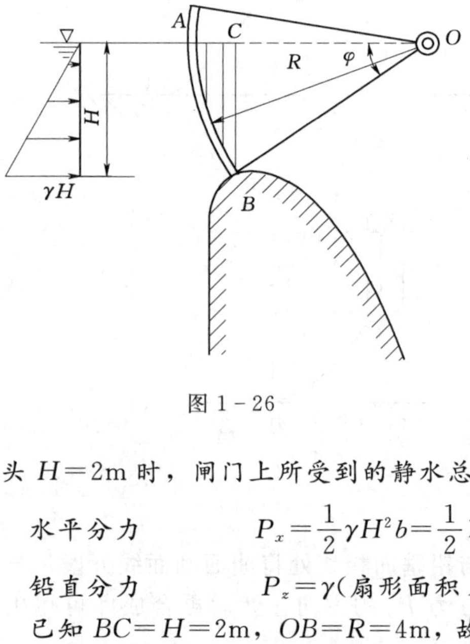

图 1-26

【例 1-9】 某坝顶弧形闸门（图 1-26），门宽 $b=6\text{m}$，弧的半径 $R=4\text{m}$，闸门绕 O 轴旋转，O 轴和水面在同一高程上。试求：当坝顶水头 $H=2\text{m}$ 时，闸门上所受到的静水总压力。

水平分力　$P_x=\frac{1}{2}\gamma H^2 b=\frac{1}{2}\times 9.8\times 2^2\times 6=117.6(\text{kN})$

铅直分力　$P_z=\gamma$(扇形面积 AOB－三角形面积 BOC)b

已知 $BC=H=2\text{m}$，$OB=R=4\text{m}$，故知$\angle AOB=\varphi=30°$

扇形面积　$AOB=\frac{30°}{360°}\pi R^2=\frac{1}{12}\times 3.14\times 4^2=4.18(\text{m}^2)$

三角形面积　$BOC=\frac{1}{2}HR\cos\varphi=\frac{1}{2}\times 2\times 4\cos 30°=3.46(\text{m}^2)$

则　$P_z=9.8\times(4.18-3.46)\times 6=42.34(\text{kN})$

总压力　$P=\sqrt{P_x^2+P_z^2}=\sqrt{117.6^2+42.34^2}=125(\text{kN})$

总压力作用线与水平面的夹角

$$\alpha=\arctan\frac{P_z}{P_x}=\arctan\frac{42.34}{117.6}=19.8°$$

总压力的作用点 D 与轴心 O 铅直距离

$$Z_D = R\sin\alpha = R\frac{P_z}{P} = 4\times\frac{42.34}{125} = 1.36(\mathrm{m})$$

内 容 小 结

一、液体的主要力学特性

液体是自然界中物质的一种状态，其主要力学特性有惯性、万有引力特性和黏滞性。当然工程水力计算中主要研究对象是水。对于自然界的水而言，在标准状态下，水的密度为 1000kg/m^3；水的容重为 9800N/ m^3 或 9.8kN/ m^3，二者的关系为

$$\gamma = \frac{G}{V} = \frac{Mg}{V} = \rho g$$

黏滞性是液体所固有的特性，也是运动液体内部存在内摩擦力抵抗液体发生变形的一种特性。它是液体在运动中产生能量损失的根本原因。液体的黏滞性大小可以用动力黏滞系数（或运动黏滞系数）来反映。

二、静水压强的概念

静水压强是指单位面积上所受的静水压力，对一定面积而言，它是指面积上的平均压强，如果面积缩小到一个点，则为点压强：

$$p = \lim_{\Delta A\to 0}\frac{\Delta P}{\Delta A}$$

压强为矢量，有大小、方向和作用点三个要素。静水压强有两条基本特性：一是静水压强的方向始终垂直指向作用面；二是静水中任一点的压强大小与方位无关或表述为该点各个方向上的压强大小相等。

静水压强的基本方程有以下三种形式：

$$p = p_0 + \gamma h$$

$$p_2 = p_1 + \gamma\Delta h$$

$$Z_1 + \frac{p_1}{\gamma} = Z_2 + \frac{p_2}{\gamma} = C$$

静水压强的单位有三种形式：①应力单位；②工程大气压：1 个工程大气压＝98kPa；③水柱高度：1 个工程大气压相当于 10m 水柱高。

压强的表示方法有绝对压强、相对压强、真空压强和真空高度。绝对压强是以绝对真空为零点计量的压强，以大气压为零点计量的压强为相对压强，当绝对压强数值小于大气压时，相对压强为负值，称“负压”或发生“真空”，真空压强即为相对压强的绝对值（$p<0$），若将真空压强用水柱高度表示便是真空高度。

静水压强的测量：单点压强的测量可以用水测压管、U 形水银测压计和压力表，前两者主要用于实验室中，压力表在实际工程中应用普遍，具体要根据实际情况合理选用。对于两点的压差可以用比压计测量。

三、静水总压力计算

计算内容包括静水总压力大小、方向和作用点位置。

1. 平面壁静水压力计算

(1) 矩形平面——以矩形平板闸门为例。

总压力大小：$P=sb$（矩形平面）。

静水压强分布图的绘制是计算矩形平面总压力大小的关键。一般矩形平面的静水压强分布图有三种基本形状，即直角三角形（受压面一端在水面）、直角梯形（受压面两端均在水下）、矩形（受压面水平）。

总压力方向：垂直指向受压面。

总压力作用点：s 为三角形时 $e=\dfrac{l}{3}$；s 为梯形时 $e=\dfrac{l}{3}\cdot\dfrac{2h_1+h_2}{h_1+h_2}$。

(2) 任意平面——以圆形平板为例。

总压力大小：$P=p_CA=\gamma h_CA$。

总压力方向：垂直指向受压面。

总压力的作用点：$y_D=y_C+\dfrac{I_C}{y_CA}$。

2. 曲面壁静水总压力

总压力的大小：$P_x=\gamma h_CA=p_CA$，$P_z=\gamma V$，$P=\sqrt{P_x^2+P_z^2}$。

总压力方向及作用点：$\alpha=\arctan\dfrac{P_z}{P_x}$，$Z_D=R\sin\alpha$。

总压力水平分力也可用图解法（$P=sb$），这样，正确绘制两个方向的压力图（水平方向的压强分布图和垂直方向的压力体图）是求解曲面壁静水总压力的关键步骤。

通常在平面上绘制的是压力体剖面图，它是由四条线围成的平面图形，第一条是曲面截面线自身，第二、第三条线是通过曲线两个端点向水面线（或水面线的延长线）所作的铅垂线，第四条线为水面线（或水面线的延长线）。如果曲线有一点在水面，则压力体剖面图就为三条线围成。

自测练习题

一、填空题

1. 在标准状态下，水的密度为________；容重为________。

2. 静水压强的两个特性是：________________，________________。

3. 静水压强的常用单位有：____________、____________、____________。

4. 静水压强基本方程三个表达式分别为________________，________________，________________。

5. 矩形平面的静水压强分布图形状分别为________、________、________。

6. 静水总压力计算的内容包括____________、____________、____________。

7. 测得某点相对压强为 −28kPa，则其绝对压强为__________，真空压强为________，真空高度为________。

二、计算及绘图题

1. 计算 1L 水的质量、重量各为多少？

2. 一圆柱形水箱，直径为 2m，水深为 3m。问：水箱底面的静水压强和所受的静水总压力各是多少？

3. 计算如图 1-27 所示的容器壁面上 1～3 各点的静水压强值（以各种单位表示）。

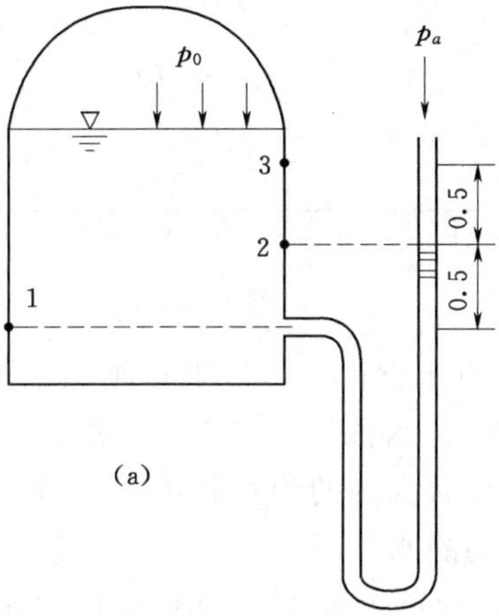

图 1-27 （单位：m）

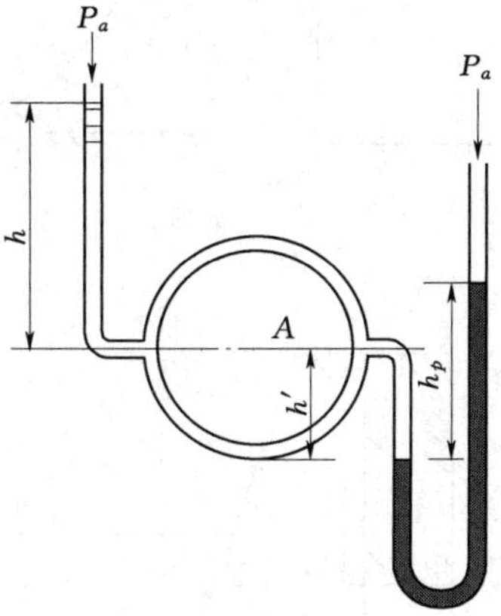

图 1-28

4. 测得液体某点的真空高度为 200mm 水银柱高。问：若以绝对压强和相对压强表示，其数值为多少？

5. 已知某容器（图 1-28）中 A 点相对压强为 0.8 个工程大气压，设在此高度上安装测压管，问至少需要多长的玻璃管？如果改装水银测压计，问水银柱高度 h_p 为若干（已测得 $h'=0.2$m）？

6. 用水银比压计测量两容器中 1、2 两点的压强值。已知比压计读数 $h=350$mm，1、2 两点位于同一高度上，试计算 1、2 两点的压强差（图 1-29）。

7. 试绘制下列各图中挡水面 $ABCDE$ 上的静水压强分布图（图 1-30）。

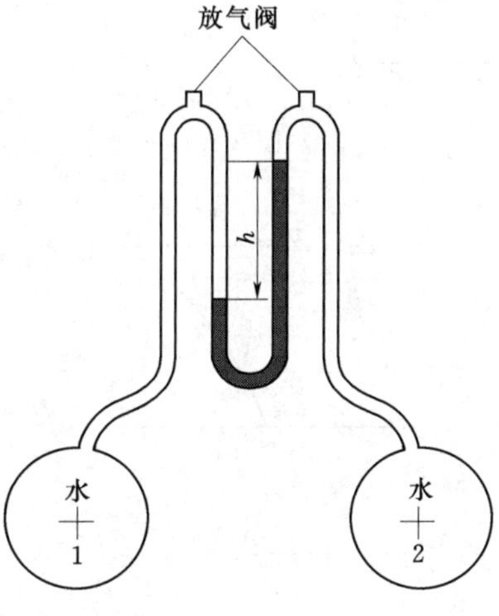

图 1-29

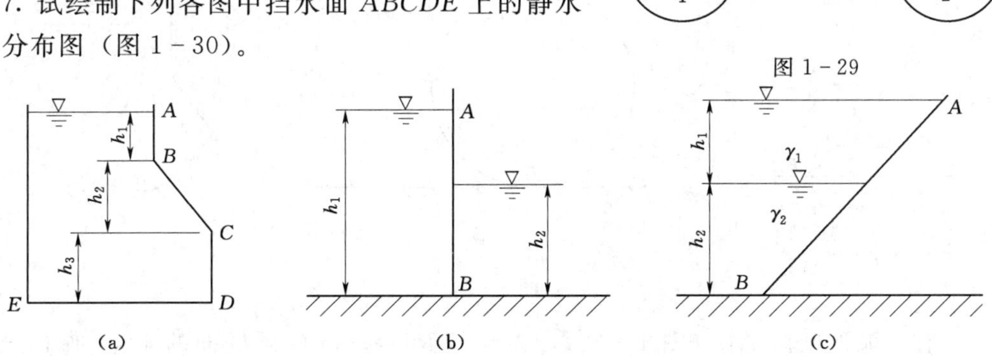

图 1-30

8. 有一混凝土坝，坝上游水深 $h=24\text{m}$，求每米宽度坝面所受的静水总压力（图 1-31）。

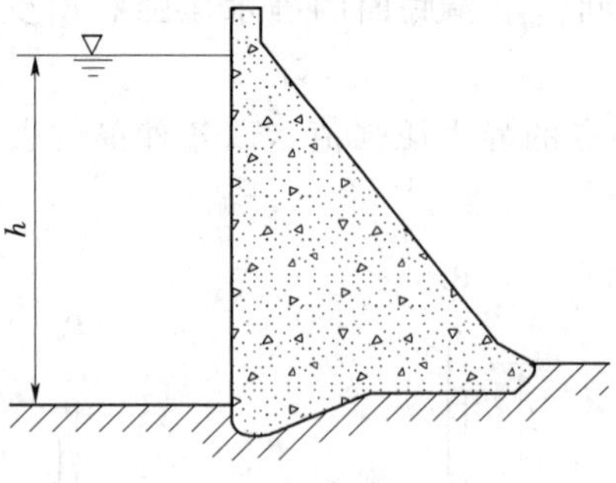

图 1-31

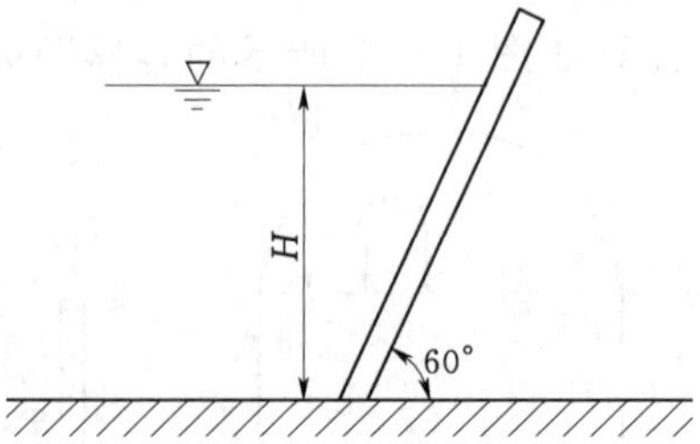

图 1-32

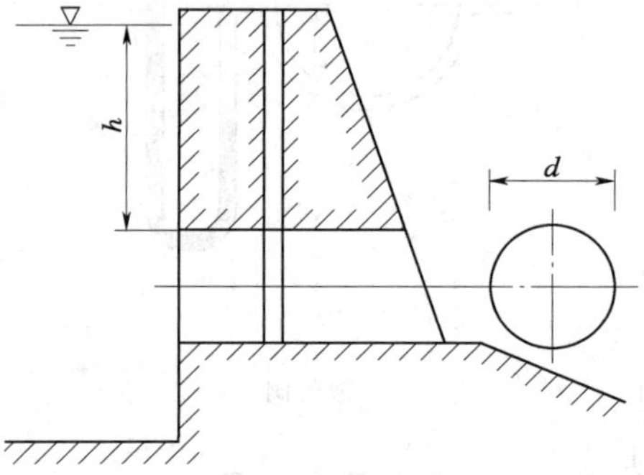

图 1-33

9. 渠道上设置一矩形平板闸门（图 1-32），宽 $b=4.0\text{m}$，水深 $H=2.5\text{m}$。求：(1) 当闸门斜放 $\theta=60°$ 时受到的静水总压力；(2) 当闸门铅直时所受的静水总压力。

10. 在管道侧壁上，开有圆形放水孔，其直径 $d=0.5\text{m}$，孔顶至水面深度 $h=2\text{m}$，试求放水孔闸门上的静水总压力（图 1-33）。

11. 试绘制下列各种曲面 AB 上的压力体剖面图及铅垂投影面上的静水压强分布图（图 1-34）。

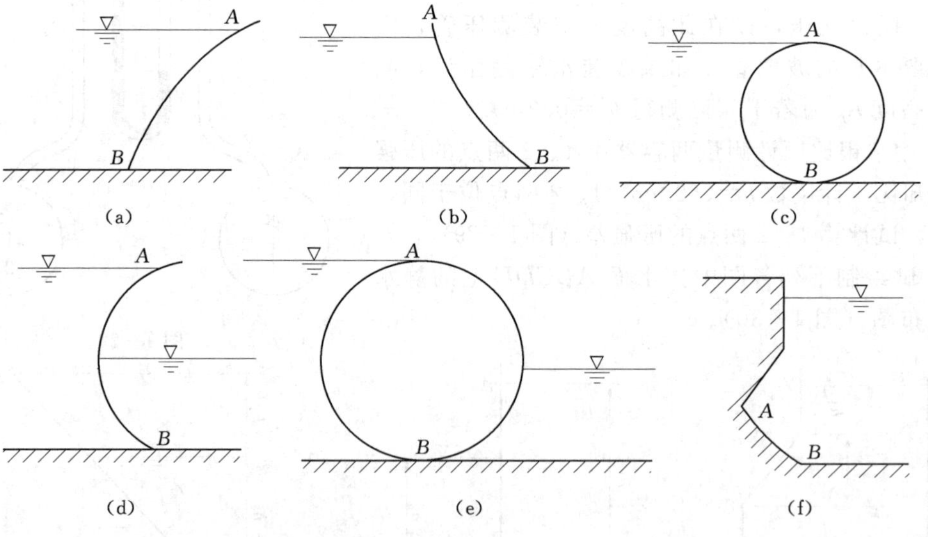

图 1-34

12. 有一弧形闸门 AB（图 1-35），为半径 $R=2.0\text{m}$ 的圆柱面的 1/4，闸门宽 $b=4\text{m}$，圆柱面挡水深 $h=2.0\text{m}$，求作用在 AB 面上的静水总压力和压力中心。

13. 某带胸墙的弧形闸门如图 1-36 所示。闸门宽度 $b=10$m，高 $H=9$m，半径$R=12$m，闸门转轴距底也为 9m，求弧形闸门上受到的静水总压力和压力中心。

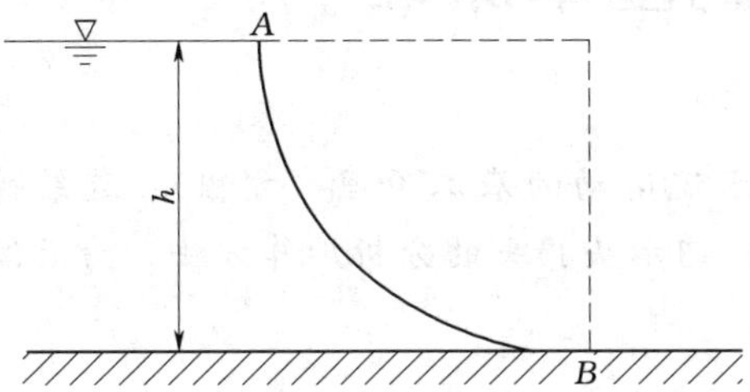

图 1-35

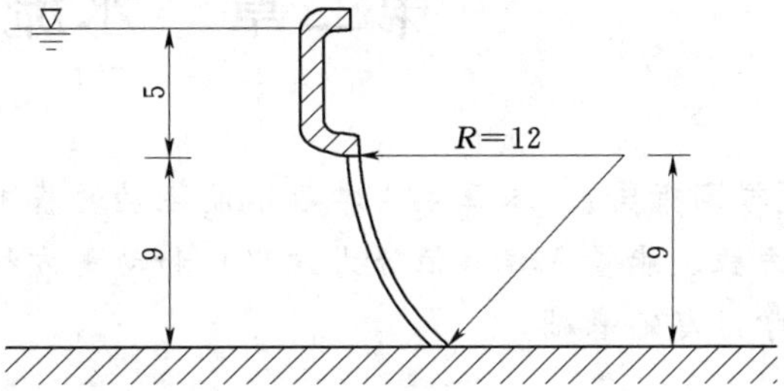

图 1-36 （单位：m）

第二章 水流运动的基本原理

【学习指导】 本章主要学习水流运动的基本概念和水流运动的基本原理（方程）：连续性方程、能量方程（伯努力方程）和动量方程。同时介绍水头损失的分析计算方法，为后续学习奠定基础。

第一节 水流运动的基本概念

在水利工程中水体静止是相对的，实质是水体仅受重力作用或者所受外力处于平衡状态，这种情况是少数的，绝大多数情况水体处于运动状态，因此学习水流运动的基本原理比静水力学的原理更为重要。

一、迹线与流线

在水力学中，为了研究水流运动的基本规律，前人提出了两种描述水流运动的方法，一种是迹线法，一种是流线法。各自是从不同的着眼点来研究水流运动，揭示水流运动的基本规律。

所谓迹线法，就是以水体质点为研究对象，分析其在一定时间所走过的轨迹线，用它来表征水体运动的状态，并采用数学方法进行表达。迹线就是水体质点在一定时间走过的轨迹线。

流线法是从另外的角度研究水流运动，是以某一时刻一定范围的水体为研究对象，看所有水体质点通过空间的运动状态，而不是关注一个水质点的运动状态。所谓流线就是某时刻一定的流动空间内很多个水体质点瞬时流速方向的连线，该线可以是直线也可以是光滑曲线，但不能相交，不能转折，因为，任一时刻一个水质点只能向一个方向运动。实际水流中，流线密集则此处流速大，流线稀疏，则表示此处流速小。另外，流线的形状受过水固体边界形状的影响。

迹线法与流线法的主要区别在于描述水流运动时着眼点不同。迹线法着眼于水流质点本身的运动特性，而流线法则着眼于水流运动时所占据的空间点的运动属性，却不考虑该点是哪个水流质点通过。在实际工程中，通常需要了解在某位置上的水流运动情况，所以常采用流线法来描述水流运动。

二、水流的运动要素

水利工程中反映水流运动状态常用流量、断面平均流速和动水压强三个要素。

1. 流量

单位时间内通过某一过水断面的水量体积，称为流量，用 Q 表示，单位为 m^3/s 或 L/s。流量是衡量过水断面输水能力大小的一个物理量。这里的过水断面是指与流线相垂直的断面，一般在流线呈相互平行的直线处，过水断面为平面，其面积称为过水断面面积，以 A 表示，基本单位为 m^2。

2. 断面平均流速

在实际水流中，过水断面上各点流速 u 不一定相同，如图 2-1 所示。为计算方便，工程中常用断面平均流速 v 来代替各点的实际流速 u，即用流量与过水断面面积的比值表示。断面平均流速为

$$v=\frac{Q}{A} \tag{2-1}$$

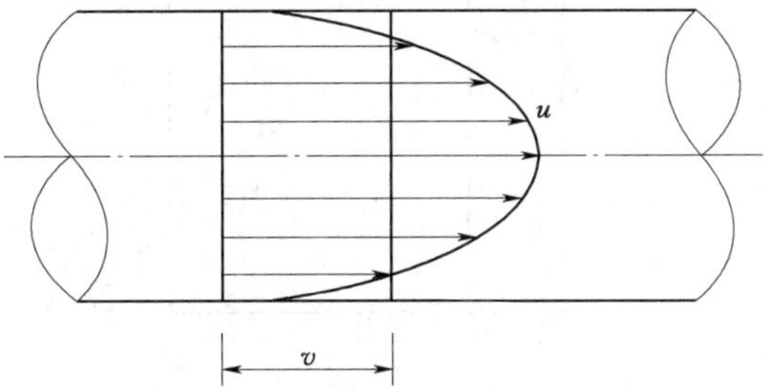

图 2-1

3. 动水压强

运动水体中任意点的压强称为动水压强。它与静水压强的区别在于任意一点各方向的静水压强大小不一定相等。对于实际水体的运动，由于黏滞力与压应力同时存在，此时，动水压强的大小一般将不再与作用面的方位无关，即从各方向作用于一点的动水压强并不相等。但动水压强在各个方向的变化受黏滞力的影响很小，任意一点取彼此垂直三个方向上动水压强的平均值，是一个不随方向选取而变化的常数。通常所说的实际液体某点的动水压强，即指三个方向压强的平均值。

三、水流运动的类型

水流运动可以按照不同的分类标准分成不同的类型，水利工程中常用的分类方法有以下几种。

1. 恒定流与非恒定流

根据水流运动要素是否随时间改变，将水流分为恒定流与非恒定流。也称稳定流与非稳定流。

如果各空间点上的所有运动要素都不随时间变化，这种流动称为恒定流；反之，称为非恒定流。对恒定流来说，运动要素仅仅是空间点位置坐标的连续函数，而与时间无关。例如，对流速 u 和压强 p 而言，有

$$u=u(x,y,z),p=p(x,y,z)$$

如图 2-2 所示的孔口泄流，当水箱水位保持不变时，孔口流出的水流运动要素不随时间变化，为恒定流［图 2-2（a)］。当水箱水位由 H_1 降到 H_2，水流运动要素发生了改变，就是非恒定流了［图 2-2（b)］。

在水利工程中多数情况下将实际工程水流近似看做恒定流，因此，在以后的讨论中，若没有特殊说明，即指恒定流。

2. 均匀流与非均匀流

在恒定流中，根据水流的运动要素是否沿流程变化，可将水流分为均匀流与非均匀流。

若同一流线上水流质点做匀速直线运动，流速的大小和方向均沿程不变，水流的流线为相互平行的直线时，该水流称为均匀流。实际工程中在直径不变的长直管道内，人工渠

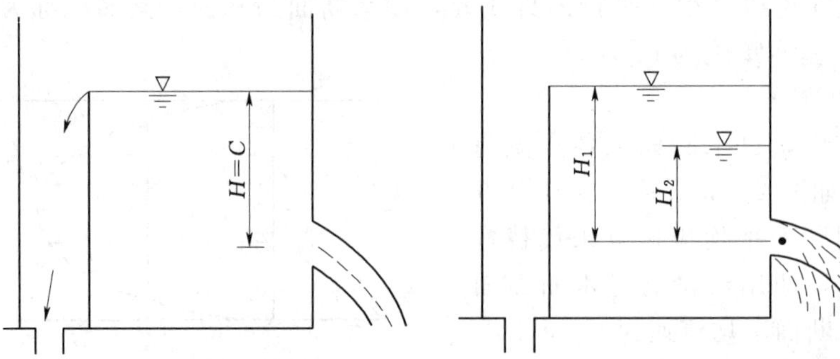

图 2-2

道中断面形状尺寸不变且水深不变的长直渠道内的水流即为均匀流。图 2-3 中，在断面 2—2 与断面 3—3 之间的流动属于均匀流。基于上述定义和典型例子，均匀流应具有以下特性：

（1）均匀流的过水断面为平面，且过水断面的形状和尺寸沿程不变。

（2）均匀流中，同一流线上不同点的流速应相等，从而各过水断面上的流速分布相同，断面平均流速相等如图 2-4 所示。

（3）均匀流过水断面上的动水压强分布规律与静水压强分布规律相同，即在同一过水断面上各点测压管水头为一常数，即 $z+\frac{p}{\gamma}=C$。对于非均匀流来说，同一条流线上各点的流速大小或方向沿程改变；流线不是平行直线。实际工程中，非均匀流多发生在边界沿流程变化的流段内。如图 2-3 所示，断面 1—1 与断面 2—2 之间，断面 3—3 与断面 4—4 之间的流动都是非均匀流。

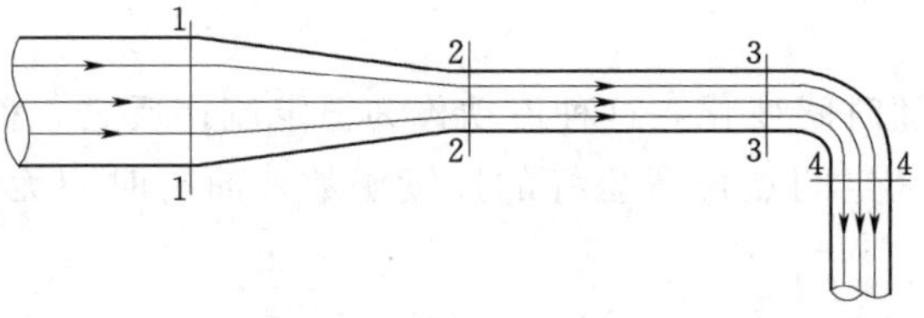

图 2-3

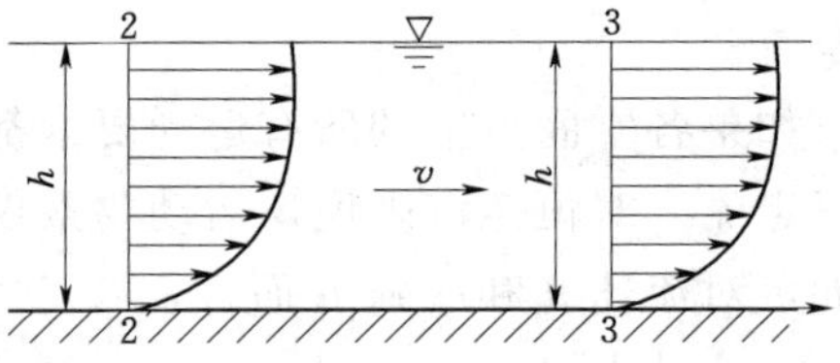

图 2-4

3. 渐变流与急变流

在非均匀流中，按照流线是否接近于平行直线，又可将非均匀流分为渐变流和急变流两种（图 2-5）。

当流线之间的夹角较小或流线的曲率半径较大，各流线近似为平行直线时，称为渐变流。它的极限情况为均匀流。当流线之间的夹角较大或流线的曲率半径较小，这种非均匀流称为急变流。

应当指出，渐变流与急变流之间没有明确的区分界限，这是因为流线的形状与水流的边界条件有密切关系。一般来说，边界为近似平行直线的流段，水流往往是渐变流；边界变化急剧的流段，水流都是急变流。实际工程中是否将非均匀流视为渐变流，主要取决于对计算结果精度的要求。

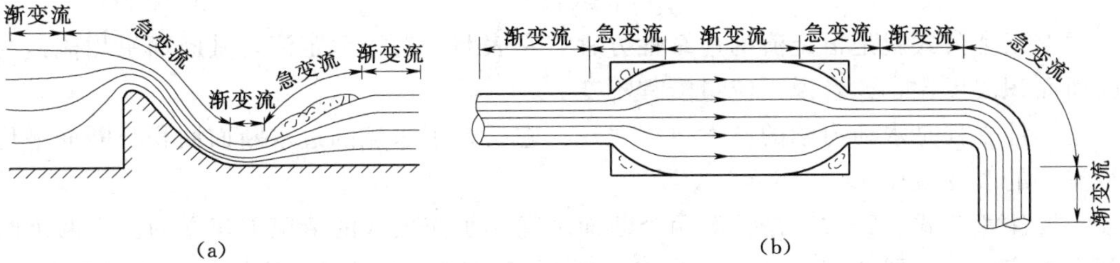

图 2-5

渐变流与均匀流时的液体受力情况基本接近，其同一过水断面上的动水压强分布规律也符合静水压强分布规律，即同一过水断面上各点的测压管水头相等。但是对于急变流，过水断面上的动水压强分布规律不再服从静水压强分布规律。

4. 有压流与无压流

根据水流在流动过程中有无自由表面，可将其分为有压流与无压流。

水流沿流程整个周界都与固体壁面接触，而无自由表面的流动称为有压流。它主要是依靠压力作用而流动，其过水断面上任意一点的动水压强一般都不等于大气压强。例如，自来水管和有压涵管中的水流，均为有压流。无压流就是有自由水面的水流，比如人工渠道中的水流，排水管中的水流等，无压流的流动是靠重力作用。

第二节　恒定流的连续性方程

在中学理化中我们学习了关于物质运动的几个基本原理，它们分别是质量守恒原理、能量守恒原理和动量定理，揭示了物质运动变化的基本规律。由于水流运动属于自然界物质运动的一种，故而也遵循这些原理。但是，为了应用方便，在水力学中三大原理的具体表现形式将有所不同。下面首先介绍质量守恒原理。

一、理论依据

中学化学中学习的质量守恒原理，或者称为物质不灭原理。

二、连续性方程的基本形式

比如有一节给水管道，如图 2-6 所示，水流从 1—1 断面流到 2—2 断面，中间没有水流的流出，也没有外来水流的加入，假设 1—1 断面流量为 Q_1，2—2 断面的流量为 Q_2，则必然有

$$Q_1=Q_2=Q \tag{2-2}$$

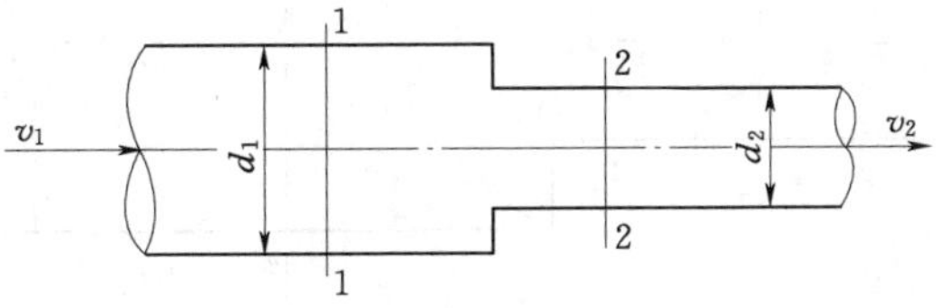

图 2-6

如果引入断面平均流速和断面面积，则式 (2-2) 可以写成

$$v_1A_1=v_2A_2 \tag{2-3}$$

或
$$\frac{v_2}{v_1}=\frac{A_1}{A_2} \tag{2-4}$$

以上三个公式就是恒定流的连续性方程。它表明：对于恒定流，其断面平均流速与过水断面面积成反比；或者说，流量沿程不变。

连续性方程是水动力学的三大方程之一。它反映了水流的过水断面面积与断面平均流速沿流程的改变规律。

需要注意，式（2-2）是针对两个断面之间无水流出入的情况下建立的。当两个断面之间有水流汇入［图2-7（a）］或分出［图2-7（b）］的时候，连续性方程应变为

$$Q_1 \pm Q_3 = Q_2 \tag{2-5}$$

式中　Q_3——汇入或分出的流量。有支流汇入时取"+"号［图2-7（a）］，有支流分出时取"-"号［图2-7（b）］。

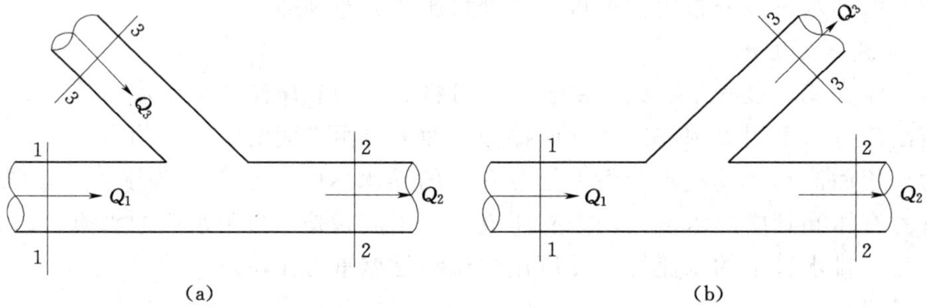

图2-7

三、应用举例

【例2-1】　一串联管道如图2-8所示，直径分别为 $d_1=100\text{mm}$，$d_2=200\text{mm}$，当 $v_1=5\text{m/s}$ 时，试计算：（1）通过管道的流量 Q；（2）第二节管道断面的平均流速 v_2；（3）两节管道的断面平均流速之比。

（1）求管中的流量 Q。

$$Q=v_1A_1=5\times\frac{3.14}{4}\times 0.1^2$$
$$=0.039(\text{m}^3/\text{s})=39(\text{L/s})$$

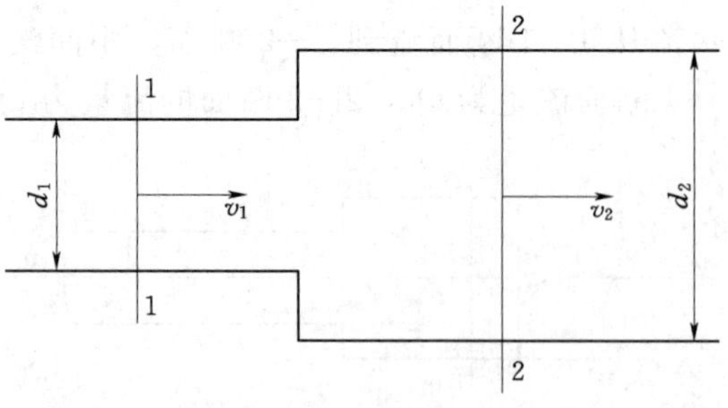

图2-8

（2）求流速 v_2。

$$v_2=\frac{Q}{A_2}=\frac{0.039}{\frac{3.14}{4}\times 0.2^2}=1.25(\text{m/s})$$

（3）断面平均流速比。

$\frac{v_1}{v_2}=\frac{5}{1.25}=4$，结果表明小管流速是大管的4倍。

【例2-2】　有一河道在某处分为两支：内江和外江，如图2-9所示。为便于引水

灌溉农田，在外江设溢流坝一座，用以抬高上游水位。已测得上游河道流量 $Q=1400\text{m}^3/\text{s}$，通过溢流坝的流量 $Q_1=350\text{m}^3/\text{s}$。内江的过水断面面积 $A_2=380\text{m}^2$，求通过内江的流量 Q_2 及 2—2 断面的平均流速。

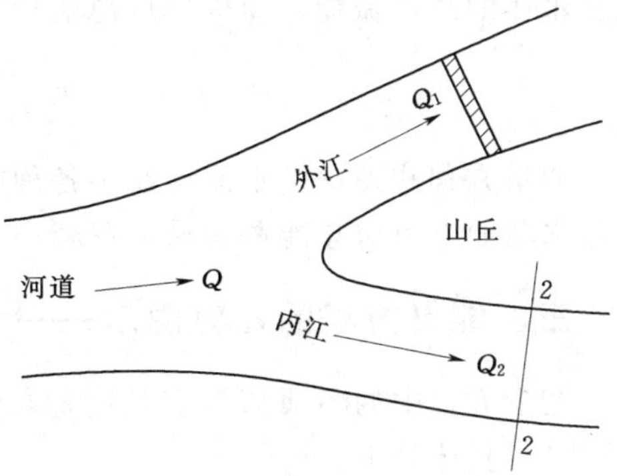

图 2-9

根据连续性方程，通过内江的流量为

$$Q_2=Q-Q_1=1400-350=1050(\text{m}^3/\text{s})$$

则 2—2 断面的平均流速为

$$v_2=\frac{Q_2}{A_2}=\frac{1050}{380}=2.76(\text{m/s})$$

第三节　恒定流的能量方程

一、理论依据

中学物理中学习的能量守恒原理。即能量既不会凭空产生，也不会凭空消失，它只能从一种形式转化为其他形式，或者从一个物体转移到另一个物体，在转化或转移的过程中，能量的总量不变。

对于恒定流的水流，水流的能量也遵循能量守恒原理。

二、能量方程的基本形式

$$z_1+\frac{p_1}{\gamma}+\frac{\alpha_1 v_1^2}{2g}=z_2+\frac{p_2}{\gamma}+\frac{\alpha_2 v_2^2}{2g}+h_w \tag{2-6}$$

式中　z_1，z_2——1—1、2—2 断面单位重量水体具有的位置势能，简称单位位能；

$\frac{p_1}{\gamma}$，$\frac{p_2}{\gamma}$——1—1、2—2 断面单位重量水体具有的压力势能，简称单位压能；

$\left(z_1+\frac{p_1}{\gamma}\right)$，$\left(z_2+\frac{p_2}{\gamma}\right)$——1—1、2—2 断面单位重量水体具有的势能，简称单位势能；

$\frac{\alpha_1 v_1^2}{2g}$，$\frac{\alpha_2 v_2^2}{2g}$——1—1、2—2 断面单位重量水体具有的平均动能，简称单位动能；

h_w——单位重量水体从 1—1 流到 2—2 断面所产生的能量损失，简称单位能量损失；

α_1，α_2——1—1、2—2 断面动能修正系数，反映用断面平均流速计算平均动能与实际平均动能之间的区别。断面流速分布越均匀，其数值越接近于 1。当水流为渐变流时，一般取 $\alpha=1.05\sim1.1$。在实际工作中，为了计算方便常取 $\alpha_1=\alpha_2=1.0$。

若令 $H_1=z_1+\frac{p_1}{\gamma}+\frac{\alpha_1 v_1^2}{2g}$，$H_2=z_2+\frac{p_2}{\gamma}+\frac{\alpha_2 v_2^2}{2g}$，分别表示 1—1、2—2 两个断面的单位

重量水体的总机械能，简称单位总能量，则式（2-6）可以写成

$$H_1=H_2+h_w \qquad (2-7)$$

或

$$H_1-H_2=h_w$$

能量方程式揭示了水流运动中各种能量之间的相互转化关系，其物理意义是：恒定流各过水断面上单位总能量是沿流程减小的，减小的部分机械能转化为热能而损失。

三、能量方程的几何图示——水头线

能量方程中的各项都具有长度的单位，因此可以用几何线段来表示各项的值，称为“水头”。具体如下：

z_1，z_2 分别为 1—1、2—2 断面的位置水头；

$\frac{p_1}{\gamma}$、$\frac{p_2}{\gamma}$分别为 1—1、2—2 断面的压强水头；

$\left(z_1+\frac{p_1}{\gamma}\right)$、$\left(z_2+\frac{p_2}{\gamma}\right)$分别为 1—1、2—2 的断面测压管水头；

$\frac{\alpha_1 v_1^2}{2g}$、$\frac{\alpha_2 v_2^2}{2g}$分别为 1—1、2—2 断面的流速水头；

H_1、H_2 分别为 1—1、2—2 的断面总水头；

h_w 为水体从 1—1 流到 2—2 断面所产生的水头损失。

为了直观形象地反映总流沿流程各种能量的变化规律及相互关系，可以把能量方程沿流程变化规律用几何线段来表示。

图 2-10 为一段水流能量方程的图示。在恒定总流中取一个流段，以 0—0 为基准面，以水头为纵坐标，按一定比例尺沿流程将各过水断面的位置水头 z、压强水头$\frac{p}{\gamma}$及流速水头$\frac{\alpha v^2}{2g}$分别绘于图上，而且每个过水断面的 z、$\frac{p}{\gamma}$及$\frac{\alpha v^2}{2g}$是由基准面开始沿铅垂线向上依次连接的。

由于过水断面上各点的位置水头 z 值不等，对于管流，一般选取断面形心点的 z 值来作为过水断面的位置水头来描绘。所以，总流各断面中心点距基准面的高度就是位置水头 z，管流的轴线就表示了位置水头 z 沿流程的变化，也称为位置水头线。

各过水断面的压强水头$\frac{p}{\gamma}$也选用形心点的动水压强来描绘。从断面形心点沿铅垂线向上量取高度等于$\frac{p}{\gamma}$的线段，得到测压管水头$\left(z+\frac{p}{\gamma}\right)$，它就是测压管液面距基准面的高度。连接各断面的测压管水头$\left(z+\frac{p}{\gamma}\right)$得到的线，就是测压管水头线，它反映了水流中势能的沿流程变化规律。测压管水头线在位置水头线以上，压强为正；反之为负。

从过水断面的测压管水头沿铅垂线再向上量取高度等于$\frac{\alpha v^2}{2g}$的线段，就得到该断面的总水头 $H=z+\frac{p}{\gamma}+\frac{\alpha v^2}{2g}$。连接各断面的总水头 H 得到的线，就是总水头线，它反映了水

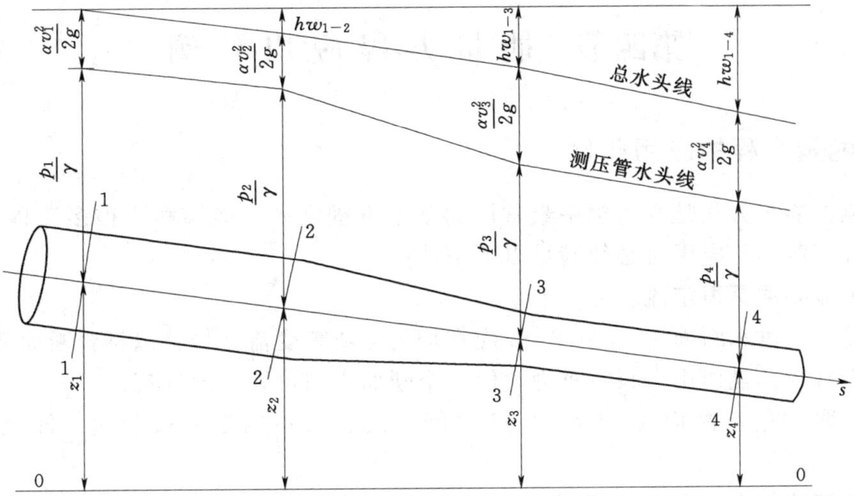

图 2－10

流总机械能沿流程的变化规律。总水头线与测压管水头线之间的铅垂距离反映了各断面流速水头的沿流程变化。

对于实际恒定流，随着流程的增加，水头损失不断增加，所以实际水流的总水头线一定是沿流程下降的。任意两个过水断面之间总水头线的降低值，就是这两个断面之间的水头损失 h_w 值。总水头线的坡度称为水力坡度，用 J 表示。当总水头线为直线时，水力坡度可用下式计算：

$$J=\frac{H_1-H_2}{L}=\frac{h_w}{L} \tag{2-8}$$

当总水头线为曲线时，水力坡度可用下式计算：

$$J=-\frac{\mathrm{d}H}{L}=\frac{\mathrm{d}h_w}{L} \tag{2-9}$$

因为总水头的增量 dH 沿流程始终为负值，为使 J 为正值，故在式（2－9）中加负号。

由于动能和势能之间可以互相转化，测压管水头线沿流程可升可降，甚至可能是一条水平线。如果测压管水头线坡度用 J_p 表示，当测压管水头线为直线时：

$$J_p=\frac{\left(z_1+\frac{p_1}{\gamma}\right)-\left(z_2+\frac{p_2}{\gamma}\right)}{L} \tag{2-10}$$

当测压管水头线为曲线时：

$$J_p=-\frac{\mathrm{d}\left(z+\frac{p}{\gamma}\right)}{\mathrm{d}L} \tag{2-11}$$

因为沿流程测压管水头线可任意变化，所以 J_p 值可正、可负或者为零。

能量方程的几何图示，可以清晰地反映水体运动时各项能量沿流程的转化情况，在长距离有压输水管道的设计中，常用这种方法来分析压强水头的沿程变化情况。

第四节　能量方程应用举例

一、能量方程的应用条件

恒定流的能量方程是水力学中最常用的基本方程之一，能够解决很多工程实际问题。能量方程式（2-6）应用时必须满足以下条件：

（1）水流必须是恒定流。

（2）所取的过水断面1—1和2—2应在均匀流或渐变流区域，以符合断面上各点测压管水头等于常数，且作用力只有重力，但两个断面之间可以是急变流。

（3）所取的过水断面1—1和2—2之间，没有流量的汇入或分出，即流量沿流程不变。

（4）所取的过水断面1—1和2—2之间，除了水头损失以外，没有其他机械能的输入或输出。

在实际工程中，常常会遇到沿流程流量改变或外加机械能的情况。这时水流的运动仍然遵循能量守恒原理，只是能量方程的具体形式有所变化，现简要分析如下。

1. 有流量汇入或分出时的能量方程

对图2-11所示的分流情况，设每支的流量分别为Q_2和Q_3。根据能量守恒原理，由1—1断面流入的液体总能量，应等于由2—2及3—3断面流出的液体总能量再加上两支水流的能量损失。所以有

$$H_1 = H_2 + h_{w1-2} \tag{2-12}$$

$$H_1 = H_3 + h_{w1-3} \tag{2-13}$$

同理，对图2-12所示的汇流情况，能量方程可写成

$$H_1 = H_3 + h_{w1-3} \tag{2-14}$$

$$H_2 = H_3 + h_{w2-3} \tag{2-15}$$

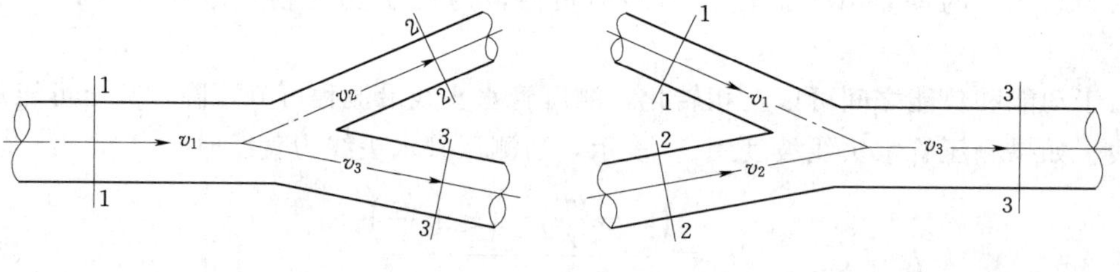

图2-11　　　　图2-12

2. 有能量输入或输出时的能量方程

在实际工程中，有时会遇到沿程两个断面间有能量输入或输出的情况，比如抽水站与水电站，此时能量方程的形式应进行修改。

（1）有能量输入时的能量方程。若在管道系统中有一水泵（图2-13）。水泵工作时，通过水泵叶片转动对水流做功，使水流能量增加。设单位重量水体通过水泵后所获得的外加能量为H_p，则能量方程式（2-7）修改为

$$H_1+H_p=H_2+h_{w1-2} \tag{2-16}$$

式中 H_p 称为水泵的扬程。当不计上、下游水池流速时，有

$$H_p=z+h_{w1-2} \tag{2-17}$$

式中　z——上下游水位差；

h_{w1-2}——1—1 和 2—2 断面之间全部管道的水头损失，但不包括水泵内部水流的能量损失。

单位时间内动力机械给予水泵的功称为水泵的轴功率 N_p。单位时间内通过水泵的水流总重量为 γQ，所以水流在单位时间内由水泵获得的总能量为 γQH_p，称为水泵的有效功率。由于水流通过水泵时有漏损和水头损失，再加上水泵本身的机械磨损，所以水泵的有效功率小于轴功率。两者的比值称为水泵的效率 η_p，故

$$N_p=\frac{\gamma QH_p}{\eta_p} \tag{2-18}$$

式中，γ 的单位是 N/m^3，Q 的单位是 m^3/s，H_p 的单位是 m，N_p 的单位是 W（即 N·m/s）。

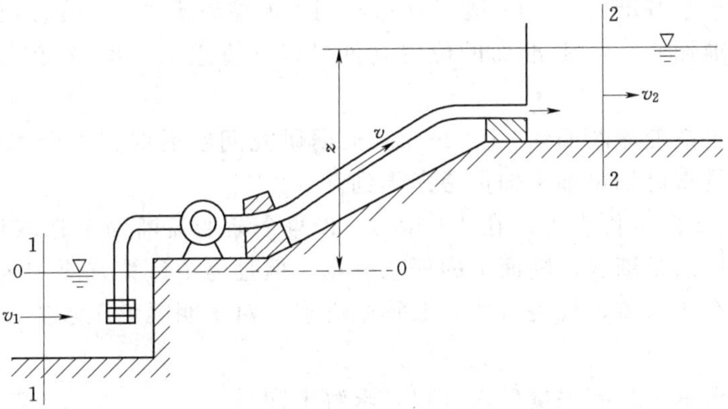

图 2-13

（2）有能量输出时的能量方程。若在管道系统中有一水轮机（图 2-14）。由于水流驱使水轮机转动，对水力机械做功，使水流能量减少。设单位重量水体给予水轮机的能量为 H_t，则总流的能量方程式(2-7) 可修改为

$$H_1-H_t=H_2+h_{w1-2} \tag{2-19}$$

式中　H_t——水轮机的作用水头；

h_{w1-2}——1—1 和 2—2 断面之间全部管道的水头损失，但不包括水轮机系统内的损失。

由水轮机主轴发出的功率又称为水轮机的出力 H_t。单位时间内通过水轮机的水流总重量为 γQ，所以单位时间内水流对水轮机作用的总能量为 γQH_t。由于水流通过水轮机时同样有漏损和水头损失，再加上水轮机本身的机械磨损，所以水轮机的出力要小于水流给水轮机的功率。两者的比值称为水轮机的效率 η_t，故

$$N_t=\eta_t\gamma QH_t \tag{2-20}$$

式（2-20）中单位与式（2-18）相同。

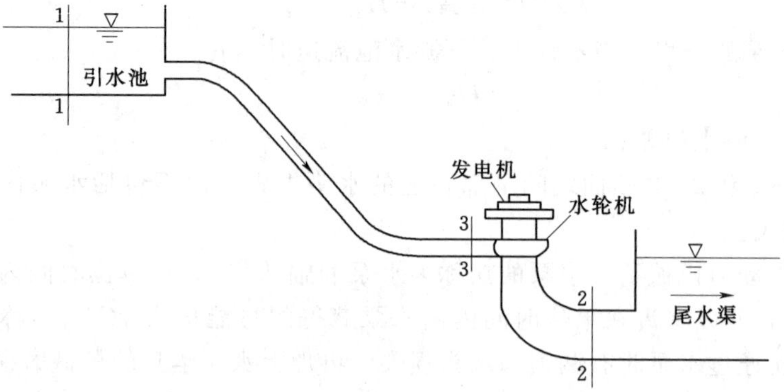

图 2-14

二、能量方程的应用步骤

能量方程在具体应用时，有以下主要步骤：

(1) 取同一水平基准面 0—0。为了计量不同点的位置高度 z，就必须对不同断面取一个统一的水平基准面 0—0。基准面的位置高低可以任意选取，但是要尽量使研究的问题简化。

(2) 选取两个渐变流断面 1—1、2—2。根据研究问题需要在整个水流中选取两个渐变流断面，要尽量将已知量和未知量考虑周到。

(3) 选取 1、2 两个代表点。在 1—1、2—2 两个渐变流断面上选取代表点 1、2。从理论上讲代表点可以是渐变流断面上的任意一点，但是为了计算方便，通常有比较习惯的取法，对于管道有压水流，代表点通常取管中心点，对于明渠无压水流，代表点通常取在水面点。

(4) 列方程求解。将有关量代入方程，求解未知量。

为了更方便快捷地应用能量方程解决实际问题，在应用时应还需注意以下几点：

(1) 尽量选择已知条件多的过水断面列能量方程，当流速水头 $\frac{\alpha v^2}{2g}$ 与其他各项相比较小时，可以忽略不计。

(2) 基准面可任意选取，但在同一方程中，z 值必须对应同一基准面。

(3) 压强 p 一般采用相对压强，也可采用绝对压强。但在同一方程中必须采用同一标准。

(4) 因为渐变流同一过水断面上各点的测压管水头 $\left(z+\frac{p}{\gamma}\right)$ 值相等，具体选择哪一点，以计算简单和方便为宜。

(5) 严格地讲，不同过水断面上的动能修正系数 α 是不相等的，且不等于 1.0。在实际计算中，对均匀流和渐变流，一般取 $\alpha_1=\alpha_2=1.0$。

三、能量方程应用举例

水流在运动过程中总是符合能量转化与守恒规律的。由于实际水流复杂多样，以下通过几个应用实例来说明如何利用能量方程分析和解决具体水力学问题。

1. 毕托管测流速

毕托管是一种常用在实验室中测量水流点流速的仪器。其测量流速的原理就是水流的能量转化与守恒原理。

当欲测明渠水流中某一点 A 的流速时，可在 A 点装一测压管（图 2-15），测出 A 点的测压管高度为$\frac{p_A}{\gamma}$；在过 A 点的同一水平面的下游，取一与 A 点非常接近的 B 点，在 B 点安装一弯成直角的测压管，将它的前端对准来流，且置于 B 点处，另一端垂直向上。这时，B 点处的水流质点沿细管进入，受弯管的阻挡流速变为零，动能全部转化为压能，使得测压管中水面上升至高度$\frac{p_B}{\gamma}$。若以通过 B 点的水平面为基准面，$\frac{p_B}{\gamma}$代表了 B 点处水流的总能量。由于 A、B 两点很近，忽略两者间能量损失，根据能量方程，有$\frac{p_A}{\gamma}+\frac{u^2}{2g}=\frac{p_B}{\gamma}$，即$\frac{p_B}{\gamma}-\frac{p_A}{\gamma}=\frac{u^2}{2g}=\Delta h$，所以

$$u=\sqrt{2g\Delta h} \tag{2-21}$$

式中　Δh——两根测压管的液面差。

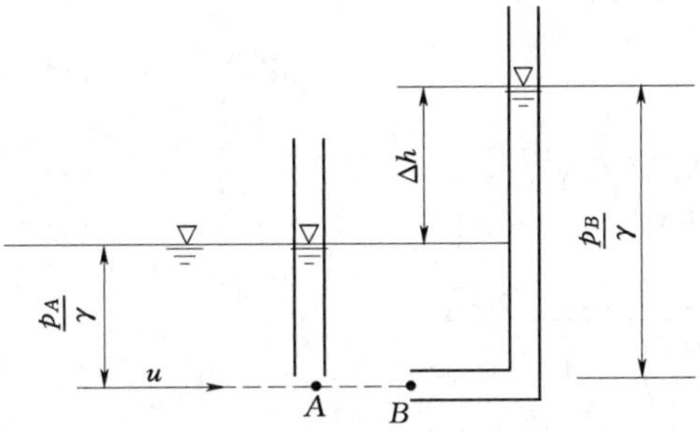

图 2-15

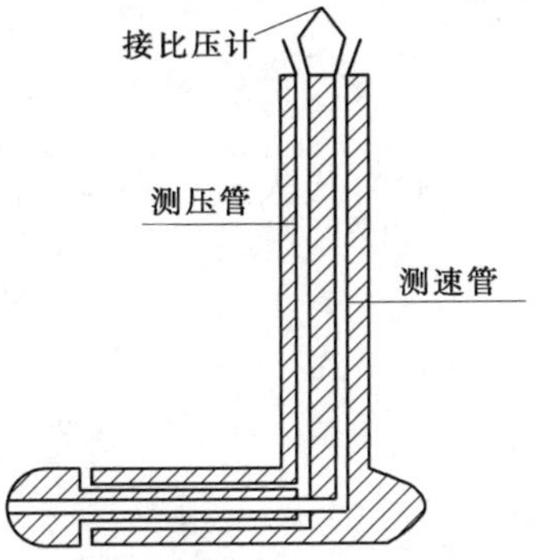

图 2-16

实际测量时，是把两根测压管并入同一弯管中，如图 2-16 所示。考虑液体具有黏滞性，能量转化时有损失。另外，毕托管顶端小孔与侧壁小孔的位置不同，因而测得的不是同一点上的能量。再加上考虑毕托管放入水中时产生的扰动影响，使得测压管液面差 Δh 可能与实际值有误差，所以要对式（2-21）加以修正，修正的办法是乘以修正系数 c，即

$$u=c\sqrt{2g\Delta h} \tag{2-22}$$

式中　c——毕托管校正系数，需通过对毕托管进行专门的率定来确定，一般约为 0.98～1.0。

2. 文德里流量计测流量

文德里流量计是用于测量管道中流量大小的一种装置，包括收缩段、喉管和扩散段三

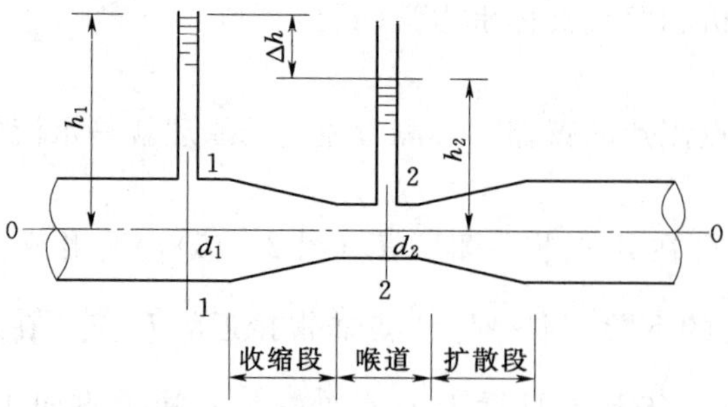

图 2-17

部分，安装在需要测定流量的管道当中。在收缩段进口前 1—1 断面和喉管 2—2 断面上分别装测压管，如图 2-17 所示。通过测量 1—1 和 2—2 断面测压管水头差 Δh 值，就能计算出管道通过的流量 Q，其基本原理就是恒定总流的能量方程。

因为管轴线是水平的，取管轴线所在的水平面 0—0 为基准面，对渐变流断面 1—1 和 2—2 写能量方程（取 $\alpha_1=\alpha_2=1.0$，暂不考虑水头损失），有

$$0+\frac{p_1}{\gamma}+\frac{v_1^2}{2g}=0+\frac{p_2}{\gamma}+\frac{v_2^2}{2g}+0$$

上式中$\frac{p_1}{\gamma}=h_1$，$\frac{p_2}{\gamma}=h_2$，$h_1-h_2=\Delta h$，则

$$\frac{p_1}{\gamma}-\frac{p_2}{\gamma}=\frac{v_2^2}{2g}-\frac{v_1^2}{2g}=\Delta h \tag{2-23}$$

根据连续性方程，有

$$v_2=\frac{A_1v_1}{A_2}=\left(\frac{d_1}{d_2}\right)^2v_1 \tag{2-24}$$

将式（3-41）代入式（3-40），得

$$\Delta h=\frac{v_1^2}{2g}\left[\left(\frac{d_1}{d_2}\right)^4-1\right]$$

则

$$v_1=\frac{1}{\sqrt{\left(\frac{d_1}{d_2}\right)^4-1}}\sqrt{2g\Delta h}$$

因此，通过文德里流量计的流量为

$$Q'=A_1v_1=\frac{\pi}{4}d_1^2\frac{1}{\sqrt{\left(\frac{d_1}{d_2}\right)^4-1}}\sqrt{2g\Delta h}=\frac{\pi d_1^2d_2^2}{4\sqrt{d_1^4-d_2^4}}\sqrt{2g\Delta h}$$

令

$$K=\frac{\pi d_1^2d_2^2}{4\sqrt{d_1^4-d_2^4}}\sqrt{2g} \tag{2-25}$$

则

$$Q'=K\sqrt{\Delta h} \tag{2-26}$$

实际上，液体存在水头损失，通过文德里流量计的实际流量要比式（2-26）计算出的流量要小。通常给式（2-26）乘以一个小于 1 的系数 μ 来修正，则实际流量为

$$Q=\mu K\sqrt{\Delta h} \tag{2-27}$$

式中　μ——文德里流量计的流量系数，一般为 0.95～0.98。

如果 1—1 和 2—2 断面的动水压强很大，这时可在文德里管上直接安装水银压差计，

如图 2-18 所示。由压差计原理可知，$\frac{p_1}{\gamma}-\frac{p_2}{\gamma}=\frac{\gamma_m-\gamma}{\gamma}\Delta h=12.6\Delta h$，此时式（2-27）可写成

$$Q=\mu K\sqrt{12.6\Delta h} \qquad (2-28)$$

式中　Δh——水银压差计两支管中水银面的高差。

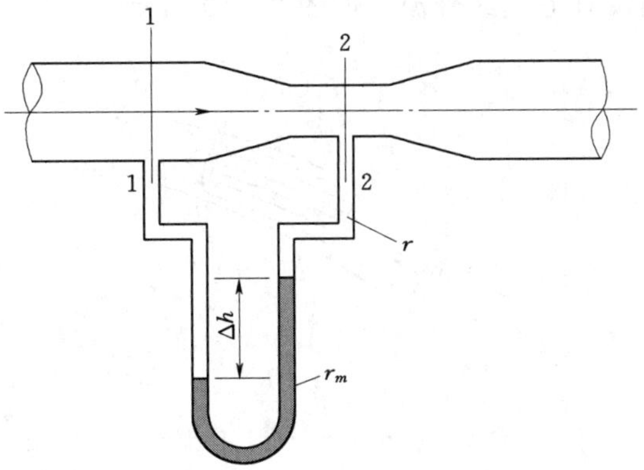

图 2-18

【**例 2-3**】 如图 2-18 所示，文德里流量计进口直径 $d_1=100\text{mm}$，喉管直径 $d_2=50\text{mm}$，若已知文德里流量计的流量系数 $\mu=0.98$，水银压差计读数 $\Delta h=4.5\text{cm}$。试计算通过管道的流量 Q。

根据已知条件，可计算该文德里流量计的常数 K 为

$$K=\frac{\pi d_1^2 d_2^2}{4\sqrt{d_1^4-d_2^4}}\sqrt{2g}=\frac{3.14\times0.1^2\times0.05^2}{4\times\sqrt{0.1^4-0.05^4}}\times\sqrt{2\times9.8}=0.00897$$

$$Q=\mu K\sqrt{12.6\Delta h}=0.98\times0.00897\times\sqrt{12.6\times0.045}=0.00662(\text{m}^3/\text{s})=6.62(\text{L/s})$$

第五节　恒定流的动量方程

联合应用恒定总流的连续性方程和能量方程，可以解决许多水力学问题。但是，由于它们没有反映水流与边界作用力之间的关系，因此不能求解水流对边界的作用力问题。例如，水流对弯管的作用力、水流对平板闸门的推力，以及明渠中水跃的计算等问题都无法用连续性方程和能量方程求解。而恒定总流的动量方程恰好弥补了上述不足。

连续性方程、能量方程及动量方程又统称为水力学三大基本方程。

一、理论依据

物理中的动量定理。

动量定理可表述为：运动物体单位时间内动量的变化等于物体所受所有外力的合力。若以 m 表示物体的质量，以 v 表示物体运动的速度，以 $\sum F$ 表示作用于物体上所有外力的合力，动量定理可写为

$$\sum F=\frac{mv_2-mv_1}{\Delta t}=\frac{\Delta K}{\Delta t}$$

下面介绍依据动量定理建立的恒定流的动量方程。

二、恒定流动量方程的基本形式

在恒定流中，任取一渐变流流段 1—2。设 1—1 断面及 2—2 断面的面积分别为 A_1 及 A_2，断面平均流速为 v_1 和 v_2。经过 Δt 时段后，液体由断面 1—2 运动到 1′—2′，两断面

间没有汇流或分流，如图 2-19 所示。

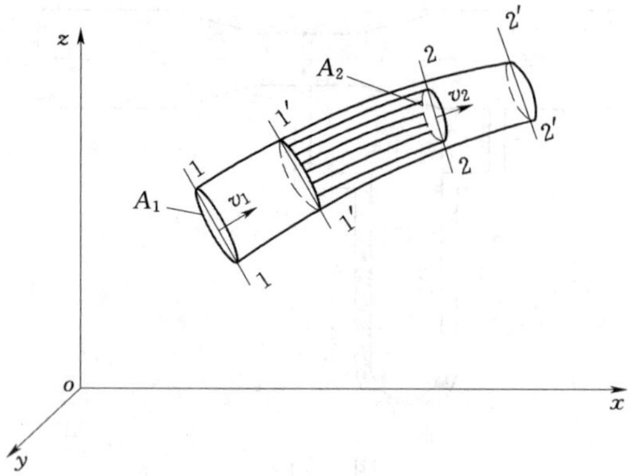

图 2-19

根据动量定理经推导得到恒定流的动量方程为

$$\sum\vec{F}=\frac{\Delta K}{\Delta t}=\rho Q(\beta_2\vec{v}_2-\beta_1\vec{v}_1) \qquad (2-29)$$

式中　β_1，β_2——动量修正系数，对于渐变流或均匀流断面，一般取 $\beta=1.02\sim1.05$，近似计算时取 $\beta=1.0$；

$\sum\vec{F}$——作用在所取流段上的所有外力的合力（矢量和）。

恒定流的动量方程式（2-29）是一个矢量方程，为了计算方便，可转换成直角坐标系下 x、y 方向的代数方程：

$$\left.\begin{aligned}\sum F_x=\rho Q(\beta_2 v_{2x}-\beta_1 v_{1x})\\ \sum F_y=\rho Q(\beta_2 v_{2y}-\beta_1 v_{1y})\end{aligned}\right\} \qquad (2-30)$$

式中　ρ——水体的密度；

v_{1x}，v_{1y}，v_{2x}，v_{2y}——v_1、v_2 在 x、y 两个坐标轴方向的投影分量；

$\sum F_x$，$\sum F_y$——作用在脱离体上所有外力在 x、y 两个坐标轴方向投影的代数和。

三、动量方程的应用步骤

动量方程应用的具体步骤如下：

(1) 取脱离体。选取研究水流中两个渐变流断面 1—1、2—2 间的水体为脱离体。

(2) 建立直角坐标系 xoy。根据研究水体的受力及流速方向建立直角坐标系。

(3) 受力分析。对所取脱离体进行受力分析，并标注力的方向，同时将各个力按照坐标轴方向进行分解，标出分力的方向，水流速度也为矢量，也需要按照力的分解进行分解。

(4) 列方程求解。根据问题列 x、y 方向的方程进行求解。一般力、速度与坐标轴方向一致取“+”号，相反取“-”号。

另外，在应用时还要注意以下几点：

(1) 脱离体一般是取实际水流的一段“水体”来研究，过水断面应选在均匀流或渐变流区域。

(2) 坐标轴可任意选取，但应以计算简便为宜。

(3) 全面分析脱离体的受力情况。对于待求的未知力，可先假定一个方向。若求得该力为正值，表明假定方向正确。否则，该力的实际方向与假定方向相反。为便于计算，应在脱离体上标出所有作用力的方向。

(4) 计算动量改变量时，一定是流出的动量减去流入的动量，两者切不可颠倒。

(5) 动量方程只能求解一个未知量。当有两个以上未知量时，要配合连续性方程和能量方程联合求解。

（6）计算时，一般取 $\beta_1=\beta_2=1.0$。

（7）计算时需要注意单位换算，方程左边力的单位常用 kN，而方程右边的计算单位为 N，两边统一单位，就需要给右边乘以 10^{-3}。因为

$$1000kg/m^3\times 1m^3/s\times 1m/s=1000kg\cdot m/s^2=1000N=1kN$$

四、动量方程应用举例

下面举例说明动量方程的应用。

1. 水流对弯管的作用力

【例 2-4】 某有压管道中有一渐缩弯管，如图 2-20 所示。弯管的轴线位于水平面内，转角 $\theta=60°$。已知断面 1—1 形心点的压强 $p_1=196kN/m^2$，管径 $d_1=300mm$，管径 $d_2=250mm$，管中流量 $Q=150L/s$。若不计弯管的水头损失，求水流对弯管的作用力。

首先，由连续性方程计算 1—1、2—2 断面的平均流速。

由连续性方程 $Q=v_1A_1=v_2A_2$，得

$$v_1=\frac{Q}{A_1}=\frac{150\times 10^{-3}}{\frac{\pi}{4}\times 0.3^2}=2.12(m/s)$$

$$v_2=\frac{Q}{A_2}=\frac{150\times 10^{-3}}{\frac{\pi}{4}\times 0.25^2}=3.06(m/s)$$

其次，由能量方程计算 2—2 断面中心点的压强。

取过水断面 1—1 和 2—2，以管轴线所在的水平面为基准面，列 1—1 和 2—2 断面的能量方程（取 $\alpha_1=\alpha_2=1.0$），不计水头损失有

$$0+\frac{p_1}{\gamma}+\frac{v_1^2}{2g}=0+\frac{p_2}{\gamma}+\frac{v_2^2}{2g}+0$$

所以

$$\frac{p_2}{\gamma}=\frac{p_1}{\gamma}+\frac{v_1^2-v_2^2}{2g}=\frac{196}{9.8}+\frac{2.12^2-3.06^2}{2\times 9.8}=19.75(m)$$

故 2—2 断面形心的压强

$$p_2=19.75\times 9.8=191.1(kN/m^2)$$

则 1—1 断面上的动水压力为 $P_1=p_1A_1=196\times\frac{\pi}{4}\times 0.3^2=13.85(kN)$。

2—2 断面上的动水压力为 $P_2=p_2A_2=191.10\times\frac{\pi}{4}\times 0.25^2=9.38(kN)$。

最后，由动量方程计算水流对弯管的作用力。

（1）取 1—1、2—2 两个渐变流断面间的水体为脱离体，如图 2-20（b）所示。

（2）建立直角坐标系 xoy，如图 2-20（b）所示。

（3）对脱离体进行受力分析。作用力分别如下：

1—1 断面的动水压力 P_1（与 x 轴同方向，无 y 方向的分力，即 $P_1=P_{1x}$）；

2—2 断面的动水压力 P_2（可以分解为 x 方向的分力 P_{2x} 和 y 方向的分力 P_{2y}，二者均与 x、y 轴方向相反）；

弯管管壁对脱离体的约束力 R [可以分解为 x 方向的分力 R_x 和 y 方向的分力 R_y，方向假设如图 2-20 (b) 所示]。

需要说明的是此问题不考虑脱离体的重力，因为其方向垂直指向地面，与 x、y 方向无关。

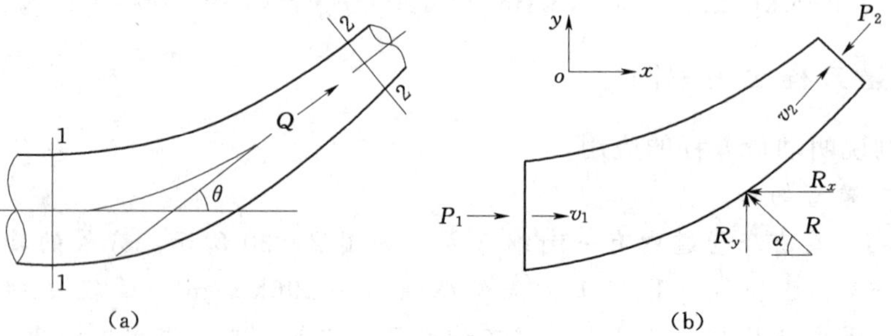

图 2-20

(4) 列 x 方向的动量方程，有

$$P_1-P_{2x}-R_x=\rho Q(\beta_2 v_{2x}-\beta_1 v_{1x})$$

取 $\beta_1=\beta_2=1.0$；由 $P_{2x}=P_2\cos\theta$，$v_{2x}=v_2\cos\theta$，$v_{1x}=v_1$ 代入得

$$\begin{aligned}R_x&=P_1-P_2\cos\theta-\rho Q(v_2\cos\theta-v_1)\\&=13.85-9.38\times\cos60°-1000\times0.15\times(3.06\times\cos60°-2.12)\times10^{-3}\\&=9.25(\text{kN})\end{aligned}$$

(5) 列 y 方向的动量方程，有

$$-P_{2y}+R_y=\rho Q(\beta_2 v_{2y}-\beta_1 v_{1y})$$

取 $\beta_1=\beta_2=1.0$，由 $P_{2y}=P_2\sin\theta$，$v_{2y}=v_2\sin\theta$，$v_{1y}=0$ 代入得

$$\begin{aligned}R_y&=P_2\sin\theta+\rho Q v_2\sin\theta\\&=9.38\times\sin60°+1000\times0.15\times3.06\times\sin60°\times10^{-3}\\&=8.52(\text{kN})\end{aligned}$$

R_x、R_y 的计算结果均为正值，说明管壁对脱离体的作用力的实际方向与假定方向相同。

(6) 合力的大小为

$$R=\sqrt{R_x^2+R_y^2}=\sqrt{9.25^2+8.52^2}=12.58(\text{kN})$$

合力与 x 轴的夹角为

$$\alpha=\arctan\frac{R_y}{R_x}=\arctan\frac{8.52}{9.25}=42.6°$$

水流对弯管的作用力 F 与 R 大小相等，方向相反。F 直接作用在弯管上，对弯管有冲击破坏作用，所以应在弯管段设置混凝土镇墩来抵抗这种冲击力。

2. 水流对平板闸门的推力

【例 2-5】 在某平底矩形断面棱柱体渠道中修建水闸，闸门与渠道同宽，如图 2-21 (a) 所示。已知闸门宽度 $b=6$m，闸前水深 $H=5$m，闸后收缩水深 $h_c=0.6$m，水闸泄流量 $Q=36\text{m}^3/\text{s}$。若不计水头损失，求过闸水流对平板闸门的推力。

（1）取渐变流断面1—1及c—c之间的水体为脱离体，如图2-21（b）所示。需要说明的是，一般认为闸门后的收缩断面c—c为渐变流断面。

根据连续性方程$Q=v_1A_1=v_2A_2$，可得

$$v_1=\frac{Q}{bH}=\frac{36}{6\times5}=1.2(\text{m/s})$$

$$v_c=\frac{Q}{bh_c}=\frac{36}{6\times0.6}=10(\text{m/s})$$

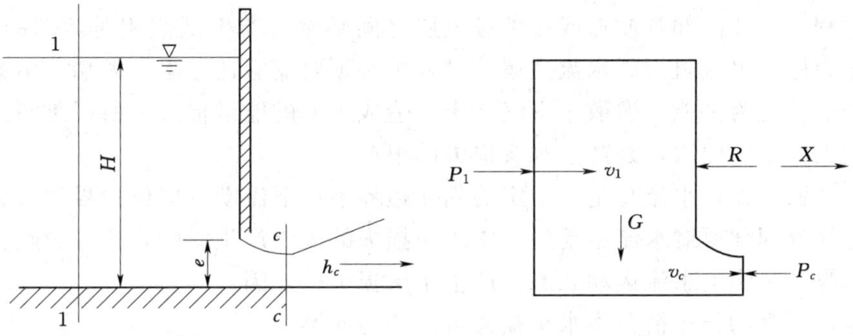

图2-21

（2）建立坐标系。由于水流对平板闸门的推力只在水平方向上，故坐标系只需取一个x方向即可，其方向与水流方向一致，如图2-21（b）所示。

（3）受力分析。脱离体上所受的作用力有1—1、c—c断面的动水压力P_1、P_c，方向如图所示，闸门对脱离体的约束力R，方向与水流反向。脱离体的重力G方向向下，在x方向无分力。另外，两个断面的流速与x轴同向。

（4）列方程求解。只需要列x方向的动量方程即可。

取$\beta_1=\beta_2=1.0$，列沿流向的动量方程，有

$$P_1-P_c-R=\rho Q(v_c-v_1)$$

则

$$R=P_1-P_c-\rho Q(v_c-v_1)$$

渐变流1—1断面的动水压力按照矩形平面的静水压力计算：

$$P_1=\frac{1}{2}\gamma H^2b=\frac{1}{2}\times9.8\times5^2\times6=735(\text{kN})$$

渐变流c—c断面的动水压力也按矩形平面静水压力计算：

$$P_c=\frac{1}{2}\gamma h_c^2b=\frac{1}{2}\times9.8\times0.6^2\times6=10.58(\text{kN})$$

所以

$$R=735-10.58-1\times36\times(10-1.2)=407.62(\text{kN})$$

因求得的结果为正值，说明假定的方向就是实际方向。所以水流对平板闸门的推力$R'=R=407.62\text{kN}$，方向与R相反。

第六节　水头损失分析与计算

一、水头损失的成因及分类

在能量方程的具体应用中，水头损失是关键一项。为了完整应用能量方程解决实际工程问题，就必须弄清楚水头损失如何计算的问题。

为什么实际水流在流动过程中会产生水头损失呢？是由于实际水体存在黏滞性。因此，运动过程中水体内部各质点或相邻各流层之间必然会产生抵抗相对运动的内摩擦力，这种内摩擦力称为水流阻力。水流在运动过程中必须要克服这一阻力做功，引起运动水体的部分机械能转化为热能，逸散于空气之中，造成水流的能量损失。所以黏滞性的存在是水流水头损失产生的内因，是产生水头损失的根源。

从另一方面考虑，水流总是在一定的固体边界条件下流动，固体边界的形状、尺寸以及沿程变化情况同样要对水流运动过程中水头损失的大小产生影响，这种影响称为外界几何形状的影响，是影响水流运动状态、产生水头损失的外因。

根据水流阻力的分布情况将水头损失可以分为两类：

(1) 沿程水头损失 h_f：在均匀流和渐变流中，各流层之间的相对运动而产生的摩擦阻力，由于它均匀地分布在水流的整个流段上，故又称为沿程阻力。水流克服沿程阻力而引起的单位重量液体的水头损失称为沿程水头损失，用 h_f 表示。通常等直径水管、隧道和河渠中的均匀流及渐变流流段的水头损失多表现为沿程水头损失。

(2) 局部水头损失 h_j：由于水流边界发生突然变化，如管道过水断面的突然转弯、扩大、缩小或安装阀门的地方，使水流结构发生急剧变化而产生了附加的阻力，消耗了大量的机械能，通常称这种阻力为局部阻力。水流克服局部阻力而引起的单位重量液体的水头损失称为局部水头损失，用 h_j 表示。

局部水头损失，是在水流边界发生改变的局部流段内产生的，为了计算方便，通常将局部水头损失看成是集中在一个概化断面上产生的水头损失。

对所研究的流段，如图 2-22 所示，所有沿程水头损失与所有局部水头损失之和就是该流段的总水头损失。所以总水头损失 h_w 可用下式表示：

$$h_w = \sum h_f + \sum h_j \tag{2-31}$$

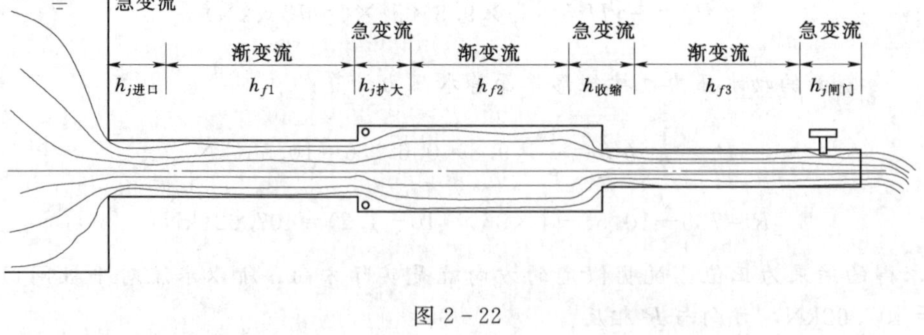

图 2-22

式中　$\sum h_f$——该流段中各分段的沿程水头损失的总和；

$\sum h_j$——该流段中各种局部水头损失的总和。

二、水头损失的影响因素

我们已经知道产生水头损失的根源是实际液体本身具有黏滞性，但固体边界纵横方向的几何条件（边界轮廓的形状和大小），以及水流形态对水头损失也有很大的影响。

1. 水流边界横向轮廓的形状和大小对水头损失的影响

水流边界横向轮廓的形状和大小对水流影响的因素有两个：一个是过水断面面积 A，另一个是过水断面上液体和固体边界接触线的长度，称为湿周，用 χ 表示。显然，如果过水断面的面积相等，而形状不同，湿周也就不相等，湿周越大水流阻力及水头损失也就越大。但两个过水断面的湿周相等，而形状不同，则过水断面面积通常是不相等的，当通过同样大小的流量时，因面积大小不相等，即流速大小就不相等，所以水流阻力和水头损失也不相等。

为了能够综合反映过水断面的形状和大小对水头损失的影响，我们引入水力半径的概念。水力半径用下式表示：

$$R=\frac{A}{\chi} \tag{2-32}$$

式中　R——水力半径，m；

A——过水断面面积，m^2；

χ——湿周，m。

对直径为 d 的圆管，当充满水流时，$A=\frac{\pi d^2}{4}$，$\chi=\pi d$，故水力半径为

$$R=\frac{A}{\chi}=\frac{\frac{\pi}{4}d^2}{\pi d}=\frac{d}{4} \tag{2-33}$$

对底宽为 b，水深为 h 的矩形断面，$A=bh$，$\chi=b+2h$，故水力半径为

$$R=\frac{A}{\chi}=\frac{bh}{b+2h} \tag{2-34}$$

以上分析说明，在其他条件相同的情况下，水力半径越大，边界对水流的影响就越小；水头损失就越小；反之，水力半径越小，边界对水流的影响就越大，水头损失就越大。可见，水力半径是过水断面的一个很重要的水力要素，在许多重要的水力学公式中都包含有这个要素。

2. 水流边界纵向轮廓对水头损失的影响

根据边界纵向轮廓的不同，有两种不同形式的水流，即均匀流与非均匀流。

由均匀流的定义可知，均匀流中沿程各过水断面的水力要素及断面平均流速都是不变的，所以，均匀流时只存在沿程水头损失，而且各单位长度上的沿程水头损失也是相等的，总水头线为直线，其坡度即为水力坡度。

非均匀渐变流时也以沿程水头损失为主，局部水头损失可以忽略小计。但非均匀急变流时沿程和局部两种水头损失都存在，都占有一定的比例。

3. 水流形态对水头损失的影响

早在 19 世纪初期，人们在长期的工程实践中，就发现管道的沿程阻力与管道水流的流速之间的对应关系有其特殊性。当流速较小时，沿程水头损失与流速一次方成正比；当流速较大时，沿程水头损失与流速平方成正比，这一现象，促使英国物理学家雷诺于 1883 年进行了实验，并揭示了实际液体运动存在着两种不同流动形态，即层流和紊流。

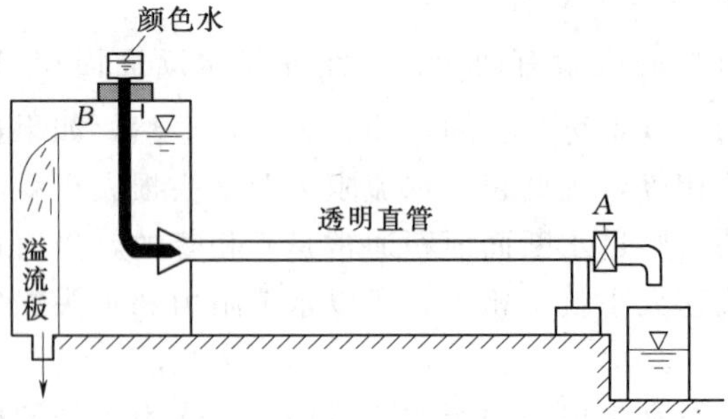

图 2-23

图 2-23 为雷诺试验装置的示意图。试验过程中，使水箱内的静置水位维持一定的高度保持不变，在长直的玻璃圆管中保证试验时试验管段内的水流为恒定均匀流。

试验开始时，先将试验管末端的阀门 A 慢慢开启，使试验段管中水流的流动速度较小，然后打开装有颜色液体的细管上的阀门 B，此时，在试验段的玻璃管内出现一条细而直的鲜明的着色流束，此着色流束并不与管内不着色的水流相混杂，如图 2-24（a）所示水流分层次流动，称这种流动为层流。

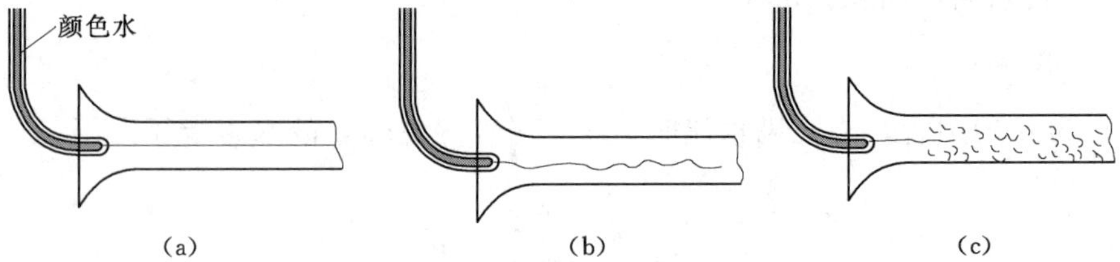

图 2-24

将阀门 A 逐渐开大，试验管段中水流的流速也相应地逐渐增大，此时可以看到，玻璃管中的着色流束开始颤动，并弯曲成波形如图 2-24（b）所示。随着阀门 A 的继续开大，着色的波状流束先在个别地方出现间歇状断裂，如果用灯光照亮液体，可以看见水流中开始出现小涡体沿水流方向运动，使水流失去了着色流束的清晰形状。最后在流速达到某一定值时，水流出现了许多小涡体，液体质点的运动轨迹极不规则，不仅有沿轴线方向的位移，而且还有垂直于管轴方向的位移，各点的瞬时速度随时间无规律地变化，其方向和大小具有明显的随机性。后来，着色流束便完全破裂，并很快地扩散到整个试验管子，而使管中水流全部着色，如图 2-24（c）所示，这种水流称为紊流。

雷诺通过实验将水流分为层流与紊流。二者除了流速大小不同外，最主要的区别在于层流时水流质点呈直线运动，在流层中不掺混，而紊流时水流质点在整个过水断面互相掺混，运动轨迹非常混乱。层流与紊流除了通过实验观察区分之外，还可以用雷诺数进行判别，定义的判别数称为雷诺数。

对于圆管水流，雷诺数为

$$Re=\frac{vd}{\nu} \tag{2-35}$$

式中 v——断面平均流速，m/s；

d——圆管直径，m；

ν——液体运动黏滞系数，m^2/s 。

对于明渠水流，则用水力半径 R 代替管径 d，有

$$Re=\frac{vR}{\nu} \tag{2-36}$$

而且根据实验总结出判别标准——临界雷诺数 Re_k，对于圆管临界雷诺数 Re_k 为 2000～3000，常取 2320；对于明渠水流临界雷诺数 Re_k 为 300～600，常取 580。

【例 2-6】 某试验室的矩形试验明槽，底宽为 $b=0.2$m，水深 $h=0.1$m，今测得其断面平均流速 $v=0.15$m/s，室内的水温为 20℃，试判别槽内水流的流态。

（1）计算明槽过水断面的水力要素。

$$A=bh=0.2\times0.1=0.02(\text{m}^2)$$

$$\chi=b+2h=0.2+2\times0.1=0.4(\text{m})$$

$$R=\frac{A}{\chi}=\frac{0.02}{0.4}=0.05(\text{m})$$

（2）判别水流的流态。由水温为 20℃，查表 1-1 得 $\nu=1.003\times10^{-6}\text{m}^2/\text{s}$，

则
$$Re=\frac{vR}{\nu}=\frac{0.15\times0.05}{1.003\times10^{-6}}=7478$$

因为 $Re>580$，则明槽中的水流为紊流。

具体判别时，若实际雷诺数远远小于临界雷诺数，可以肯定水流为层流，相反，实际雷诺数远远大于临界雷诺数，则水流肯定为紊流。若实际雷诺数接近临界值，则要具体分析，严格地讲，此时水流处于一种过渡状态。实际水利工程中的水流，一般流速比较大，绝大多数情况下水流多为紊流。

层流时，水流质点互不掺混，水流的能量损失主要是由于流层之间的摩擦引起的，故以沿程损失为主。紊流时，水流质点相互掺混，质点之间的摩擦加剧，此时沿程损失和局部损失都占有一定的比例。

三、水头损失的分析计算

1. 沿程水头损失计算

（1）沿程水头损失计算的理论公式——达西-魏斯巴哈公式。

$$h_f=\lambda\cdot\frac{l}{4R}\cdot\frac{v^2}{2g} \tag{2-37}$$

式中 λ——沿程阻力系数，是反映水流形态、过水边界相对粗糙程度等因素的一个系数。可以查摩迪图或根据有关经验公式计算，可参考有关水力学书籍。这里不作详细介绍；

l——计算长度，m；

R——水力半径，m；

$\frac{v^2}{2g}$——流速水头，m。

若对于有压圆管，水力半径 $R=\frac{d}{4}$，即 $d=4R$。故式（2-37）也可写成

$$h_f=\lambda\cdot\frac{l}{d}\cdot\frac{v^2}{2g} \tag{2-38}$$

（2）沿程水头损失计算的经验公式——谢才公式。上述关于沿程水头损失的计算公式因缺乏实际管道或天然河道表面粗糙的基本资料，所以这些公式并没有得到广泛应用。1769 年，法国工程师谢才根据河渠实验资料提出了计算沿程水头损失的经验公式，即谢才公式，虽然理论上存在不少缺陷，但在生产实践中却应用广泛，在一定范围内满足了工程计算的需要。

谢才公式为

$$v=C\sqrt{RJ} \tag{2-39}$$

$$J=\frac{h_w}{l}=\frac{h_f}{l}$$

式中　v——断面平均流速，m/s；

R——水力半径，m；

J——水力坡度；

C——谢才系数，$m^{\frac{1}{2}}/s$。

将 $J=\frac{h_f}{l}$代入式（2-39）得

$$h_f=\frac{v^2}{C^2R}l \tag{2-40}$$

谢才公式与达西-魏斯巴哈公式其实在很多时候是一致的，尤其是在雷诺数较大的实际工程水流中，让式（2-40）和式（2-37）式相等，就可以得到

$$C=\sqrt{\frac{8g}{\lambda}} \tag{2-41}$$

谢才公式既可应用于明渠也可应用于管流。

对于谢才系数 C 值可以用以下两种经验公式计算：

1）曼宁公式：

$$C=\frac{1}{n}R^{\frac{1}{6}} \tag{2-42}$$

式中　n——衡量水流边壁粗糙影响的一个综合性系数，称为粗糙系数，也简称糙率。

2）巴甫洛夫斯基公式：

$$C=\frac{1}{n}R^{y} \tag{2-43}$$

式中 y 值可按下式确定：

$$y=2.5\sqrt{n}-0.13-0.75\sqrt{R}(\sqrt{n}-0.10)$$

作近似计算时，y 值可用下列简式：

当 $R<1.0\text{m}$ 时，　　　　　　$y=1.5\sqrt{n}$

当 $R>1.0\text{m}$ 时，　　　　　　$y=1.3\sqrt{n}$

该式的适用范围为 $0.1\text{m}\leqslant R\leqslant 3.0\text{m}$，$0.011\leqslant n\leqslant 0.04$。

糙率 n 值，在实际工程中较难确定，如管子有新有旧，有生锈的也有清洁的；天然河道中的糙率更为复杂。因此对 n 值的选取，一定要慎重，对大、中型水利工程可进行有关试验后再确定其值。不同水流边壁的 n 值，列于表 2－1 中，以供查用。

表 2－1　　　　糙率系数 n 值表

壁面种类及状况	n	$\frac{1}{n}$
特别光滑的黄铜管、玻璃管，涂有珐琅质或其他釉料的表面	0.009	111
精致水泥浆抹面，安装及连接良好的新制的清洁铸铁管及钢管，精刨木板	0.011	90.9
很好地安装的未刨木板，正常情况下无显著水锈的给水管，非常清洁的排水管，最光滑的混凝土面	0.012	83.3
良好的砖砌体，正常情况的排水管，略有积污的给水管	0.013	76.9
积污的给水管和排水管，中等情况下渠道的混凝土砌面	0.014	71.4
良好的块石圬工，旧的砖砌体，比较粗制的混凝土砌面，特别光滑、仔细开挖的岩石面	0.017	58.8
坚实黏土的渠道，不密实淤泥层（有的地方是中断的）覆盖的黄土、砾石及泥土的渠道，良好养护情况下的大渠道	0.0225	44.4
良好的干砌圬石，中等养护情况的土渠，情况良好的天然河流（河床清洁、顺直、水流通畅、无塌岸及深潭）	0.025	40.0
养护情况在中等标准以下的土渠	0.0275	36.4
情况比较不良的土渠（如部分渠底有水草、卵石或砾石、部分边岸崩塌等），水流条件良好的天然河流	0.030	33.3

【例 2－7】 有一混凝土衬砌的矩形渠道，水流作均匀流动，水深 $h=2\text{m}$，底宽 $b=6\text{m}$，试用各经验公式求谢才系数 C 值。

先根据已知条件计算各水力要素：

过水断面面积　　　　$A=bh=6\times2=12(\text{m}^2)$

湿周　　　　$\chi=b+2h=6+2\times2=10(\text{m})$

水力半径　　　　$R=\dfrac{A}{\chi}=\dfrac{12}{10}=1.2(\text{m})$

根据中等的、没抹灰的混凝土渠道查表 2－1，选 $n=0.014$。

（1）按曼宁公式：

$$C=\frac{1}{n}R^{\frac{1}{6}}=\frac{1}{0.014}\times1.2^{\frac{1}{6}}=73.6(\text{m}^{\frac{1}{2}}/\text{s})$$

（2）按巴甫洛夫斯基公式：

$$C=\frac{1}{n}R^{y}$$

而 $$y=2.5\sqrt{n}-0.13-0.75\sqrt{R}(\sqrt{n}-0.1)$$
$$=2.5\sqrt{0.014}-0.13-0.75\sqrt{1.2}(\sqrt{0.014}-0.10)=0.151$$

因而 $$C=\frac{1}{n}R^{y}=\frac{1}{0.014}\times1.2^{0.151}=73.4(\mathrm{m}^{\frac{1}{2}}/\mathrm{s})$$

可见两个公式计算结果非常接近，因此，为了计算方便，实用上多选用曼宁公式计算谢才系数。

【例 2-8】 试求直径 $d=200\mathrm{mm}$，长度 $l=1000\mathrm{m}$ 的铸铁管，在流量 $Q=50\mathrm{L/s}$ 时的水头损失。

已知管直径 $d=200\mathrm{mm}=0.2\mathrm{m}$，流量 $Q=50\mathrm{L/s}=0.050\mathrm{m^3/s}$，则可求水力要素：

$$A=\frac{\pi}{4}d^2=0.785\times0.2^2=0.0314(\mathrm{m}^2)$$

$$v=\frac{Q}{A}=\frac{0.050}{0.0314}=1.60(\mathrm{m/s})$$

$$R=\frac{d}{4}=\frac{0.2}{4}=0.05(\mathrm{m})$$

根据中等粗糙程度的铸铁管，由表 2-1 查得 $n=0.0125$，所以

$$C=\frac{1}{n}R^{\frac{1}{6}}=\frac{1}{0.0125}\times0.05^{\frac{1}{6}}=48.5(\mathrm{m}^{\frac{1}{2}}/\mathrm{s})$$

$$\lambda=\frac{8g}{C^2}=\frac{8\times9.8}{48.5^2}=0.033$$

$$h_f=\lambda\cdot\frac{l}{d}\cdot\frac{v^2}{2g}=0.033\times\frac{1000}{0.2}\times\frac{1.6^2}{19.6}=21.7(\mathrm{m})$$

若不求 λ 值，在求得 C 值后，根据式（2-40），则

$$h_f=\frac{v^2}{C^2R}\cdot l=\frac{1.6^2}{48.5^2\times0.05}\times1000=21.8(\mathrm{m})$$

2. 局部水头损失计算

前面已经介绍，由于水流边界突然变化，水流随着发生剧烈变化而引起的水头损失，称为局部水头损失。边界突然变化的形式是多种多样的，但在水流结构上都具有以下两个特点：

(1) 水流边界突变处，水流因受惯性作用，主流脱离边界，在主流与边界之间产生漩涡。漩涡的分裂和互相摩擦要损失大量的机械能，因此，漩涡区的大小和漩涡的强度直接影响局部水头损失的大小。

(2) 流速分布的急剧改变。由于主流脱壁形成漩涡区，主流受到压缩，随着主流沿程不断扩散，流速分布急剧改变。如图 2-25 (a) 所示为一突然扩大的圆管，断面 1—1 的流速分布图，经过不断改变，约经距离 $(5\sim8)d_2$ 以后在断面 2—2 上才接近于下游正常水流的流速分布图。在流速改变的过程中，水流质点间的位置不断在相互调整，由此造成水流内部相对运动的加强，质点碰撞、摩擦作用加剧，从而造成较大的能量损失。常见的几种产生局部阻力的情况如图 2-25 所示。

局部水头损失的计算，应用理论来解决是有很大难度的，因为在急变流情况下，作用在边界上的动水压强不易计算，目前还只能用试验方法来解决。通常的方法是用一个系数

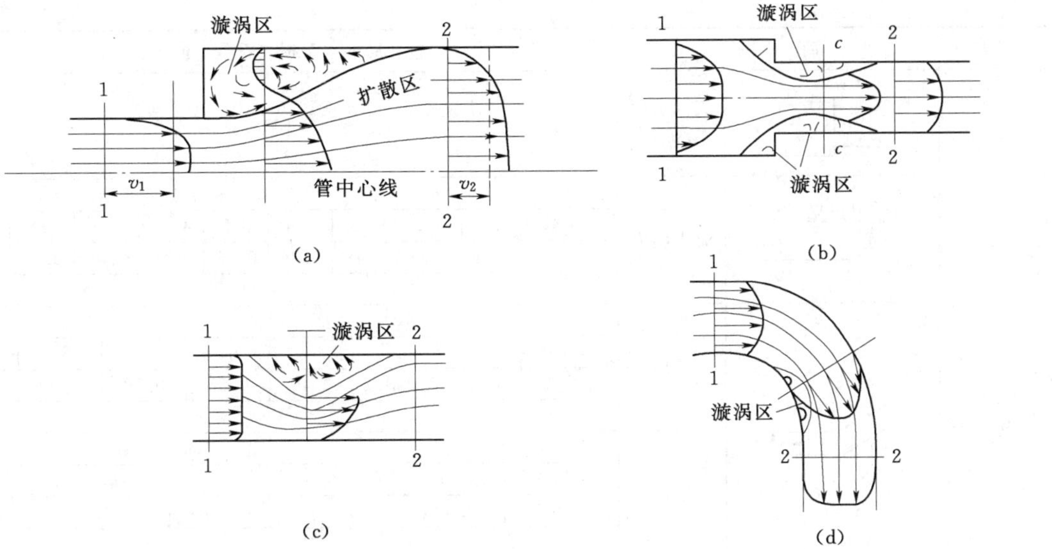

图 2-25

和流速水头的乘积来计算局部水头损失，即

$$h_j=\zeta\frac{v^2}{2g} \tag{2-44}$$

式中局部水头损失系数 ζ 值由试验测定。v 为发生局部水头损失以后（或以前）的断面平均流速。查资料时必须注意，有些资料在给出 ζ 值时已注明相应的流速的位置。若不加特殊标明者，ζ 值通常指相应用于发生局部阻力后的流速而言。

现将管道及明渠中常用的一些局部水头损失系数 ζ 值列于表 2-2 中，供使用时参考。

表 2-2　　局部水头损失系数 ζ 值

名称	简图		局部水头损失系数 ζ 值
断面突然扩大	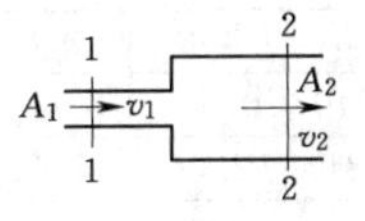		$\zeta'=\left(1-\frac{A_1}{A_2}\right)^2$ （应用公式 $h_j=\zeta'\frac{v_1^2}{2g}$） $\zeta''=\left(\frac{A_2}{A_1}-1\right)^2$ （应用公式 $h_j=\zeta''\frac{v_2^2}{2g}$）
断面突然缩小	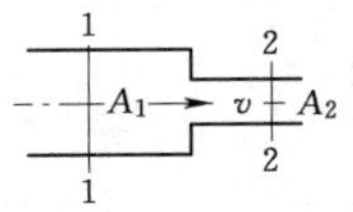		$\zeta=0.5\left(1-\frac{A_2}{A_1}\right)$
进口	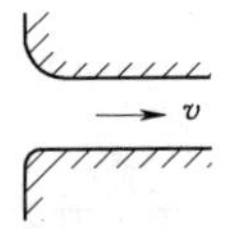	完全修圆	0.05～0.10
		稍微修圆	0.20～0.25
	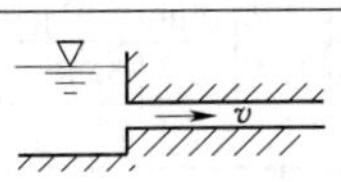	没有修圆	0.50

续表

<table>
<tr><th>名称</th><th colspan="2">简　图</th><th>局部水头损失系数ζ值</th></tr>
<tr><td rowspan="2">出口</td><td>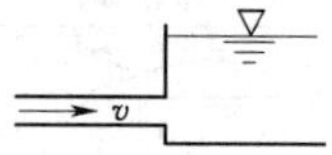
</td><td>流入水库（池）</td><td>1.0</td></tr>
<tr><td>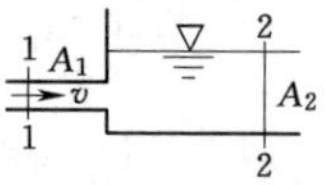
</td><td>流入明渠</td><td><table>
<tr><td>A_1/A_2</td><td>0.1</td><td>0.2</td><td>0.3</td><td>0.4</td><td>0.5</td><td>0.6</td><td>0.7</td><td>0.8</td><td>0.9</td></tr>
<tr><td>ζ</td><td>0.81</td><td>0.64</td><td>0.49</td><td>0.36</td><td>0.25</td><td>0.16</td><td>0.09</td><td>0.04</td><td>0.01</td></tr>
</table></td></tr>
<tr><td rowspan="2">急转弯管</td><td rowspan="2">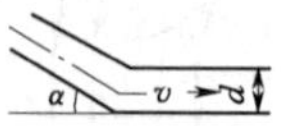
</td><td>圆形</td><td><table>
<tr><td>α/(°)</td><td>30</td><td>40</td><td>50</td><td>60</td><td>70</td><td>80</td><td>90</td></tr>
<tr><td>ζ</td><td>0.20</td><td>0.30</td><td>0.40</td><td>0.55</td><td>0.70</td><td>0.90</td><td>1.10</td></tr>
</table></td></tr>
<tr><td>矩形</td><td><table>
<tr><td>α/(°)</td><td>15</td><td>30</td><td>45</td><td>60</td><td>90</td></tr>
<tr><td>ζ</td><td>0.025</td><td>0.11</td><td>0.26</td><td>0.49</td><td>1.20</td></tr>
</table></td></tr>
<tr><td rowspan="2">弯管</td><td>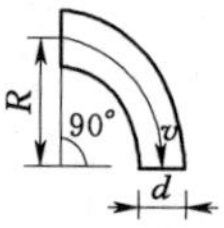
</td><td>90°</td><td><table>
<tr><td>R/d</td><td>0.5</td><td>1.0</td><td>1.5</td><td>2.0</td><td>3.0</td><td>4.0</td><td>5.0</td></tr>
<tr><td>$\zeta_{90°}$</td><td>1.20</td><td>0.80</td><td>0.60</td><td>0.48</td><td>0.36</td><td>0.30</td><td>0.29</td></tr>
</table></td></tr>
<tr><td>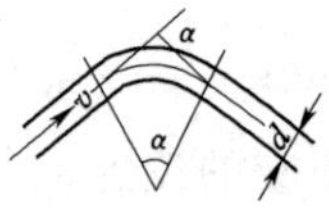
</td><td>任意角度</td><td>$\zeta_a = a\zeta_{90°}$<table>
<tr><td>α/(°)</td><td>20</td><td>30</td><td>40</td><td>50</td><td>60</td><td>70</td><td>80</td><td>90</td><td>100</td><td>120</td><td>140</td><td>160</td><td>180</td></tr>
<tr><td>a</td><td>0.40</td><td>0.55</td><td>0.65</td><td>0.75</td><td>0.83</td><td>0.88</td><td>0.95</td><td>1.00</td><td>1.05</td><td>1.13</td><td>1.20</td><td>1.27</td><td>1.33</td></tr>
</table></td></tr>
<tr><td>闸阀</td><td>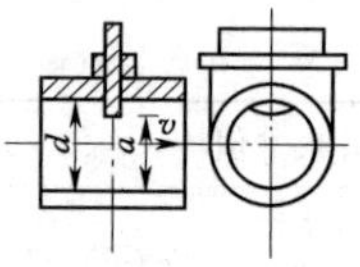
</td><td>圆形管道</td><td>当全开时（$a/d=1$）<table>
<tr><td>d/mm</td><td>15</td><td>20～50</td><td>80</td><td>100</td><td>150</td></tr>
<tr><td>ζ</td><td>1.5</td><td>0.5</td><td>0.4</td><td>0.2</td><td>0.1</td></tr>
<tr><td>d/mm</td><td>200～250</td><td>300～450</td><td>500～800</td><td>900～1000</td><td></td></tr>
<tr><td>ζ</td><td>0.08</td><td>0.07</td><td>0.06</td><td>0.05</td><td></td></tr>
</table>当各种开启度时<table>
<tr><td>a/d</td><td>7/8</td><td>6/8</td><td>5/8</td><td>4/8</td><td>3/8</td><td>2/8</td><td>1/8</td></tr>
<tr><td>$A_{开启}/A_{总}$</td><td>0.948</td><td>0.856</td><td>0.740</td><td>0.609</td><td>0.466</td><td>0.315</td><td>0.159</td></tr>
<tr><td>ζ</td><td>0.15</td><td>0.26</td><td>0.81</td><td>2.06</td><td>5.52</td><td>17.0</td><td>97.8</td></tr>
</table></td></tr>
<tr><td>截止阀</td><td>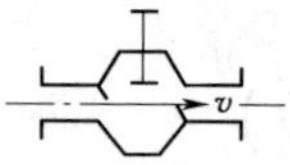
</td><td>全开</td><td>4.3～6.1</td></tr>
<tr><td rowspan="2">莲蓬头（滤水网）</td><td>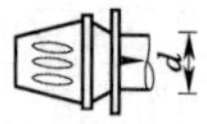
</td><td>无底阀</td><td>2～3</td></tr>
<tr><td>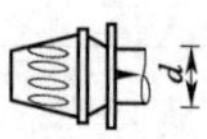
</td><td>有底阀</td><td><table>
<tr><td>d/mm</td><td>40</td><td>50</td><td>75</td><td>100</td><td>150</td><td>200</td><td>250</td><td>300</td><td>350</td><td>400</td><td>500</td><td>750</td></tr>
<tr><td>ζ</td><td>12</td><td>10</td><td>8.5</td><td>7.0</td><td>6.0</td><td>5.2</td><td>4.4</td><td>3.7</td><td>3.4</td><td>3.1</td><td>2.5</td><td>1.6</td></tr>
</table></td></tr>
</table>

续表

<table>
<tr><th>名称</th><th>简　图</th><th>局部水头损失系数ζ值</th></tr>
<tr><td>平板门槽</td><td>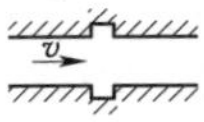</td><td>0.05～0.20</td></tr>
<tr><td>拦污栅</td><td>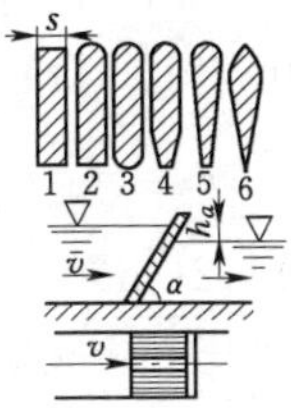</td><td>$\zeta-\beta\left(\frac{S}{b}\right)^{\frac{4}{3}}\sin\alpha$
式中　S—栅条宽度；
b—栅条间距；
α—倾角；
β—栅条形状系数，用下表确定。
<table><tr><td>栅条形状</td><td>1</td><td>2</td><td>3</td><td>4</td><td>5</td><td>6</td></tr><tr><td>β</td><td>2.42</td><td>1.83</td><td>1.67</td><td>1.035</td><td>0.92</td><td>0.76</td></tr></table></td></tr>
</table>

注　公式：$h_j=\zeta\frac{v^2}{2g}$，式中 v 如图说明。

【例 2-9】　从水箱接出一管路，布置如图 2-26 所示。若已知：$d_1=150$mm，$l_1=25$m，$\lambda_1=0.037$，$d_2=125$mm，$l_2=10$m，$\lambda_2=0.039$，闸阀开度 $a/d_2=0.5$，需要输送流量 $Q=25$L/s，求：沿程水头损失 h_f；局部水头损失 h_j；水箱的水面高 H 的大小。

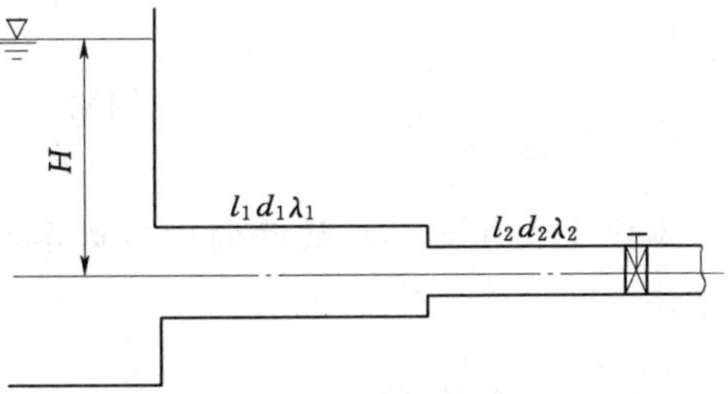

图 2-26

(1) 计算沿程水头损失：

第一段管　　$Q=25\text{L/s}=0.025\text{m}^3/\text{s}$

$$v_1=\frac{Q}{A_1}=\frac{Q}{\frac{\pi}{4}d_1^2}=\frac{4\times0.025}{3.14\times0.15^2}=1.42(\text{m/s})$$

$$h_{f1}=\lambda_1\cdot\frac{l_1}{d_1}\cdot\frac{v_1^2}{2g}=0.037\times\frac{25}{0.15}\times\frac{1.42^2}{19.6}=0.63(\text{m})$$

第二段管　　$$v_2=\frac{Q}{A_2}=\frac{Q}{\frac{\pi}{4}d_2^2}=\frac{4\times0.025}{3.14\times0.125^2}=2.04(\text{m/s})$$

$$h_{f2}=\lambda_2\cdot\frac{l_2}{d_2}\cdot\frac{v_2^2}{2g}=0.039\times\frac{10}{0.125}\times\frac{2.04^2}{19.6}=0.66(\text{m})$$

(2) 计算局部水头损失：

进口损失由于进口没有修圆，由表 2-2 查得 $\zeta_{进口}=0.5$，故

$$h_{j1}=\zeta_{进口}\cdot\frac{v_1^2}{2g}=0.5\times\frac{1.42^2}{19.6}=0.05(\text{m})$$

断面突然缩小局部损失，根据$\frac{A_2}{A_1}=\left(\frac{d_2}{d_1}\right)^2=\left(\frac{0.125}{0.15}\right)^2=0.694$，查表 2-2 知

$$\zeta_{缩小}=0.5\left(1-\frac{A_2}{A_1}\right)=0.15$$

$$h_{j2}=\zeta_{缩小}\cdot\frac{v_2^2}{2g}=0.15\times\frac{2.04^2}{19.6}=0.03(\mathrm{m})$$

闸阀损失，由于闸阀半开即 $a/d_2=0.5$，由表 2-2 查得 $\zeta_{阀}=2.06$，故

$$h_{j3}=\zeta_{阀}\cdot\frac{v_2^2}{2g}=2.06\times\frac{2.04^2}{19.6}=0.44(\mathrm{m})$$

因此，总的沿程水头损失为

$$\sum h_f=h_{f1}+h_{f2}=0.63+0.66=1.29(\mathrm{m})$$

总的局部水头损失为

$$\sum h_j=h_{j1}+h_{j2}+h_{j3}=0.05+0.03+0.44=0.52(\mathrm{m})$$

输水所需要的水头，根据大水箱与管出口列能量方程得

$$H=\sum h_f+\sum h_j+\frac{v_2^2}{2g}=1.29+0.52+0.21=2.02(\mathrm{m})$$

内　容　小　结

本章主要学习水流运动的基本概念和动水力学的三大方程，同时介绍了水头损失的计算方法。

一、基本概念

描述水流运动的两种方法分别为流线法和迹线法。

流线是某一时刻整体水流空间所有水质点运动状态的一种描述，流线上每个点的切线方向即该点的流速方向，因此流线不能相交，也不能明显转折，可以是直线也可以是曲线。流线密集的地方流速大，流线稀疏的地方流速小，流线的形状受过水边界形状的影响。

迹线是一个水质点在一定时段的运动轨迹线，研究的是微观水质点运动。

因此，水动力学中常用流线法研究水流运动规律。

常用描述水流运动的要素有流量、断面平均流速、动水压强。

水流运动分类有不同的方法，比较常见的有以下几种：按水流运动要素是否随时间改变将水流分为恒定流与非恒定流。恒定流按流线是否为平行直线将其分为均匀流与非均匀流，非均匀流又可以按照流线是否为近似平行直线分为渐变流与急变流。按照整个过水断面任一点压强是否等于大气压强将水流分为有压流与无压流，有压流过水断面被水充满，任一点压强均不等于大气压强，即无自由水面。

二、水流运动的基本原理

恒定流的三大基本方程如下：

连续性方程：$Q_1=Q_2=Q$，即 $v_1A_1=v_2A_2$ 或 $\frac{v_2}{v_1}=\frac{A_1}{A_2}$。

能量方程：$z_1+\frac{p_1}{\gamma}+\frac{\alpha_1 v_1^2}{2g}=z_2+\frac{p_2}{\gamma}+\frac{\alpha_2 v_2^2}{2g}+h_w$ 或 $H_1=H_2+h_w$。

动量方程：$\sum F_x=\rho Q(\beta_2 v_{2x}-\beta_1 v_{1x})$，$\sum F_y=\rho Q(\beta_2 v_{2y}-\beta_1 v_{1y})$。

三、水头损失计算

运动水流由于黏滞性的作用，必然产生水头（能量）损失。另外过水边界条件、水流形态对水头损失也有影响。因此，可以讲黏滞性是水头损失的产生的内因，过水边界条件是产生水头损失的外因。

水头损失根据水流阻力的分布特性分为沿程水头损失和局部水头损失。对于一个实际流段有

$$h_w=\sum h_f+\sum h_j$$

沿程水头损失可以用理论公式和经验公式计算：

理论公式（达西-魏斯巴哈公式）：$h_f=\lambda\cdot\frac{l}{4R}\cdot\frac{v^2}{2g}$（圆管 $h_f=\lambda\frac{l}{d}\frac{v^2}{2g}$）。

经验公式（谢才公式）：$v=C\sqrt{RJ}\left(h_f=\frac{v^2}{C^2R}l\right)$，$C=\frac{1}{n}R^{\frac{1}{6}}$（曼宁公式）。

对于实际工程水流，由于流速较大，用理论公式和经验公式计算沿程损失基本一致，即有

$$\lambda=\frac{8g}{C^2}$$

局部水头损失计算　　$h_j=\zeta\cdot\frac{v^2}{2g}$

关键是根据局部阻力的形式查局部水头系数（表 2-2），同时注意与系数对应的平均流速。

自测练习题

一、填空题

1. 描述水流运动的两种方法为 ________ 和 ________，其中最常用的是 ________。

2. 水流运动要素是指 ________、________ 和 ________。

3. 水流按照运动要素是否随时间改变分为 ________ 和 ________。实际工程中为了便于计算常将水流近似看成 ________。

4. 恒定流中，按照流线是否为平行的直线，将水流分为 ________ 和 ________。非均匀流又可分为 ________ 和 ________。

5. 按照过水断面任一点压强是否等于大气压将水流分为 ________ 和 ________。

6. 水动力学的三大基本方法分别是指 ________、________ 和 ________。

7. 水头损失分为 ________ 和 ________。________ 是引起水头损失的根本原因。

8. 计算沿程水头损失的经验公式是 ________，其基本形式是 ________。

二、简单计算题

1. 某给水管路的直径 $d=200\text{mm}$，若每小时通过水的体积为 300m^3，试求管内流量及断面平均流速。

2. 在一压力管中（图 2-27），已知 $d_1=200\text{mm}$，$d_2=150\text{mm}$，$d_3=100\text{mm}$。第三段管中的平均流速 $v_3=2\text{m/s}$。试求管中的流量 Q 及断面平均流速 v。

3. 有一倾斜放置的渐变管如图 2-28 所示。A—A 与 B—B 两个过水断面形心点的高差为 1.0m。A—A 断面管径 $d_A=150\text{mm}$，形心点 $p_A=68.5\text{kN/m}^2$。B—B 断面管径 $d_B=300\text{mm}$，形心点 $p_B=58\text{kN/m}^2$，断面平均流速 $v_B=1.5\text{m/s}$。试求：（1）管中水流的方向；（2）两断面之间的能量损失；（3）通过管道的流量。

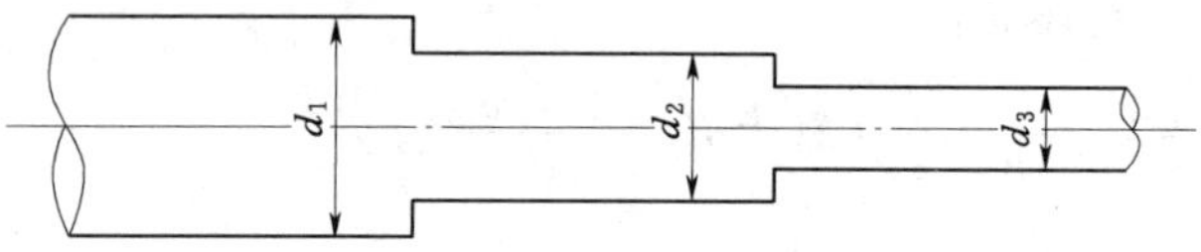

图 2-27

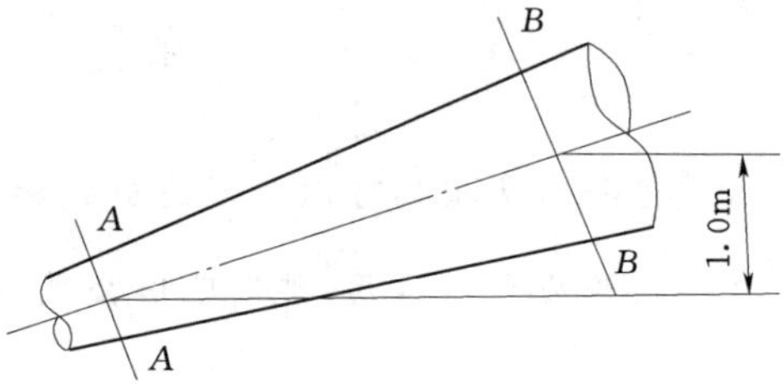

图 2-28

4. 某水管（图 2-29），已知管径 $d=100\text{mm}$，当阀门全关时，压力计读数为 0.5 个大气压。而当阀门开启后，保持恒定流，压力计读数降至 0.2 个大气压。若压力计前段的水头损失为 $2\dfrac{v^2}{2g}$，试求管中的流速和流量。

图 2-29

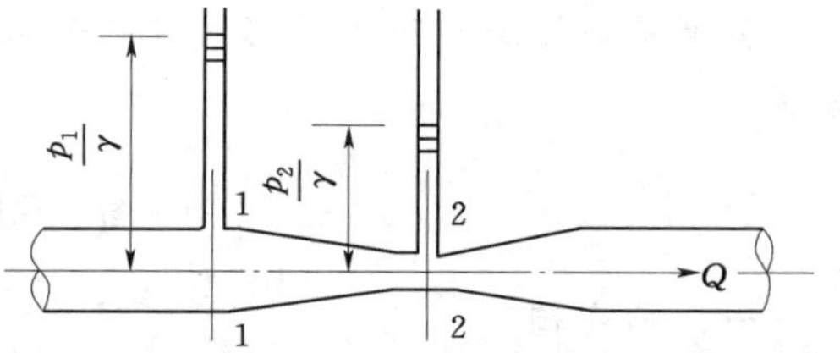

图 2-30

5. 图 2-30 为一水平安装的文丘里流量计。已知管道 1—1 断面压强水头 $\dfrac{p_1}{\gamma}=1.1\text{m}$，管径 $d_1=150\text{mm}$，喉管 2—2 断面压强水头 $\dfrac{p_2}{\gamma}=0.4\text{m}$，管径 $d_2=100\text{mm}$，水头损失 $h_w=0.3\dfrac{v_1^2}{2g}$。试求通过管道的流量 Q。

6. 矩形断面的平底渠槽上，装置一平板闸门（图 2-31），已知闸门宽度 $b=2\text{m}$，闸前水头 $H=4\text{m}$，闸门开度 $e=0.8\text{m}$，闸孔后收缩断面水深 $h_c=0.62e$。当通过流量 $Q=8\text{m}^3/\text{s}$ 时，若不计摩擦力，试求作用于平板闸门上的动水总压力。

7. 一引水管的渐缩弯管（图 2-32）已知入口直径 $d_1=250\text{mm}$，出口直径 $d_2=$

200mm，流量 $Q=150\text{L/s}$，断面 1—1 的相对压强 $p_1=196\text{kN/m}^2$。管子中心位于水平面内，转角 $\alpha=90°$。若不计水头损失，试求固定此弯管所需的力。

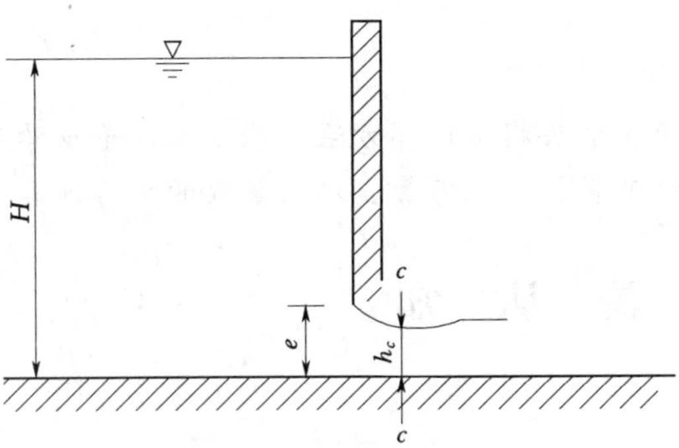

图 2－31

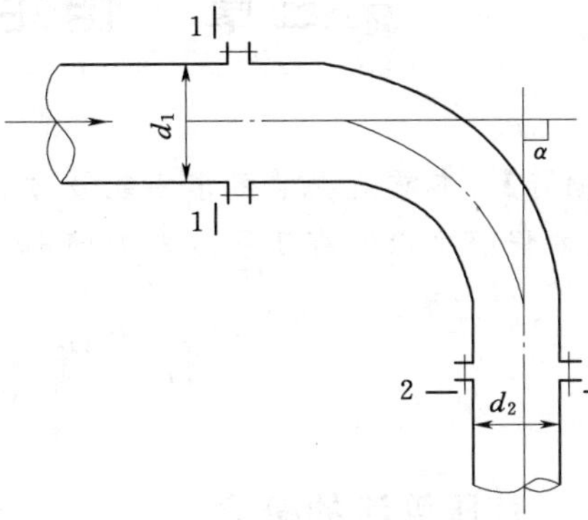

图 2－32

8. 某水管直径为 100mm，管中流速为 1.0m/s，水温为 10℃，试判断流态，并求流态改变时的流速。

9. 某矩形水槽，底宽为 0.2m，水深为 0.15m，流速为 0.5m/s，水温为 20℃，试判别流态。

10. 某工地生活用水，用直径 $d=15\text{cm}$ 的铸铁圆管引水，长 $l=500\text{m}$，当水温为 20℃时，通过流量 $Q=35\text{L/s}$，试计算该管的沿程水头损失。

11. 某浆砌块石护面的矩形渠道，糙率 $n=0.014$，底宽 $b=6\text{m}$，水深 $h=3.2\text{m}$，水力坡降 $J=1/4000$，试计算该渠道的流速和流量。

第三章 恒定有压管流水力计算

【学习指导】 本章是在学习掌握能量方程应用和水头损失计算方法的基础上，重点学习应用能量方程解决恒定有压管流典型问题——虹吸管、倒虹吸管、水泵装置的水力计算。

第一节 管 流 认 知

一、有压管流的概念

在水利工程和日常生活中，为了输水常需要设置各种管道，如抽水（水泵）站管道、水电站的引水管道、水库的有压泄洪隧洞、放水管以及虹吸管和倒虹吸管、自来水管道等。这种充满整个管道断面的水流有一共同特征是没有自由水面，管中过水断面任一点的动水压强一般都不等于大气压强，管道边壁上的各点都受到水流动水压强的作用，因此，有压管流又称为压力流。输送压力流的管道称为压力管道。如果管内存在自由水面，即水只占有管道断面的一部分，如城市雨水、污水排水管、涵管等，这种管道为无压管道，无压管道中的水流称为无压流。无压流当作明渠水流研究。压力管道的水流又分恒定流和非恒定流两种。本章重点讨论有压管流的恒定流水力计算问题。

二、恒定有压管流的分类

根据管道出口水流特点，有压管流可分为自由出流和淹没出流两种出流形式。自由出流指管道出口水流流入大气中；淹没出流指管道出口在下游水面以下。

实际工程中的有压管道，根据其布置情况可分为简单管路和复杂管路。简单管路是指管径和糙率不变、无分支、流量在管路的全程上保持不变的管路，如图 3-1 所示。复杂管路是指由两根以上的管道所组成的管路，它又可分为串联管道、并联管道、分枝管道及环状管网，如图 3-2 所示。

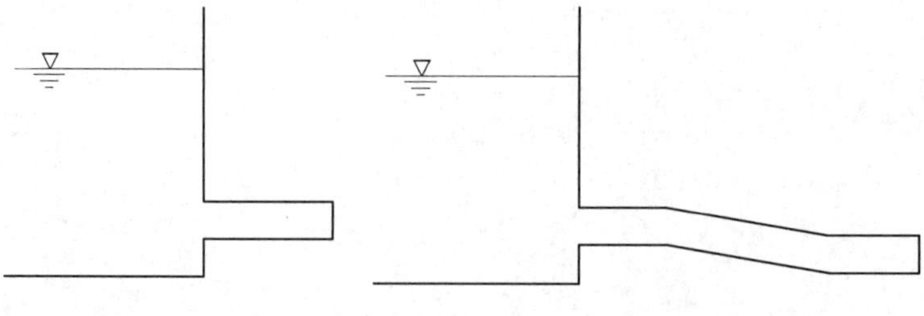

(a) (b)

图 3-1

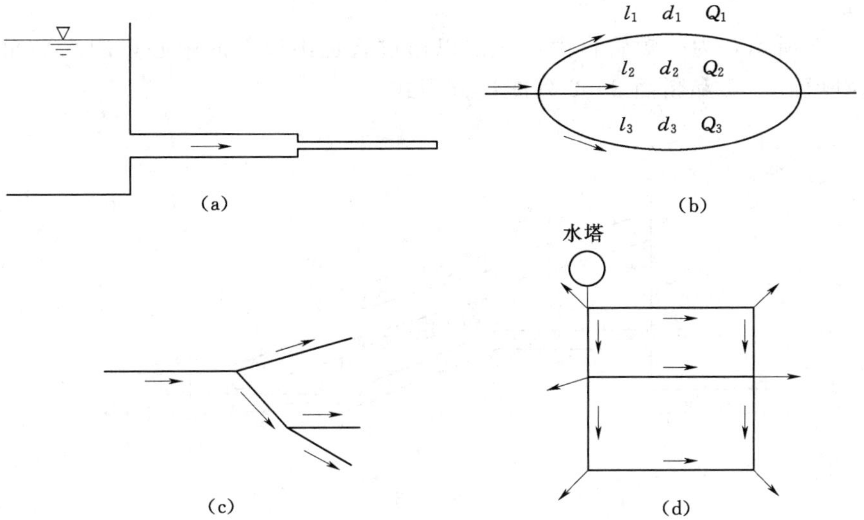

图 3-2

根据压力管道中水流的沿程水头损失、局部水头损失及流速水头所占比重的大小，将有压管道分为长管及短管两类：长管是指水头损失以沿程水头损失为主，其局部水头损失和流速水头值很小（两项之和占沿程水头损的 5%以下），计算时可以忽略不计的管道；短管是指管道中局部水头损失和流速水头值较大（约占沿程水头损失的 5%以上），计算时不能忽略的管道。必须注意，长管和短管并不是从管道的长短来区分的。如果没有忽略局部水头损失及流速水头的充分依据时，应按短管计算，以免造成错误。通常情况下，水泵的吸水管、虹吸管、倒虹吸管、坝内泄水管等，都应按短管计算；一般自来水管、喷灌水管可视为长管。

三、有压管流水力计算的基本任务

压力管道水力计算，主要有以下几个方面的问题：

（1）管道输水能力的计算。在给定水头、管线布置和断面尺寸的情况下，计算管道通过的流量。

（2）当管线布置、管道尺寸和输水能力一定时，计算水头损失，即要求确定通过一定流量时所必需的水头。

（3）管线布置、作用水头已定，当要求输送一定流量时，计算所需的断面尺寸（圆形管道即计算管道直径）。

（4）给定断面尺寸、作用水头和流量，要求确定管道各断面压强的大小。

第二节　简单短管水力计算

一、简单短管水力计算的基本公式

前面已经介绍，简单管路的水力计算可分为自由出流和淹没出流两种情况。

1. 自由出流

如图 3-3 所示，为一短管自由出流。以通过管道出口断面中心点的水平面作为 0—0 基准面，对断面 1—1 和断面 2—2 列能量方程式：

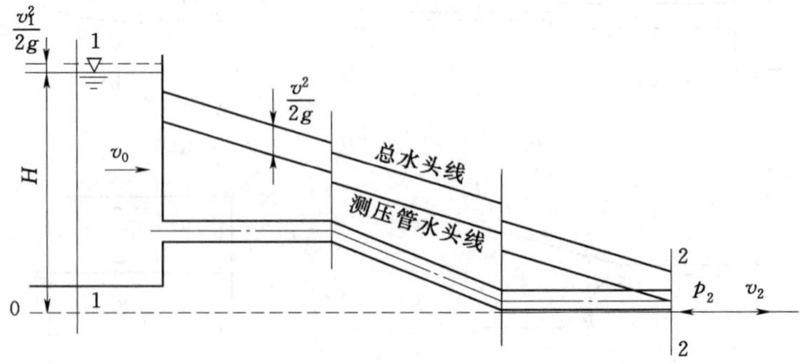

图 3-3

$$H+\frac{p_1}{\gamma}+\frac{\alpha_1 v_1^2}{2g}=0+\frac{p_2}{\gamma}+\frac{\alpha_2 v_2^2}{2g}+h_w$$

式中 $p_1=p_2=p_a$，令 $\alpha_1=\alpha_2=1.0$，$v_1=v_0$，$v_2=v$，并以总水头 $H_0=H+\frac{\alpha v_0^2}{2g}$ 代入上式得

$$H_0=\frac{v^2}{2g}+h_w$$

该式表明管道的总水头 H_0 的一部分转化为出口的流速水头，另一部分则在流动过程中形成水头损失。

又因
$$h_w=h_f+\sum h_j=\left(\lambda\frac{l}{d}+\sum\zeta\right)\frac{v^2}{2g}$$

故
$$H_0=\frac{v^2}{2g}+\left(\lambda\frac{l}{d}+\sum\zeta\right)\frac{v^2}{2g} \tag{3-1}$$

式中　H_0——包括行近流速水头在内的总水头。

于是从式（3-1）中可得管道断面平均流速为

$$v=\frac{1}{\sqrt{1+\lambda\frac{l}{d}+\sum\zeta}}\sqrt{2gH_0} \tag{3-2}$$

设管道过水断面面积为 A，则管道通过的流量为

$$Q=Av=\frac{1}{\sqrt{1+\lambda\frac{l}{d}+\sum\zeta}}A\sqrt{2gH_0}$$

令　$\mu_c=\frac{1}{\sqrt{1+\lambda\frac{l}{d}+\sum\zeta}}$，称为管道的流量系数，则上式又可写为

$$Q=\mu_c A\sqrt{2gH_0} \tag{3-3}$$

式（3-3）就是短管自由出流的流量计算公式，它表达了短管的过水能力、作用水头和阻力的相互关系。

行近流速如果很小，$\frac{v_0^2}{2g}$可忽略不计，则式（3-3）可写为

$$Q=\mu_c A\sqrt{2gH} \tag{3-4}$$

2. 淹没出流

图3-4所示为一短管淹没出流。以下游水面为0—0基准面，对断面1—1和断面2—2列能量方程，得

$$Z+\frac{p_1}{\gamma}+\frac{\alpha_0 v_0^2}{2g}=0+\frac{p_2}{\gamma}+\frac{\alpha_2 v_2^2}{2g}+h_w$$

式中 $p_1=p_2=p_a$，令 $Z_0=Z+\frac{\alpha_0 v_0^2}{2g}$，当断面2—2面积较大时，$\frac{\alpha_2 v_2^2}{2g}$可以忽略不计，则得

$$Z_0=h_w \tag{3-5}$$

上式说明，短管在淹没出流时，它的上下游水头差 Z_0 全部消耗在沿程水头损失和局部水头损失上。

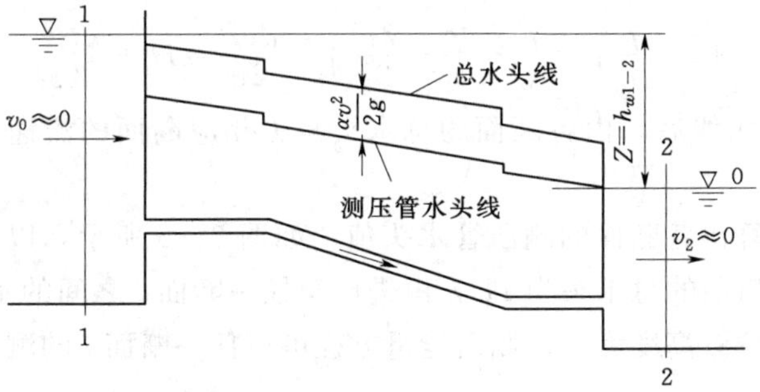

图3-4

将 $h_w=h_f+\sum h_j=\left(\lambda\frac{l}{d}+\sum\zeta\right)\frac{v^2}{2g}$代入上式，整理后得管中流速为

$$v=\frac{1}{\sqrt{\lambda\frac{l}{d}+\sum\zeta}}\sqrt{2gZ_0} \tag{3-6}$$

故流量

$$Q=\mu_c A\sqrt{2gZ_0} \tag{3-7}$$

式中 $\mu_c=\frac{1}{\sqrt{\lambda\frac{l}{d}+\sum\zeta}}$，也称短管淹没出流的流量系数。

当行近流速水头很小可忽略不计时，则式（3-7）可写成

$$Q=\mu_c A\sqrt{2gZ} \tag{3-8}$$

式（3-7）和式（3-8）就是短管淹没出流的流量计算公式。

自由出流和淹没出流不同之处在于：自由出流时的水头 H 为管道出口断面中心至上游水面的高差，而淹没出流时的水头 Z 则为上、下游水面高差。它们的计算公式，形式上都是一样的。

二、总水头线和测压管水头线的绘制

在有压管流中，一般情况下管内动水压强不应出现负值，以避免空蚀破坏危及管道安全。因此在管道设计中必须计算各断面压强，绘制出管线的测压管水头线，以便了解并控制各断面上的压强大小。

1. 绘制总水头线和测压管水头线的方法步骤

（1）已知各管段的流量 Q_i，计算相应的流速 v_i、沿程水头损失 h_{fi} 和局部水头损 h_{ji}，第 i 控制断面前后的总水头为

$$H_{i前}=H_{(i-1)后}-h_{fi}$$

$$H_{i后}=H_{i前}-h_{ji}$$

（2）自管道进口至出口，计算出每一管段两端控制断面的总水头值，并绘出总水头线。

（3）因为任一断面的测压管水头总比总水头低一个流速水头值，即

$$\left(z+\frac{p}{\gamma}\right)_i=\left(z+\frac{p}{\gamma}+\frac{2v^2}{2g}\right)_i-\frac{\alpha v_i^2}{2g}=H_i-\frac{\alpha v_i^2}{2g}$$

所以在绘出总水头线后，由各断面的总水头减去相应断面的流速水头，即可得到测压管水头线。

当然也可以直接算出各断面的测压管水头值。如图 3-5 所示，以管道出口中心的水平面为基准面，管道进口前的总水头为 H_0，由进口至任一断面 i 之间的水头损失为 h_{wi}，该断面的平均流速为 v_i，位置高度为 z_i，则由能量方程可得任一断面 i 的测压管水头：

$$z_i+\frac{p_i}{\gamma}=H_0-h_{wi}-\frac{\alpha v_i^2}{2g} \tag{3-9}$$

算出各断面的测压管水头后，即可给出管道的测压管水头线。

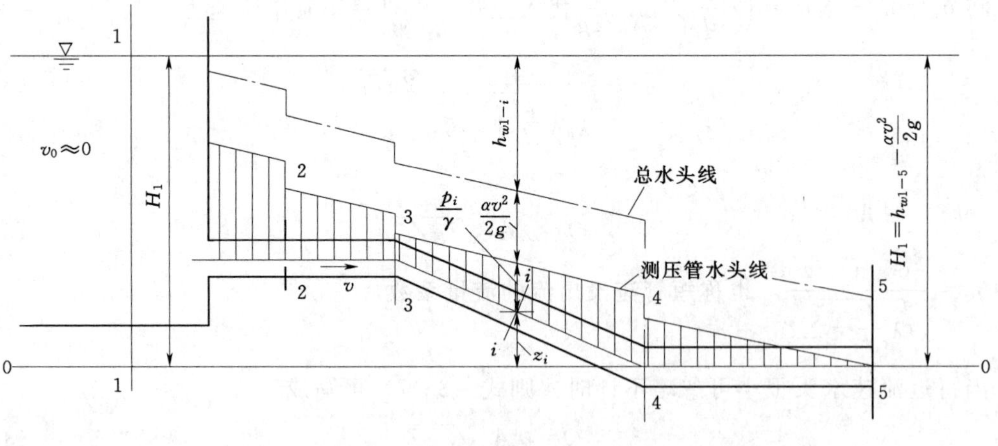

图 3-5

2. 绘制总水头线和测压管水头线应注意的问题

(1) 在等直径管中测压管水头线与总水头线相互平行。

(2) 等直径管段的沿程水头损失 h_f 沿程是均匀分布的。局部水头损失 h_j 实际上产生于局部管段上，但为了其绘制上的方便，假设 h_j 集中产生在该局部边界突变的概化断面上，因此在该断面上有两个总水头值，一个是局部损失前的，一个是局部损失后的。

(3) 在绘制水头线时，应注意管道进口的边界条件。当上游行近流速水头 $\frac{\alpha_0 v_0^2}{2g}\approx 0$ 时，总水头线与测压管水头线重合，即为进口前的水面线，如图 3-6 (a) 所示；当 $\frac{\alpha_0 v_0^2}{2g}\neq 0$ 时，总水头线较进口前的水面线高出 $\frac{\alpha_0 v_0^2}{2g}$ 值，如图 3-6 (b) 所示。

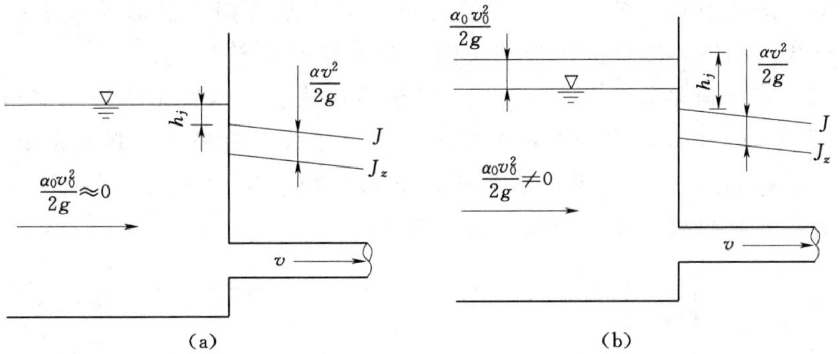

图 3-6

(4) 还应注意管道出口的边界条件。如果管道出口为自由出流，测压管水头线的末端与出口断面的中心重合，如图 3-7 (a) 所示。如果管道出口为淹没出流，在下游流速水头 $\frac{\alpha_2 v_2^2}{2g}\approx 0$ 时，测压管水头线末端与下游水面齐平，如图 3-7 (b) 所示；在下游流速水头 $\frac{\alpha_2 v_2^2}{2g}\neq 0$ 时，测压管水头线末端在一般情况下，低于下游水面，如图 3-7 (c) 所示。

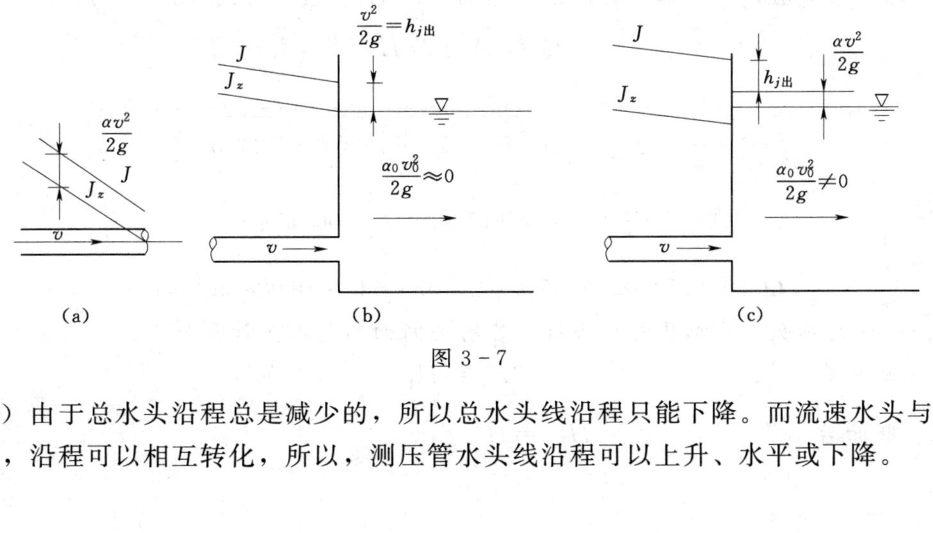

图 3-7

(5) 由于总水头沿程总是减少的，所以总水头线沿程只能下降。而流速水头与压强水头之间，沿程可以相互转化，所以，测压管水头线沿程可以上升、水平或下降。

3. 负压段的判别与调整

由总水头线、测压管水头线和基准面（线）三者的相互关系可以明确地反映出管道任一断面各种水头值的大小。测压管水头线与管轴线之间的铅垂距离表示压强水头的大小。如果某断面的测压管水头线位于管轴线的上方，其中心点压强为正值，即正压；反之，测压管水头线位于管轴线下方，则中心点压强为负值，即负压。这是因为该断面的测压管水头$\left(z+\dfrac{p}{\gamma}\right)$小于其位置高度$z$，所以该点的压强必为负值。

由图3-5可知，管道中任一断面的压强水头为

$$\frac{p_i}{\gamma}=H_0-\frac{\alpha v_i^2}{2g}-h_{wi}-z_i$$

式中当H_0一定时，影响压强水头值为后三项，即可以改变其中任一项的值来控制管中压强的大小。例如当Q一定时，增大管径可以减少水头损失和流速水头；较为显著的方法是降低管线的高度，以增大压强水头值，避免管道中产生负压。

【例3-1】 有一简单管路（图3-8），水管为铸铁管，水管直径$d=100$mm，管长$l=100$m，作用水头$H=15$m，中间有两个弯头，每个弯头的局部水头损失系数为$\zeta_{弯}=0.2$，进口水头损失系数$\zeta_{进口}=0.5$，沿程水头损失系数$\lambda=0.03$，要求：(1) 计算管道通过的流量；(2) 绘制管路的测压管水头线和总水头线。

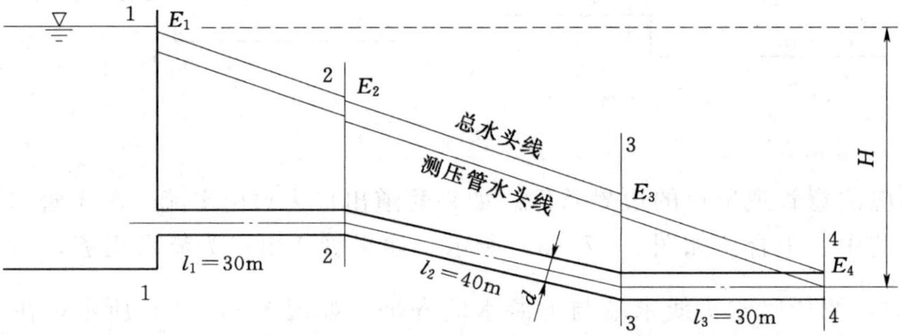

图3-8

(1) 按短管计算，并忽略行近流速的影响，则$H_0=H$，由式(3-4)知

$$Q=\mu_c A\sqrt{2gH}$$

其中
$$\mu_c=\frac{1}{\sqrt{1+\lambda\cdot\dfrac{l}{d}+\sum\zeta}}=\frac{1}{\sqrt{1+0.03\times\dfrac{100}{0.1}+(0.5+2\times0.2)}}=0.177$$

$$A=\frac{\pi}{4}d^2=\frac{1}{4}\times3.14\times0.1^2=0.00785(\text{m}^2)$$

所以
$$Q=0.177\times0.00785\times\sqrt{2\times9.8\times15}=0.024(\text{m}^3/\text{s})$$

(2) 绘制总水头线及测压管水头线。各有关断面的总水头计算如下：

1—1断面前 $H_{1前}=H$

1—1断面后 $H_{1后}=H-\zeta_{进口}\cdot\dfrac{v^2}{2g}$

其中
$$v=\frac{Q}{A}=\frac{0.024}{0.00785}=3.03(\text{m/s})$$
$$\frac{v^2}{2g}=\frac{3.03^2}{2\times 9.8}=0.47(\text{m})$$

所以
$$H_{1后}=15-0.5\times 0.47=14.76(\text{m})$$

2—2 断面前 $H_{2前}=H_{1后}-\lambda\frac{l_1}{d}\cdot\frac{v^2}{2g}=14.76-0.03\times\frac{30}{0.1}\times 0.47=10.53(\text{m})$

弯头损失之后的水头

$$H_{2后}=H_{2前}-\zeta_{弯}\cdot\frac{v^2}{2g}=10.53-0.2\times 0.47=10.44(\text{m})$$

3—3 断面前 $H_{3前}=H_{2后}-\lambda\frac{l_2}{d}\cdot\frac{v^2}{2g}=10.44-0.03\times\frac{40}{0.1}\times 0.47=4.8(\text{m})$

弯头损失之后的水头

$$H_{3后}=H_{3前}-\zeta_{弯}\cdot\frac{v^2}{2g}=4.8-0.2\times 0.47=4.7(\text{m})$$

4—4 断面前 $H_{4前}=H_{3后}-\lambda\frac{l_3}{d}\cdot\frac{v^2}{2g}=4.7-0.03\times\frac{30}{0.1}\times 0.47=0.47(\text{m})$

根据计算结果，即可绘出总水头线。将各断面总水头降低一个流速水头$\frac{v^2}{2g}=0.47\text{m}$，平行于总水头线，即可绘出测压管水头线，如图 3-8 所示。

三、管径的确定

(1) 当管线布置已定，在流量 Q 和水头 H 已知时，管径是一个确定的数值，可由水力学要求而定。

对于圆管 $A=\frac{\pi}{4}d^2$、若按短管自由出流计算，则由式 (3-4) 可得

$$d=\sqrt{\frac{4Q}{\pi\mu_c\sqrt{2gH}}}$$

式中的流量系数 μ_c 与管径有关。因此，必须采取试算法，即先假设一个直径求 μ_c，再按上式计算 d，当假设值与计算值相等时即为所求。

(2) 当管线布置已定，输水量 Q 已知时，要求选定所需的管径及相应的水头 H。

当流量一定时，管径的大小与流速有关。若选用较小的管径，造价较低，但另一方面流速过大，产生的水头损失较大，因而克服水头损失所需的设备费和电能就大；反之，若选用较大的管径，流速减小，则水头损失可减小，但管道的造价却要增大。如果流速过小，对水流中有泥沙的管道，会造成泥沙沉积。因此管径的选择是一个比较复杂的经济技术比较的问题，即是一个选择最经济的管径问题。要从理论上求得最经济管径尚存在困难，通常根据经验得出管道的经济流速，即允许流速 $v_{允}$，再由下式来计算其相应的经济管径 d：

$$d=\sqrt{\frac{4Q}{\pi v_{允}}} \tag{3-10}$$

各种管道的$v_{允}$值可从水力学计算手册中查得。一般情况下，水电站压力隧洞$v_{允}=2.5\sim3.5$m/s；压力钢管$v_{允}=3.0\sim4.0$m/s，最大可选择$v_{允}=5.0\sim6.0$m/s；对于水泵的吸水管$v_{允}=1.0\sim2.0$m/s，一般不超过2.5m/s，压水管可采用$v_{允}=1.5\sim2.5$m/s，一般不超过3.5m/s；倒虹吸管$v_{允}=1.5\sim2.5$m/s；而给水管道中的流速一般为$v=0.2\sim3.0$m/s，其允许值为$v_{允}=0.75\sim2.5$m/s。经济流速涉及的因素较多，比较复杂，选用时应注意因时因地而异。

第三节　简单短管水力计算举例

一、虹吸管的水力计算

虹吸原理广泛应用于水利工程中，如农田水利工程中有时用虹吸管引水灌溉。它的优点在于能跨越高地，减少挖方。

虹吸管一般采用等直径的简单管路，可按短管计算，其布置如图3-9所示。

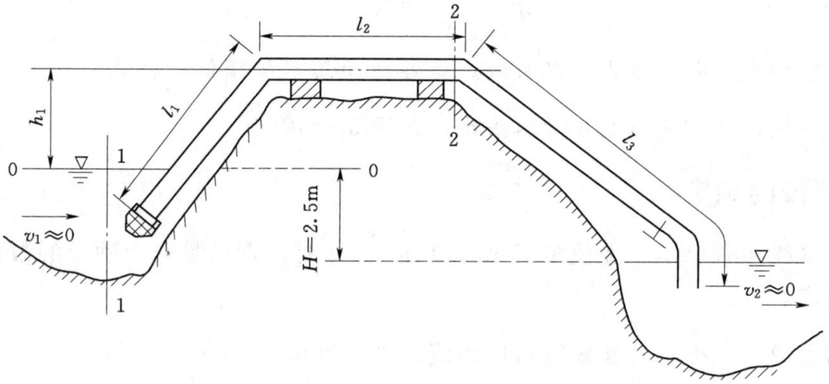

图3-9

虹吸管的工作原理是：先将管中空气抽出，使管内形成一定的真空值，在大气压强作用下，上游水池的水便从管口上升到管的顶部，然后在重力作用下流向下游。只要虹吸管内的真空不被破坏，而且保持上下游有一定的水位差，水就会不断地由上游通过虹吸管流向下游。

虹吸管顶部的真空值理论上最大为10m水柱高。实际上，当虹吸管内压强接近该温度下的汽化压强时，液体将产生汽化，破坏水流的连续性。因此，为了保证虹吸管能正常工作，管内真空值不能过大，一般不宜超过6～8m。

虹吸管水力计算的主要任务如下：

(1) 计算虹吸管的泄流量。

(2) 确定虹吸管顶部的安装高度h_s。

【例3-2】 用一直径$d=0.4$m的铸铁虹吸管，将上游明渠中的水输送到下游明渠，如图3-9所示。已知上下游渠道的水位差为2.5m，虹吸管各段长分别为$l_1=10.0$m，

$l_2=6\text{m}$，$l_3=12\text{m}$。虹吸管进口为无底阀滤水网，其局部阻力系数取 $\zeta_1=2.5$，其他局部阻力系数：两个折角弯头 $\zeta_2=\zeta_3=0.55$，阀门 $\zeta_4=0.2$，出口 $\zeta_5=1.0$。虹吸管顶端中心线距上游水面的安装高度 $h_s=4.0\text{m}$，允许真空度采用 $h_v=7.0\text{m}$。试确定虹吸管输水流量，校核虹吸管中最大真空值是否超过允许值。

（1）确定输水流量。先确定管路阻力系数 λ，取铸铁管糙率为 $n=0.013$。

水力半径为 $R=\dfrac{d}{4}=0.10\text{m}$

$$C=\frac{1}{n}R^{\frac{1}{6}}=\frac{1}{0.013}\times0.10^{\frac{1}{6}}=52.41(\text{m}^{\frac{1}{2}}/\text{s})$$

$$\lambda=\frac{8g}{C^2}=\frac{8\times9.8}{52.41^2}=0.0285$$

$$\mu_c=\frac{1}{\sqrt{\lambda\cdot\dfrac{l}{d}+\sum\zeta}}=\frac{1}{\sqrt{0.0285\times\dfrac{10+6+12}{0.4}+2.5+2\times0.55+0.2+1.0}}=0.384$$

则通过虹吸管流量为

$$Q=\mu_cA\sqrt{2gz}=0.389\times\frac{3.14\times0.4^2}{4}\times\sqrt{2\times9.8\times2.5}=0.34(\text{m}^3/\text{s})$$

（2）校核虹吸管中最大真空度。最大真空发生在管顶最高段（第二管段）内。由于管中流速水头沿程不变，最低压强应在该管段末端的弯头断面，即 2—2 断面。同时认为弯头局部损失发生在弯头断面上，故在该断面的弯头损失以后的压强为最小。而在下游第三管段，由于管路坡降一般大于水力坡降，即断面中心高程的下降大于沿程水头损失，所以，部分位能转化为压能，使第三管段内压强沿程增加。

$$v=\frac{Q}{A}=\frac{0.34}{\dfrac{3.14}{4}\times0.4^2}=2.71(\text{m/s})$$

以上游水面为基准面，取 $\alpha=1.0$，建立 1—1 断面和 2—2 断面的能量方程：

$$0+\frac{p_a}{\gamma}+0=h_s+\frac{p_2}{\gamma}+\frac{v^2}{2g}+h_{w1-2}$$

$$\begin{aligned}\frac{p_a-p_2}{\gamma}&=h_s+\left(\lambda\cdot\frac{l_1+l_2}{d}+\zeta_1+\zeta_2\right)\cdot\frac{v^2}{2g}\\&=4+\left(1+0.0285\times\frac{10+6}{0.4}+2.5+0.55\right)\times\frac{2.71^2}{2\times9.8}\\&=5.95(\text{m})\end{aligned}$$

故 2—2 断面的真空度为 5.95m，小于允许真空度 7m，符合要求。

二、倒虹吸管的水力计算

当渠道要穿越其他渠道或公路、河道时，常常在公路或河道的下方设置一短管，这一短管称为倒虹吸管，如图 3-10 所示。倒虹吸管中的水流并无虹吸作用，由于它的外形像倒置的虹吸管，故称为倒虹吸管。

倒虹吸管水力计算的主要任务如下：

（1）已知倒虹吸管上、下游水位差 z、管径 d、管长 l，管道布置已确定，求通过的流量 Q。

（2）已知管道设计流量 Q、管径 d、管长 l 及管道布置，求上、下游水位差 z。

（3）已知管道布置、过流量 Q 和上、下游水位差 z，求管径 d。

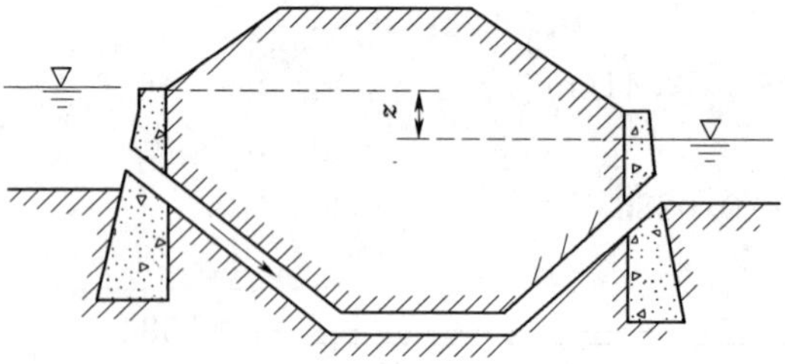

图 3－10

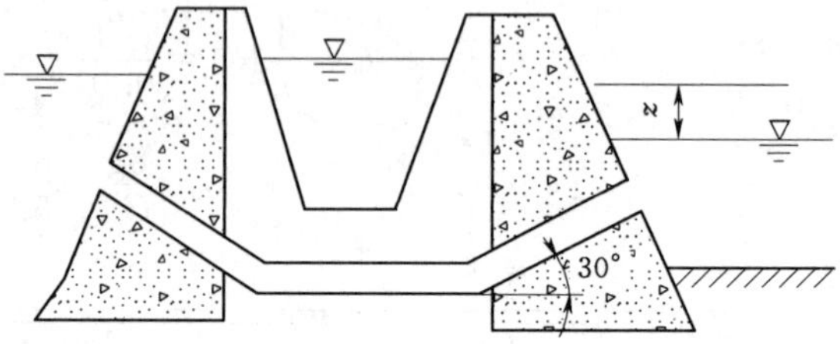

图 3－11

【例 3－3】 一横穿公路的钢筋混凝土倒虹吸管，如图 3－11 所示。已知管中通过流量 $Q=2\text{m}^3/\text{s}$，倒虹吸管全长 $l=30\text{m}$，中间有两个弯道，每个弯道的局部水头损失系数为 $\zeta_{弯}=0.21$，钢筋混凝土粗糙系数 $n=0.014$，若不计上、下游渠道中流速的影响，试确定倒虹吸管上、下游水位差 z。

首先选定倒虹吸管的允许流速为 2m/s，按式（3－10）则管径为

$$d=\sqrt{\frac{4Q}{\pi v_{允}}}=\sqrt{\frac{4\times2}{3.14\times2}}=1.13(\text{m})$$

为了便于施工，采用直径 $d=1.1\text{m}$，则管中实际流速为

$$v=\frac{Q}{A}=\frac{2}{0.785\times1.1^2}=2.11(\text{m/s})$$

再计算沿程阻力系数 λ 值，因

$$c=\frac{1}{n}R^{\frac{1}{6}}=\frac{1}{0.014}\times\left(\frac{1.1}{4}\right)^{\frac{1}{6}}=57.6(\text{m}^{\frac{1}{2}}/\text{s})$$

$$\lambda=\frac{8g}{C^2}=\frac{8\times9.8}{57.6^2}=0.024$$

根据短管淹没出流式（3－5）$z=h_w$，于是

$$z=\left(\lambda\frac{l}{d}+\sum\zeta\right)\cdot\frac{v^2}{2g}=\left(0.024\times\frac{30}{1.1}+0.5+2\times0.21+1\right)\times\frac{2.11^2}{19.6}=0.58(\text{m})$$

倒虹吸管上、下游的水位差是 0.58m。

三、水泵装置的水力计算

在农田灌溉、排涝、城镇供水以及工矿企业给排水等方面，都需要水泵装置（即抽水泵站），如图 3－12 所示。

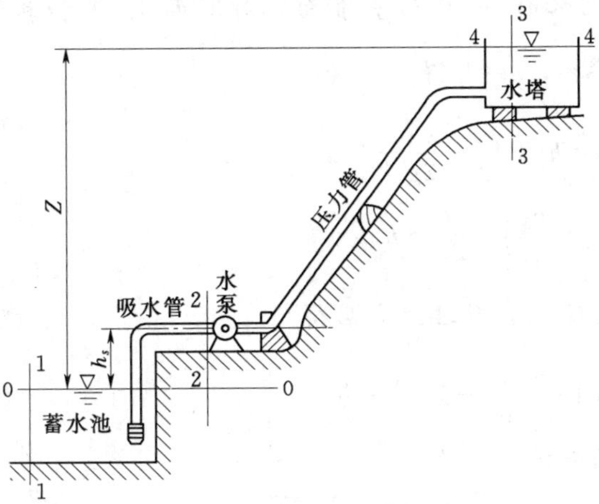

图 3-12

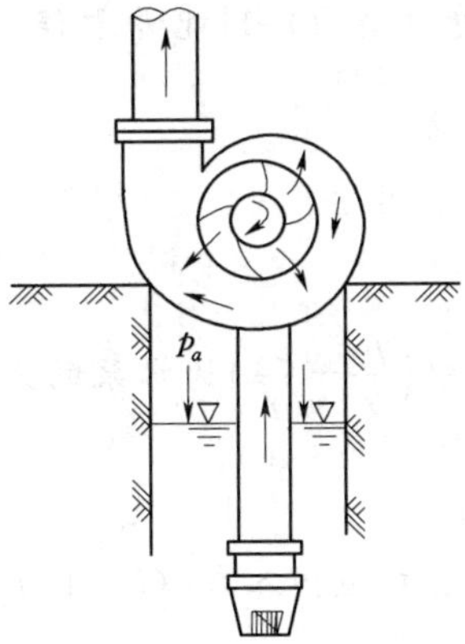

图 3-13

水泵工作前，先将吸水管和泵壳充满水，再由电动机带动泵壳内的叶轮高速旋转，叶轮内的水因受到离心力的作用而被甩向四周，并沿着泵壳内壁从泵出口排出，经过压水管而流入水池或用水地区，如图 3-13 所示。水泵叶轮内的水被甩出水泵后，水泵内形成真空，水源处的水在大气压力作用下又会通过吸水管流入水泵（通常说水被吸上来）。这样连续的作用，就使水源源不断地从低处流向高处。这就是水泵的工作原理。

水泵装置的水力计算，主要任务如下：

(1) 确定吸、压水管的直径。吸水管属于短管，压水管则根据不同情况按短管或长管计算。

(2) 计算水泵的安装高度；计算水泵的扬程。

(3) 计算水泵装机容量。

其具体计算方法举例说明如下。

【例 3-4】 有一水泵装置如图 3-12 所示。已知水泵的流量 $Q=28\text{m}^3/\text{h}$，吸水管的长度 $l_{吸}=5\text{m}$，压水管的长度 $l_{压}=18\text{m}$。沿程阻力系数 $\lambda_{吸}=\lambda_{压}=0.046$，局部阻力系数：进口 $\zeta_{网}=8.5$，弯头 $\zeta_{弯}=0.17$，出口 $\zeta_{出}=1.0$。水泵的提水高度 $Z=18\text{m}$，水泵进口断面的最大允许真空度 $h_v=6\text{m}$，试确定：(1) 管道直径；(2) 水泵的安装高度 h_s；(3) 水泵的扬程 H；(4) 水泵的电动机的功率（水泵的效率 $\eta_{泵}=0.8$，电动机效率 $\eta_{动}=0.9$）。

(1) 管道直径的确定。依据前述允许流速的经验值，选取 $v_{吸}=2\text{m/s}$，$v_{压}=2.5\text{m/s}$，则相应的管径为

$$d_{吸}=\sqrt{\frac{4Q}{\pi v_{吸}}}=\sqrt{\frac{4\times 28}{3.14\times 2\times 3600}}=0.07(\text{m})$$

$$d_{压}=\sqrt{\frac{4Q}{\pi v_{压}}}=\sqrt{\frac{4\times 28}{3.14\times 2.5\times 3600}}=0.063(\text{m})$$

根据计算结果，并考虑施工，安装的方便，选用标准管径，$d_{吸}=d_{压}=d=75\text{mm}$，则吸、压水管的流速为

$$v=\frac{Q}{A}=\frac{4\times 28}{3.14\times 0.075^2\times 3600}=1.76(\text{m/s})$$

(2) 计算水泵安装高度 h_s。以水池水面0—0为基准面，对断面1—1和断面2—2（水泵进口断面）列能量方程，并取 $\frac{\alpha v_1^2}{2g}\approx 0$，$\alpha=1$ 得

$$0+\frac{p_a}{\gamma}+0=h_s+\frac{p_2}{\gamma}+\frac{v^2}{2g}+h_{w吸}$$

$$h_s=\left(\frac{p_a}{\gamma}-\frac{p_2}{\gamma}\right)-\frac{v^2}{2g}-h_{w吸}$$

式中 $\left(\frac{p_a}{\gamma}-\frac{p_2}{\gamma}\right)$ 为水泵的允许真空高度 h_v，整理上式后得

$$h_s=h_v-\left(1+\lambda\frac{l}{d}+\sum\zeta\right)\cdot\frac{v^2}{2g} \tag{3-11}$$

将已知值代入式（3-11）得水泵的安装高度为

$$h_s=6-\left(1+0.046\times\frac{5}{0.075}+8.5+0.17\right)\times\frac{1.76^2}{19.6}=3.99(\mathrm{m})$$

即安装高度最大不得超过3.99m，否则，将抽不上水或水泵出水量很小。

(3) 水泵的扬程 H。水泵的扬程就是单位重量的水体从水泵中获得的外加机械能，用 H 表示。

以吸水池水面0—0为基准面，对吸、压水池水面列能量方程为

$$0+0+0+H=Z+h_w$$

$$h_w=h_{w吸}+h_{w压}$$

式中　Z——水泵的提水高度；

h_w——吸、压水管中的总水头损失。

整理上式可得水泵的扬程为

$$H=Z+h_{w吸}+h_{w压} \tag{3-12}$$

上式表明，水泵的扬程等于提水高度 Z 加上吸水管路和压水管路水头损失之和。本例中：

$$h_{w吸}=\left(\lambda_{吸}\cdot\frac{l_{吸}}{d_{吸}}+\zeta_{网}+\zeta_{弯}\right)\cdot\frac{v_{吸}^2}{2g}=\left(0.046\times\frac{5}{0.075}+8.5+0.17\right)\times\frac{1.76^2}{19.6}=1.85(\mathrm{m})$$

$$h_{w压}=\left(\lambda_{压}\cdot\frac{l_{压}}{d_{压}}+\sum\zeta\right)\cdot\frac{v_{压}^2}{2g}=\left(0.046\times\frac{18}{0.075}+2\times0.17+1.0\right)\times\frac{1.76^2}{19.6}=1.96(\mathrm{m})$$

故

$$H=Z+h_{w吸}+h_{w压}=18+1.85+1.96=21.81(\mathrm{m})$$

(4) 计算水泵的电动机的功率。单位时间内重量为 γQ 的水体从水泵获得的能量为 γQH，称为水泵的有效功率。水泵和电动机传动时会有能量损失，因此，电动机的功率应大于水泵的有效功率，即水泵的电动机功率为水泵所具有的总功率。其计算公式为

$$N=\frac{\gamma QH}{\eta_{泵}\ \eta_{动}} \tag{3-13}$$

式中　$\eta_{泵}$——水泵的效率；

$\eta_{动}$——动力机的效率。

将已知值代入上式得

$$N=\frac{\gamma QH}{\eta_{泵}\ \eta_{动}}=\frac{9.8\times28\times21.81}{0.8\times0.9\times3600}=2.31(\mathrm{kW})$$

内 容 小 结

本章重点学习恒定有压管流的水力计算，应着重掌握以下内容：

(1) 恒定有压管流的定义，特点以及分类。

(2) 对于水利工程中常见的压力管道多数按短管进行水力计算。应熟练掌握虹吸管、倒虹吸管、水泵管路等典型简单短管水力计算。

简单管道短管水力计算的基本公式为

自由出流 $$Q=\mu_c A\sqrt{2gH_0}$$

淹没出流 $$Q=\mu_c A\sqrt{2gZ_0}$$

自由出流时，当忽略行进流速水头时，$H_0=H$；淹没出流时，作用水头应为 Z_0，忽略行进流速水头时 $Z_0=Z$，其中 Z 为上下游水位差。

淹没出流时，当管道出口下游的流速水头不能忽略时，可直接对管道进口前和出口后的断面列能量方程求解。

需要注意的是，对于自由出流，流量系数 μ_c 为

$$\mu_c=\frac{1}{\sqrt{1+\lambda\dfrac{l}{d}+\Sigma\zeta}}$$

而淹没出流时，μ_c 计算式为

$$\mu_c=\frac{1}{\sqrt{\lambda\dfrac{l}{d}+\Sigma\zeta}}$$

自 测 练 习 题

一、判断题

1. 关于恒定有压管流，下列哪些说法是正确的？(正确打“√”，错误打“×”。)

(1) 管道中水流运动要素（流速、压强等）不随时间改变。( )

(2) 过水断面形状一般多为圆形。( )

(3) 无自由水面。( )

(4) 过水断面上任一点压强都不等于大气压强。( )

2. 下面实际工程水流哪些可以看成恒定有压管流？(是打“√”，否打“×”。)

(1) 给水（自来水）管道中水流。( )

(2) 排污管道中水流。( )

(3) 抽水站正常运行时管道中水流。( )

(4) 倒虹吸管道中水流。( )

(5) 水电站正常运行时引水管道中水流。( )

(6) 喷灌管道中水流。( )

(7) 滴灌管道中水流。( )

3. 关于长管和短管下列哪些说是正确的？（正确打“√”，错误打“×”。）

（1）长管是指长度很长的管道。（　　）

（2）短管是指长度较短的管道。（　　）

（3）一般长管水力计算中将局部水头损失和流速水头忽略不计，只计沿程水头损失。（　　）

（4）一般短管水力计算中局部水头损失、沿程水头损失和流速水头全部计算。（　　）

4. 关于水泵扬程，下列说法哪些是正确的？（正确打“√”，错误打“×”。）

（1）是水泵站提水的高度。（　　）

（2）是水泵站提水高度和吸水管、压水管总水头损失之和。（　　）

（3）是水泵站提水高度和吸水管、压水管局部水头损失之和。（　　）

（4）是水泵站提水高度和吸水管、压水管沿程水头损失之和。（　　）

5. 关于倒虹吸管，下列哪些说法是正确的？（正确打“√”，错误打“×”。）

（1）通过负压将水由高处引到低处。（　　）

（2）在渠道穿越公路时使用。（　　）

（3）在渠道穿越宽阔沟道时使用。（　　）

（4）过水断面上任一点压强都大于大气压强。（　　）

6. 关于简单短管，下列哪些说法是正确的？（正确打“√”，错误打“×”。）

（1）总水头线与测压管水头线一定平行。（　　）

（2）任一断面总水头线与测压管水头线之间距离为该断面流速水头。（　　）

（3）淹没出流时，测压管水头线末端在管道出口中心点。（　　）

（4）自由出流时，测压管水头线末端在下游水池水面点。（　　）

二、计算绘图题

1. 利用直径 d=1.0m 的钢筋混凝土虹吸管自水源引水，如图 3-14 所示。虹吸管上下游水位差 Z=2.0m，虹吸管全长 l=25m，虹吸管弯段的局部水头损失系数 ζ=0.6。（1）计算虹吸管的流量。（2）当虹吸管第二弯管前断面的最大允许真空值为 7m 水柱，由进口至该断面的管长为 13m 时，计算虹吸管的安装高度 h_s。

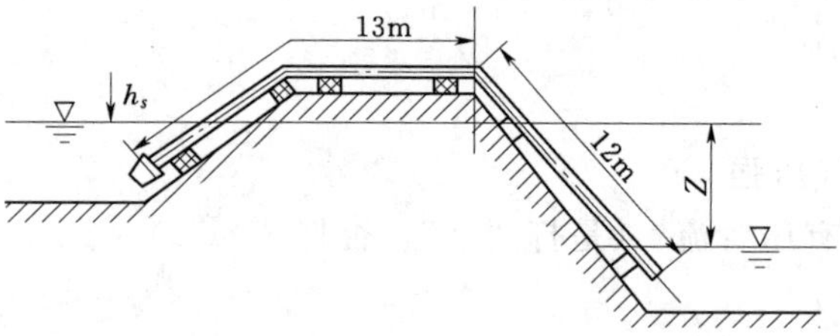

图 3-14

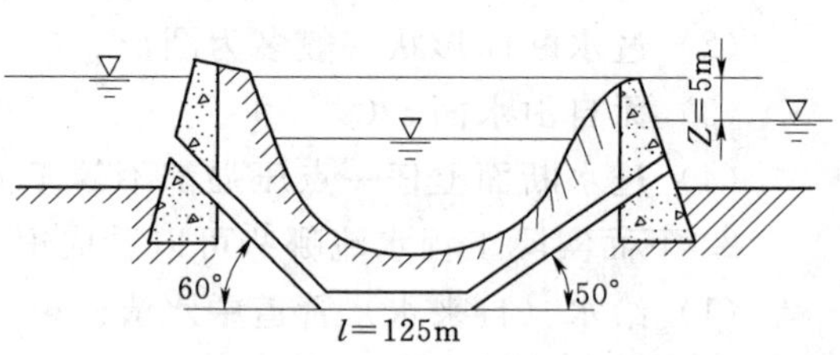

图 3-15

2. 倒虹吸管采用 d=500mm 铸铁管，管长 l=125m，根据地形设有两个转弯角各为 60° 和 50°，上下游渠道的流速相等，水位差 Z=5m，求倒虹吸管通过的流量（图 3-15）。

3. 一水泵将水抽至水塔，如图 3-16 所示。已知抽水流量 Q=100 L/s，吸水管长 l_1=15m，压水管长 l_2=300m，管径 d=300mm，沿程阻力系数 λ=0.03，上下水池水面高

差为 $Z=30\text{m}$，允许真空值 $h_v=6\text{m}$ 水柱高，局部阻力系数 $\zeta_{进口}=3.7$，$\zeta_{弯}=0.4$。计算：(1) 水泵的安装高度 h_s；(2) 水泵的扬程 H；(3) 当水泵和电动机总效率 $\eta=0.75$ 时，电动机的功率。

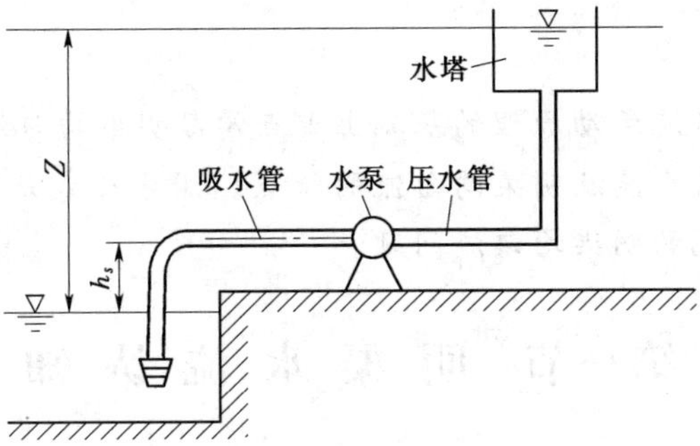

图 3-16

4. 试定性绘制出图 3-17 中各管道的总水头线和测压管水头线。

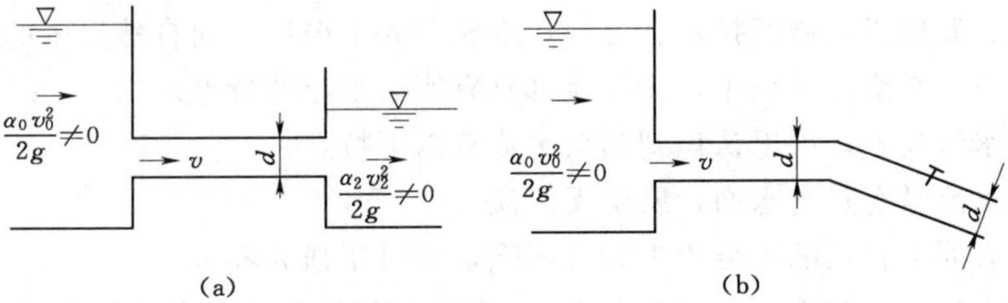

图 3-17

第四章　明渠均匀流水力计算

【学习指导】 本章是在水流运动原理的基础上重点学习明渠均匀流的相关概念和计算。学习本章内容，应理解明渠水流及明渠均匀流的特点。谢才公式是明渠均匀流的基本公式，能够应用该公式解决常见的明渠均匀流问题。

第一节　明 渠 水 流 认 知

一、明渠水流特点

明渠水流在水利工程中是一种常见的水流现象，包括人工渠道和天然河道。输水渠道、无压隧洞、渡槽以及城镇排水管道等，都属于人工渠道；而自然界中的河流、溪沟等都属于天然河道。在实际工程中，无压流都具有明渠水流的特点。

根据明渠水流现象，可以认识到明渠水流有以下特点：

(1) 明渠水流具有自由水面，属于无压流。

(2) 水体表面上各点的压强均为大气压强，相对压强为零。

(3) 明渠水流中，与渠道（无压管道）接触的质点由于受到固体边界摩擦阻力的影响，流速为零，而远离固体边界处的水流流速较快，故明渠水流流速在横断面上分布是不均匀的。

明渠水流根据水流的运动要素是否随时间改变，分为恒定流与非恒定流；根据水流的运动要素是否沿程改变，分为均匀流与非均匀流；非均匀流又分为渐变流与急变流。

二、明渠过水断面形式

渠槽的过水断面形式有很多种。人工修建的明渠为了便于施工和符合水流运动的特点，一般都做成对称的规则断面。工程中常见的断面形式有梯形断面、矩形断面、圆形断面、U形断面和复式断面等，如图 4-1 (a) ～ (e) 所示。天然河道过水断面通常是不规则的，也不对称，往往可分为主槽与滩地，如图 4-1 (f) 所示。

实际工程中的土质人工渠道，常做成对称的梯形断面。如图 4-1 (a) 所示，以 h 表示渠道水深，b 表示渠道底宽，m 表示边坡系数。其中，边坡系数 m 反映边坡的倾斜程度，$1:m$ 表示边坡的坡度，m 越大，边坡越缓，反之越陡，当 $m=0$ 时，渠道为矩形。梯形断面的水力要素如下：

水面宽度　　$$B=b+2mh \tag{4-1}$$

面积　　$$A=(b+mh)h \tag{4-2}$$

湿周　　$$\chi=b+2h\sqrt{1+m^2} \tag{4-3}$$

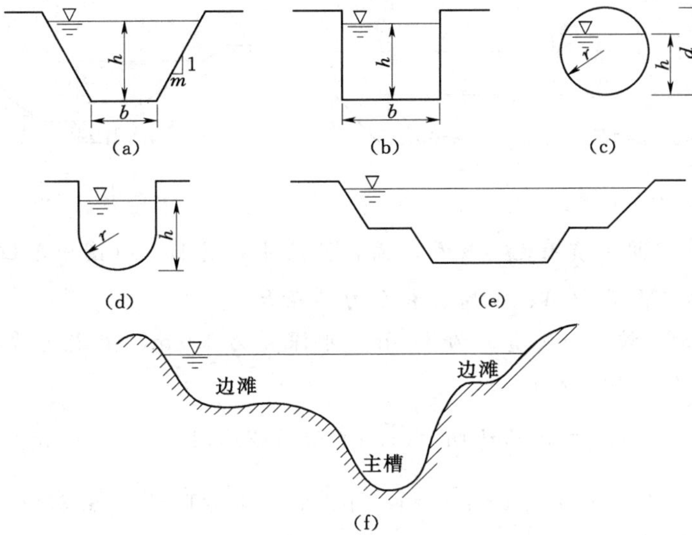

图 4-1

水力半径
$$R=\frac{A}{\chi}=\frac{(b+mh)h}{b+2h\sqrt{1+m^2}} \tag{4-4}$$

边坡系数 m 的影响因素比较多，工程中常根据边坡的岩土性质，侧壁的衬砌情况，以及渠道设计的有关规定，查专门水力计算手册选取。表 4-1 所给出的 m 值可供参考。

表 4-1　梯形渠道的边坡系数 m

岩土种类	边坡系数 m	岩土种类	边坡系数 m
未风化的岩石	0～0.25	黏土，黄土	1.0～1.5
风化的岩石	0.25～0.5	黏壤土，砂壤土	1.25～2.0
半岩性耐水土壤	0.5～1.0	细砂	1.5～2.5
卵石和砂砾	1.25～1.5	粉砂	3.0～3.5

U形渠道在渡槽工程、农田灌溉工程中应用较多，其组成包括下部圆弧段和上部直线段，可以看成半圆和矩形的组合，如图 4-1（d）所示，其水力要素为

水面宽度
$$B=2r \tag{4-5}$$

面积
$$A=\frac{\pi r^2}{2}+2r(h-r) \tag{4-6}$$

湿周
$$\chi=2(h-r)+\pi r \tag{4-7}$$

水力半径
$$R=\frac{\frac{\pi r^2}{2}+2r(h-r)}{2(h-r)+\pi r} \tag{4-8}$$

对于有些宽浅式的天然河道断面，其最大水深为 h，水面宽度为 B，如图 4-2 所示，则其水力要素可简化为 $A=Bh$，$\chi=B+2h$，$R=h$。

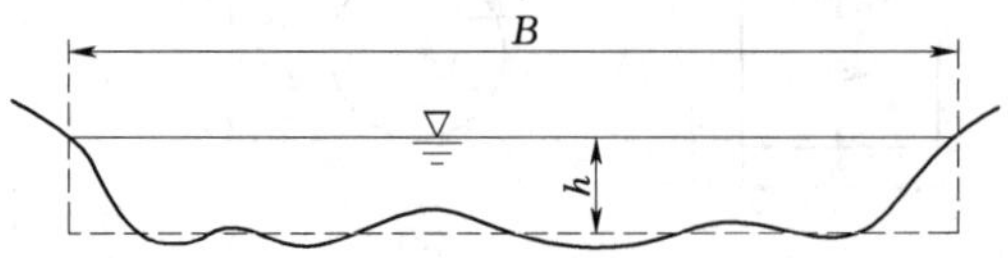

图 4-2

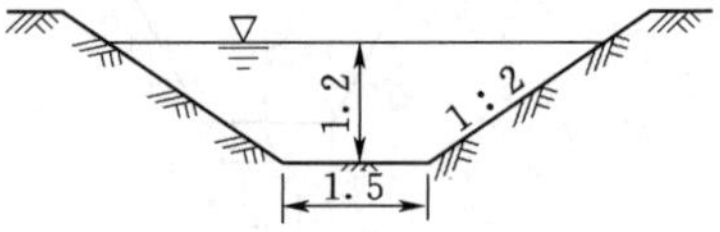

图 4-3

【例 4-1】 某田间土质渠道为梯形断面，其尺寸如图 4-3（图中单位：m）所示，试计算该渠道的过水断面面积 A、湿周 χ 和水力半径 R。

由图 4-3 可知，该渠道底宽 b 为 1.5m，水深 h 为 1.2m，渠道边坡系数 m 为 2。根据式（4-1）～式（4-4），可得

过水断面面积　$A=(b+mh)h=(1.5+2\times1.2)\times1.2=4.68(\mathrm{m}^2)$

湿周　$\chi=b+2h\sqrt{1+m^2}=1.5+2\times1.2\times\sqrt{1+2^2}=6.87(\mathrm{m})$

水力半径　$R=\dfrac{A}{\chi}=\dfrac{4.68}{6.87}=0.68(\mathrm{m})$

三、渠道底坡

渠道的底坡一般沿程微向下游倾斜，通常把渠道的底面与纵剖面的交线称为渠底线，而把渠底线与水平线夹角 α 的正弦（即渠底线沿流程方向每单位长度的下降量），称为渠道的底坡，常以符号 i 表示，即 $i=\sin\alpha$（图 4-4）。但水利工程中的渠道由于受允许流速的限制，α 一般都比较小（$\alpha\leqslant6°$），经常将过水断面可以看作是铅垂平面，水深 h 也可沿垂线方向量取，常将底坡 i 用下式计算：

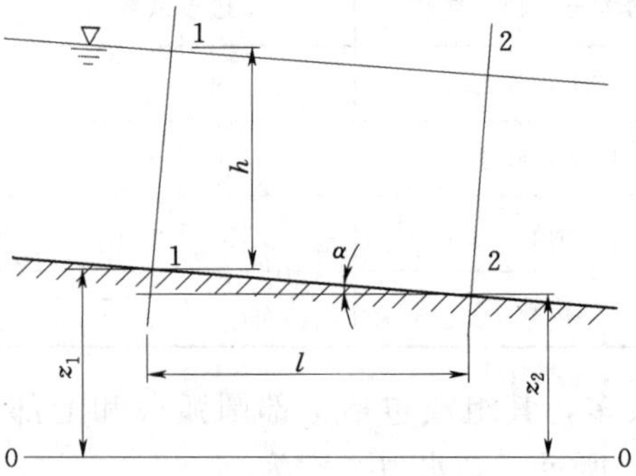

图 4-4

$$i\approx\tan\alpha=\frac{z_1-z_2}{l}\tag{4-9}$$

式中　z_1，z_2——断面 1—1、断面 2—2 渠底高程；

l——断面 1—1 和断面 2—2 之间的水平距离。

但是要注意，在 α 角较大时，因 $\sin\alpha$ 与 $\tan\alpha$ 的值相差比较大，式（4-9）就不再适用了。

渠道的底坡可能出现三种情况：①当渠底高程沿程下降时，底坡 $i>0$，称为顺坡（或正坡），这种底坡在工程中是最常见的；②当渠底高程沿流程不变时，底坡 $i=0$，称为平坡；③当渠底高程沿流程上升时，底坡 $i<0$，称为逆坡（或负坡）。如图 4-5 所示。后两种情况一般在特殊需要时采用，比如闸室地板通常采用 $i=0$，多沙河流引水灌溉渠道中常在渠首段设置 $i=0$ 或 $i<0$ 的底坡以加快泥沙沉积，减少水流含沙量，阻止或减少进入下游渠道的泥沙量，造成渠道淤积等。

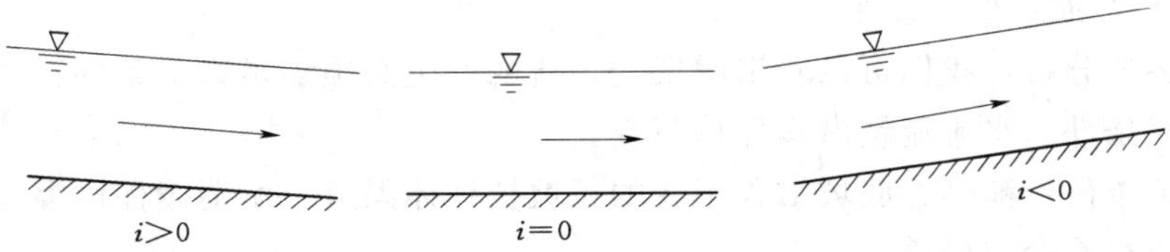

图 4-5

第二节　明渠均匀流及其基本公式

一、明渠均匀流的特点

我们在第二章已经学过了均匀流的概念，那么明渠均匀流又是什么呢?

1. 明渠均匀流的概念

明渠均匀流就是物理学中的匀速直线的水流运动，如图 4-6（a）所示，明渠中水流流线相互平行，且各条流线上的水流质点都在做匀速直线运动（各流线上的流速未必相同)，这样的水流即明渠均匀流。

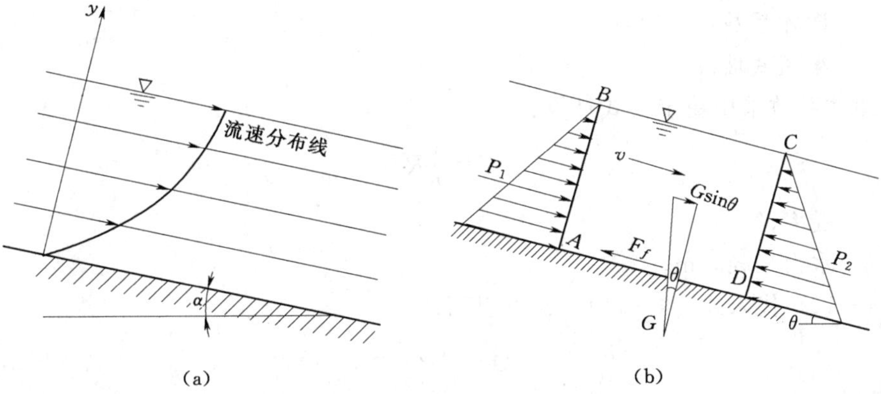

图 4-6

同时可以看出，只有在正坡上，才可能产生明渠均匀流，因为只有在正坡上，水流沿渠底的重力分力 $G\sin\alpha$ 才能抵消所受的摩阻力 F_f，如图 4-6（b）所示，图中水体 $ABCD$ 在水流方向上受力平衡，即有 $F_f = G\sin\alpha$。

2. 明渠均匀流的特点

(1) 过水断面的形状和尺寸、流速、流量、水深沿流程都不变。

(2) 总水头线（坡度以 J 表示)、测压管水头线（在明渠水流中就是水面线，坡度以 J_p 表示)、渠底线三者平行，因而它们的坡度相等，即

$$J = J_p = i \tag{4-10}$$

我们简称该规律为明渠均匀流的“三线平行”。

3. 明渠均匀流发生的条件

根据上述的分析，我们可以看出明渠均匀流的产生必须满足以下条件：

（1）水流条件：水流流量沿程保持不变。

（2）渠道条件：糙率、底坡沿程不变的正坡棱柱体渠道。所谓棱柱体渠道，即断面形状和尺寸沿流程不变的渠道。

实际工程中，没有绝对的明渠均匀流，只要与上述条件相差不大，即可近似地看成是明渠均匀流。如渠道轴线较顺直、断面形状及尺寸不变、底坡沿程尽量保持不变的渠道，一般视为棱柱体渠道，基本上满足均匀流的条件；再如渡槽轴线一般为直线，且断面、底坡沿程保持不变，长度大于15～20倍水深的渡槽，其水流也可视为明渠均匀流。

二、明渠均匀流的基本公式

明渠均匀流基本计算公式是谢才公式 $v=C\sqrt{RJ}$，因为 $J=i$，故有

$$\left.\begin{aligned} v&=C\sqrt{Ri} \\ Q&=Av=AC\sqrt{Ri} \end{aligned}\right\} \tag{4-11}$$

式中 Q——明渠均匀流的流量，m^3/s；

A——过水断面的面积，m^2；

C——谢才系数，$m^{\frac{1}{2}}/s$；

i——渠道底坡。

其中谢才系数采用曼宁公式计算：

$$C=\frac{1}{n}R^{\frac{1}{6}} \tag{4-12}$$

式中 n——糙率；

R——水力半径，m。

式（4－12）代入式（4－11），又可以写成

$$Q=\frac{A}{n}R^{\frac{2}{3}}i^{\frac{1}{2}} \tag{4-13}$$

或

$$Q=\frac{1}{n}A^{\frac{5}{3}}\chi^{-\frac{2}{3}}i^{\frac{1}{2}} \tag{4-14}$$

式中 χ——湿周。

工程中糙率 n 的取值见表4－2。

表4－2　　渠道糙率 n 值

渠道类型及状况			糙率 n 值		
			最小值	正常值	最大值
1. 土渠	（1）渠线顺直，断面均匀	清洁，新近完成	0.016	0.018	0.020
		清洁，经过风雨侵蚀	0.018	0.022	0.025
		清洁，有卵石	0.022	0.025	0.030
		有牧草和杂草	0.022	0.027	0.033

续表

渠道类型及状况			糙率 n 值		
			最小值	正常值	最大值
1. 土渠	(2) 曲线弯曲，断面变化的土渠	没有植物	0.023	0.025	0.030
		有牧草和一些杂草	0.025	0.030	0.033
		有茂密的杂草在深槽中，有水生植物	0.030	0.035	0.040
		土底，碎石边壁	0.028	0.030	0.035
		块石底，边壁为杂草	0.025	0.035	0.040
		圆石底，边壁清洁	0.030	0.040	0.050
	(3) 用挖土机开凿或挖掘的渠道	没有植物	0.025	0.028	0.033
		岸边有稀疏的小树	0.035	0.050	0.060
2. 石渠		光滑而均匀	0.025	0.035	0.040
		参差不齐而不均匀	0.035	0.040	0.050
3. 混凝土渠道		抹灰的混凝土或钢筋混凝土护面	0.011	0.012	0.013
		不抹灰的混凝土或钢筋混凝土护面	0.013	0.014	0.017
		喷浆护面	0.016	0.018	0.021
4. 各种材料护面的渠道		三合土护面	0.014	0.016	0.020
		浆砌砖护面	0.012	0.015	0.017
		条石护面	0.013	0.015	0.018
		干砌石护面	0.023	0.032	0.035
		浆砌块石护面	0.017	0.025	0.030

【例 4-2】 如图 4-7 所示为某田间斗渠的横断面，底坡 i 为 1/3000，其表面用混凝土衬砌，抹灰护面，渠道底宽 b 为 0.7m，边坡系数 m 为 0.6，渠道的设计水深 h 为 0.65m，试计算该斗渠的设计流量 Q_0。

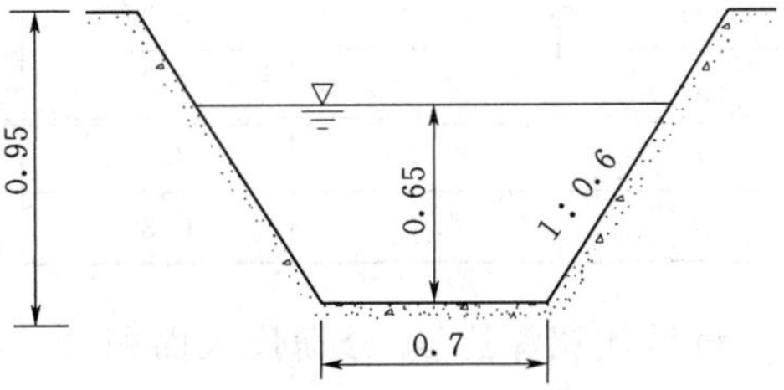

图 4-7

查表 4-2 可知，该渠道的糙率为 0.012。根据式 (4-1)～式 (4-4)，可得

过水断面面积 $A=(b+mh)h=(0.7+0.6\times0.65)\times0.65=0.71(\text{m}^2)$。

湿周 $\chi=b+2h\sqrt{1+m^2}=0.7+2\times0.65\times\sqrt{1+0.6^2}=2.22(\text{m})$。

水力半径 $R=\dfrac{A}{\chi}=\dfrac{0.71}{2.22}=0.32(\text{m})$。

由式 (4-12) 可得，谢才系数 $C=\dfrac{1}{n}R^{\frac{1}{6}}=\dfrac{1}{0.012}\times0.32^{\frac{1}{6}}=68.92(\text{m}^{\frac{1}{2}}/\text{s})$。

将以上参数带入式 (4-11)，可得设计流量

$$Q_0=AC\sqrt{Ri}=68.92\times0.71\times\sqrt{0.32\times\frac{1}{3000}}=0.5(\text{m}^3/\text{s})$$

三、明渠均匀流水力计算的基本问题

1. 明渠过流能力计算

过流能力计算是明渠水流的基本计算问题之一，在实际工程中，常需要根据已知的水力要素，校核明渠的过流能力。即根据明渠的底宽 b、水深 h、边坡系数 m、糙率 n 和底坡 i 计算流量 Q，可参考［例 4-2］。

2. 断面尺寸设计

根据渠道的输水任务 Q 和底坡 i、土质等已知条件，设计渠道的断面尺寸，包括底宽 b、边坡系数 m、水深 h 等。

（1）水力最佳断面的设计。所谓水力最佳断面，就是在渠道的过水断面面积、底坡、糙率一定时，通过流量最大的断面；或者在渠道的流量、底坡、糙率一定时，过水断面面积最小的断面。研究水力最佳断面在渠道设计中有很重要的意义。

根据分析，圆形断面是天然的水力最佳断面，弧形断面接近水力最佳断面，但是这样的断面对技术要求较高，施工不便。

实际工程中明渠应用最多的是梯形断面，梯形断面水力最佳断面的宽深比满足

$$\beta_m=\frac{b}{h}=2(\sqrt{1+m^2}-m) \tag{4-15}$$

常用 β 表示梯形断面的宽深比，β_m 表示水力最佳断面的宽深比。式（4-15）就是梯形水力最佳断面的宽深比应该满足的条件。对于不同边坡系数 m 时的梯形渠道，其水力最佳断面宽深比 β_m 值见表 4-3。

表 4-3　梯形渠道水力最佳断面的宽深比 β_m 值

m	0.00	0.25	0.50	0.75	1.00	1.50
β_m	2.00	1.56	1.24	1.00	0.83	0.61
m	2.00	2.50	3.00	3.50	4.00	5.00
β_m	0.47	0.39	0.33	0.28	0.25	0.20

将最佳宽深比 β_m 分别代入面积 A 和湿周 χ 的表达式，可以得到对应于水力最佳断面的水力半径为

$$R_m=\frac{A}{\chi}=\frac{(b+mh)h}{b+2h\sqrt{1+m^2}}=\frac{[2(\sqrt{1+m^2}-m)h+mh]h}{2(\sqrt{1+m^2}-m)h+2h\sqrt{1+m^2}}=\frac{h}{2} \tag{4-16}$$

上式表明，梯形渠道水力最佳断面的水力半径 R 只与水深有关（等于水深的一半），与渠道的底宽及边坡系数等无关。

矩形断面可看作 $m=0$ 的梯形，由式（4-15）得

$$\beta_m=\frac{b}{h}=2$$

或

$$b=2h \tag{4-17}$$

也就是说，矩形渠道水力最佳断面的特征是：底宽为水深的 2 倍，属于宽浅式断面，占用土地较多。

由表 4-3 可以看出，当 $m \geqslant 1$ 时，$\beta < 1$，这是一种水深大，底宽小的窄深式断面，这种断面对施工和管理是不利的。一般的梯形渠道，m 值都大于 1，因此，无衬砌的渠道不宜采用水力最佳断面，而要结合技术和经济等方面因素来确定渠道的实用经济断面。

（2）正常水深 h_0 的求解。所谓正常水深，是指明渠均匀流的水深，常以 h_0 表示。

当 Q、i、n、m、b 已知时，谢才公式就变成一个关于 h 的一元高次方程，非常复杂，难以直接求解答案，常用有两种方法求解，第一种为试算法，第二种方法是查图法。

1）试算法，即假设若干个水深 $h_i(i=1,\ 2,\ \cdots)$，在此基础上计算 A_i、χ_i、R_i 等水力要素，进而计算得到若干流量 Q_i，$Q_i=Q$ 所对应的水深 h_i 即为所求水深。

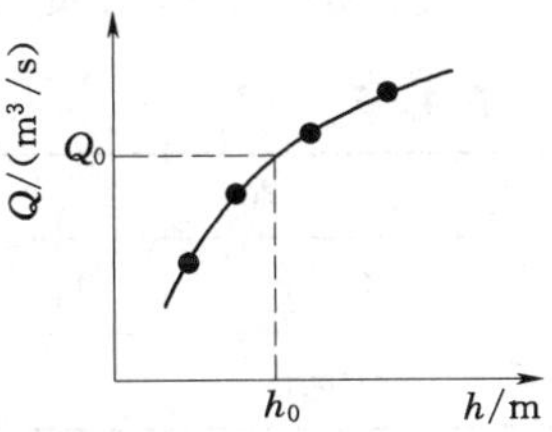

图 4-8

2）图解法，也可以称为图解试算法。当试算法经过多次试算仍然没有求得正确结果时，可以采用“画线查图”的图解方式求解，即根据假设的几个（一般 3～5 个）典型水深 h_i 所对应的流量 Q_i，在方格纸上绘制 $Q-h$ 关系曲线如图 4-8 所示，由设计流量 Q_0 在曲线上直接查对应的水深 h_0 即可。

（3）渠道底宽 b 的求解。当 Q、i、n、m、h_0 已知时，谢才公式就变成一个关于 b 的一元高次方程，其求解方法与正常水深求解类似，这里不再赘述。

（4）已知宽深比 β 的断面设计。已知渠道的设计流量 Q，底坡 i，糙率 n，边坡系数 m，给定宽深比 β，要求设计渠道的断面尺寸（即确定底宽 b 和水深 h）。此类问题要求求解两个未知量：b 和 h，用一个方程是无法求解的，所以需先将 b 用 βh 代替后，再代入明渠均匀流公式（4-11），就可以得到一个关于 h 的一元高次方程，用此方程可直接解出水深 h，然后才能求出底宽 b。其过程类似水力最佳断面设计。

3. 渠道的允许流速分析

渠道在通过不同大小的流量时，流速是不同的。为保证渠道的正常运行，使其在使用过程中不会因为流速过小引起淤积，或因流速过大引起冲刷，必须对渠道断面平均流速有所限制，这种限制流速就是允许流速。

允许流速的上限是不冲允许流速（v_{max}），主要与渠道的建筑材料和流量有关，可参照表 4-4 选取。若水流的挟沙量较大时，须依据有关水力学手册确定。

表 4-4　坚硬岩石和人工护面渠道的不冲允许流速 v_{max}　单位：m/s

坚硬岩石和人工护面渠道	流量/(m³/s)		
	<1	1～10	>10
软质水成岩（泥灰岩、页岩、软砾岩）	2.5	3.0	3.5
中等硬质水成岩（致密砾石、多孔石灰岩、层状石灰岩、白云石灰岩、灰质岩）	3.5	4.3	5.0
硬质水成岩（白云砂岩、砂质石灰岩）	5.0	6.0	7.0
结晶岩、火成岩	8.0	9.0	10.0
单层块石铺砌	2.5	3.5	4.0
双层块石铺砌	3.5	4.5	5.0
混凝土护面	6.0	8.0	10.0

允许流速的下限是不淤允许流速（v_{min}），主要与渠道的挟沙能力有关，可参照有关水力学手册确定。

渠道的平均流速 v，应小于不冲允许流速 v_{max}，大于不淤允许流速 v_{min}，即

$$v_{min}<v<v_{max} \tag{4-18}$$

均质黏性土和均质无黏性土的不冲允许流速 v_{max} 分别见表 4-5 和表 4-6。

表 4-5　均质黏性土的不冲允许流速 v_{max}　　单位：m/s

土　质	不冲允许流速	土　质	不冲允许流速
轻壤土	0.60～0.80	重壤土	0.70～1.00
中壤土	0.65～0.85	黏土	0.75～0.95

注　1. 土壤的干容重为 12.75～16.67kN/m³。
2. 所列不冲允许流速为水力半径 $R=1$m 的情况，如 $R\neq1$m，则应将表中数值乘以 R^{α}。才得相应的不冲允许流速。对于砂、砾石、卵石、疏松壤土、黏土：$\alpha=\frac{1}{3}\sim\frac{1}{4}$；对于密实的壤土、黏土：$\alpha=\frac{1}{4}\sim\frac{1}{5}$。

表 4-6　均质无黏性土的不冲允许流速 v_{max}

土　质	粒径 /mm	不冲允许流速 /(m/s)	土　质	粒径 /mm	不冲允许流速 /(m/s)
极细砂	0.05～0.1	0.35～0.45	中砾石	5～10	0.90～1.10
粗砂、中砂	0.1～0.5	0.45～0.60	粗砾石	10～20	1.10～1.30
粗砂	0.5～2.0	0.60～0.75	小卵石	20～40	1.30～1.80
砂砾石	2.0～5.0	0.75～0.90	中卵石	40～60	1.80～2.20

注　所列不冲允许流速为水力半径 $R=1$m 的情况，如 $R\neq1$m，则应将表中数值乘以 R^{α}。才得相应的不冲允许流速。对于砂、砾石、卵石、疏松壤土、黏土：$\alpha=\frac{1}{3}\sim\frac{1}{4}$；对于密实的壤土、黏土：$\alpha=\frac{1}{4}\sim\frac{1}{5}$。

4. 综合糙率的确定

工程中，有时为了满足特殊地形条件和地质条件的要求，渠底和边壁要采用不同的材料，因此，断面湿周各部分的糙率是不同的。如图 4-9 所示，依山开挖某渠道，边坡一边是混凝土衬砌，一边是浆砌石衬砌，底部则为原天然土壤，且断面是不对称的。这些渠道进行水力计算时，要先求出各部分的综合糙率（n_e），再进行其他运算。求综合糙率的近似公式较多，常用的有以下几种：

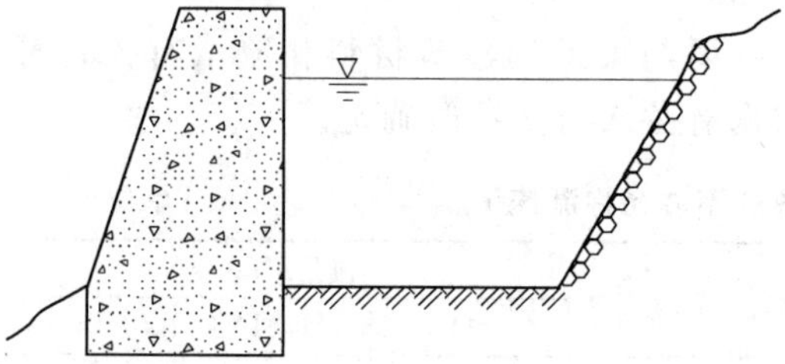

图 4-9

$$n_e=\frac{n_1\chi_1+n_2\chi_2+n_3\chi_3}{\chi_1+\chi_2+\chi_3} \tag{4-19}$$

$$n_e=\sqrt{\frac{n_1^2\chi_1+n_2^2\chi_2+n_3^2\chi_3}{\chi_1+\chi_2+\chi_3}} \tag{4-20}$$

$$n_e=\left(\frac{n_1^{\frac{3}{2}}\chi_1+n_2^{\frac{3}{2}}\chi_2+n_3^{\frac{3}{2}}\chi_3}{\chi_1+\chi_2+\chi_3}\right)^{\frac{2}{3}} \tag{4-21}$$

第三节　明渠均匀流水力计算举例

一、梯形断面渠道尺寸设计

【例 4-3】 某土渠拟设计为梯形断面，采用浆砌块石衬砌。已知设计流量 $Q=17\text{m}^3/\text{s}$，底宽 $b=4\text{m}$。根据地形地质情况，底坡 i 取 1/2500，边坡系数 m 取 2.0，试按均匀流设计渠道的正常水深 h_0。

查表 4-2，浆砌石正常糙率值 $n=0.025$。

1. 用试算法求 h_0

假设一系列的正常水深 h_0 值，代入明渠均匀流公式 $Q=AC\sqrt{Ri}$，计算出相应的流量 Q 值。根据水深和流量值绘出 h_0-Q 关系曲线，然后根据已知流量 Q，在曲线上查出需求解的均匀流水深 h_0。

设 $h_0=1.8\text{m}$、2.0m、2.2m、2.4m，分别计算出相应的面积 A、湿周 χ、水力半径 R、谢才系数 C 及流量 Q 值，列于表 4-7。

表 4-7　　水深试算表

h/m	A/m^2	χ/m	R/m	$C/(\text{m}^{\frac{1}{2}}/\text{s})$	$Q=AC\sqrt{Ri}/(\text{m}^3/\text{s})$
1.80	13.68	12.05	1.14	40.88	11.94
2.00	16.00	12.94	1.24	41.46	14.77
2.20	18.48	13.84	1.34	42.00	17.97
2.40	21.12	14.73	1.43	42.46	21.45

按照上表绘出 $h-Q$ 曲线，如图 4-10 所示。根据设计流量 $Q=17\text{m}^3/\text{s}$，在曲线上查得渠道的正常水深 $h_0=2.16\text{m}$。

2. Excel 试算求解

由试算法的解题过程可以看出，求解较为繁琐，用 Excel 软件求解，可以加快求解速度。

Excel 的操作步骤如下：

(1) 新建 Excel 表格，在表格中列清已知条件。如图 4-11 所示，在 A3～E3 中列明设计流量 Q_0、渠道底宽 b、边坡系数 m、渠道底坡 i 和糙率 n，在它们的下方根据题目条件填上数据。

(2) 在试算过程中，列出所要计算的参数，包括过水断面面积 A、湿周 χ、水力半径 R、谢才系数 C 及流量 Q。

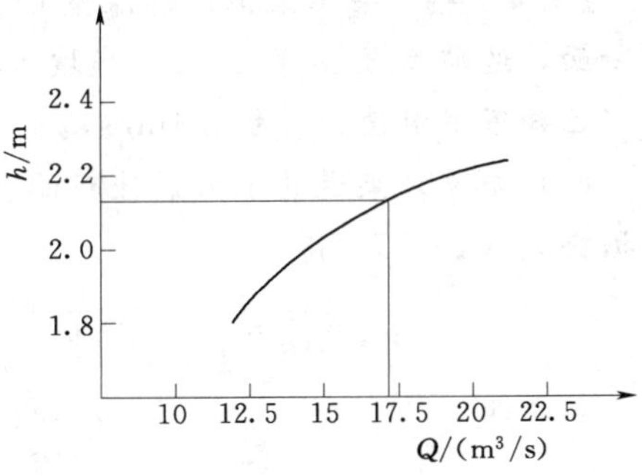

图 4-10

(3) 编写各个参数的计算程序。在 A 列表格中输入相关数据，直至流量 Q 等于设计流量 Q_0。

	A	B	C	D	E	F
1	正常水深h_0试算表					
2	基本参数					
3	设计流量Q_0 /(m^3/s)	渠道底宽 b/m	边坡系数 m	渠道底坡 i	糙率 n	
4	17	4	2	0.0004	0.025	
5	试算过程					
6	h_0/m	A/m^2	χ/m	R/m	C/($m^{\frac{1}{2}}$/s)	Q/(m^3/s)
7	1.90	14.82	12.50	1.19	41.15	13.28
8	2.00	16.00	12.94	1.24	41.44	14.74
9	2.10	17.22	13.39	1.29	41.71	16.29
10	2.20	18.48	13.84	1.34	41.98	17.93

图 4-11 Excel 正常水深试算表

Excel 编程需用的计算公式见表 4-8。

表 4-8　梯形渠道正常水深 h_0 试算 Excel 程序

序号	名称	Excel 编写程序	水力计算公式
1	A	B7=($B$4+$C$4*A7)*A7	$A=(b+mh)h$
2	χ	C7=$B$4+2*A7*SQRT(1+$C$4^2)	$\chi=b+2h\sqrt{1+m^2}$
3	R	D7=B7/C7	$R=\frac{A}{\chi}$
4	C	E7=1/$E$4*D7^(1/6)	$C=\frac{1}{n}R^{\frac{1}{6}}$
5	Q	F7=E7*B7*SQRT(D7*$D$4)	$Q=CA\sqrt{Ri}$

在 A 列的试算区域输入 2.15，可以得到流量为 17.1，非常接近 17.0，则计算结果为 2.15m。可见，用 Excel 软件可以得到更精确的结果。

【例 4-4】 某土渠拟设计流量 Q 为 $2m^3/s$，渠道为重壤土，粗糙系数 n 为 0.025，梯形断面，边坡系数 m 为 1.25，底坡 i 取 0.0002，试设计一水力最佳断面，并校核渠中流速（已知不淤流速 v_{min} 为 0.4m/s）。

(1) 先设计渠道的水力最佳断面。由于 m 值已知，可求出水力最佳断面的宽深比 β_m。根据公式（4-15）得

$$\beta_m=\frac{b}{h}=2(\sqrt{1+m^2}-m)=2(\sqrt{1+1.25^2}-1.25)=0.702$$

则面积
$$A_m=(\beta_m+m)h_m^2=1.952h_m^2$$

水力半径
$$R_m=\frac{h_m}{2}$$

由曼宁公式，谢才系数为
$$C_m=\frac{1}{n}R_m^{\frac{1}{6}}=\frac{1}{0.025}\cdot\left(\frac{h_m}{2}\right)^{\frac{1}{6}}=35.636h_m^{\frac{1}{6}}$$

将上述结果代入明渠均匀流公式 $Q=AC\sqrt{Ri}$，可得

$$2.2=1.952h_m^2\times 35.636h_m^{\frac{1}{6}}\times\sqrt{\frac{h_m}{2}\times 0.0004}$$

整理后得 $$h_m^{\frac{8}{3}}=2.874$$

解得 $$h_m=1.49\text{m}$$

底宽为 $$b_m=\beta_m h_m=0.702\times 1.49=1.05(\text{m})$$

(2) 校核渠道的流速。由表4-5查得黏土在 $R=1\text{m}$ 时，不冲允许流速为 $v_{max}=0.7\sim1.0\text{m/s}$，而 $R_m=\frac{h_m}{2}=\frac{1.49}{2}=0.745\text{m}$，取 $\alpha=\frac{1}{4}$，则不冲允许流速为表中数值乘以 R^α。

$$v_{max}=(0.7\sim1.0)\times 0.745^{\frac{1}{4}}=0.65\sim0.93(\text{m/s})$$

根据已知条件，不淤允许流速 $v_{min}=0.4\text{m/s}$。

故渠道的断面平均流速为

$$v=\frac{Q}{(b_m+mh_m)h_m}=\frac{2.0}{(1.05+1.25\times1.49)\times1.49}=0.46(\text{m/s})$$

$v_{min}<v<v_{max}$，所设计断面满足允许流速的要求。

二、渠道底坡确定

【例4-5】 某灌溉渠道上，拟建渡槽一座，初步确定采用钢丝水泥喷浆薄壳渡槽，表面用水泥浆抹面，断面为U形，底部半圆直径 d 为2.5m，上部接垂直侧墙高0.8m（包括超高0.3m），如图4-12所示，设计流量 Q 为 $5.5\text{m}^3/\text{s}$，试计算渡槽底坡。

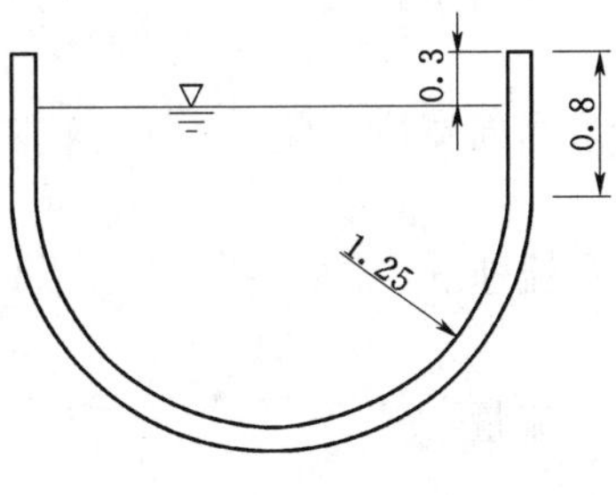

图4-12　(单位：m)

水泥砂浆抹面，查表4-2得其粗糙系数 n 为0.012。

水深 $h=\frac{d}{2}+0.8-0.3=\frac{2.5}{2}+0.8-0.3=1.75(\text{m})$

过水断面面积 $A=\pi\left(\frac{d}{2}\right)^2\times\frac{1}{2}+(0.8-0.3)d=3.14\times\left(\frac{2.5}{2}\right)^2+(0.8-0.3)\times2.5=3.70(\text{m}^2)$

湿周 $\chi=\frac{1}{2}\pi d+2\times(0.8-0.3)=\frac{1}{2}\times3.14\times2.5+2\times(0.8-0.3)=4.93(\text{m})$

水力半径 $$R=\frac{A}{\chi}=\frac{3.70}{4.93}=0.75(\text{m})$$

由曼宁公式得 $$C=\frac{1}{n}R^{\frac{1}{6}}=\frac{1}{0.012}\times0.75^{\frac{1}{6}}=79.43(\text{m}^{\frac{1}{2}}/\text{s})$$

则底坡 $$i=\frac{Q^2}{C^2A^2R}=\frac{5.5^2}{79.43^2\times3.70^2\times0.75}\approx\frac{1}{2100}$$

即所求底坡为 $\frac{1}{2100}$。

三、排水管水力计算

由前面水力最佳断面的学习可以知道，圆形断面水力条件最优，所以圆形或半圆形输水设施在工程中得到广泛应用。污水排水管、雨水排水管、无压涵洞等，都是按无压圆管均匀流设计的，下面讨论无压圆管均匀流的水力计算。

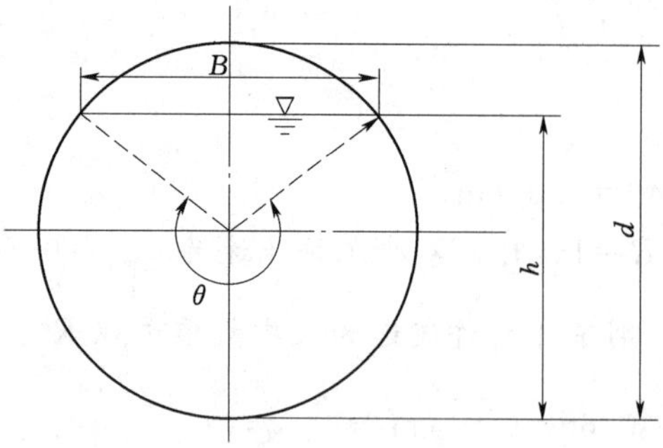

图 4-13

1. 直接计算法

直径不变的长直无压圆管，计算公式与明渠均匀流相同，即 $Q=AC\sqrt{Ri}$。

圆形断面无压均匀流的过流断面如图 4-13 所示，水流在管中的充满程度可用水深 h 与管径 d 的比值来表示，即充满度 $\alpha=\dfrac{h}{d}$。θ 称为充满角，根据圆形断面的几何关系，可以得到以下各水力要素：

过水断面面积
$$A=\frac{d^2}{8}(\theta-\sin\theta) \tag{4-22}$$

过水断面湿周
$$\chi=\frac{1}{2}\theta d \tag{4-23}$$

水力半径
$$R=\frac{d}{4}\left(1-\frac{\sin\theta}{\theta}\right) \tag{4-24}$$

水面宽度
$$B=d\sin\frac{\theta}{2} \tag{4-25}$$

流速
$$v=\frac{C}{2}\sqrt{d\left(1-\frac{\sin\theta}{\theta}\right)i} \tag{4-26}$$

流量
$$Q=\frac{C}{16}d^{\frac{5}{2}}i^{\frac{1}{2}}\left[\frac{(\theta-\sin\theta)^3}{\theta}\right]^{\frac{1}{2}} \tag{4-27}$$

充满度
$$\alpha=\frac{h}{d}=\sin^2\left(\frac{\theta}{4}\right) \tag{4-28}$$

根据以上公式即可进行计算，但是计算过程比较复杂，因此，实际工程中可以采用近似公式查表计算。

2. 查表计算法

不同充满度时无压圆管过水断面的水力要素见表 4-9。

3. 查图法

由上述表格可以看出，无压圆管均匀流的水力要素仅与充满度有关，因此可以制成如图 4-14 的求解图进行有关计算。当设计流量或设计流速一定时可以查图进行计算。

由满流、不满流流量公式可得

相对流速
$$\frac{v}{v_0}=\frac{C\sqrt{Ri}}{C_0\sqrt{R_0 i}}=\left(\frac{R}{R_0}\right)^{\frac{2}{3}}=f_v\left(\frac{h_0}{d}\right)=f_v(\alpha) \tag{4-29}$$

相对流量
$$\frac{Q}{Q_0}=\frac{AC\sqrt{Ri}}{A_0C_0\sqrt{R_0 i}}=\frac{A}{A_0}\left(\frac{R}{R_0}\right)^{\frac{2}{3}}=f_Q\left(\frac{h_0}{d}\right)=f_Q(\alpha) \tag{4-30}$$

表 4-9　　**不同充满度时无压圆管过水断面的水力要素**

充满度 $\alpha=\frac{h}{d}$	过水断面面积 A/m^2	水力半径 R/m	充满度 $\alpha=\frac{h}{d}$	过水断面面积 A/m^2	水力半径 R/m
0.05	$0.0147d^2$	$0.0326d$	0.55	$0.4426d^2$	$0.2649d$
0.10	$0.0408d^2$	$0.0635d$	0.60	$0.4920d^2$	$0.2776d$
0.15	$0.0739d^2$	$0.0929d$	0.65	$0.5404d^2$	$0.2881d$
0.20	$0.1118d^2$	$0.1206d$	0.70	$0.5872d^2$	$0.2962d$
0.25	$0.1535d^2$	$0.1466d$	0.75	$0.6319d^2$	$0.3017d$
0.30	$0.1982d^2$	$0.1709d$	0.80	$0.6736d^2$	$0.3042d$
0.35	$0.2450d^2$	$0.1935d$	0.85	$0.7115d^2$	$0.3033d$
0.40	$0.2934d^2$	$0.2142d$	0.90	$0.7445d^2$	$0.2980d$
0.45	$0.3428d^2$	$0.2331d$	0.95	$0.7707d^2$	$0.2865d$
0.50	$0.3927d^2$	$0.2500d$	1.00	$0.7854d^2$	$0.2500d$

注　d 的单位为 m。

式中，v、C、R、Q、A 分别表示同一管道内不满流（$\alpha<1$）时的各量，带脚标的 v_0、C_0、R_0、Q_0、A_0 分别表示恰好满流（$\alpha=1$），仍为无压流时对应的各个量值。

由式（4-29）和式（4-30）可以看出：相对流速、相对流量都是关于充满度的函数，可以绘成关系曲线，如图 4-14 所示。

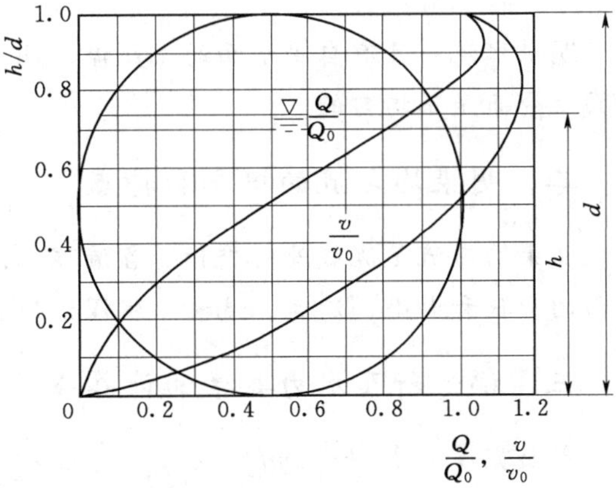

图 4-14

由图 4-14 可以看出：当 $\alpha=\frac{h}{d}=0.81$ 时，$\frac{v}{v_0}$ 值最大，且 $\left(\frac{v}{v_0}\right)_{max}=1.16$。此时，管中流速超过满管流时流速的 16%；当$\alpha=\frac{h}{d}=0.95$ 时，$\frac{Q}{Q_0}$ 值最大，且 $\left(\frac{Q}{Q_0}\right)_{max}=1.087$。此时，管中流量超过满管流时流量的 8.7%。因此，无压圆管均匀流的最大流速和最大流量都不是发生在满管流条件下。

在进行无压管道的水力计算时，还需要注意参考国家颁发的《室外排水设计规范》(GB 50014—2006)。其中污水管按不满流计算时，最大设计充满度见表 4-10；雨水管道与合流管道应按满流计算。

表 4-10　　**无压管道最大设计充满度**

管径 d 或暗渠深 H/mm	最大设计充满度 $\left(\alpha=\frac{h}{d}或\frac{h}{H}\right)$	管径 d 或暗渠深 H/mm	最大设计充满度 $\left(\alpha=\frac{h}{d}或\frac{h}{H}\right)$
150～300	0.6	500～900	0.75
350～450	0.7	≥1000	0.80

【例 4-6】 一钢筋混凝土圆形污水管的直径 $d=600\text{mm}$，管壁糙率 $n=0.014$，管道坡度 $i=0.001$。求最大设计充满度下的流速和流量。

查表 4-10 得，$d=600\text{mm}$ 污水管的最大设计充满度 $\alpha=0.75$，再查表 4-9，当充满度 $\alpha=0.75$ 时

过水断面面积　$A=0.6319d^2=0.6319\times0.6^2=0.23(\text{m}^2)$

水力半径　$R=0.3017d=0.3017\times0.6=0.18(\text{m})$

管中流速　$v=C\sqrt{Ri}=\frac{1}{n}R^{\frac{2}{3}}i^{\frac{1}{2}}=\frac{1}{0.014}\times0.18^{\frac{2}{3}}\times0.001^{\frac{1}{2}}=0.72(\text{m/s})$

流量　$Q=vA=0.72\times0.23=0.17(\text{m}^3/\text{s})$

内　容　小　结

本章以明渠均匀流为重点，学习了明渠均匀流的概念和水力计算问题。

一、明渠水流的特点

明渠水流是具有自由水面的无压流；明渠水流表面相对压强为零；明渠水流流速在横断面上分布是不均匀的。

二、明渠均匀流的概念和特点

明渠均匀流是流线处处平行、各流线上流速不发生变化的明渠水流。明渠均匀流过水断面的形状和大小、流速、流量、水深沿流程都不变，且具有“三线平行”的规律。

三、梯形断面水力要素的计算公式

水面宽度：$B=b+2mh$　　过水断面面积：$A=(b+mh)h$

湿周：$\chi=b+2h\sqrt{1+m^2}$　　水力半径：$R=\frac{A}{\chi}=\frac{(b+mh)h}{b+2h\sqrt{1+m^2}}$

以上公式是解决梯形断面水力问题的基础公式，是计算的前提。

四、明渠均匀流计算的基本公式——谢才公式

$$v=C\sqrt{Ri}$$

$$Q=AC\sqrt{Ri}$$

$$C=\frac{1}{n}R^{\frac{1}{6}}\text{（曼宁公式）}$$

谢才公式是明渠均匀流的核心知识点，是解决明渠均匀流问题的基础。该公式涉及的参数较多，包括水深 h、底宽 b、边坡系数 m、渠道底坡 i 和糙率 n 等，读者要注意总结并掌握。

五、明渠均匀流的实际工程问题

(1) 渠道过流能力的计算。用谢才公式可直接求解。

(2) 渠道断面的设计，包括设计水力最佳断面、求解渠道未知尺寸等。

1) 水力最佳断面宽深比的 $\beta_m=\frac{b}{h}=2\ (\sqrt{1+m^2}-m)$，设计过程可参考［例 4-4］。

2) 求解正常水深 h_0 或渠道底宽 b 的问题，使用试算法或 Excel 列表求解。

(3) 综合糙率的确定。

(4) 无压管道（排水管）的水力计算。使用直接计算法或查图法求解。

(5) 渡槽等水工建筑物的底坡计算。由 $i=\frac{Q^2}{C^2A^2R}$公式求解。

自 测 练 习 题

一、填空题

1. 明渠水流的显著特点是____________________。

2. 大中型明渠过水断面最为常见的为______形，其主要形状参数分别有________、________和________。

3. 当梯形断面的边坡系数 $m=0$ 时，渠道过水断面为________形。

4. 明渠底坡的定义式为 $i=$________；实际工程中采用底坡为 $i=$________，根据其数值将底坡分成三种类型。分别是________坡、________坡和________坡。

5. 明渠均匀流的显著特征是________、________和________“三线平行”，它们的坡度相等，用符号表示为____________。

6. 明渠均匀流水力计算的基本公式是________公式，其表达式为____________。

二、简单计算题

1. 一梯形土渠，按均匀流设计。已知水深 $h=1.2$m，底宽 $b=2.4$m，底坡 $i=0.0016$，边坡系数 $m=1.5$，糙率 $n=0.025$，求此渠道的平均流速 v 和流量 Q。

2. 某灌溉干渠为梯形土渠，通过流量 $Q=35\text{m}^3/\text{s}$，边坡系数 $m=1.5$，底坡 $i=1/5000$，糙率 $n=0.020$。试按水力最佳断面原理设计渠道断面。

3. 一条梯形渠，按明渠均匀流设计。需要输送的流量为 $35\text{m}^3/\text{s}$，初步确定渠道底坡 i 取 0.00012，$m=1.5$，n 取 0.012，$b=2.0$m，试用试算法和图解法求渠中的正常水深。

4. 一引水渡槽，断面为矩形，槽宽 b 为 1.5m，槽长 l 为 116.5m，进口处槽底高程为 52.06m，槽身壁面为水泥抹面，水流在槽中均匀流动。当通过设计流量 $Q=5.0\text{m}^3/\text{s}$ 时，槽中水深 1.7m，求渡槽底坡 i 及出口处槽底高程。

5. 有一混凝土圆形排水管道，糙率取正常值 $n=0.014$，已知管径 $d=2.0$m，管中设计正常水深 $h_0=1.5$m，当通过设计流量 $Q=1.0\text{m}^3/\text{s}$，试查表计算管道底坡 i。

第五章　堰、闸水力计算

【学习指导】 堰和闸是水利工程中最为常见的水工建筑物，主要起控制水流作用。对于堰和闸过流能力计算是一项最为基本的任务。通过本章学习主要了解堰和闸的水流特点，流量计算公式及各种系数的确定方法。

第一节　堰、闸水流认知

一、堰、闸的作用

堰、闸是修建在渠道或河道上的水工建筑物，用来引水、泄洪和调节流量与水位。堰主要用于控制水库和河道的水位、引水或泄洪，水流经其顶部下泄，水面线是一条光滑的降落曲线；闸也具有阻挡水流、壅高水位的作用，但水流是由闸孔流出，其自由水面不连续。但在实际工程中，堰和闸很多时候是结合使用的，即在堰顶设置闸门，目的是为了调节作用更显著，操作更灵活。如图 5－1（a）、（b）中闸门对水流不产生影响，水面为光滑连续降落曲线，水流为堰流；图 5－1（c）、（d）中闸门对水流起到控制作用，闸门前后水面间断不连续，堰顶水深 H 比闸门开度 e 大得多，肯定是闸孔出流，如果二者对比不明显，可以进行专门的判别。

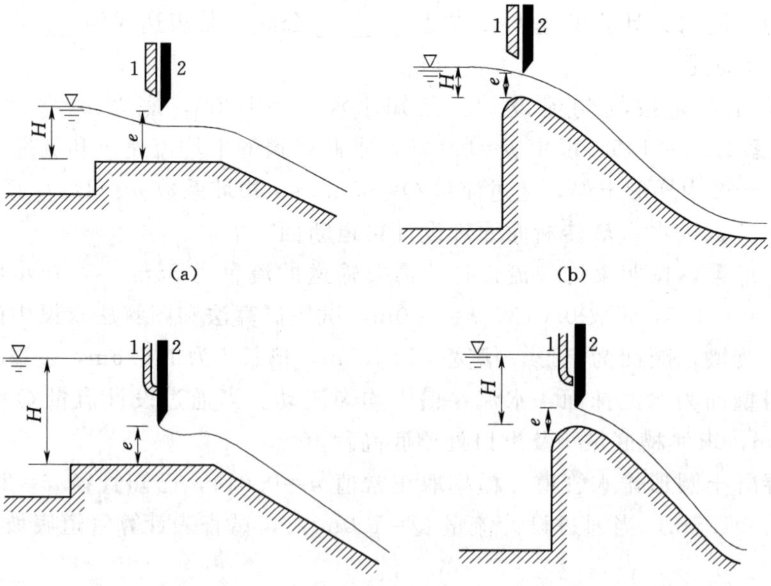

图 5－1

二、堰流与闸孔水流的特点

闸孔出流与堰流既有相同点又有区别。相同点主要在以下几个方面：

(1) 都属于急变流。

(2) 从能量观点看，水流的流动都是一个势能转化为动能的过程。

(3) 能量损失都以局部水头损失为主，沿程水头损失一般忽略不计。

区别主要是水面曲线不同：堰流的水面曲线是一条连续的光滑降落曲线，而闸孔出流的水面线则不连续。

当堰顶设有闸门时，闸孔出流与堰流可以互相转化，主要是看水流是否受闸门（或胸墙）的控制。当堰顶闸门开度 e 较小时，水流受闸门约束，由闸门底缘和堰顶之间的孔口流出，属于闸孔出流，如图 5-1 (c)、(d) 所示。当堰顶闸门开度 e 较大时，水流离开闸门底缘，由堰顶自然下泄，属于堰流，如图 5-1 (a)、(b) 所示。

根据工程经验，堰流与闸孔出流的转化条件与闸孔相对开度 e/H 和闸底坎形式有关，其判别条件如下：

当闸底坎为平顶堰时［图 5-1 (a)、(c)］，$e/H \leqslant 0.65$ 为闸孔出流，$e/H > 0.65$ 为堰流。

当闸底坎为曲线型堰时［图 5-1 (b)、(d)］，$e/H \leqslant 0.75$ 为闸孔出流，$e/H > 0.75$ 为堰流。

闸孔出流与堰流的水力计算任务主要是分析过流规律、确定过流能力计算公式及其影响因素。

第二节 堰流的类型及计算公式

一、堰流的类型

堰流的水力特征是：水流受到挡水建筑物或两侧边墙的阻碍，上游水位壅高，经过堰顶时流线收缩，流速加大，过堰水流为连续的自由降落曲面。

实际工程中，受不同使用要求和施工条件的限制，常将堰做成不同的形状，区别主要在于堰顶厚度 δ 对过堰水流的影响不同。如图 5-2 所示，根据堰顶厚度 δ 与堰上水头 H 的比值不同，将堰流分为以下三类：

(1) 薄壁堰流 ($\delta/H < 0.67$)：过堰水舌形状不受堰顶厚度 δ 的影响。堰顶常做成锐缘，水舌下缘与堰顶呈线接触，水面为单一的自由跌落，如图 5-2 (a) 所示。薄壁堰流具有稳定的水位—流量关系，在实验室或实际工程中常用作量水工具。常用有三角形和矩形薄壁堰。

(2) 实用堰流 ($0.67 < \delta/H < 2.5$)：过堰水流受到堰顶的约束和顶托，水舌与堰顶呈面接触，水面仍为单一的降落曲线。工程中的实用堰有曲线型［图 5-2 (b)］和折线型［图 5-2 (c)］两种。

(3) 宽顶堰流 ($2.5 < \delta/H < 10$)：此时堰顶厚度对水舌的顶托作用更为明显，使得水流在进口处出现第一次跌落后，在堰顶水面线与堰顶近似平行，出口水面发生第二次跌落

（下游水位较低时），如图 5-2（d）所示。宽顶堰有无坎宽顶堰［图 5-2（f）］和有坎宽顶堰［图 5-2（e）］两种。无底坎宽顶堰流常指水流受到横向约束的一种水流现象，例如水库溢洪道进口、各种水闸、桥孔、无压涵洞、施工围堰等过流时都属于宽顶堰流现象。

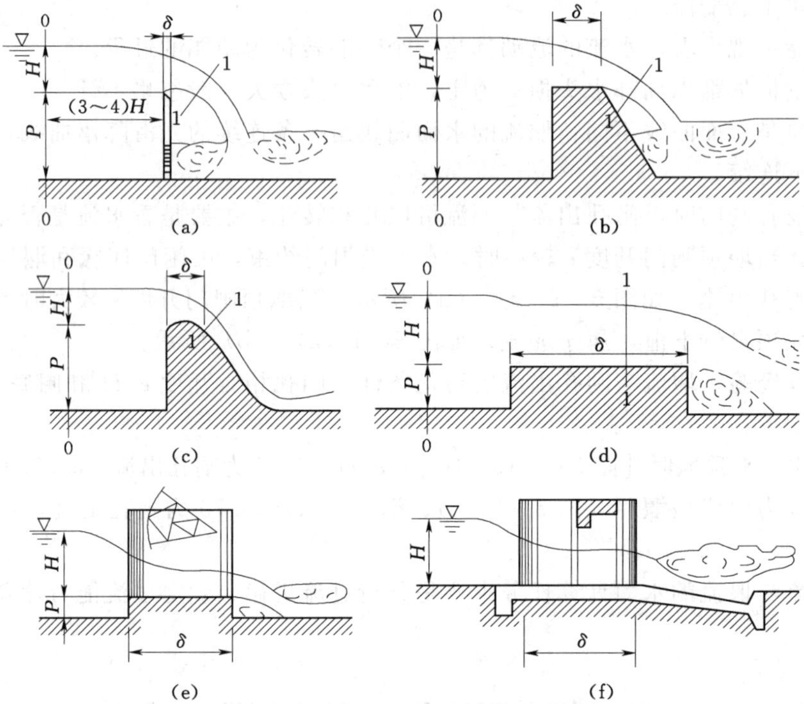

图 5-2

当 $\delta/H>10$ 时，堰流的沿程水头损失不能忽略，属于明渠水流。

此外，堰流还有自由出流与淹没出流、有侧收缩与无侧收缩之分。当下游水位较低，不影响过堰流量时为自由出流，否则为淹没出流；当堰顶过流宽度与上游河渠宽度相同时，是无侧收缩，当堰顶过流宽度小于上游河渠宽度时，为有侧收缩。

二、堰流水力计算基本公式

应用能量方程推导堰流水力计算的基本公式。

如图 5-2 所示，取通过堰顶的水平面为基准面，第一个过水断面选在水面无明显下降的 0—0 断面，该断面堰顶以上的水深 H 称为堰上水头，其断面平均流速 v_0 称为行近流速。实验表明，该断面距堰上游壁面的距离 $L=(3\sim5)H$。对于薄壁堰与实用堰，第二个过水断面选在基准面与水舌中线的交点所在的断面 1—1 处［图 5-2（a）、（b）、（c）］，对于宽顶堰，第二个过水断面选在距进口距离约为 $2H$ 的堰上断面 1—1 处［图 5-2（d）］。

综上所述，0—0 断面为渐变流，其单位势能 $z+\dfrac{p}{\gamma}$ 等于常数。而 1—1 断面则为急变流，其 $z+\dfrac{p}{\gamma}$ 不等于常数，故采用平均值 $\left(\overline{z+\dfrac{p}{\gamma}}\right)$ 表示其断面单位势能。能量方程形式如下：

$$H+0+\frac{\alpha_0 v_0^2}{2g}=\left(\overline{z+\frac{p}{\gamma}}\right)+(\alpha_1+\zeta)\frac{v_1^2}{2g} \tag{5-1}$$

式中 v_1——1—1 断面的平均流速；

α_0，α_1——0—0 和 1—1 断面的动能修正系数；

ζ——局部水头损失系数。

令 $H+\frac{\alpha_0 v_0^2}{2g}=H_0$，称为堰顶全水头；$\left(\overline{z+\frac{p}{\gamma}}\right)=K_1H_0$，$K_1$ 为一修正系数，称为压强系数；$\varphi=\frac{1}{\sqrt{\alpha_1+\zeta}}$，称为流速系数。则式（5-1）可改写为 $H_0-K_1H_0=\frac{v_1^2}{2g\varphi^2}$，所以有

$$v_1=\varphi\sqrt{2gH_0(1-K_1)} \tag{5-2}$$

因为 1—1 断面一般为矩形，设其宽度为 b；水舌厚度用 K_2H_0 表示，K_2 为反映堰顶水流垂直收缩的系数，称为垂直收缩系数。则 1—1 断面的面积为 $A_1=K_2H_0b$，通过的流量为

$$Q=K_2H_0bv_1=K_2H_0b\varphi\sqrt{2gH_0(1-K_1)}$$

令 $m=K_2\varphi\sqrt{1-K_1}$，称为流量系数。则

$$Q=mb\sqrt{2g}H_0^{\frac{3}{2}} \tag{5-3}$$

式（5-3）就是堰流水力计算的基本公式。显然，过堰流量 Q 与堰上全水头 H_0 的 $\frac{3}{2}$ 次方成正比，即 $Q\propto H_0^{\frac{3}{2}}$。

由上述推导过程可知，影响流量系数 m 的因素有：流速系数 φ、压强修正系数 K_1 和垂直收缩系数 K_2，即 $m=f(\varphi, K_1, K_2)$。不同类型、不同尺寸、不同水头的堰流，其流量系数 m 值各不相同。

当下游水位较高，影响到堰的泄流时，堰流为淹没出流，需考虑淹没的影响。解决的方法是给式（5-3）的右端乘一个小于 1 的淹没系数 σ_s。另外，实际工程中堰顶一般有边墩和闸墩，使得堰顶宽度小于上游河道或渠道的宽度，过堰水流在平面上受到横向约束，产生局部水头损失，减小过堰流量。因此，还要给式（5-3）的右端乘一个小于 1 的侧收缩系数 ε。

综上所述，堰流的实际水力计算基本公式为

$$Q=\sigma_s\varepsilon mb\sqrt{2g}H_0^{\frac{3}{2}} \tag{5-4}$$

若堰流为自由出流时，取 $\sigma_s=1$；若堰流无侧收缩时，取 $\varepsilon=1$。

第三节 堰流的水力计算

一、实用堰流水力计算

当 $0.67<\delta/H<2.5$ 时，称为实用堰。实用堰是水利工程中最常见的堰型之一。例如图 5-2（b）所示的低折线型溢流坝，以及图 5-2（c）所示的高曲线型溢流坝，都是实用堰的典型代表，实际中采用较多的为曲线型实用堰，故这里重点介绍曲线型实用堰的水力计算。

实用堰的计算公式同式（5－4）：

$$Q=\sigma_s \varepsilon m b\sqrt{2g}H_0^{3/2}$$

1. 曲线型实用堰的剖面形状

一般情况下，曲线型实用堰的剖面（图 5－3）由以下四部分组成：上游堰面段 AB（可做成铅直、倾斜或倒悬）；堰顶曲线段 BC；下游直线段 CD；以及 CD 与下游河底连接的反弧段 DE。直线段 AB 和 CD 主要取决于坝体的强度和稳定方面的要求，反弧 DE 的半径 R 一般取 3～6 倍的反弧最低点的最大水深。堰顶曲线段 BC 对水流影响最大，是设计曲线型实用堰剖面形状的关键。

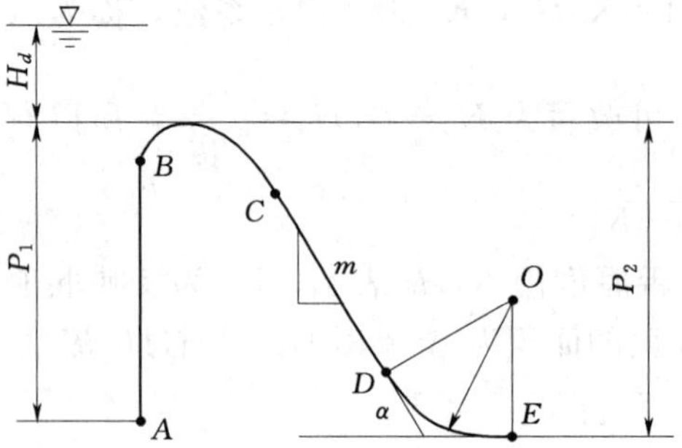

图 5－3

目前国内外采用的实用堰剖面形状有许多种，最常见的是美国陆军工程兵团水道实验站提出的 WES 剖面。此外，还有克-奥剖面、渥奇剖面等，这些剖面目前采用较少，我国水工设计规范中推荐使用 WES 剖面。因此，下面主要讨论 WES 剖面实用堰的形状及水力计算。

WES 剖面如图 5－4 所示。

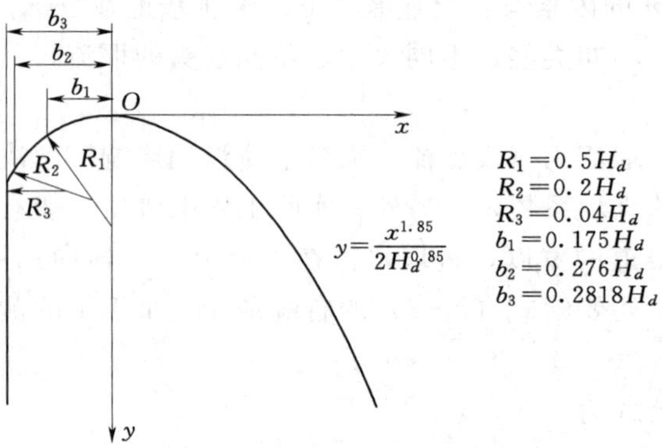

图 5－4

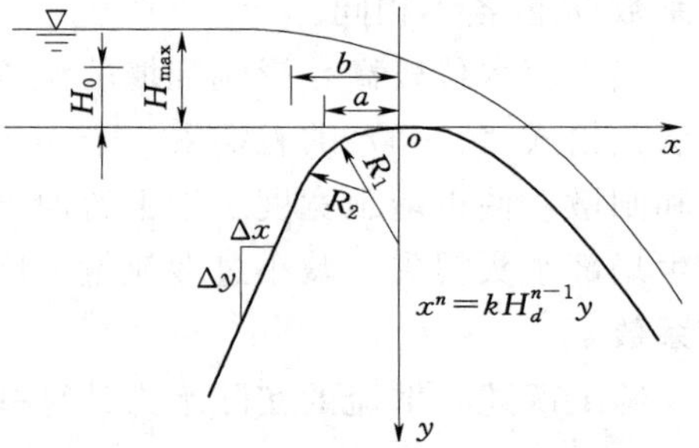

图 5－5

（1）堰顶 O 点的下游部分采用幂曲线，按以下方程控制：

$$x^n=kH_d^{n-1}y \tag{5-5}$$

其中

$$H_d=(0.75\sim0.95)H_{max}$$

式中　H_d——堰剖面的定型设计水头；

H_{max}——相应于最高洪水位时的堰顶水头；

x，y——O 点下游堰面的横、纵坐标；

k，n——与上游堰面坡度有关的参数，取值见表 5－1。

（2）堰顶 O 点的上游部分可采用以下三种曲线：

1）三圆弧形曲线（图 5－4）。

表 5-1　**WES 剖面堰面曲线参数表**

上游堰面坡度	k	n	R_1	R_2	a	b
垂直	2.000	1.850	$0.50H_d$	$0.20H_d$	$0.175H_d$	$0.282H_d$
3∶1	1.936	1.836	$0.68H_d$	$0.21H_d$	$0.139H_d$	$0.237H_d$
1.5∶1	1.939	1.810	$0.48H_d$	$0.22H_d$	$0.115H_d$	$0.214H_d$
1∶1	1.873	1.776	$0.45H_d$	0	$0.119H_d$	0

2）两圆弧曲线（图 5-5），图中 k、n、R_1、R_2、a、b 取值见表 5-1。

3）椭圆形曲线。

2. 流量系数 m

曲线型实用堰的流量系数是通过实验确定的。实验表明，*WES* 剖面实用堰的流量系数 m 取决于上游堰高与设计水头之比 P_1/H_d、堰顶全水头与设计水头之比 H_0/H_d 以及堰上游面的坡度。

对于上游堰面铅直的 *WES* 剖面实用堰，当 $P_1/H_d \geqslant 1.33$ 时，认为是高堰，计算中可不考虑行近流速水头。在此情况下，当实际的工作全水头刚好等于设计水头（$H_0=H_d$）时，流量系数 $m_d=0.502$；当 $H_0>H_d$ 时，$m>m_d$；当 $H_0<H_d$ 时，$m<m_d$。各种情况下的 m 值由图 5-6 的曲线查得。

当 $P_1/H_d<1.33$ 时，认为是低堰，行近流速较大，流量系数 m 随 P_1/H_d 的减小而减小。图 5-6 查得的 m 值需乘以修正系数 c。c 的取值见图 5-6 左上角曲线。

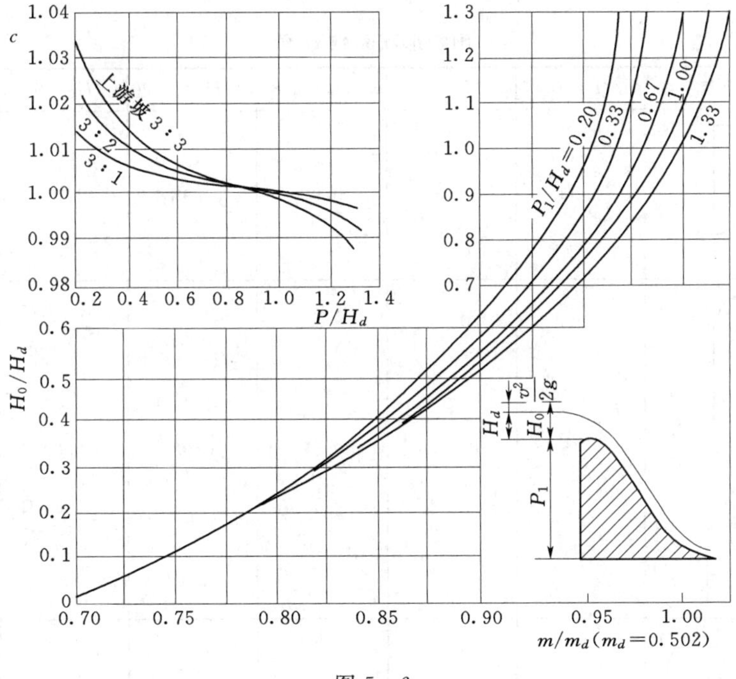

图 5-6

3. 侧收缩系数 ε

侧收缩系数 ε 可用下面经验公式计算：

$$\varepsilon=1-0.2[\zeta_k+(n-1)\zeta_0]\frac{H_0}{nb} \tag{5-6}$$

式中　n——闸孔数；

b——每孔净宽；

H_0——堰上全水头；

ζ_k——边墩的形状系数，按图 5－7 所示选取；

ζ_0——闸墩的形状系数，由表 5－2 选取。

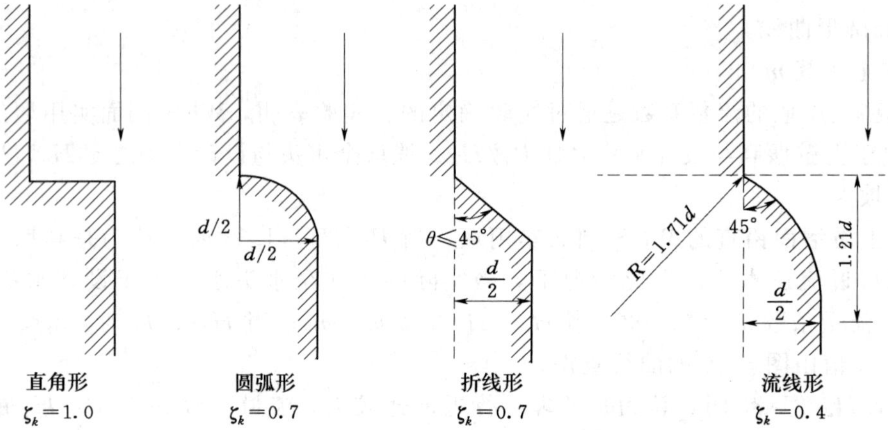

图 5－7

表 5－2　　闸墩形状系数 ζ_0 值

闸墩头部平面形状		$h_s/H_0\leqslant0.75$	$h_s/H_0=0.80$	$h_s/H_0=0.85$	$h_s/H_0=0.90$	$h_s/H_0=0.95$	说　明
直角形	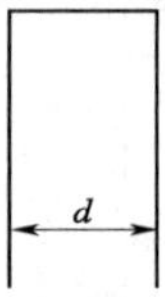	0.80	0.86	0.92	0.98	1.00	
半圆形		0.45	0.51	0.57	0.63	0.69	h_s 为下游水面超过堰顶的高度
尖角形	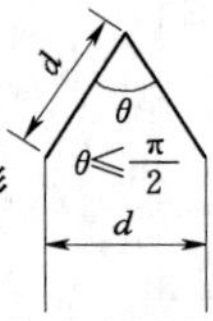						
尖圆形	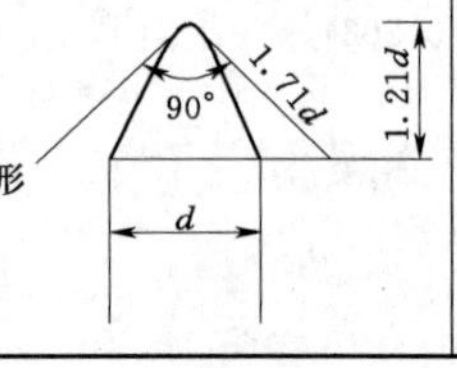	0.25	0.32	0.39	0.46	0.53	

4. 淹没系数 σ_s

实验表明，当实用堰的下游水位超过堰顶某一高度，堰下游将形成淹没水跃，使堰的过水能力减小；另外，当下游堰高较小（$P_2/H_0<2$），或下游护坦高程较高时，对过堰水流也会产生类似影响。以上两种情况均称为淹没出流。水力计算中，一般用淹没系数 σ_s 来反映淹没出流对堰泄流量的影响。对 *WES* 剖面实用堰，其 σ_s 值由图 5-8 查取。

由图 5-8 可知，当 $h_s/H_0\leqslant 0.15$，$P_2/H_0\geqslant 2$ 时，$\sigma_s=1.0$，否则，$\sigma_s<1.0$。这就是 *WES* 剖面实用堰的淹没出流判别条件。

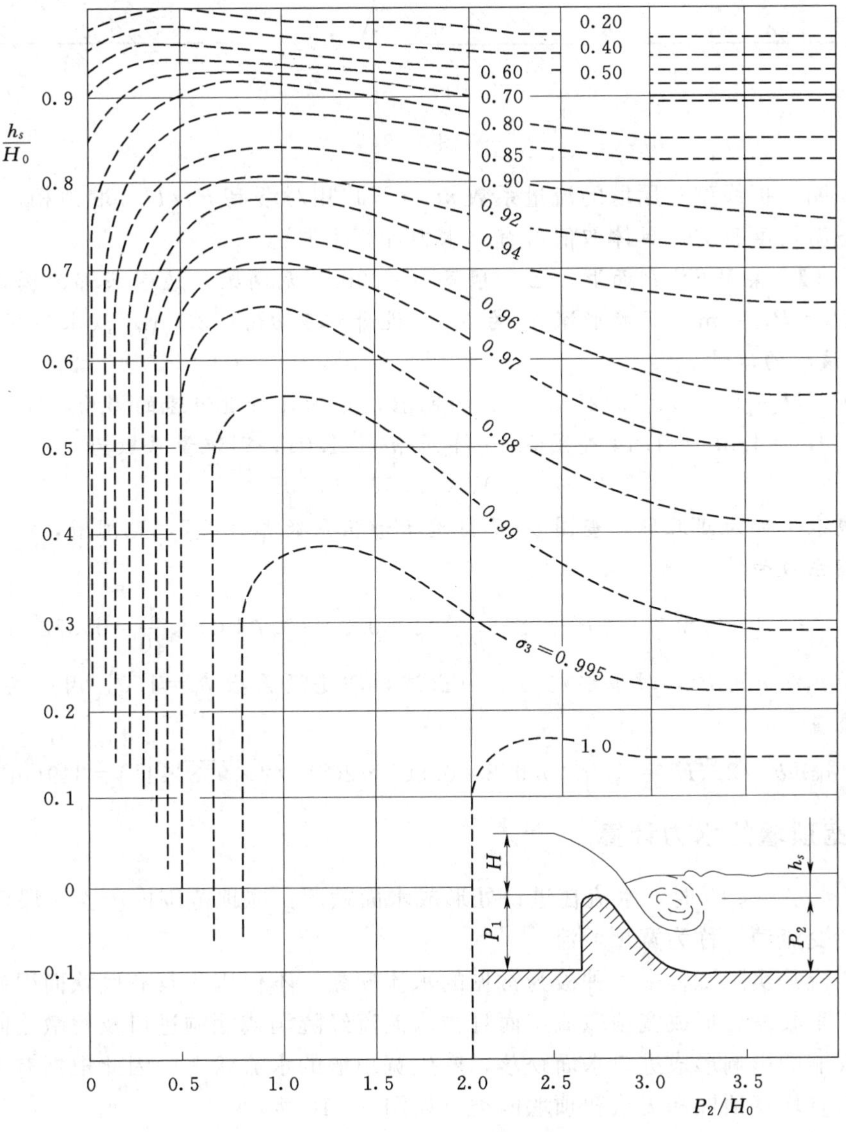

图 5-8

5. 折线型实用堰

折线型实用堰多用于中小型水利工程，具有就地取材、施工简单、节省造价等优点，断面形状一般有梯形、矩形、多边形等，最常见的是梯形（图 5－9）。

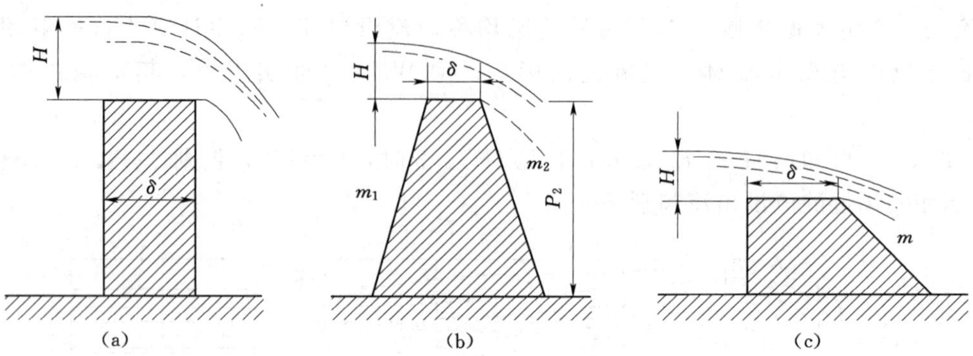

图 5－9

实验表明，折线型实用堰的流量系数 m 与下游相对堰高 P_2/H、堰顶相对厚度 δ/H_0 以及上、下游坡度有关，具体取值可查《水力计算手册》。

【例 5－1】 某 WES 剖面堰，已知堰宽 $b=20$m，无闸墩，边墩头部为圆弧形，上下游堰高为 $P_1=P_2=5$m，下游水深 h_t 为 3m，设计水头 $H_d=3.5$m。试求堰顶水深 H 为 4m 时通过该堰的流量。

因为 $P_1/H_d=5/3.5=1.42>1.33$，为高堰，可不计行近流速的影响，即 $H_0\approx H$。

由 $H_0/H_d=4/3.5=1.14$ 查图 5－6 得 $m/m_d=1.01$，则流量系数为

$$m=1.01\times0.502=0.507$$

又因边墩头部为圆弧形，查图 5－7 得边墩形状系数 $\zeta_k=0.7$，无闸墩，$n=1$，$\zeta_0=0$，故侧向收缩系数为

$$\varepsilon=1-0.2[\zeta_k+(n-1)\zeta_0]\frac{H_0}{nb}=1-0.2\times(0.7+0)\times\frac{4}{20}=0.972$$

因下游水深 $h_t<P_2$，过堰水流为自由出流，即淹没系数 $\delta_s=1.0$，因此按式（5－4）计算过堰流量

$$Q=\sigma_s\varepsilon mb\sqrt{2g}H_0^{3/2}=1.0\times0.972\times0.507\times20\times\sqrt{2\times9.8}\times4^{3/2}=349(\mathrm{m^3/s})$$

二、宽顶堰的水力计算

当 $2.5<\delta/H<10$ 时，水流在进口处形成水面跌落，堰顶范围内产生一段流线近似平行堰顶的渐变流动，称为宽顶堰流。

宽顶堰流是实际工程中一种极为常见的水流现象。不仅因为具有底坎而引起水流在垂直方向上产生收缩会形成宽顶堰流，而且当水流流经隧洞或涵洞进口及桥墩之间时，也会由于侧向收缩的影响形成进口水面跌落，产生宽顶堰的水流状态。因此根据有无底坎可将宽顶堰分为有坎宽顶堰和无坎宽顶堰两类，如图 5－10 所示。

宽顶堰流的水力计算仍可采用式（5－4），下面分为有底坎和无底坎宽顶堰两种情况进行介绍。

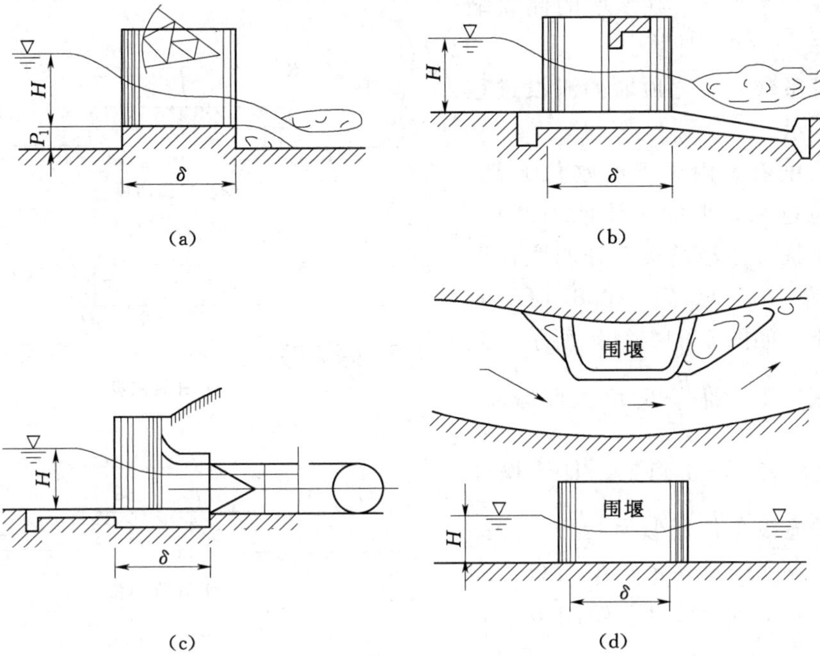

图 5-10

1. 有坎宽顶流的水力计算

(1) 流量系数 m。有坎宽顶堰的流量系数 m 取决于堰顶的进口形式和堰的相对高度 P_1/H，可由下列经验公式计算求得：

1）堰顶进口为直角的宽顶堰［图 5-11（a）］：

$$m=0.32+0.01\cdot\frac{3-\dfrac{P_1}{H}}{0.46+0.75\dfrac{P_1}{H}} \tag{5-7}$$

2）堰顶进口为圆角的宽顶堰［图 5-11（b）］：

$$m=0.36+0.01\cdot\frac{3-\dfrac{P_1}{H}}{1.2+1.5\dfrac{P_1}{H}} \tag{5-8}$$

以上两式适用于 $0\leqslant\dfrac{P_1}{H}\leqslant3$。当 $\dfrac{P_1}{H}>3$ 时，按 $\dfrac{P_1}{H}=3$ 计算，即 $m=0.36$。

由式（5-7）和式（5-8）可知，宽顶堰流量系数的最大值 $m_{max}=0.385$。

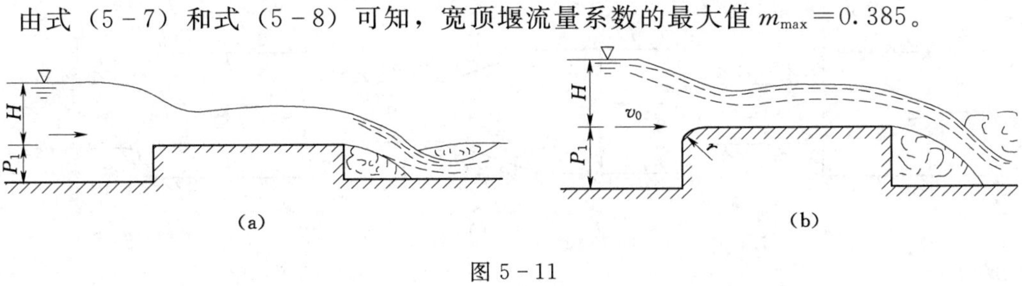

图 5-11

(2) 侧收缩系数 ε。宽顶堰的侧收缩系数 ε 也按式 (5-6) 计算。

(3) 淹没系数 σ_s。宽顶堰的淹没过程如图 5-12 所示。

从直观角度看，由于下游水位升高，迫使堰上水位壅高，堰的过流能力减小，即为淹没溢流状态。经过实验证明宽顶堰的淹没条件是：$h_s \geqslant (0.75 \sim 0.85)H_0$ 时即为淹没出流，如图 5-12 (c) 所示，此时淹没系数 $\sigma_s<1$，随 $\frac{h_s}{H_0}$ 的增大而减小，需要按照 $\frac{h_s}{H_0}$ 查表 5-3 确定。具体操作时，宽顶堰的淹没条件近似为

$$h_s/H_0>0.8 \tag{5-9}$$

式中，$h_s=h_t-P_2$，h_t、P_2 如图 5-12 所示。

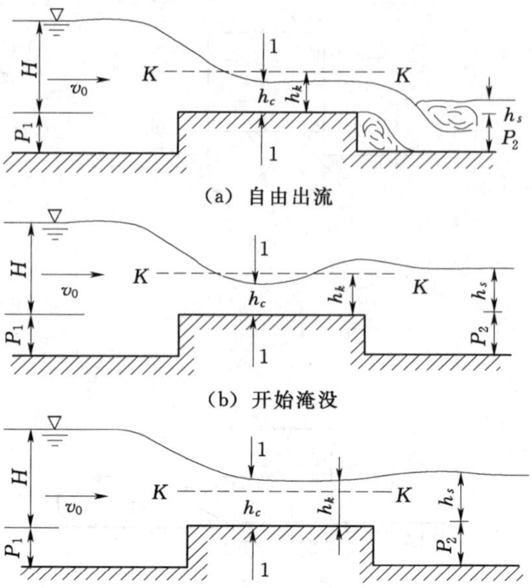

(a) 自由出流

(b) 开始淹没

(c) 淹没出流

图 5-12

宽顶堰的淹没系数由表 5-3 选取。

表 5-3 宽顶堰的淹没系数 σ_s

h_s/H_0	0.80	0.81	0.82	0.83	0.84	0.85	0.86	0.87	0.88	0.89
σ_s	1.00	0.995	0.99	0.98	0.97	0.96	0.95	0.93	0.90	0.87
h_s/H_0	0.90	0.91	0.92	0.93	0.94	0.95	0.96	0.97	0.98	
σ_s	0.84	0.82	0.78	0.74	0.70	0.65	0.59	0.50	0.40	

2. 无坎宽顶堰的水力计算

无坎 ($P_1=0$) 宽顶堰完全是由于侧向收缩而形成的，与普通宽顶堰有类似的水流现象 (图 5-13)，计算公式仍可用式 (5-4)，只是将侧向收缩的影响并入流量系数中一同考虑，即

$$Q=\sigma_s m' b\sqrt{2g}H_0^{\frac{3}{2}} \tag{5-10}$$

其中

$$m'=\varepsilon m$$

式中 m'——包含侧收缩在内的流量系数，可根据进口翼墙的形式及平面收缩程度，由表 5-4 查得。

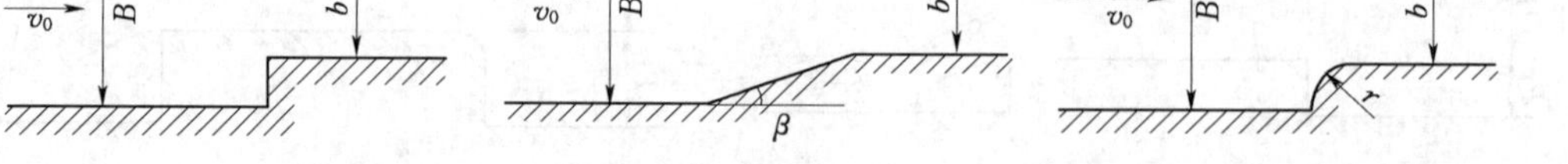

(a) (b) (c)

图 5-13

表 5-4　　**无坎宽顶堰的流量系数 m' 值**

b/B	直角形翼墙	八字形翼墙			圆角形翼墙		
		$\cot\theta$			r/B		
		0.5	1.0	2.0	0.2	0.3	≥0.5
0	0.320	0.343	0.350	0.353	0.349	0.354	0.360
0.1	0.322	0.344	0.351	0.354	0.350	0.355	0.361
0.2	0.324	0.346	0.352	0.355	0.351	0.356	0.362
0.3	0.327	0.348	0.354	0.357	0.353	0.357	0.363
0.4	0.330	0.350	0.356	0.358	0.355	0.359	0.364
0.5	0.334	0.352	0.358	0.360	0.357	0.361	0.366
0.6	0.340	0.356	0.361	0.363	0.360	0.363	0.368
0.7	0.346	0.360	0.364	0.366	0.363	0.366	0.370
0.8	0.355	0.365	0.369	0.370	0.368	0.371	0.373
0.9	0.367	0.373	0.375	0.376	0.375	0.376	0.378
1.0	0.385	0.385	0.385	0.385	0.385	0.385	0.385

无坎宽顶堰的淹没系数确定方法与普通宽顶堰相同。

【例 5-2】 某进水闸底坎为具有圆角前沿的宽顶堰。已知堰顶高程为 22.00m，渠底高程为 21.00m。共 10 孔，每孔净宽 8m。闸墩头部为半圆形，边墩头部为流线型。当闸门全开时，上游水位为 25.50m，下游水位为 23.20m，不考虑闸前行近流速的影响，求过闸流量。

(1) 首先判别是否为淹没出流。

$$P_1=22.0-21.0=1.0(\text{m})$$
$$H=25.5-22.0=3.5(\text{m})$$

不考虑闸前行近流速影响，故 $H_0=H=3.5\text{m}$，$\dfrac{h_s}{H_0}=\dfrac{23.2-22.0}{25.5-22.0}=0.34<0.8$，为自由出流。

(2) 求流量系数。闸底坎为圆角进口，用式 (5-8) 计算：

$$m=0.36+0.01\frac{3-\dfrac{P_1}{H}}{1.2+1.5\dfrac{P_1}{H}}=0.36+0.01\times\frac{3-\dfrac{1}{3.5}}{1.2+1.5\times\dfrac{1}{3.5}}=0.377$$

(3) 求侧收缩系数。根据闸墩头部为半圆形，边墩头部为流线型查图 5-7 和表 5-2 得边墩形状系数 $\zeta_k=0.4$，闸墩的形状系数 $\zeta_0=0.45$。则

$$\varepsilon=1-0.2[\zeta_k+(n-1)\zeta_0]\frac{H_0}{nb}$$
$$=1-0.2\ [0.4+(10-1)\times0.45]\ \frac{3.5}{10\times8}$$
$$=0.961$$

(4) 求流量。

$$Q=\varepsilon mb\sqrt{2g}H_0^{3/2}$$

$$=0.961\times0.377\times10\times8\times\sqrt{19.6}\times3.5^{3/2}$$
$$=840(m^3/s)$$

第四节　闸孔出流的水力计算

水利工程中的闸门形式主要有平板门和弧形门两种。闸底坎一般为曲线型实用堰［图5-1（a）、（c）］或宽顶堰［图5-1（b）、（d）］。当闸门部分开启，出闸水流受到闸门的控制即为闸孔出流。闸孔出流是一种特殊的孔口出流现象，过流能力大小与闸前水深 H、闸门开度 e、闸门形式（平板闸或弧形闸等）、闸底坎形式（平底或曲线型）、水流是自由出流还是淹没出流等情况有关。

应用能量方程和连续性方程推导建立闸孔出流的基本计算公式。

$$Q=\mu be\sqrt{2gH_0} \tag{5-11}$$

其中
$$H_0=H+\frac{\alpha_0 v_0^2}{2g}$$

式中　μ——流量系数；

b——闸孔宽度，m；

e——闸门开度，m；

H_0——闸前全水头，m。

可见闸孔出流流量计算的关键是确定流量系数 μ。

1. 自由出流

（1）平顶坎上的平板闸门，如图5-14所示。

（2）平顶坎上的弧形闸门，如图5-15所示。

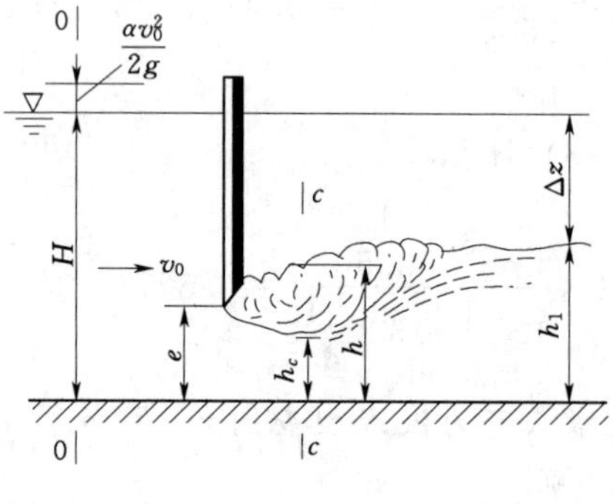

图5-14

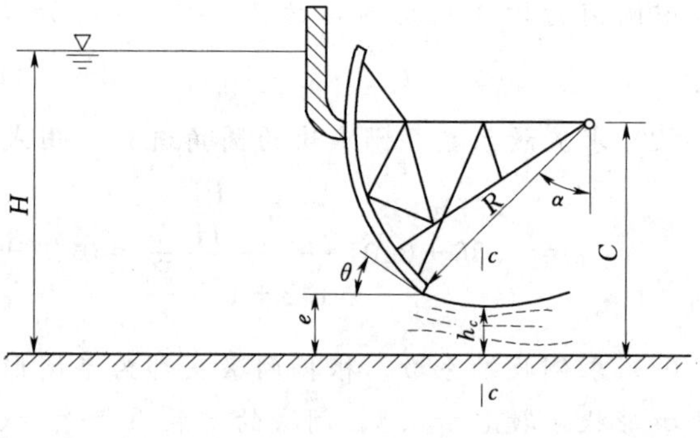

图5-15

$$\mu=0.60-0.176\frac{e}{H} \tag{5-12}$$

$$\mu=\left(0.97-0.81\frac{\alpha}{180°}\right)-\left(0.56-0.81\frac{\alpha}{180°}\right)\frac{e}{H} \tag{5-13}$$

上式的适用条件是 $25°<\alpha\leqslant90°$，$0<\frac{e}{H}<0.65$。其中 $\cos\alpha=\frac{C-e}{R}$。

(3) 曲线坎上的平板闸门（闸门位置正处于堰的顶点），如图 5－16 所示。

$$\mu=0.745-0.274\frac{e}{H} \tag{5-14}$$

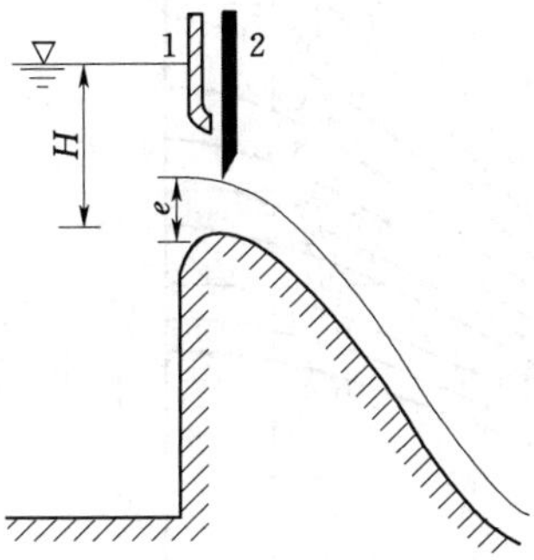

图 5－16

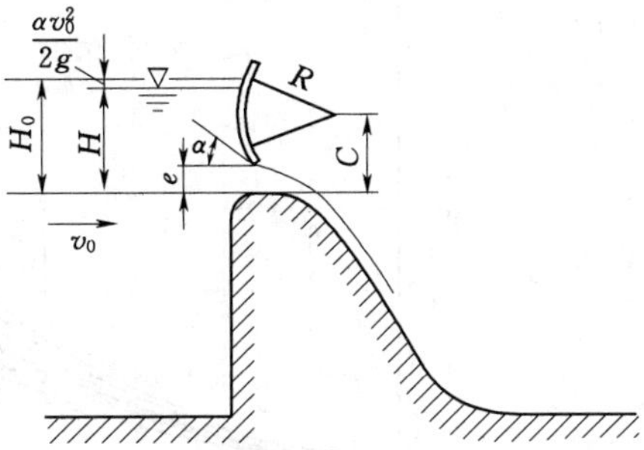

图 5－17

(4) 曲线坎上的弧形闸门，如图 5－17 所示，在初步计算时，可按下式计算：

$$\mu=0.685-0.19\frac{e}{H} \tag{5-15}$$

【例 5－3】 如图 5－15 所示单孔弧形闸门自由出流，闸门宽 $b=5$m，弧形闸门半径 $R=5$m，$C=3.5$m，闸门开度 $e=0.6$m，闸前水深 $H=3$m，不计行近流速，试计算过闸流量 Q。

因为 $\frac{e}{H}=\frac{0.6}{3}=0.2<0.65$，属于闸孔出流。

$\cos\alpha=\frac{C-e}{R}=\frac{3.5-0.6}{5}=0.58$，所以 $\alpha=54.6°$，则流量系数为

$$\begin{aligned}\mu&=\left(0.97-0.81\frac{\alpha}{180°}\right)-\left(0.56-0.81\frac{\alpha}{180°}\right)\frac{e}{H}\\&=\left(0.97-0.81\times\frac{54.6°}{180°}\right)-\left(0.56-0.81\times\frac{54.6°}{180°}\right)\times0.2\\&=0.66\end{aligned}$$

则过闸流量为

$$Q=\mu be\sqrt{2gH_0}=0.66\times5\times0.6\times\sqrt{2\times9.8\times3}=15.2(\text{m}^3/\text{s})$$

2. 淹没出流

在工程实际中曲线型实用堰上的闸孔淹没出流情况比较少见，一般闸孔出流的淹没出流多在平顶底坎上（宽顶堰）的闸门出现，平顶坎上的闸孔淹没出流的判别条件是下游水深 $h_t>h_c''$（h_c''为以收缩断面水深作为跃前水深计算得到的跃后水深，可参考其他水力学书籍）。淹没出流时闸孔的泄流量小于自由出流，实际计算时，用一个小于 1 的修正系数 σ_s 来考虑淹没影响，于是式（5－11）变为

$$Q=\sigma_s\mu be\sqrt{2gH_0} \tag{5-16}$$

式中　σ_s——淹没系数，它反映了下游水深对过闸水流的淹没影响程度，其值可由图 5－18 查得。

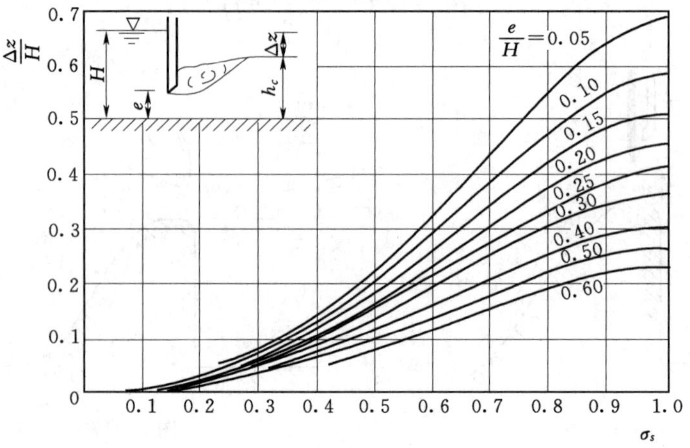

图 5－18

内 容 小 结

（1）本章对堰流和闸孔出流的水流现象作了介绍。这两种水力现象之间，既有联系又相区别。闸孔出流和堰流在水力计算上的共同点是计算水头损失时只考虑局部木头损失，在一定的条件下，它们又可以相互转化。当水流为闸孔出流时，若将闸门开启度加大到一定程度，水流即由闸孔出流变为堰流；相反，若将闸门开启度减小到一定程度，堰流又转变为闸孔出流。在学习中要注意掌握两种水流类型的判别方法。

1）当闸底坎为平顶堰时，$\frac{e}{H}>0.65$ 时，为堰流；$\frac{e}{H}\leqslant 0.65$ 时，为闸孔出流。

2）当闸底坎为曲线形堰时，$\frac{e}{H}>0.75$ 时，为堰流；$\frac{e}{H}\leqslant 0.75$ 时，为闸孔出流。

（2）堰流和闸孔出流在恒定流时的基本公式。

堰流基本公式：　　$Q=\sigma_s\varepsilon mb\sqrt{2g}H_0^{\frac{3}{2}}$

闸孔出流基本公式：　　$Q=\sigma_s\mu be\sqrt{2gH_0}$

（3）在堰、闸的水力计算中，引用的各种系数较多，要注意理解它们的意义。例如，流量系数 m（或 μ）主要反映了堰、闸门孔口的形状尺寸、作用水头等因素的影响；侧收缩系数 ε 主要反映了闸墩、边墩等因素对水流侧向约束的影响；淹没系数 σ_s 主要反映了下游水位变化对水流的影响等。

各项系数的正确选择在堰、闸水力计算中是非常重要的，它直接影响水力计算的精度和工程设计的合理性。本章介绍了一些确定各种系数的资料和经验公式，大多为工程中所常用，但有时会与实际工程原型观测结果存在一定的偏差，使用中还应参考有关水力学书籍。

自测练习题

一、填空题

1. 水利工程中常用堰、闸来控制水流，其主要作用是__________和__________。

2. 堰流根据堰的厚度可以分成三种类型分别是________、________和________。

3. 堰流水力计算的主要任务是根据不同的堰型、闸墩形式和出流状态确定三个系数，分别是________、________和________。当下游水位低于堰顶时，水流为自由出流，其淹没系数数值为________。

4. 闸孔出流的基本公式中流量 Q 与闸前作用水头 H_0 的________次方成正比。

二、计算题

1. 某上游面垂直的 WES 标准剖面堰。上下游堰高 $P_1=P_2=40$m，闸墩头部采用半圆形，边墩头部采用圆弧形，共 3 孔，每孔净宽 5m。已知堰上实际水头 $H=2$m（设计水头 $H_d=2$m），下游水深 $h_t=1$m。求通过的流量 Q。

2. 某矩形断面渠道上修建一宽顶堰（图 5－19）。堰宽 $b=2$m，堰高 $P_1=P_2=1.0$m，边墩头部为方形，堰顶头部为直角形。若 $H=2$m，求下列情况下的过堰流量：(1) 渠道宽度 $B=2$m，堰顶以上的下游水深 $h_s=1.0$m；(2) $B=3$m，$h_s=1.0$m。

3. 一曲线型实用堰，堰顶设有平板门，如图 5－20 所示。已知堰顶宽度 $b=15$m，堰顶水头 $H=6$m，闸门开度 $e=2.0$m，不计行近流速，闸下游为自由出流，试求闸孔泄流量。

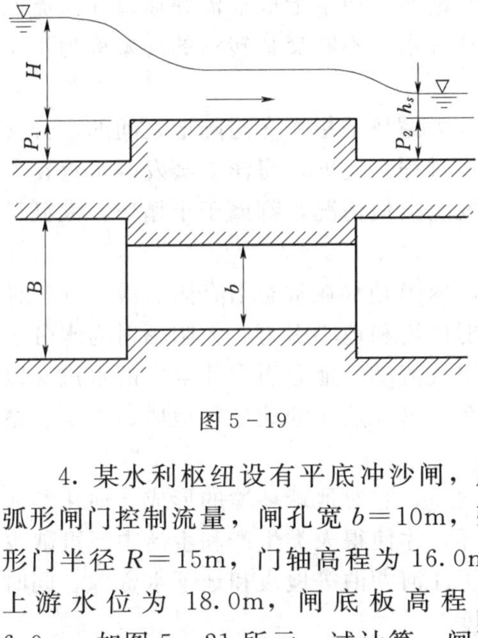

图 5－19

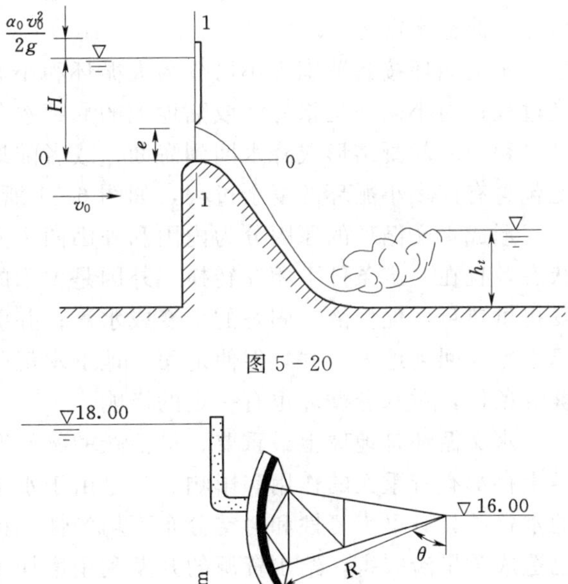

图 5－20

4. 某水利枢纽设有平底冲沙闸，用弧形闸门控制流量，闸孔宽 $b=10$m，弧形门半径 $R=15$m，门轴高程为 16.0m，上游水位为 18.0m，闸底板高程为 6.0m，如图 5－21 所示。试计算：闸孔开度 $e=2$m，通过闸孔的流量（不计行近流速水头的影响）。

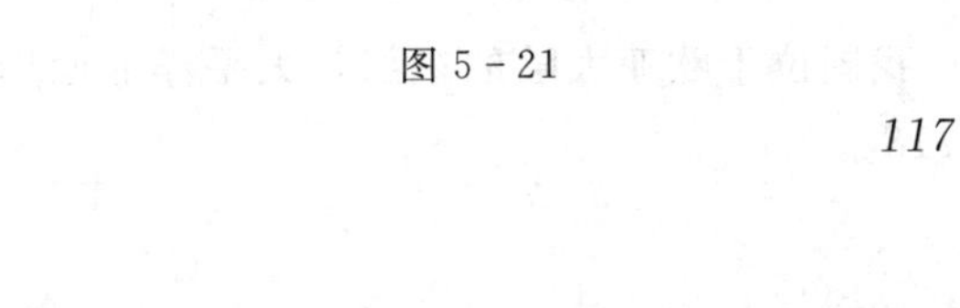

图 5－21

下篇　工程水文基础

第六章　河流水文基本知识

【学习指导】 本章介绍河流水文的基本知识，为水利工程建设与管理提供基本的专业知识。从河流和流域的概念入手，按照水文循环过程介绍河川径流形成的各个环节，并学习掌握水量平衡原理，从而建立河流水文的基本概念。

第一节　水文循环

一、水文循环及其成因

地球的表面约 2/3 以上被海洋覆盖，另外在陆地表面也还分布着冰川、湖泊、河流等水体，因此，从太空看地球，可以将地球称为“蓝色的星球”。地球表面的各种水体，在太阳的辐射作用下，从海洋和陆地表面蒸发上升到空中，并随空气流动，在一定的条件下，冷却凝结形成降水又回到地面。降水的一部分经地面、地下形成径流并通过江河流回海洋；一部分又重新蒸发到空中，继续上述过程。这种水分不断交替转移的现象称为水文循环，简称水循环。

水文循环按其范围大小可分为大循环和小循环。大循环是指海洋与陆地之间的水分交换过程；而小循环是指海洋或陆地上的局部水分交换过程。比如，海洋上蒸发的水汽在上升过程中冷却凝结形成降水回到海面；或者陆地上发生类似情况，都属于小循环。大循环是包含有许多小循环的复杂过程，如图 6－1 所示。

形成水文循环的原因分为内因和外因两个方面。内因是水在常态下有固、液、气三种状态，且在一定条件下相互转换。外因是太阳的辐射作用和地心引力。太阳辐射为水分蒸发提供热量，促使液、固态的水变成水汽；并引起空气流动。地心引力使空中的水汽又以降水方式回到地面，并且促使地面、地下水汇归入海。另外陆地的地形、地质、土壤、植被等条件，对水分循环也有一定的影响。

水文循环是地球上最重要、最活跃的物质循环之一，它对地球环境的形成、演化和人类生存都有着重大的作用和影响。正是由于水文循环，才使得人类生产和生活中不可缺少的水资源具有可恢复性和时空分布不均匀性，提供了江河湖泊等地表和地下水资源。同时也造成了旱涝灾害，给水资源的开发利用增加了难度。

二、我国水文循环的路径

我国位于欧亚大陆的东部，太平洋的西岸，处于西伯利亚干冷气团和太平洋暖湿气团

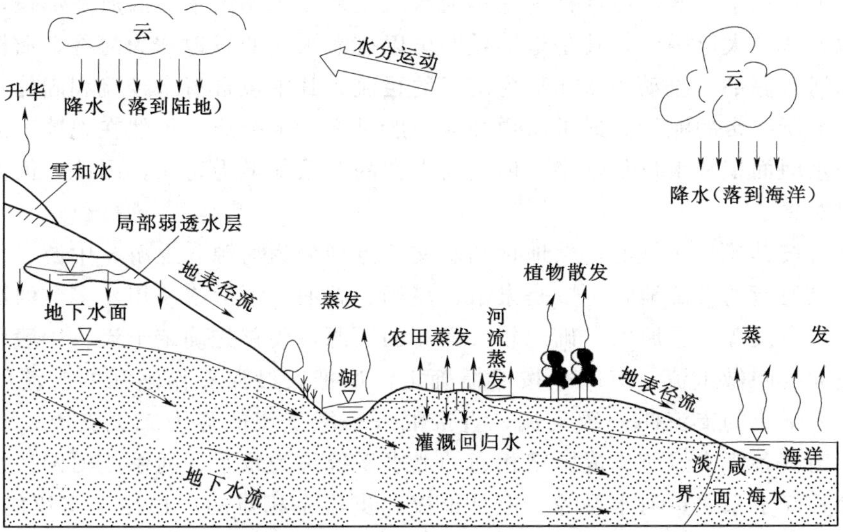

图 6－1

的交绥带。因此，水汽主要来自太平洋，由东南季风和热带风暴将大量水汽输向内陆形成降水，雨量自东南沿海向西北内陆递减，而相应的大多数河流则自西向东注入太平洋。例如长江、黄河、珠江等。其次是印度洋水汽随西南季风进入我国西南、中南、华北以至于河套地区，成为夏秋季降水的主要源泉之一，径流的一部分自西南一些河流注入印度洋，如雅鲁藏布江（进入印度后改称布拉马普特拉河，又流经孟加拉国汇入恒河，最后注入印度洋的孟加拉湾）、怒江（入缅甸后为萨尔温江，最终注入印度洋的安达曼海）等。另一部分流入太平洋，如澜沧江（流出国境后称为为湄公河，最终注入南海-太平洋）。大西洋的少量水汽随盛行的西风环流东移，也能参加我国内陆腹地的水分循环，但影响较小。北冰洋水汽借强盛的北风经西伯利亚和蒙古进入我国西北，风力大而稳定时，可越过两湖盆地直至珠江三角洲，但水汽含量少，引起的降水并不多，小部分经由额尔齐斯河注入北冰洋，大部分汇归太平洋。鄂霍茨克海和日本海的水汽随东北季风进入我国，对东北地区春夏季降水起着相当大的作用，径流注入太平洋。

我国河流与海洋相通的外流区域占全国总面积的 64%，河水不注入海洋而消失于内陆沙漠、沼泽和汇入内陆湖泊的内流区域占 36%。最大的内陆河是新疆的塔里木河。

第二节 河流与流域

一、河流及其特征

1. 河流

河流是水循环的一个重要环节，是汇集一定区域地表水和地下水的泄水通道。由流动的水体和容纳水流的河槽两个要素构成。水流在重力作用由高处向低处沿地表面的线形凹地流动，这个线形凹地便是河槽，河槽也称河床，含有立体概念，当仅指其平面位置时，称为河道。枯水期水流所占河床称为基本河床或主槽；汛期洪水泛滥所及部位，称为洪水河床或滩地。从更大范围讲，凡是地形低凹可以排泄水流的谷地称为河谷，河槽就是被水流所占据的河谷底部。流动的水体称为广义的径流，其中包含清水径流和固体径流，固体径流是指水流所挟带的泥沙。通常所说径流一般是指清水径流。虽然在地球上的各种水体中，河流的水面面积和水量都最小，但它与人类的关系却最为密切，因此，河流是水文学研究的主要对象。

一条河流按其流经区域的自然地理和水文特点划分为河源、上游、中游、下游及河口五段。河源是河流的发源地，可以是泉水、溪涧、湖泊、沼泽或冰川。多数河流发源于山地或高原，也有发源于平原的。确定较大河流的河源，要首先确定干流。一般是把长度最长或水量最大的叫做干流，有时也按习惯确定，如把大渡河看作岷江的支流就是一个实例。直接汇入干流的支流叫一级支流；直接汇入一级支流的称为二级支流；其余依次类推。由干流与其各级支流所构成脉络相通的泄水系统称为水系、河系或河网。水系常以干流命名，如长江水系、黄河水系等。但是干流和支流是相对的。根据干支流的分布状况，一般将水系分为扇形水系、羽状水系、平行状水系和混合型水系，其中前三种为基本类型，如图 6-2 所示。

(a) 扇形　　(b) 羽状　　(c) 平行状

图 6-2

划分河流上、中、下游时，有的依据地貌特征，有的着重水文特征。上游直接连接河源，一般落差大，流速急，水流的下切能力强，多急流、险滩和瀑布。中游段坡降变缓，下切力减弱，旁蚀力加强，河道有弯曲，河床较为稳定，并有滩地出现。下游段一般进入平原，坡降更为平缓，水流缓慢，泥沙淤积，常有浅滩出现，河流多汊。河口是河流注入海洋、湖泊或其他河流的地段。内陆地区有些河流最终消失在沙漠之中，没有河口，称为内陆河。

2. 河流的特征

(1) 河流的纵横断面。河段某处垂直于水流方向的断面称为横断面，又称过水断面。当水流涨落变化时，过水断面的形状和面积也随着变化。河槽横断面有单式断面和复式断面两种基本形状，如图 6-3 所示。

将河流各个横断面最深点的连线叫河流深泓线。假想将河流从河口到河源沿深泓线切开并投影到平面上所得的剖面叫河槽纵断面。实际工作中常以河槽底部转折点的高程为纵坐标，以河流水平投影长度为横坐标绘出河槽纵断面图，如图 6-4 所示。

(2) 河流长度。一条河流，自河口到河源沿深泓线量计的平面曲线长度称为河长，以 km 计。一般在大比例尺（如万分之一或五万分之一等）地形图上用分规或曲线仪量计；

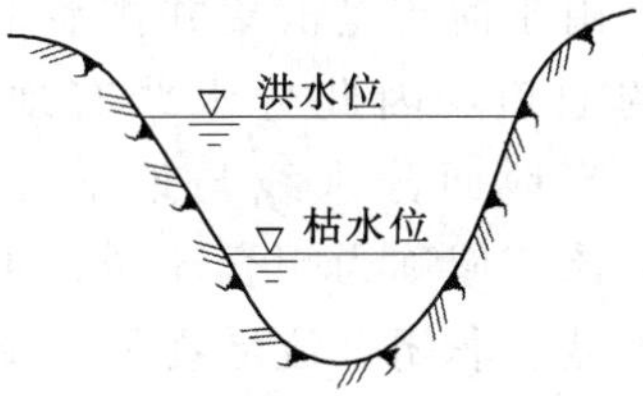

(a) 单式断面

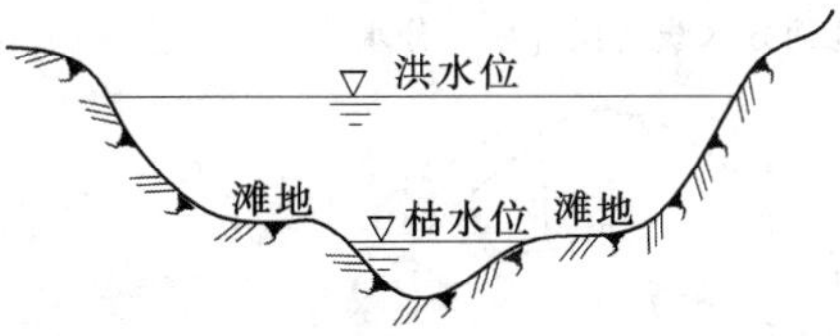

(b) 复式断面

图 6-3

在数字化地形图上可以应用有关专业软件量计。

(3) 河道纵比降。河段两端的河底高程之差称为河床落差，河源与河口的河底高程之差为河床总落差。单位河长的河床落差称为河道纵比降，通常以千分数或小数表示。当河段纵断面近似为直线时，比降可按下式计算：

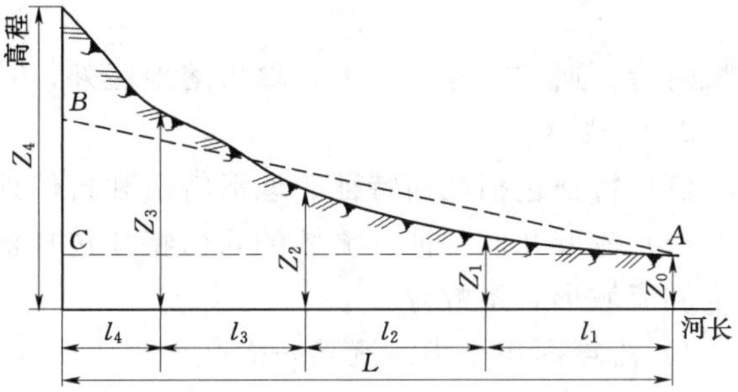

图 6-4

$$J=\frac{Z_{上}-Z_{下}}{l}=\frac{\Delta Z}{l} \qquad (6-1)$$

式中　J——河段的总比降；

$Z_{上}$、$Z_{下}$——河段上、下断面河底高程；

l——河段的长度。

当河段的纵断面为折线时，可用面积包围法计算河段的平均纵比降。具体做法是：在河段纵断面图上，通过下游端断面河底处向上游作一条斜线，使得斜线以下的面积与原河底线以下的面积相等，此斜线的坡度即为河道的平均纵比降，如图 6-4 所示。计算公式为

$$J=\frac{(Z_0+Z_1)l_1+(Z_1+Z_2)l_2+\cdots+(Z_{n-1}+Z_n)l_n-2Z_0L}{L^2} \qquad (6-2)$$

式中　Z_0，Z_1，…，Z_n——河段自下而上沿程各转折点的河底高程，m；

l_1，l_2，…，l_n——相邻两转折点之间的距离，m；

L——河段总长度，km。

二、流域及其特征

1. 流域、分水线

河流某一断面以上的集水区域称为河流在该断面的流域。当不指明断面时，流域是对河口断面而言的。流域的边界为分水线，即实际分水岭山脊的连线，如秦岭是长江与黄河的分水岭，降在分水岭两侧的雨水将分别流入两条河流，其岭脊线便是这两大流域的分水线。但并不是所有的分水线都是山脊的连线，如在平原地区，分水线可能是河堤或者湖泊等。像黄河下游大堤，便是黄河流域与淮河流域的分水岭。

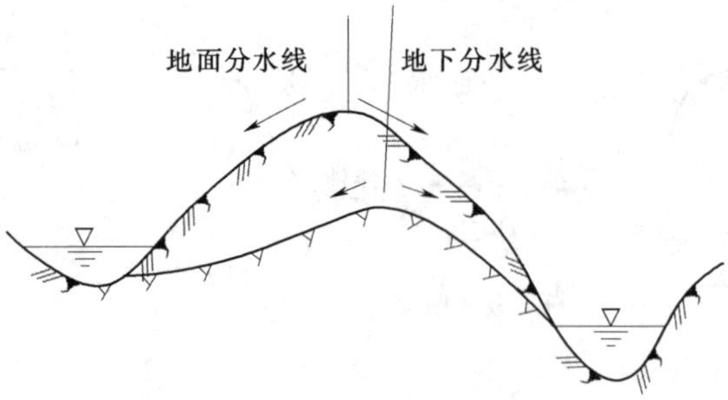

图 6-5

由于河流是汇集并排泄地表水和地下水的通道，因此分水线有地面与地下之分。当地面分水线与地下分水完全重合时，该流域称为闭合流域；否则称为非闭合流域。非闭合流域在相邻流域间有水量交换，如图 6-5 所示。

实际当中很少有严格的闭合流域，只要当地面分水线和地下分水线不一致所引起的水量误差相对不大时，一般可按闭合流域对待。通常工程上认为，除岩溶地区外，一般大中流域均可看成是闭合流域。

2. 流域特征

流域特征包括几何特征、地形特征和自然地理特征。

(1) 流域几何特征。流域的几何特征包括流域面积（或集水面积）、流域长度、流域宽度和流域形状系数等。

1) 流域面积是指河流某一横断面以上，由地面分水线所包围不规则图形的面积。如图 6-6 所示。若不强调断面，则是指流域出口断面以上的面积，以 km^2 计。一般可在适当比例尺的地形图上先勾绘出流域分水线，然后用求积仪或数方格的方法量出其面积，当然在数字化地形图上也可以用有关专业软件量计。

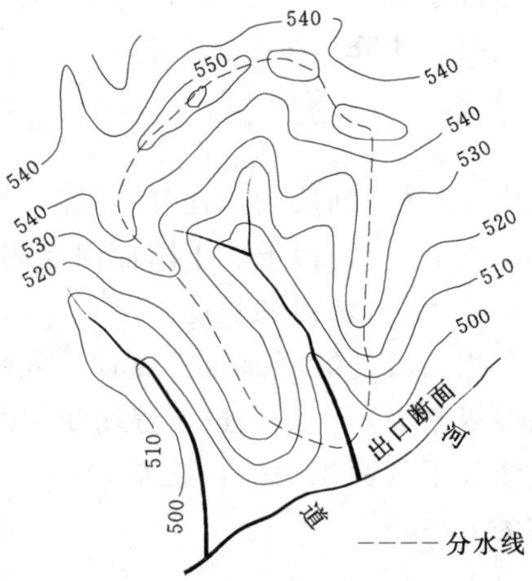

图 6-6

2) 流域长度是指流域几何中心轴的长度。对于大致对称的较规则流域，其流域长度可用河口至河源的直线长度来计算；对于不对称流域，可以流域出口为中心作若干个同心圆，求得各同心圆圆周与流域分水线交得若干圆弧割线中点，这些割线中点的连线长度，即为流域长度。

3) 流域平均宽度是指流域面积与流域长度的比值，以 B 表示，由下式计算：

$$B=\frac{F}{L_f} \tag{6-3}$$

式中 F——流域面积，km^2；

L_f——流域长度，km。

集水面积近似相等的两个流域，L_f 越长，B 越窄小；L_f 越短，B 越宽。前者径流难以集中，后者则易于集中。

(2) 流域地形特征。流域地形特征可用流域平均高度和流域平均坡度表示来反映。

1) 流域平均高度。流域平均高度的计算可用网格法和求积仪法。网格法较粗略，具体做法是将流域地形图分为 100 个以上网格，如图 6-7 所示。内插确定出每个格点的高程，各网格点高程的算术平均值即为流域平均高度；求积仪法是在地形图上，用求积仪分别量出分水线内各相邻等高线间的面积 f_i，用相邻两等高线的平均高程 Z_i，按下式计算：

$$z_0=\frac{f_1Z_1+f_2Z_2+\cdots+f_nZ_n}{f_1+f_2+\cdots f_n}=\frac{1}{F}\sum_{i=1}^{n}f_iZ_i \tag{6-4}$$

2）流域平均坡度。流域的平均坡度是指流域表面坡度的平均情况，以 J_f 表示。也可用网格法计算，即从每个网格点作直线与较低的等高线正交，如图 6-7 中的箭头所示，由高差和距离计算各箭头方向的坡度，作为各网格点的坡度，再将各网格点的坡度取算术平均值，即流域的平均坡度。另外可以量计出流域范围内各等高线的长度，用 l_0、l_1、l_2、…、l_n 表示，相邻两条等高线的高差用 ΔZ 表示，按下式计算：

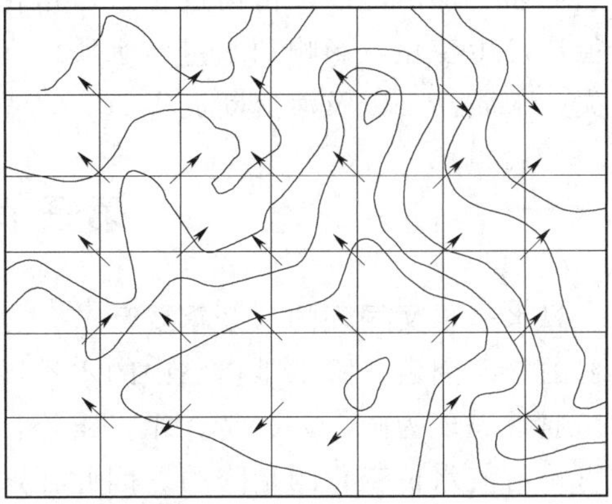

图 6-7

$$J_f=\frac{\Delta Z(0.5l_0+l_1+l_2+\cdots+0.5l_n)}{F} \tag{6-5}$$

(3) 流域的自然地理特征。包括流域的地理位置、气候条件、地形特征、地质构造、土壤性质、植被、湖泊、沼泽等。

1）地理位置。主要指流域所处的经纬度以及距离海洋的远近。一般是低纬度和近海地区雨水多，高纬度地区和内陆地区降水少。如我国的东南沿海一带雨水就多，而华北、西北地区降水就少，尤其是新疆的沙漠地区更少。

2）气候条件。主要包括降水、蒸发、温度、风等，其中对径流作用最大的是降水和蒸发。

3）地形特征。流域的地形可分为高山、高原、丘陵、盆地和平原等，其特征可用流域平均高度和流域平均坡度表示来反映。同一地理区，不同的地形特征将对降雨径流产生不同的影响。

4）地质与土壤特性。流域地质构造、岩石和土壤的类型以及水理性质等都将对降水形成的河川径流产生影响，同时也影响到流域的水土流失和河流泥沙。

5）植被覆盖。流域内植被可以增大地面糙率，延长地面径流的汇流时间，同时加大下渗量，从而使地下径流增多，洪水过程变得平缓。另外植被还能阻抗水土流失，减少河流泥沙含量，涵养水源；大面积的植被还可以调节流域小气候，改善生态环境等。植被的覆盖程度一般用植被面积与流域面积之比的植被率表示。

6）湖泊、沼泽、塘库。流域内的大面积水体对河川径流起调节作用，使其在时间上的变化趋于均匀；还能增大水面蒸发量，增强局部小循环，改善流域小气候。通常用湖沼塘库的水面面积与流域面积之比的湖沼率来表示。

以上流域各种特征因素，除气候因素外，都反映了流域的物理特性，它们承受降水并形成径流，直接影响河川径流的数量和变化，所以水文上习惯称为流域下垫面因素。当然，人类活动对流域的下垫面影响也越来越大，如人类在改造自然的活动中修建了不少水库、塘堰、梯田，以及植树造林、城市化等，明显地改变了流域的下垫面条件，因而使河川径流发生变化，影响到水量与水质。在人类活动的影响中也有不利的一面，如造成水土流失、水质污染以及河流断流等。

第三节 降 水

降水是水文循环的一个重要环节，也是陆地水资源的主要补给来源，因此降水是最为重要的气象因素。降水是指空中的水汽以液态或固态形式从大气到达地面的各种水分的总称。通常表现为雨、雪、雹、霜、露等，其中最主要的形式是雨和雪。在我国绝大部分地区影响河流水情变化的是降雨。因此在这里我们重点研究降雨。

一、降雨的成因与分类

地球周围的大气层由于所处的位置不同，因此各处的温度和湿度分布不均匀，大气压力也不同，使得空气由高压区向低压区流动，处在不断地运动之中，这便产生了刮风等一系列的天气现象。在气象上把水平方向物理性质（温度、湿度、气压等）比较均匀的大块空气叫气团。气团按照温度的高低又可分为暖气团和冷气团，一般暖气团主要在低纬度的热带或副热带洋面上形成，冷气团则在高纬度寒冷的陆地上产生。当带有水汽的气团上升时，由于大气的气压下降，上升的空气体积不断膨胀，消耗内能，使空气在上升过程中冷却（称为动力冷却）降温，空气中的水汽随着气温的降低而凝结。凝结的内核是空气中微尘、烟粒等。水汽分子凝结成小水滴后聚集成云。小水滴继续吸附水汽，并受气流涡动作用，相互碰撞而结合成大水滴，直到其重量超过气流上升顶托力时则下降成雨。因此，降雨的形成必须要有两个基本条件：一是空气中要有一定量的水汽；二是空气要有动力上升冷却。故按照空气上升冷却的原因，将降雨分为锋面雨、地形雨、对流雨和台风雨四种类型。

1. 锋面雨

当冷气团与暖气团在运动过程中相遇时，其交界面（实际上为一过渡带）叫锋面，锋面与地面的相交地带叫锋。一般地面锋区的宽度有几十公里，高空锋区的宽度可达几百公里。锋面雨便是在锋面上产生的降雨。按照冷暖气团的相对运动方向将锋面雨分为冷锋雨和暖锋雨。

冷锋雨：当冷气团向暖气团一方移动，二者相遇，因冷空气较重而楔入暖气团下方，迫使暖气团上升，形成冷锋而致雨，就是冷锋雨。如图 6-8（a）所示。冷锋雨一般强度大，历时短、雨区范围小。

暖锋雨：若冷气团相对静止，暖气团势力较强，向冷气团一方推进，二者相遇暖气团将沿界面爬升于冷气团之上形成降雨叫暖锋雨。如图 6-8（b）所示。暖锋雨的特点是强度小、历时长，雨区范围大。

2. 地形雨

当暖湿气团在运移途中，遇到山脉、高原等阻碍，被迫上升冷却而形成的降雨，叫地形雨。如图 6-9 所示。地形雨多发生在山的迎风坡，由于水汽大部分已在迎风坡凝结降

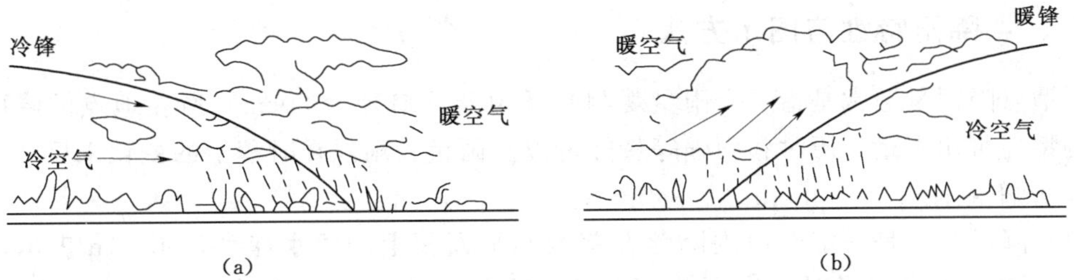

图 6-8

落，而且空气过山后下沉时温度增高，因此背风坡雨量锐减。地形雨一般随高程的增加而增大，其降雨历时较短，雨区范围也不大。

3. 对流雨

在盛夏季节当暖湿气团笼罩一个地区时，由于太阳的强烈辐射作用，局部地区因受热不均衡而与上层冷空气发生对流作用，使暖湿空气上升冷却而降雨，叫对流雨。这种雨常发生在夏季酷热的午后，其特点是强度大、历时短、降雨面积分布小，常伴有雷电，故又称为雷阵雨。

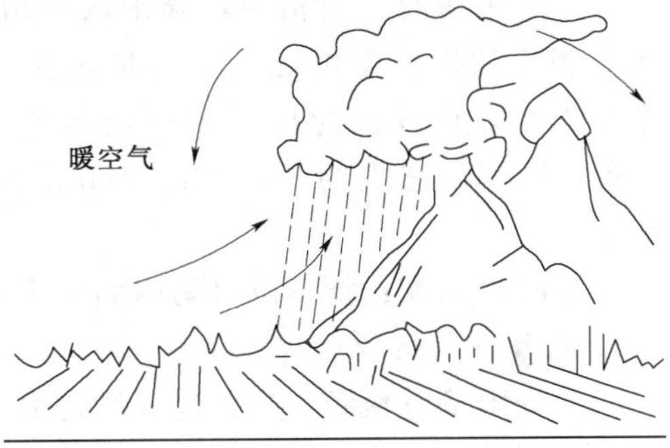

图 6-9

4. 台风雨

台风雨是由热带海洋上的风暴带到大陆上来的狂风暴雨。影响我国的热带风暴主要发生在6—10月，以7月、8月、9月3个月最多。它们主要形成于菲律宾以东的太平洋洋面（约在北纬20°，东经130°附近），向西或向西北方向移动影响东南沿海和华南地区各地，若势力很强则可影响到燕山、太行山、大巴山一线。台风雨是一种极易形成洪涝灾害的降雨，加之狂风，破坏性极强。如1975年8月，由该年第三号台风登陆后，深入到河南省泌阳县林庄一带，造成非常罕见的大暴雨，中心最大24h降雨量为1060.3mm，最大3日降雨量达1605.3mm，在淮河流域形成大洪水，给人民生命财产造成巨大损失。

在以上四种类型中，锋面雨和台风雨对我国河流洪水影响较大。其中锋面雨对大部分地区影响显著，各地全年锋面雨都在60%以上，华中和华北地区超过80%，是我国大多数河流洪水的主要来源。台风雨在东南沿海诸省，如广东、海南、福建、台湾、浙江等省发生机会较多，由台风造成的雨量占全年总雨量的20%～30%，且极易造成洪水灾害。

此外，根据我国气象部门的规定，按照1h或24h的降雨量将降雨分为：

小雨：是指1h的雨量不大于2.5mm或24h的雨量小于10mm。

中雨：是指1h的雨量为2.6～8.0mm或24h的雨量为10.0～24.9mm。

大雨：是指1h的雨量8.1～15.9mm或24h的雨量为25.0～49.9mm。

暴雨：是指1h的雨量不小于16mm或24h的雨量不小于50mm。另外，24h雨量为50～100mm称为暴雨，100～250mm称为大暴雨，250mm以上称为特大暴雨。

二、点降雨特性与图示方法

所谓点降雨量通常是指一个雨量观测站承雨器（口径为20cm）所在地点的降雨。点降雨的特性可用雨量、历时和雨强等特征量以及雨量、雨强在时程上的变化来反映。

1. 点降雨特性

（1）降雨量：是一定时段内降落在单位水平面积上的雨水深度，用mm表示，计至0.1mm。在标明降雨量时一定要指明时段，常用的降雨时段有分、时、日、月、年等，相应的雨量称为时段雨量、日雨量、月雨量、年雨量。

（2）降雨历时：是指一场降雨从开始到结束所经历的时间。常以小时为单位。与降雨历时相应的还有降雨时段，它是人为规定的。对某一场降雨而言，为了比较各地的降雨量大小，可以人为指定某一时段降雨量作标准。如最大1h降雨量、6h降雨量、24h降雨量等。这里的1h、6h、24h即为降雨时段。但在降雨时段内，降雨并不一定连续。

（3）降雨强度：指单位时间内的降雨量，以mm/min或mm/h计。

2. 点降雨特性的分析方法

（1）降雨量过程线。降雨过程线是表示降雨量随时间变化的特性。常用降雨量柱状图和降雨量累计曲线表示。如图6-10所示，图6-10（a）图为雨量柱状图（或称雨量直方图），是以时段雨量为纵坐标，时段次序为横坐标绘制而成，时段可根据需要选择min、h、日、月、年等。它显示降雨量随时间的变化特性。图6-10（b）图为雨量累积曲线，它是以逐时段累积雨量为纵坐标，时间为横坐标而绘制。它不仅可以反映降雨量在时间上的变化，而且还可以反映时段平均雨强$\bar{i}=\Delta h/\Delta t$随时间的变化。

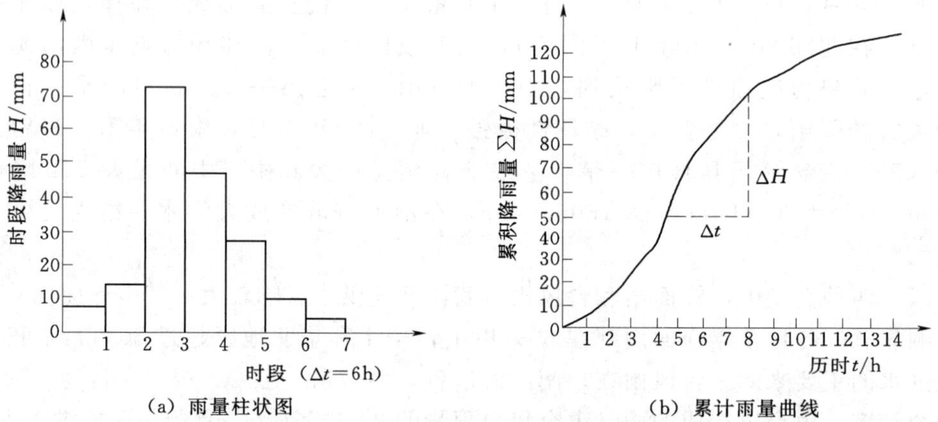

（a）雨量柱状图　　（b）累计雨量曲线

图6-10

（2）强度历时曲线。记录一场降雨过程，选择不同历时，统计不同历时内的最大平均降雨强度，并以平均雨强为纵坐标、历时为横坐标点绘曲线，即平均雨强历时曲线，如图6-11所示。

（3）短历时暴雨公式。由图6-11的雨强历时曲线可以看出，降雨强度是随降雨历时的增长而递减。通常把降雨历时小于24h的暴雨称为短历时暴雨。其降雨强度历时曲线用

数学方程来表示，即为短历时暴雨公式。目前水利部门广泛采用的公式为

$$\bar{i}=\frac{S}{t^{n}} \quad 或 \quad H_t=St^{1-n} \tag{6-6}$$

式中 t——暴雨历时，h；

H_t——历时为 t 的时段雨量，mm；

$\bar{i}$——t 历时内的平均雨强，mm/h；

S——雨力，即 $t=1$h 的平均雨强，mm/h；

n——暴雨衰减指数，反映雨强随历时递减的程度。

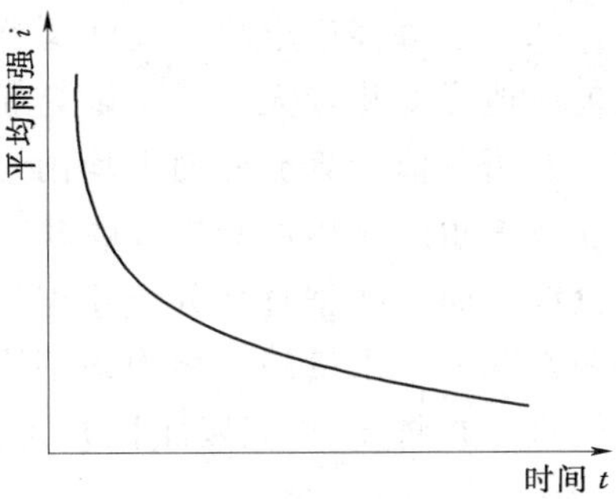

图 6-11

三、面雨量特性与计算方法

1. 面雨量特性

所谓“面”雨量，是指一定区域面积上的平均雨量。在降雨径流分析中，与洪水大小相应的必须是流域面积上的面平均雨量。反映面雨量的变化特性可用以下方法。

（1）降雨量等值线。也称为雨量等值线或等雨量线。对于面积较大的区域或流域，为了表示一定时段内的降雨量空间分布情况，可以绘制降雨量等值线。具体做法与测量学中绘制地形等高线的方法相类似。首先根据需要，将一定时段流域内及其周边邻近雨量站的同期雨量标注在相应位置上，然后按照各站降雨量的大小用地理插值法，并参考地形和气候变化进行勾绘。如图 6-12 所示。等雨量线图是研究降雨分布、暴雨中心移动及计算流域平均雨量的有力工具。但在绘制等雨量线图时，要求有足够的、且控制良好的雨量站点。

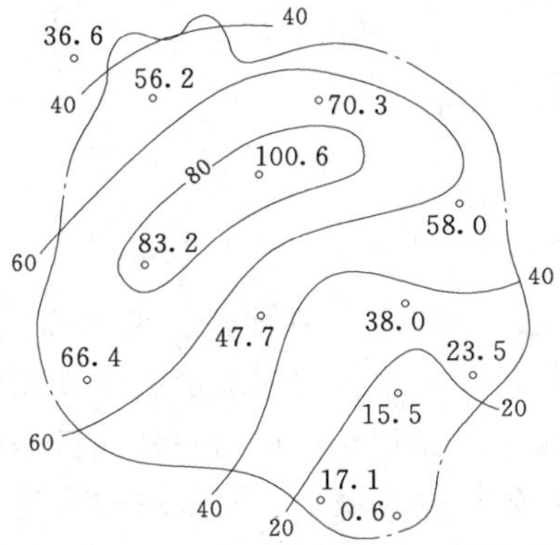

图 6-12

（2）平均雨量-面积曲线。对一场暴雨，从等雨量线图上的暴雨中心算起，分别量取不同等雨量线所包围的面积，并计算各面积内的平均雨量，以雨量为纵坐标，面积为横坐标绘制曲线，如图 6-13 所示。曲线表示不同笼罩面积所相应的平均雨量。可以看出平均雨量随笼罩面积的增大而减小。

2. 流域面平均雨量的计算方法

（1）算术平均法。当流域内地形变化不大，且雨量站数目较多、分布均匀时，可根据各站同一时段内的降雨量用算术平均法计算。其计算公式为

$$H_F=\frac{H_1+H_2+\cdots+H_n}{n}=\frac{1}{n}\sum_{i=1}^{n}H_i \tag{6-7}$$

式中 H_F——流域平均降雨量，mm；

H_i——流域内各雨量站雨量（$i=1，2，\cdots，n$），mm；

n——雨量站数目。

（2）泰森多边形法。此法又称垂直平分法或面积加权平均法。当流域内雨量站分布不均匀或地形变化较大时，可假定流域上不同地区的降雨量与距其最近的雨量站的雨量相近，并用其值计算流域面平均雨量。具体做法是：先将流域内及其流域外邻近的雨量站就近连成三角形（尽可能连成锐角三角形），构成三角网，再分别做各三角形三条边的垂直平分线，而这些垂直平分线相连组成若干个不规则的多边形，如图6－14所示。每个多边形内都有一个雨量站，称为该多边形的代表站，该站的雨量就是本多边形面积 f_i 上的代表雨量，并将 f_i 与流域面积 F 的比值称为权重系数。该法的计算公式为

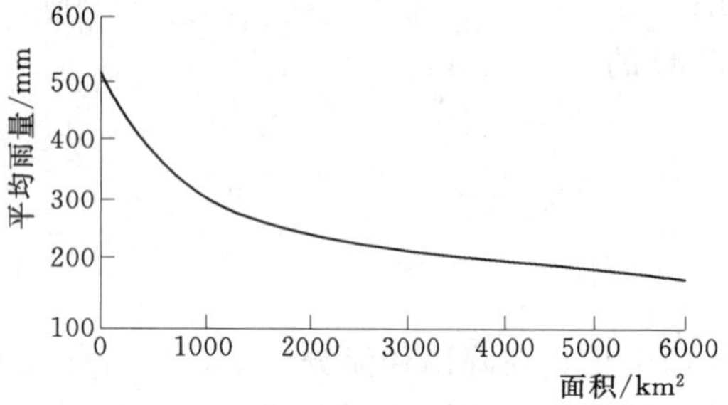

图6－13

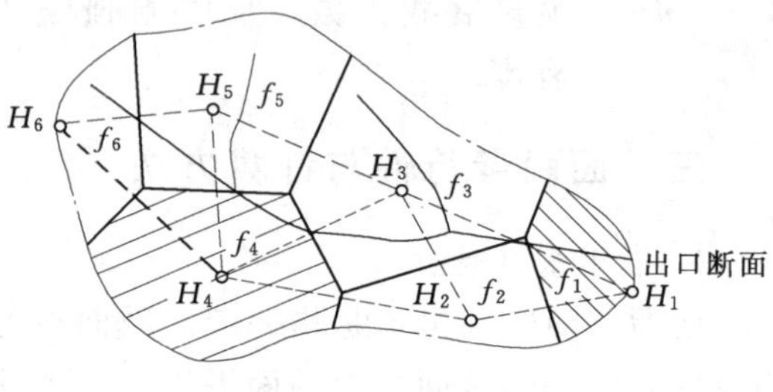

图6－14

$$H_F = \frac{H_1 f_1 + H_2 f_2 + \cdots + H_n f_n}{F} = \frac{1}{F}\sum_{i=1}^{n} H_i f_i = \sum_{i=1}^{n} A_i H_i \tag{6-8}$$

式中　f_i——各多边形在流域内的面积（$i=1, 2, \cdots, n$），km^2；

F——流域面积，km^2；

A_i——各雨量站的面积权重系数，$A_i = f_i / F$，$\sum_{i=1}^{n} A_i = 1.0$。

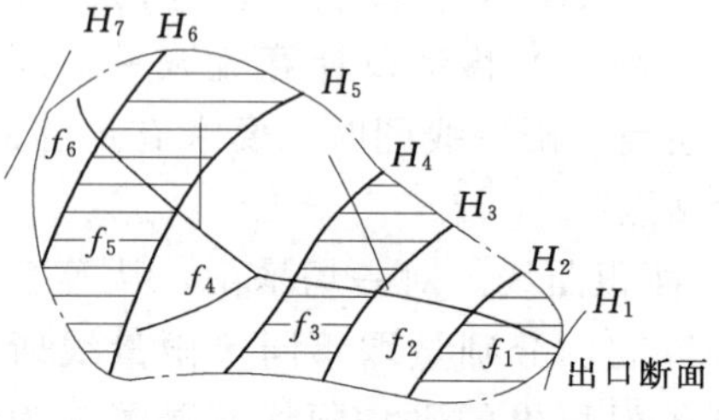

图6－15

（3）等雨量线法。如果降雨在地区上或流域上分布很不均匀，地形起伏大，则宜用等雨量法计算面雨量。等雨量线法也属于以面积作权重的一种加权平均方法。具体做法为：先根据流域上各雨量站的雨量资料绘制出符合实际的等雨量线图，如图6－15所示，并量计出相邻两条等雨量线间的流域面积 f_i，用下列公式计算：

$$H_F = \frac{1}{F}\sum_{i=1}^{n} \frac{1}{2}(H_i + H_{i+1}) f_i = \frac{1}{F}\sum_{i=1}^{n} \overline{H}_i f_i \tag{6-9}$$

式中　f_i——相邻两条等雨量线间的流域面积，km^2；

$\overline{H}_i$——相邻两条等雨量线间的平均雨量，mm；

n——等雨量线的数目。

（4）降雨点面关系法。当流域内雨量站少，或各雨量站观测不同步时，可用降雨的点面关系来计算面雨量。其计算公式为

$$H_F = \alpha H_0 \tag{6-10}$$

式中　α——点雨量与面雨量比值，也称点面雨量折算系数；

H_0——点雨量，mm。

降雨的点面关系是指降雨中心或流域中心附近代表站的点雨量与一定范围内的面雨量之间的关系。

以上四种方法，算术平均法最为简单，但要求的条件较高；泰森多边形法适用性较强，且有一定的精度，尤其是在流域内雨量站网一定情况下，求得各站的面积权重系数可一直沿用，或用计算机进行计算，所以在水文上应用广泛，但在降雨分布发生变化时，计算结果不一定符合实际；等雨量线法是根据等雨量线图来计算，因此计算精度最高，但它要有足够的雨量站，且每次计算都要绘制等雨量线，并量计相邻两条等雨量线之间的流域面积，所以计算工作量大，实际当中应用有限；降雨点面关系法，计算更为简单，但需要知道点面关系图。在流域雨量资料较差或缺乏时应用较多。

第四节 蒸发、下渗与地下水

一、蒸发

蒸发是指水由液态或固态转化为气态的物理变化过程，是水文循环的重要环节之一，也是水量平衡的基本要素和降雨径流的一种损失。水文上研究的蒸发为自然界的流域蒸发，它包括水面蒸发、土壤蒸发和植物散发。

1. 水面蒸发

流域上的各种水体如江河、水库、湖泊、沼泽等，由于太阳的辐射作用其水分子在不断地运动着，当某些水分子所具有的动能大于水分子之间的内聚力时，便从水面逸出变成水汽进入空中，进而向四周及上空扩散；与此同时，另一部分水汽分子又从空中返回到水面。因此，蒸发量（或蒸发率）是指水分子从水体中逸出和返回的差量，通常以 mm/d、mm/月或 mm/年计。影响水面蒸发的因素主要有气温、湿度、风速、水质及水面大小等。

2. 土壤蒸发

土壤蒸发是指水分从土壤中逸出的物理过程，也是土壤失水干化的过程。土壤是一种有孔介质，它不仅有吸水和持水能力，而且具有输送水分的能力。因此土壤蒸发与水面蒸发不同，除了受气象因素影响外，还受土壤中水分运动的影响，另外土壤含水量、土壤结构、土壤色泽等也对土壤蒸发有一定的影响。

对于某一种土壤，当气象条件一定时，土壤蒸发量的大小与土壤的供水条件有关。土壤水分按照其所受的作用力不同可以分为结合水、毛管水和自由水，当土壤中只有结合水和毛管水时，其含水量称为田间持水量。它是土壤蒸发供水条件充分与不充分的分界点。因此根据土壤水分的变化将土壤蒸发分为三个阶段。

当土壤含水量大于田间持水量时，土壤十分湿润甚至饱和，土中有自由重力水存在，且毛细管可以将下层的水分运送到上层，属于充分供水条件下的蒸发，蒸发量大小只受气象条件的影响，大而稳定。

由于土壤蒸发耗水作用，使土壤含水量不断减少。当其减少到小于田间持水量以后，土壤中毛细管的连续状态将逐渐被破坏，使得土壤内部的水分向上输送受到影响，这时土壤蒸发进入第二阶段，供水条件不如第一阶段充分，土壤蒸发量将随土壤含水量的减少而减少。

如果土壤含水量继续减少，以至于毛管水不再以连续状态存在于土壤中，毛细管向土壤表面输水的机制遭到完全破坏，水分只能以膜状水形式或气态形式向上缓慢扩散，土壤蒸发进入第三阶段。这一阶段由于受供水条件的限制，土壤蒸发进行得非常缓慢，蒸发量也十分小，而且稳定。

3. 植物散发

植物根系从土壤中吸取水分，通过其自身组织输送到叶面，再由叶面散发到空气中的过程称为植物散发或蒸腾。它既是水分的蒸发过程，也是植物的生理过程。由于植物散发是在土壤—植物—大气之间发生的现象，因此植物蒸发受气象因素、土壤水分状况和植物生理条件的影响。不同的植物散发量不同；同一种在不同的生长阶段散发量也不同。由于植物的光合作用与太阳辐射有关，大约有 95％的日散发量发生在白天。当气温降至 4℃，植物生长基本停止，相应地散发量也变得极小。植物生于土壤，因而植物散发和土壤蒸发总是同时存在的，二者合称为陆面蒸发，它是流域蒸发的主要组成部分。

4. 流域蒸发

水文上的流域蒸发为水面蒸发、土壤蒸发和植物散发之和，即流域总蒸发量。但是其量值在目前还不能用三个量的直接相加求出，因为在一个实际流域上水面蒸发、土壤蒸发和植物散发是很难分别测算出来的，通常是把流域当成一个整体进行研究，用水量平衡法或经验公式法间接计算出流域总蒸发量。

二、下渗

下渗也称入渗，是指水分从土壤表面向土壤内部渗入的物理过程，以垂向运动为主要特征。天然情况下的下渗主要是雨水的下渗，它是降雨径流中的主要损失，不仅直接决定地面径流量的大小，同时也影响土壤水分和地下水的增长，是连接并转换地表和地下水一个中间过程。

1. 下渗的物理过程

水分在土壤中运动所受的作用力分别有分子力、毛管力和重力。重力总是垂直向下。毛管力则是指向土壤含水量较小的一方。因此雨水的入渗过程按照所受作用力及运动特征的不同分为三个阶段。

设雨前表土干燥，当雨水降落到地面后，首先受土粒分子力的作用而吸附于土粒表面形成薄膜（称为薄膜水），这为第一阶段，称为渗润阶段。当土粒表面的薄膜水达到最大时，渗润阶段逐渐消失；入渗的雨水在毛管力和重力的作用下，在土壤孔隙中向下做不稳定运动，并逐渐充填土粒孔隙，直到孔隙充满饱和，这为第二阶段，称为渗漏阶段。有时也把一、二两阶段合称为渗漏阶段。它们共有的特点是非饱和下渗。当土壤孔隙被水充满达到饱和时，水分主要受重力作用向下作稳定地渗透运动，这为第三阶段，称为渗透阶段，属于饱和下渗。在实际的下渗过程中，以上两个阶段（渗漏和渗透）并无明显的界限，有时是相互交错的。

2. 下渗的变化规律——下渗能力（容量）曲线

从下渗的物理过程可知，水分在不同的作用力的作用下由上往下运动，直至补给地下水。下渗的快慢可用下渗率来表示。所谓下渗率，又称下渗强度。是指单位面积上、单位时间内渗入土壤中的水量，常用 mm/min 或 mm/h 计。充分供水条件下的下渗率叫下渗能力或下渗容量。下渗能力（容量）随时间变化的过程线，称为下渗能力（容量）曲线。经实验证明，下渗能力随时间变化的规律是递减的。若土壤干燥情况下，下渗能力（容量）曲线如图6-16所示。

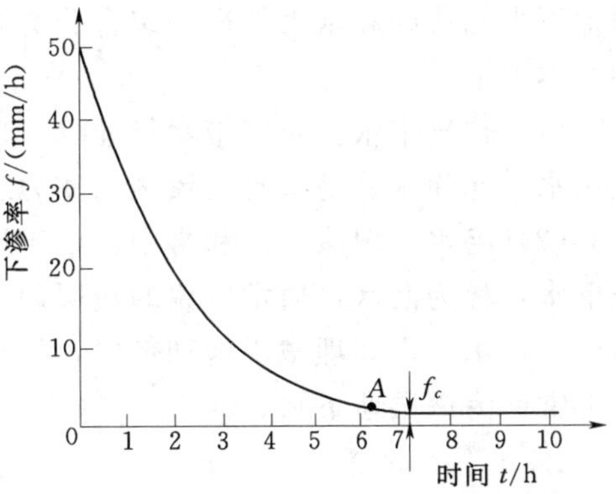

图 6-16

由图 6-16 可见，刚开始下渗时，由于土壤干燥，水分主要在分子力的作用下迅速被表层土壤所吸收，此时下渗率最大。随着下渗的继续和土壤含水量的增加，分子力和毛管力也逐渐减弱，下渗率随之递减。当土壤水分达到田间持水量以后，水分主要在重力的作用下下渗，下渗率也逐渐趋于稳定，接近为常数。如图中的 A 点以后趋于稳定下渗率 f_c。

下渗能力（容量）曲线也可以用数学公式表示，如水文上常用的霍顿下渗公式为

$$f_t=(f_0-f_c)e^{-\beta t}+f_c \tag{6-11}$$

式中 f_t——t 时刻的下渗能力（容量），mm/h；

f_0——初始时刻（$t=0$）的下渗能力，mm/h；

f_c——稳定（重力下渗）下渗能力，mm/h；

t——下渗时间，h；

β——反映土壤特性的指数；

e——自然对数的底（e≈2.7183）。

霍顿下渗公式，是霍顿（1931 年）在下渗试验资料基础上，用曲线拟合方法得到的经验公式。公式表明土壤的下渗能力（容量）是随时间按指数规律递减的。

3. 天然条件下的下渗

上述下渗规律是充分供水条件下单点均质土壤的下渗规律，但在天然情况下，降雨强度和雨型是变化的，供水条件并一定都充分，有时降雨过程还不连续。另外，土壤性质和土壤水分的时空分布也不均匀。因此，实际流域在降雨过程当中，下渗是非常复杂而多变的，通常是不稳定和不连续的。

就单点下渗而言，若以 i 表示时段雨强、f_p 表示下渗能力，则要满足土壤的下渗能力，必须是任一时刻 $i\geq f_p$。但在一次实际降雨过程中，有可能出现 $i>f_p$、$i=f_p$、$i<f_p$ 三种情况。当前两种情况发生时，下渗按下渗能力进行，$f=f_p$；当 $i<f_p$ 时，实际下渗率为 $f=i$。因而，单点的实际下渗率随时间的变化与降雨时程分配、土壤性质、植被、微地形、前期土壤含水量等因素有关。

三、地下水

1. 地下水的基本类型

从广义的角度理解，地下水是指埋藏于地表以下各种状态水的总称。地下水的分类方

法很多，目前，我国现行比较通用的分类方法是以地下水的埋藏条件为主要特征，综合考虑地下水的成因和水力特征的综合分类方法，将地下水划分为包气带水、潜水、承压水三种基本类型。

(1) 包气带水。包气带水指埋藏于地表面以下、地下水面以上包气带中的水分。包括吸湿水、薄膜水、毛管水、渗透的重力水等，实际上就是土壤水，这里不再重复。

(2) 潜水。埋藏于饱和带中，处于地表面以下第一稳定隔水层以上，具有自由水面的地下水，称为潜水，通常所说的浅层地下水主要指潜水。

(3) 承压水。埋藏于饱和带中，处于两个不透水层之间，具有压力水头的地下水，水文上常称为深层地下水。

2. 地下水的特征

(1) 潜水。由于潜水具有自由水面，通过包气带与大气相通，所以不承受压力。潜水面与地面之间的距离为潜水埋藏深度，潜水面与第一个不透水层之间的距离称为潜水含水层厚度。潜水埋藏的深度及储量取决于地质、地貌、土壤、气候等条件。一般山区潜水埋藏较深，平原区较浅，有的甚至仅几米深。

潜水的主要补给来源是降水和地表水等，其排泄方式有侧向和垂向两种。侧向排泄是指潜水在重力的作用下沿水力坡度方向补给河流或其他水体，或者露出地表成为泉水；垂向排泄主要是潜水蒸发。

潜水与地表水之间相互补给和排泄的关系称为水力联系。以潜水与河水之间的关系为例，潜水可以补给河水，河水也可以补给潜水，如图 6－17 所示。

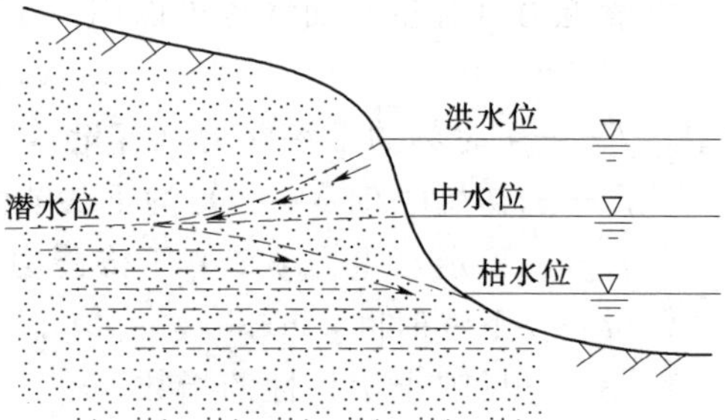

图 6－17

(2) 承压水。承压水的主要特性是处在两个不透水层之间，具有压力水头，一般不直接受气象、水文因素的影响，循环更新比较缓慢。由于埋藏较深一般不易遭受污染，水量较稳定，是河川枯水期水量的主要补给来源。

承压水含水层按水文地质特征可分为三个组成部分：补给区、承压区和排泄区，补给区出露于地势较高的地表部位，直接承受大气降水和地表水补给，实际上该区地下水仍具有潜水的特性，并主要由下渗补给。与补给区相反，含水层位置较低，出露于地表，为排泄区。在补给区和排泄区之间的含水层为承压区。该区含水层被上覆盖隔水层所覆盖，水体承受静水压力，具有压力水头。承压含水层的贮量，主要与承压区分布的范围、含水层的厚度和透水性、贮水构造破坏的程度、补给区的大小和补给量的多少有关。

第五节　径　　流

一、河川径流的补给源

径流就是指江河中的水流。它的补给来源有雨水、冰雪融水、地下水和人工补给等。

我国的江河，按照补给水源的不同大致分为三个区域：秦岭以南，主要是雨水补给。河川径流的变化与降雨的季节变化关系密切。夏季经常发生洪水；东北、华北部分地区为雨水和季节性冰雪融水补给区，每年有春、夏两次汛期；西北阿尔泰山、天山、祁连山等高山地区，河水主要由高山冰雪融水补给，这类河流水情变化与气温变化有密切关系，夏季气温高，降水多，水量大；冬季则相反。地下水补给是我国河流水源补给的普遍形式，但在不同的地区差异很大。一般为20%～30%，最高达60%～70%，最少不足10%。其中黄土高原北部、青藏高原以及黔、桂岩溶分布区，地下水补给比例较大。地下水补给较多的河流，其年内分配较均匀。人工补给主要是指跨流域调水。如我国规划的南水北调工程，就是准备将长江流域的水分别从东线、中线和西线调到黄河流域以及京、津地区，以缓解北方地区的缺水危机。

总体而言，我国大部分地区的河流是以雨水补给为主。由降雨形成的河川径流称为降雨径流，它是本课程研究的主要对象。

二、降雨径流的形成过程

降雨径流是指雨水降落到流域表面上，经过流域的蓄渗等系列损失分别从地表面和地下汇集到河网，最终流出流域出口的水流。从降雨开始到径流流出流域出口断面的整个物理过程称为径流的形成过程，如图 6－18 所示。

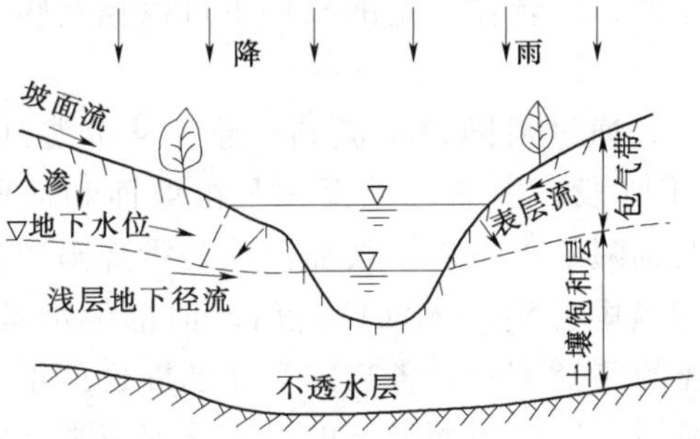

(a) 坡面汇流

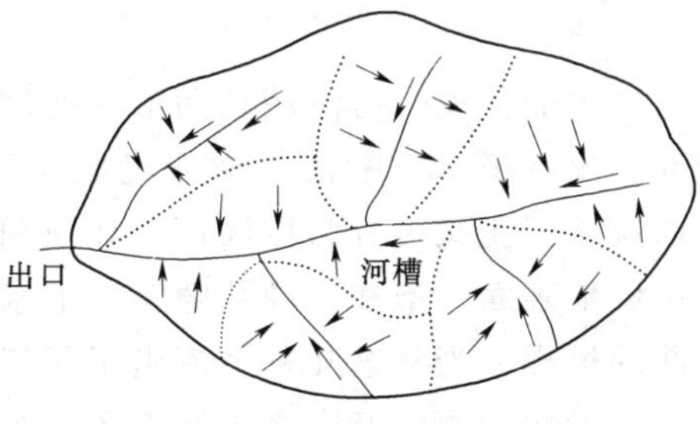

(b) 河网汇流

图 6－18

降雨径流的形成过程，是一个极其复杂的物理过程。但人们为了研究方便，通常将其概括为产流和汇流两个过程。

1. 产流过程

降雨开始时，除了很少一部分降落在河流水面直接形成径流外，其他大部分则降落到流域坡面上的各种植物枝叶表面，首先要被植物的枝叶吸附一部分，成为植物截留量，到雨后被蒸发掉。降雨满足植物截留量后便落到地面上称为落地雨，开始下渗充填土壤孔隙，随着表层土壤含水量的增加，土壤的下渗能力也逐渐减小，当降雨强度超过土壤的下渗能力时，地面就开始积水，并沿坡面流动，在流动过程中有一部分水量要流到低洼的地方并滞留其中，称为填洼量。还有一部分将以坡面漫流的形式流入河槽形成径流，称为地面径流。下渗到土壤中的雨水，按照下渗规律由上往下不断深入。通常由于流域土壤上层比较疏松，下渗能力强，下层结构紧密，下渗能力弱，这样便在表层土壤孔隙中形成一定的水流沿孔隙流动，最后注入河槽，这部分径流称为壤中流（或表层流）。壤中流在流动过程中是极不稳定的，往往和地面径流穿插流动，难以划分开来，故在实际水文分析中常把它归入地面径流。若降雨延续时间较长，继续下渗的雨水经过整个包气带土层，渗透到地下水库当中，经过地下水库的调蓄缓缓渗入河槽，形成浅层地下径流。另外，在流出流域出口断面的径流当中，还有与本次降雨关系不大，来源于流域深层地下水的径流，它比浅层地下径流更小，更稳定，通常称为基流。

综上所述，由一次降雨形成的河川径流包括地面径流、壤中流和浅层地下径流三部分，总称为径流量，也称产流量。降雨量与径流量之差称为损失量。它主要包括储存于土壤孔隙中间的下渗量、植物截留量、填洼量和雨期蒸散发量等。可见，流域的产流过程就是降雨扣除损失，产生各种径流成分的过程。

流域特征不同，其产流机制也不同。干旱地区植被差，包气带厚，表层土壤渗水性弱，流域的降雨强度和下渗能力的相对变化支配着超渗雨的形成，一旦有超渗雨形成便产生地面径流，它是次雨洪的主要径流成分，而壤中流和浅层地下径流就比较少。这种产流方式称为超渗产流。对于气候湿润，植被良好，流域包气带透水性强，地下水位高的地区，降雨强度很难超过下渗能力，其产流量大小主要取决于流域的前期包气带的蓄水量，与雨强关系不大。如果降雨入渗的水量超过流域的缺水量，流域“蓄满”，开始产流，不仅形成地面径流、壤中流，而且也形成一定量的浅层地下径流，这种产流方式称为蓄满产流。超渗产流和蓄满产流是两种基本的产流方式，二者在一定的条件下可以相互转换。

2. 汇流过程

降雨产生的径流，由流域坡面汇入河网，又通过河网由支流到干流，从上游到下游，最后全部流出流域出口断面，称为流域的汇流阶段。因为流域面积是由坡面和河网构成的，所以流域汇流又可分为坡面汇流和河网汇流两个小过程。坡面汇流是指降雨产生的各种径流由坡地表面、饱和土壤孔隙及地下水库当中分别注入河网，引起河槽中水量增大，水位上涨的过程。当然这几种径流由于所流经的路径不同，各自的汇流速度也就不同。一般地面径流最快，壤中流次之，地下径流则最慢。所以地面径流的汇入是河流涨水的主要原因。汇入河网的水流，沿着河槽继续下泻，便是河网汇流过程。在这个过程中，涨水时河槽可暂时滞蓄了一部分水量而对水流起调节作用。当坡面汇流停止时，河网蓄水往往达到最大，此后则逐渐消退，直至恢复到降雨前河水的基流上。这样就形成了流域出口断面的一次洪水过程。如图 6-18 所示。

产流和汇流两个过程，不是相互独立的，实际上几乎是同时进行的，即一边有产流，一边也有汇流，不可能截然分开。整个过程非常复杂。出口断面的洪水过程是全流域综合影响和相互作用的结果。

三、径流的表示方法及单位

径流分析计算中，常用的径流表示方法和度量单位有下列几种：

（1）流量 Q。单位时间通过河流某一断面的水量体积叫流量，单位为 m^3/s。

（2）径流量 W。一定时段内通过河流某一断面的水量体积，称为该时段的径流总量，或简称为径流量，如月径流量、年径流量等。常用单位有 m^3 或万 m^3，亿 m^3 等。有时也用时段平均流量与对应历时的乘积表示径流量的单位，如$(m^3/s)\cdot$月、$(m^3/s)\cdot$日等。径流量与平均流量的关系如下：

$$W=QT \tag{6-12}$$

式中　Q——时段平均流量，m^3/s；

T——计算时段，s。

(3) 径流深Y。将一定时段的径流总量平均铺在流域面积上所得到的水层深度，叫作该时段的径流深，以mm计。

$$Y=\frac{W}{1000F} \tag{6-13}$$

式中　W——计算时段的径流量，m^3；

F——河流某断面以上的流域集水面积，km^2。

(4) 径流模数M。单位流域面积上所产生的流量，如洪峰流量、年平均流量等，相应的称为洪峰流量模数，年平均流量模数（或年径流模数），常用单位为$m^3/(s\cdot km^2)$或$L/(s\cdot km^2)$，其计算公式为

$$M=\frac{Q}{F} \tag{6-14}$$

(5) 径流系数α。流域某时段内径流深与形成这一径流深的流域平均降水量的比值，无因次。

$$\alpha=\frac{Y}{H_F} \tag{6-15}$$

【例6-1】 已知某小流域集水面积$F=130km^2$，多年平均降雨量$H_{F0}=915mm$，多年平均径流深$Y_0=745mm$。求该流域多年平均径流量W_0、多年平均流量Q_0、多年平均径流模数M_0以及多年平均径流系数α_0。

直接代公式计算：

$$W_0=1000Y_0F=1000\times745\times130=9685(\text{万 }m^3)$$

$$Q_0=\frac{W_0}{T}=\frac{9685\times10^4}{31.536\times10^6}=3.07(m^3/s)$$

$$M_0=\frac{Q_0}{F}=\frac{3.07}{130}=23.6\times10^{-3}[(m^3/s)\cdot km^2]=23.69[(L/s)\cdot km^2]$$

$$\alpha_0=\frac{Y_0}{H_{F0}}=\frac{745}{915}=0.81$$

四、次雨洪径流过程及其特征

流域发生一场降雨，经过流域的产流和汇流，在流域出口断面便形成一次洪水过程。通常在水文分析中用流量随时间的变化过程来表示，如图6-19所示。

洪水流量过程线反映了降雨特性和流域下垫面因素的综合作用。不同的降雨过程将形成不同的洪水，即使是同样的降雨，在不同的下垫面条件下也会形成不同的洪水。在水文

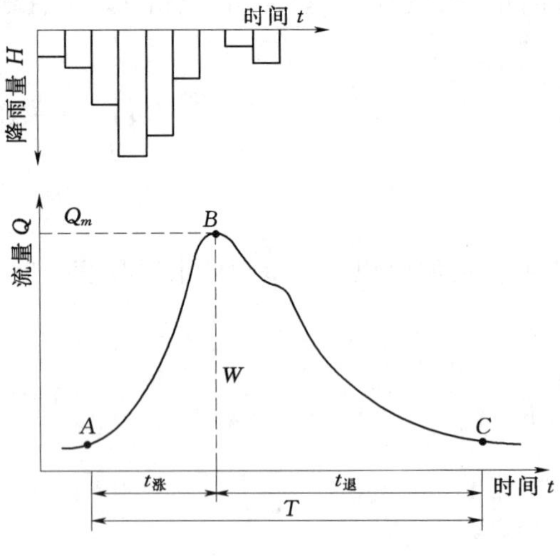

图 6-19

上描述洪水流量过程线的特征一般用洪峰流量、洪水总量和洪水总历时三个基本要素。

洪峰流量 Q_m 是一次洪水流量过程线上的最高点（即最大的瞬时流量），如图 6-19 中的 B 点。

洪水总量 W 是指洪水所形成的总径流量，即图 6-19 中过程线 $A \to B \to C$ 与横轴所包围的面积。其中包括基流水量。

洪水总历时 T 是指洪水过程从起涨到落平所经历的时间，即图 6-19 中过程线 $A \to C$ 的时间。$T = t_{涨} + t_{退}$，$t_{涨}$ 为涨水历时，$t_{退}$ 为落水历时。

按照洪水过程线的形状不同，将其分为单峰洪水（图 6-19）和复式峰洪水，后者也称为连续峰洪水。

第六节　流 域 水 量 平 衡

一、水量平衡原理

根据自然界的水分循环，地球水圈的不同水体在周而复始地循环运动着，从而产生一系列的水文现象。在这些复杂的水文过程中，水分运动遵循质量守恒定律，即水量平衡原理。具体而言，就是对任一区域在给定时段内，输入区域的各种水量之总和与输出区域的各种水量之总和的差值，应等于区域内时段蓄水量的变化量。据此原理，可列出一般的水量平衡方程：

$$I - O = W_2 - W_1 = \Delta W \tag{6-16}$$

式中　I——时段内输入区域的各种水量之和；

O——时段内输出区域的各种水量之和；

W_1——时段初区域内的蓄水量；

W_2——时段末区域内的蓄水量；

ΔW——时段内区域蓄水量的变化量，$\Delta W > 0$，表示时段内区域蓄水量增加；相反 $\Delta W < 0$，表示时段内区域蓄水量减少。

水量平衡原理是水文学中最基本的原理之一。它在降雨径流过程分析、水利计算、水资源评价等问题中应用非常广泛。

二、水量平衡通用方程式

根据水量平衡原理，对任一区域，一定时段内输入区域的水量有：时段内区域平均降水量；时段内区域水汽凝结量 E_1；地面径流流入量 Y_1；地下径流流入量 U_1；时段内从区域输出的水量包括：时段内区域总蒸散发量 E_2；地面径流流出量 Y_2；地下径流流出量 U_2；区域内用水量 q；时段初、末区域内蓄水量分别为 W_1，W_2；差值为 $\Delta W=W_2-W_1$，代入水量平衡方程得

$$(H+E_1+Y_1+U_1)-(E_2+Y_2+U_2+q)=W_2-W_1 \tag{6-17}$$

或

$$H+E_1+Y_1+U_1+W_1=E_2+Y_2+U_2+q+W_2$$

若令 $E=E_2-E_1$，称为净蒸散发量，则上式为

$$(H+Y_1+U_1)-(E+Y_2+U_2+q)=W_2-W_1 \tag{6-18}$$

三、流域水量平衡

在河流水资源的开发利用工程中主要研究流域的水量平衡问题。因此将水量平衡通用方程式应用到一个流域上。若是闭合流域，又无跨流域引水，则有 $Y_1=0$，$U_1=0$；即没有地面、地下流入量；同时流域上产生的地面、地下径流量都从流域出口断面流出，故令 $Y=Y_2+U_2$，称径流量，流域内的用水量不计，可得到闭合流域的水量平衡方程式为

$$H-(E+Y)=\Delta W \tag{6-19}$$

在实际工作中常取研究时段为一年，则上式称为闭合流域年水量平衡方程式。

对于多年平均情况，同样因为 ΔW 有正有负，$\frac{1}{n}\sum_{i=1}^{n}\Delta W \rightarrow 0$，故水量平衡方程为

$$H_0=E_0+Y_0 \tag{6-20}$$

上式就称为闭合流域多年平均水量平衡方程。

内　容　小　结

本章主要围绕水文循环及径流的形成过程，介绍水文循环、河流、流域、降水、蒸发、下渗、径流、水资源等基本概念，进一步理解水文循环的过程，河流与流域的主要特征（F、J、L）及其常用量计方法，降雨的成因及分类（成因分类和气象分类），点雨量特性及图示方法，面平均雨量的计算方法，降雨径流的形成过程，河川径流的表示方法及单位，次雨洪流量过程线的绘制及其特征要素，水量平衡原理及闭合流域多年平均水量平衡方程式，水资源的含义及其主要特点，为水利水电工程建设与管理的从业者提供基本知识和基本技能。

水文循环是自然界最为重要的循环之一，它是陆地表面许多水文现象形成的主要原因，也是水资源具有可再生性的根本原因。其形成的内因是水在常温情况下可以完成固、液、气三态转换，外因是太阳辐射和地心引力。按照其影响范围的大小分为大循环和小循环。

河流是汇集并排泄地表水和地下水的天然泄水通道，由流动的水流和河槽两个要素构成。对于大江大河从源头到河口可以分为上游、中游和下游。由干流和各级支流构成的泄水系统称为水系，也称河系（或者河网）。河流长度和主河道平均比降是反映河流特征的主要参数。

流域是一条河流汇集水流的区域，一般在工程上假设多数流域为闭合流域。即由地面分水线所包围的区域。其形状为不规则封闭图形，大小用流域面积表示，其单位用 km^2。

一般不强调断面位置时，是指河口断面以上的流域。对于水利水电工程常指工程大坝坝址断面上的流域，其面积也称集水面积。流域的地形特征主要指平均高度（高程）和平均坡度。自然地理特征主要指流域的地理位置、气候条件、地形特征、地质构造、土壤性质、植被、湖泊、沼泽等。

降水是指从天空降落地表面的各种水的总称，通常包括雨、雪、霜、雹、露。对于我国大多数地区而言降雨和降雪是最主要的。另外从水利水电工程建设的角度主要关注降雨，它是绝大多数河流洪水形成的主要原因。按照水汽上升冷却的原因将降雨分为地形雨、锋面雨、对流雨和台风雨（气旋雨）。点降雨的特性主要用雨量、降雨历时和降雨强度反映，其在时间上的变化可以用雨量柱状图和降雨量累积过程线表示。反映降雨强度随历时而衰减的公式称为降雨公式。形成河流洪水的降雨一定是一定区域上的面平均雨量，简称为面雨量。面雨量在流域上的分布可以用不同历时的等雨量线表示，也可以用雨量-历时-面积曲线反映。计算流域面平均雨量的方法有算术平均法、面积加权平均法、等雨量线法和点面系数法。其中，面积加权平均法既具有一定的精度，又方便可行，使用较为普遍。

蒸发主要是指水由液态和固态变成气态的物理过程，也就是物理学上的汽化和升华过程。一般流域（区域）主要包括水面蒸发、土壤蒸发和植物散发。通常也将土壤蒸发和植物散发称为陆面蒸发。实际工程中应用蒸发资料多为水面蒸发资料。

下渗是指水分由地表面向土壤深层运动的物理过程，以垂向运动为主。其作用力分别有分子力、毛细管力和重力。下渗的速度快慢可以下渗率来表示，其单位常用 mm/min 或 mm/h。充分供水条件下，单位时间，单位面积上下渗的水量叫下渗能力（或下渗容量）。下渗能力随时间变化的过程线称为下渗能力曲线，通常按照指数规律递减。我国常用的下渗能力曲线公式为霍顿下渗公式。其形式如下：

$$f_t=(f_0-f_c)e^{-\beta t}+f_c$$

河川径流的主要补给来源一般包括降雨径流，融雪径流和地下径流。我国大多数河川径流以降雨径流补给为主。随着人类调水工程实施，跨流域调水也成为河川径流的不可忽视的组成部分。降雨径流的形成过程是指从降雨开始到河道洪水退完为止的过程，一般可人为划分为产流和汇流两个阶段。产流阶段主要是指从降雨量中扣除损失的阶段，其结果为产流量，在数量上等于次雨洪径流量。汇流阶段主要指径流的汇集过程，一般包括坡面汇流和河网汇流两个子过程，从时间上讲，河网汇流是主要的。次雨洪径流过程可以用洪水流量过程表示，其主要特征包括洪峰流量、洪水历时和洪水总量，也称为洪水过程的“三要素”。河川径流可以用流量、径流量、径流深、径流模数和径流系数表示。

水量平衡原理是水文学最基本的原理之一，是物理学中质量守恒原理在水文学中的具体应用。具体表述为：对于一定区域、一定时段，进入区域的水量与流出区域的水量之差为该区域该时段的水量变化量，可以用下式表达：

$$I-O=W_2-W_1=\Delta W$$

对于闭合流域，年水量平衡方程可以写成

$$H-(E+R)=\Delta W$$

多年平均水量平衡方程写成

$$\overline{H}=\overline{E}+\overline{R}$$

自 测 练 习 题

一、填空题

1. 水文循环的成因包括外因与内因，其中外因是指__________、__________；内因是__________。

2. 降雨按照空气动力上升冷却的原因分为________、________、______、______。

3. 流域面平均雨量的计算方法有______、______、______、______、______。

4. 流域总蒸发包括________、________、________。

5. 河川径流的主要补给源有________、________、________。

6. 降雨径流的形成过程可以人为划分为________、________两个阶段。

7. 次雨洪流量过程线的三个主要特征是________、________、________。

二、简单计算题

1. 已知某河流从河源至河口总长度 L 为 5500m，其纵断面如图 6-20 所示，A、B、C、D、E 各点地面高程分别为 48m、24m、17m、15m、14m，各河段长度 l_1、l_2、l_3、l_4 分别为 2000m、1400m、1300m、800m，试计算该河流的平均比降。

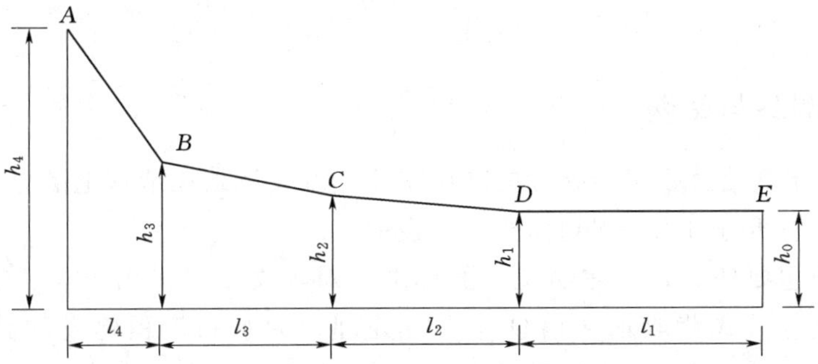

图 6-20

2. 某流域雨量站分布如图 6-21 所示，流域面积 300km^2，流域内有 A、B、C 三个雨量站，现有一次降雨，测得三个站的雨量依次为 45mm、32mm、26mm，试绘制出泰森多边形，并用算术平均法和泰森多边形法计算该次降雨的流域面平均雨量（提示：三个雨量站 A、B、C 的泰森多边形面积权重系数分别为 0.32、0.42、0.26）

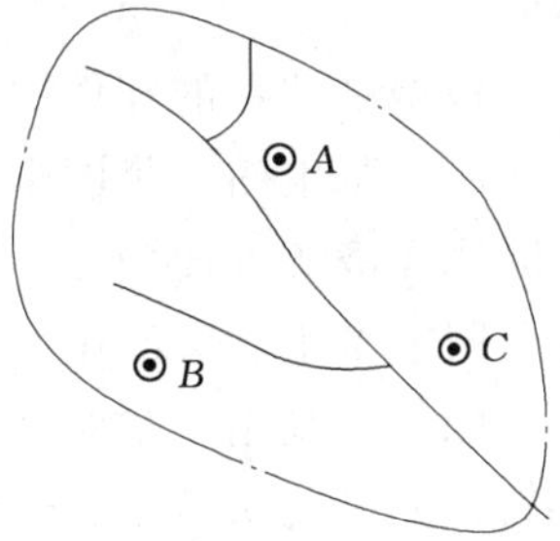

图 6-21

3. 某水库坝址以上集水面积 $F=1150\text{km}^2$，流域多年平均降雨量 $H_0=800\text{mm}$，坝址处多年平均流量 $Q_0=14.8\text{m}^3/\text{s}$。试求：多年平均径流量 W_0，径流深 Y_0、流域总蒸发量 E_0、径流模数 M_0、径流系数 α_0。

第七章　水文测验与资料收集

【学习指导】 在水利水电工程规划设计、施工以及管理运用过程中，必须掌握河流的水情变化规律及趋势，用以进行工程的规划设计，施工方案制定、管理调度运用等，这些实际工作任务均需要用到水文资料（如水位、流量、泥沙、降水、蒸发等）。水文资料可以分为实测资料和地区综合资料两类。实测资料精度和可靠性较高，是工程建设与管理主要依据之一；地区综合资料是由实测资料分析计算综合而来，主要用于缺乏实测资料地区或流域进行中小规模的工程建设，用途非常广泛。因此实测各种水文要素资料是工程建设与管理的前期工作之一，而如何进行水文资料的观测？实测的资料如何整理？整理的资料如何查阅？是从事水利水电工程的专业技术人员必须掌握的技能之一。另外水位、流量、降水、蒸发观测也是基层水利人员日常工作任务之一。

第一节　水文测站与站网

一、水文测站与站网

水文测站是水文信息收集与处理的基层单位。水文测站在地理上的分布网称为水文站网，它是按照有关部门的统一规划而合理布设的。

水文测站的主要任务是，按照统一的标准，对水文要素采用定点、定时观测、巡回观测、水文调查等方式获取水文信息并进行处理；为水利工程建设和其他国民经济建设提供水文数据。水文测站观测项目有水位、流量、泥沙、降水、蒸发、地下水位、冰情、水质、水温、墒情等。但各个站的观测项目按照上级要求可以有所侧重、有所不同。

根据设站目的和作用，水文测站可分为基本站、实验站和专用站。

（1）基本站：是国家水文主管部门为掌握全国各地的水文情况经统一规划而设立的，为国民经济各方面服务。要求以最经济的测站数目，满足内插任何地点水文特征值的需要。国家基本水文测站又分为重要测站和一般测站。

（2）实验站：是对某种水文现象变化规律或对某些水体作深入实验研究而设立的水文测站，如径流实验站、蒸发实验站、水库湖泊实验站等。一般由科研单位设立。

（3）专用站：是为了某种专门的目的或某项特定工程的需要由使用部门而设立的水文测站，其位置、观测项目、观测年限等均由设站部门自行规定。

另外，按观测项目水文测站又可分为流量站（水文站）、水位站、泥沙站、雨量站、水面蒸发站、水质监测站、地下水观测站和墒情监测站等。

二、水文测站的设立

1. 测验河段的选择

水文测站要根据设站目的要求和河流特性选择测验河段。测验河段应满足两个条件：一是满足设站的目的要求；二是保证成果精度的前提下有利于简化观测和资料整理工作。前者强调测验河段应在站网规划规定的河段范围内选择；后者则是强调测验河段应力求使得水文资料的观测与整理工作简化。具体而言，对于平原河流，应尽量选择顺直、稳定、水流集中、便于布设测验设施的河段，顺直河段长度一般不应小于洪水主槽宽度的3～5倍；对于山区性河流，在保障测验工作安全的前提下，尽可能选在急滩、石梁、卡口等的上游处，且河道顺直匀整；至于闸坝站和水库站，一般选在建筑物下游，并且要避开水流紊动的影响。

2. 测验断面的布设

各种水文要素的观测都是在测验河段内的各个断面进行的，这种断面称为测验断面。一般测验断面可分为基本水尺断面、流速仪测流断面、浮标测流断面和比降断面。流速仪测流断面应尽可能与基本水尺断面重合。浮标测流断面包括上、中、下三个断面，中断面一般与流速仪测流断面重合。比降断面有上、中、下三个断面，中断面一般与流速仪测流断面或基本水尺断面重合。浮标测流上、下断面的距离，比降上、下断面的距离，应依据《河流流量测验规范》(GB 50179—2015) 确定。各种测验断面布设如图7-1所示。

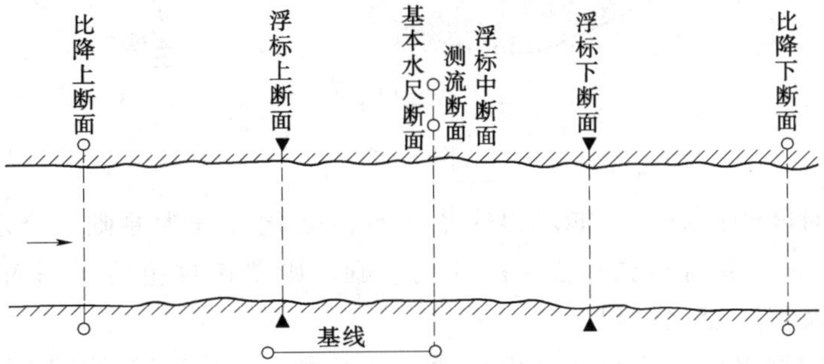

图7-1

3. 基线与高程基点的布设

在测流断面进行水文测验和断面测量时，通常要在岸边布设基线，作为基本测量线段。基线常与测流断面垂直，且起点恰好在测流断面上（图7-1）。为了满足测量的精度要求，一般基线长度不小于河面宽的0.6倍。

为了进行水位观测以及河道大断面测量，通常要在水文站测流断面附近比较安全稳固的地方布设高程水准点，作为水文站日常水准测量的基点，其高程应用四等水准测量从附近国家水准网引测，并要定期进行校测。

第二节　水位与流量的测算

水位和流量是反映江河水情变化的最重要的水文要素。其资料广泛应用于水资源开发与管理、防洪抗旱以及其他国民经济建设部门。

一、水位观测与资料整理

1. 水位观测

水位是指河流、湖泊、水库、海洋等水体在某一地点某一时刻的自由水面相对于某一基准面的高程，单位为m。全国目前统一采用黄海基面。但由于历史原因，各流域各站在历史上曾采用过不同基面，如大沽基面、吴淞基面、珠江基面等，也有测站采用假定基面。因此，在使用水位资料时一定要注意基面的订正。

观测水位的设备常用水尺和自记水位计两种类型。

水尺的形式有直立式、倾斜式、矮桩式和悬锤式等。最常用的水尺是直立式水尺，安置在岸边。若水位变化较大时，应设立一组水尺。水尺零点与基面的垂直距离，叫做水尺零点高程，预先可通过水准测量测出来。具体人工观测时：

水位＝水尺零点高程＋水面在水尺上的读数（图7-2）

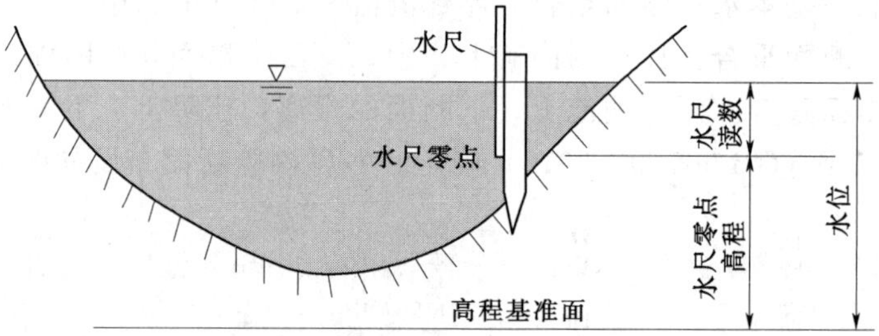

图7-2

水位观测的时间和次数，以能测得完整的水位变化过程为原则。当水位变化缓慢时，每日只需8时和20时观测两次，若水位变化急剧，则要按规范要求适时增加测次，以控制洪水洪峰水位及涨落变化过程。

自记水位计能将水位变化全部过程自动记录下来。目前常用的自记水位计有浮子式水位计、压力式水位计、超声波式水位计等。

2. 水位资料的整理

针对观测的原始水位记录，水位资料整理的内容之一是计算逐日平均水位，其计算方法主要有算术平均法和面积包围法。

当一日内水位变化缓慢，或变化较大但观测为等时距（如8时、20时2次，2时、8时、14时、20时4次等），日平均水位可用算术平均法计算。若一日内水位变幅大，观测时距又不相等，则采用面积包围法计算。所谓面积包围法，就是将一日0—24时内水位过程线与横轴所包围的面积除以24h求得，如图7-3所示。其计算公式为

$$\overline{Z}=\frac{1}{48}[Z_0a+Z_1(a+b)+Z_2(b+c)+\cdots+Z_{n-1}(m+n)+Z_nn] \tag{7-1}$$

式中　Z_0，Z_1，Z_2，…，Z_n——各次观测的水位，m；

a，b，c，…，m，n——相邻两次水位的时距，h。

水位资料的整理的另一内容是编制各种水位资料表，刊布于水文年鉴或存储于水文数

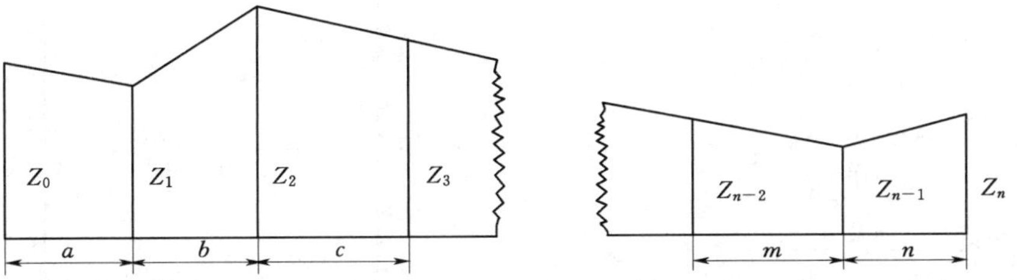

图 7-3

据库中，供国民经济各个部门使用。

常用的水位资料表有：①逐日平均水位表，此表中除逐日平均水位外，还有年月平均水位、最高、最低水位等；②洪水水位摘录表，此表中摘录了一年内各次较大洪水不同时间、水位的对应值。

二、流量测算

流量测验方法按测流的工作原理可分为流速面积法、水力学法、化学法、物理法等。流速面积法是目前国内外使用最为广泛的方法，以下重点介绍。

由水力学可知，流量等于断面平均流速与过水断面面积的乘积。天然河流因受边界条件影响，断面内的流速分布很不均匀，流速随水平及垂直方向位置的不同而变化，采用由部分到整体的思路，可用垂线将水流断面分成若干部分，过水断面流量形状如图 7-4 所示。

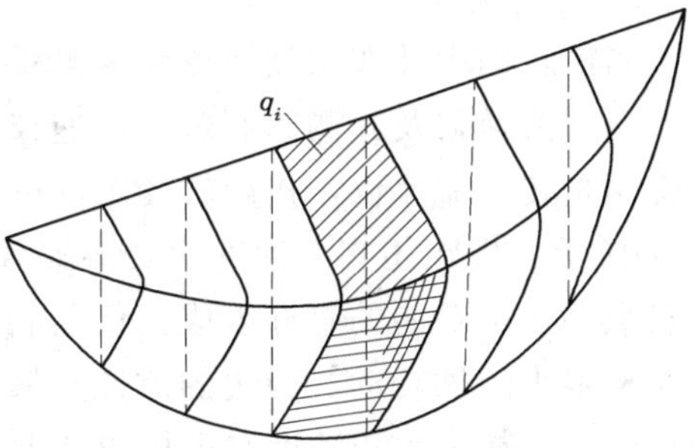

图 7-4

流速面积法测流原理为：通过测算部分流速 V_i 和部分面积 f_i，两者的乘积即为通过该部分面积上的流量 q_i，然后累计求得全断面的流量 $Q=\sum q_i$。

由上述分析可知，流速面积法测量流量的工作包括断面测量、流速测量两部分。

1. 断面测量

断面测量是在测流断面上布置若干条测深垂线，施测各垂线的水深，以及各垂线相对于岸边某一固定点的水平距离，即起点距，如图 7-5（a）所示。

断面测深垂线的数目和位置应根据河床转折变化情况而定，一般主槽较密，岸边较稀。测深工具视水深、流速大小分别采用测深杆、测深锤或测深铅鱼、回声测深仪等。

起点距测量的方法很多。在中小河流上以断面索法最简便，即架设一条过河的断面索，在断面索上读出起点距。大河上常用测角交会法，在岸上用经纬仪观测 α 角或在船上用六分仪观测 β 角，如图 7-5（b）所示，由于基线长度 AC 已知，则可算出起点距 $OA=AC\cdot\tan\alpha=AC\cdot\cot\beta$。

各垂线水深及起点距测量后，可用梯形法计算垂线间面积，各垂线间面积相加得断面面积。根据观测水位减去垂线水深可得出各垂线的河底高程，有了各垂线起点距和水深或

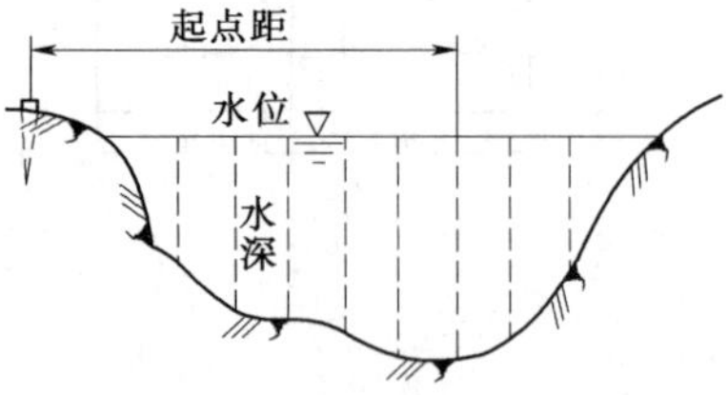

(a) 横断面

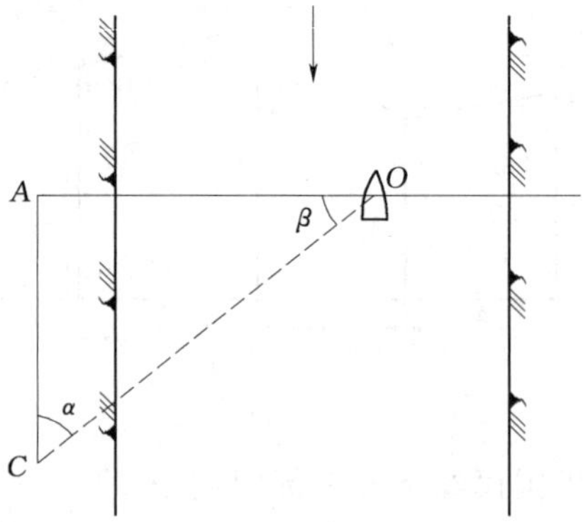

(b) 平面

图 7 - 5

河底高程可绘制水道断面图。

另外，为了解断面冲淤变化，还应进行大断面测量，测量范围除过水断面外，还应测至历年最高洪水位以上 0.5～1.0m。对于河床稳定的测站，每年汛前或汛后施测一次；河床不稳定的测站，除每年汛前或汛后施测外，并在洪水期加测。

2. 流速测量

当前，国内外在天然河道流速测量中普遍采用流速仪法。

(1) 流速仪及其测速原理。流速仪可划分为转子流速仪和非转子式流速仪两大类，我国常用是转子流速仪，按旋转器不同分成旋杯式流速仪和旋桨式流速仪，如图 7 - 6 和图 7 - 7 所示。现在还有一种直读式流速仪，它由一个涡轮位移传感器和一根可伸缩，顶端带有数字显示功能的直杆组成。仪器利用涡轮传感器实现精确的位移测定。水流带动涡轮沿摩擦很小的轴转动，旁边的磁性金属在涡轮转动时会产生电信号脉冲，通过转换装置可以将转速转换成水流速度在手柄屏幕上显示出来。数字显示装置将涡轮传感器传来的电信号放大并转换成水流速度显示出来。防水屏可以显示水流的瞬时速度和平均速度，并且有两个按钮来变换功能和屏幕清零。由于水流任意一点流速具有脉动现象，用流速仪测量的某点流速是指测点时均流速。

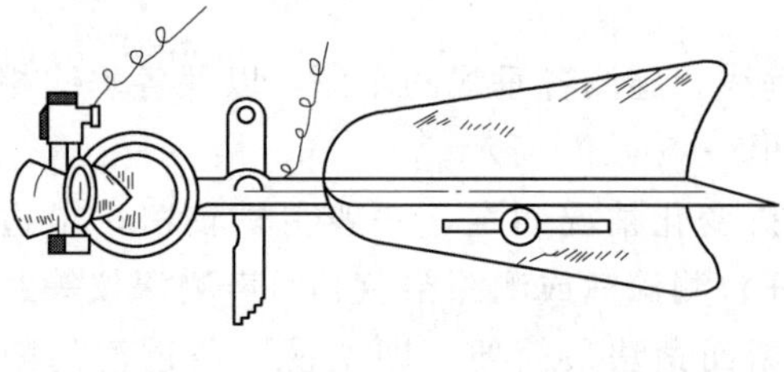

图 7 - 6

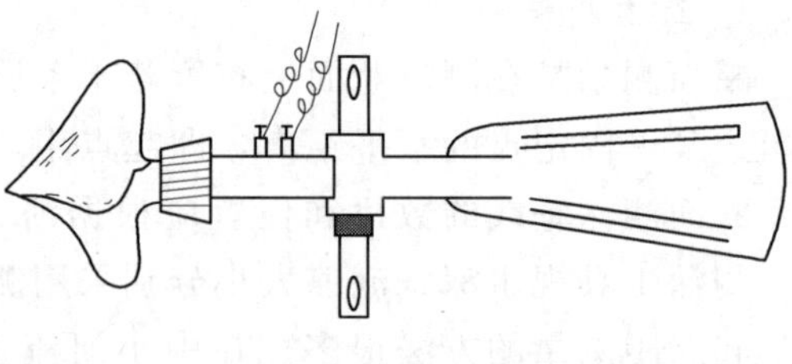

图 7 - 7

转子流速仪由感应水流的旋转器（旋杯或旋桨）、记录信号的计数器和保持仪器头部正对水流的尾翼等三部分组成。旋杯或旋桨受水流冲击而旋转，流速越大，转速越快。平均每秒旋转数 n 与流速 v 的关系，可由下式表示：

$$v=kn+c \tag{7-2}$$

式中　v——测点流速，m/s；

k，c——为仪器常数，可通过对仪器检定确定；

n——仪器转速，$n=N/T$，N 为转子的总转数，T 为测速总历时，s。为了消除流速脉动影响总历时 T 一般不少于 100s。

（2）测速垂线布设与测点选择。天然河流的流速变化复杂，横向上主槽最大，两岸边较小；水深方向上水面附近流速最大，然后向河底逐渐减小。为了控制测流断面流速变化，就要合理布置垂线数目及垂线上测点数。一般测速垂线布置宜均匀，并应能控制断面地形和流速沿河宽分布的主要转折点。主槽垂线应较河滩密。测速垂线的位置宜固定，并尽量与测深垂线相一致。垂线上测点应依据水深的大小按表 7－1 规定布设。

表 7－1　　垂线的流速测点分布位置

测点数	相对水深位置	
	畅流期	冰期
1 点	0.6 或 0.5；0.0；0.2	0.5
2 点	0.2、0.8	0.2、0.8
3 点	0.2、0.6、0.8	0.15、0.5、0.85
5 点	0.0、0.2、0.6、0.8、1.0	
6 点	0.0、0.2、0.4、0.6、0.8、1.0	
11 点	0.0、0.1、0.2、0.3、0.4、0.5、0.6、0.7、0.8、0.9、1.0	

注　1. 相对水深为仪器入水深与垂线水深之比。在冰期，相对水深应为有效相对水深。
　　2. 表中所列 5 点、6 点、11 点法供特殊要求时选用。

一般测速垂线越多，精度越高，多垂线和测点（5 点、6 点、11 点）的测流资料一般只在分析研究时使用。在生产实际中，测验断面一般布置较少垂线和测点（3 点、2 点、1 点）。上述流速仪测量各测点流速的方法可称为选点法，是流速仪测流的常用方法。此外，流速仪测验还有积深法、积宽法。积深法是将流速仪沿测速垂线匀速下放测定垂线平均流速的方法。积宽法是使流速仪在预定深度处沿断面方向匀速横渡，取得某一深度即某一水层平均流速或多层的断面平均流速，如动船法和缆道积宽法测流，可参阅有关书籍。

另外在发生大洪水（水面漂浮物较多）或某些不便于使用流速仪的情况下，也可以采用水面浮标法测流速，只是所测流速为水面流速 v_f，其值为

$$v_f=L/T$$

式中　L——上下浮标断面间的距离，m；

T——浮标流经上下浮标断面的历时，s。

3. 流量计算

断面流量的计算步骤如下：

（1）计算垂线平均流速：由测点流速仪转数、测速历时计算各点流速后，根据垂线上布置的测点数目，分别按以下公式计算垂线平均流速 v_m。

1 点法：
$$v_m=v_{0.6} \tag{7-3}$$

2 点法：
$$v_m=\frac{1}{2}(v_{0.2}+v_{0.8}) \tag{7-4}$$

3 点法：
$$v_m=\frac{1}{3}(v_{0.2}+v_{0.6}+v_{0.8}) \tag{7-5}$$

或
$$v_m=\frac{1}{4}(v_{0.2}+2v_{0.6}+v_{0.8}) \tag{7-6}$$

5 点法：
$$v_m=\frac{1}{10}(v_{0.0}+3v_{0.2}+3v_{0.6}+2v_{0.8}+v_{1.0}) \tag{7-7}$$

式中　v_m——垂线平均流速，m/s；

$v_{0.0}$、$v_{0.2}$、$v_{0.6}$、$v_{0.8}$、$v_{1.0}$——各相对水深处的测点流速，m/s。

（2）计算部分平均流速：两测速垂线中间部分平均流速，按下式计算：

$$\overline{v_i}=\frac{v_{m(i-1)}+v_{mi}}{2} \tag{7-8}$$

式中　$\overline{v_i}$——第 i 部分面积的平均流速，m/s；

$v_{m,i}$——第 i 条垂线平均流速，m/s，i=2、3、…、$n-1$。

靠岸边或死水边的部分面积平均流速，按下式计算。

$$\overline{v_1}=\alpha v_{m1} \tag{7-9}$$

$$\overline{v_n}=\alpha v_{m(n-1)} \tag{7-10}$$

式中　α——岸边流速系数，α 值应视岸边具体情况确定。斜坡岸边 α=0.67～0.75，陡岸边 α=0.8～0.9，死水边 α=0.6。

（3）计算部分面积：以测速垂线为分界线，将过水断面划分为若干部分，如图 7-8 所示。部分面积按下式计算。

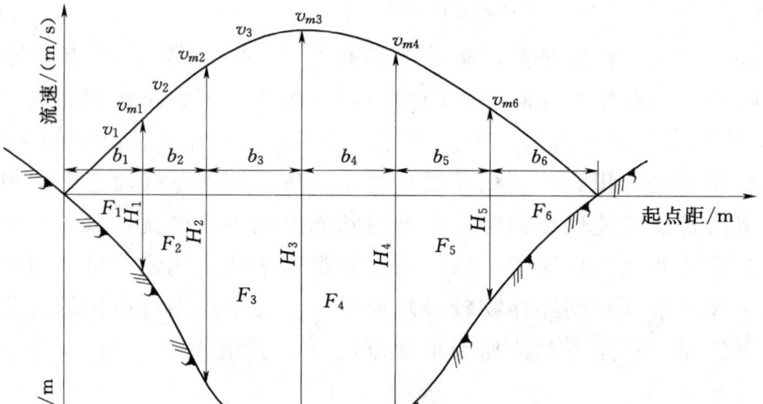

图 7-8

$$F_i=\frac{1}{2}(H_{i-1}+H_i)b_i \tag{7-11}$$

式中　F_i——第 i 部分面积，m^2；

i——测深垂线序号，i=1、2、…、n；

H_i——第 i 条垂线的水深，m；

b_i——第 i 部分断面宽，m。

（4）计算部分流量：部分流量为部分面积平均流速与部分面积的乘积，即

$$q_i = \overline{v_i} F_i \tag{7-12}$$

式中 q_i——第 i 部分流量，m^3/s。

（5）计算断面流量：为各部分流量之和，即

$$Q = \sum_{i=1}^{n} q_i \tag{7-13}$$

式中 Q——断面流量，m^3/s。

（6）计算断面平均流速与平均水深：断面平均流速为断面流量除过水断面面积。平均水深为过水断面面积除水面宽。水面宽为右水边起点距与左水边起点距之差值。

（7）计算相应水位：相应水位是指与本次实测流量值相对应的水位。当水位变化引起水道断面面积的变化较小时，可取测流开始和终了两次水位的平均值作为相应水位。否则，应以加权平均法或其他方法计算相应水位，这里不做详细介绍，可参考有关书籍。

【例 7-1】 某一水文站施测流量，岸边系数 α 取为 0.7，按上述方法计算流量，成果见表 7-2。

表 7-2　　某站测深测速记载及流量计算表

施测时间 1988 年 5 月 10 日 3 时 14 分至 4 时 18 分								流速仪牌号及公式 LS251 型 $v=0.2557\frac{N}{T}+0.0068$							
垂线号数		起点距/m	水深/m	仪器位置		测速记录		流速/(m/s)			测深垂线间		断面面积/m^2		部分流量/(m^3/s)
测深	测速			相对	测点深/m	总历时 T/s	总转数 N	测点	垂线平均	部分平均	平均水深/m	间距/m	测深垂线间	部分	
左水边		10.0	0.00												
										0.69	0.50	15	7.50	7.50	5.18
1	1	25.0	1.00	0.6	0.60	125	480	0.99	0.99						
										1.04	1.40	20	28.00	28.00	29.12
2	2	45.0	1.80	0.2	0.36	116	560	1.24	1.10						
				0.8	1.44	128	480	0.97							
										1.17	2.00	20	40.00	40.00	46.80
3	3	65.0	2.21	0.2	0.44	104	560	1.38	1.24						
				0.6	1.33	118	570	1.24							
										1.14	1.90	15	28.50	35.25	40.18
				0.8	1.77	111	480	1.11							
4		80.0	1.60												
											1.35	5	6.75		
5	4	85.0	1.10	0.6	0.66	110	440	1.03	1.03						
										0.72	0.55	18	9.90	9.90	7.13
右水边		103.0	0.00												
断面流量 128.4m^3/s				断面面积 120.6m^2				平均流速 1.06m/s			水面宽 93.0m			平均水深 1.30m	

当用浮标法测流速时，计算流量的方法步骤基本与以上步骤相同。只是用水面流速代替垂线平均流速进行计算。由于水面流速通常大于垂线平均流速，所以由水面流速计算的断面流量偏大，称为虚流量，需要乘以浮标系数才是真实流量，计算公式为

$$Q = K_f Q_{虚} \tag{7-14}$$

式中 Q——断面流量，m^3/s；

$Q_{虚}$——断面虚流量，m^3/s，是由水面流速计算的流量；

K_f——浮标系数，由试验求得。一般为0.7～0.9。

详细内容可参阅其他专业书籍。

4. 流量测验新方法简介

目前新技术在测流方法上应用很多。例如，超声波测流有多普勒法、时差法。其中多普勒超声流速仪（ADCP）在国际上已获得普遍应用，我国20世纪90年代中期开始在河口及一些大江大河重要水文站使用。它利用声学多普勒测速原理，测出垂线各点流速。ADCP安装在船上，驶过整个断面，就测得了整个断面上流速分布。测得数据经过计算机自动处理，测流过程全部自动化。这种设备适合在含沙量不是很高的大中河流，测量快速，精度较高。超声波时差法测流是在河道两岸安装一对或几对超声换能器，利用超声波在水中传播特性来测量一个水层或几个水层的平均流速。该法能够瞬时测得流速、流量及其变化过程，便于遥测、遥控，是江河测流自动化最有前途方法之一。国外水文站一般无人驻守，使用该法较多。这种方法适用中小河流，我国目前使用不多。另外，电波流速仪（微波多普勒流速仪）不必接触水面，即可测得水面流速，很适合桥测、巡测等。此外，测流方法还有溶液法、航空遥感测流、电场法、光学法等。

三、水位流量关系曲线

目前，水位观测比较容易，水位随时间的变化过程易于获得，而流量的测算相对要复杂得多，人力物力消耗大且费时，因此单靠实测流量不可能获得流量随时间变化过程的系统资料。因此，现行的做法是根据每年一定次数的实测流量成果，建立实测流量与其相应水位之间的关系曲线，通过水位流量关系曲线把实测的水位过程转化为流量过程，从而获得系统的流量资料。因此建立水位流量关系曲线是流量资料整编的关键环节，它直接影响到流量资料的精度。水位流量关系曲线按其影响因素分为稳定的和不稳定的两类。

1. 稳定的水位流量关系曲线

在河床稳定，控制良好的情况下，其水位流量关系是稳定的单一曲线。将实测流量和相应水位关系数据点绘在方格纸上，如果点子密集呈带状分布，则通过点群中心可以定出单一的水位流量关系曲线，如图7-9所示。为了提高定线精度，通常在水位流量关系图上同时绘出水位面积、水位流速关系曲线，由于同一水位条件下，流量应为断面面积与断面平均流速的乘积，因此借助它们可以使水位流量关系曲线定线合理。

2. 不稳定的水位流量关系曲线

天然河道中，洪水涨落、断面冲淤、回水以及结冰和生长水草等，都会影响水位流量关系的稳定性，通常表现为同一水位在不同的时候对应不同的流量，点绘成水位流量关系图后，点群分布散乱，无法定出单一曲线。例如，当受洪水涨落影响时，涨水时水面比降大，流速增大，同水位的流量比稳定时也增大，点子偏向稳定曲线的右方；落水时，则相反。一次洪水按涨落过程分别定线，水位流量关系曲线表现为绳套形曲线。如图7-10所示。

当水位流量关系不稳定时，定线方法应视其影响因素的不同而异，具体方法可参阅其

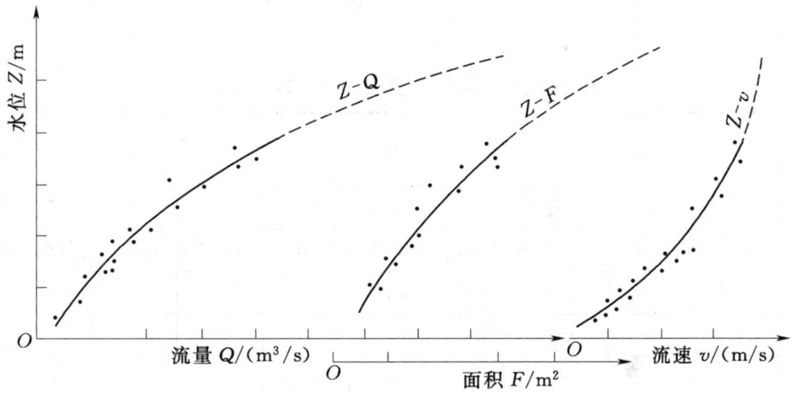

图 7-9

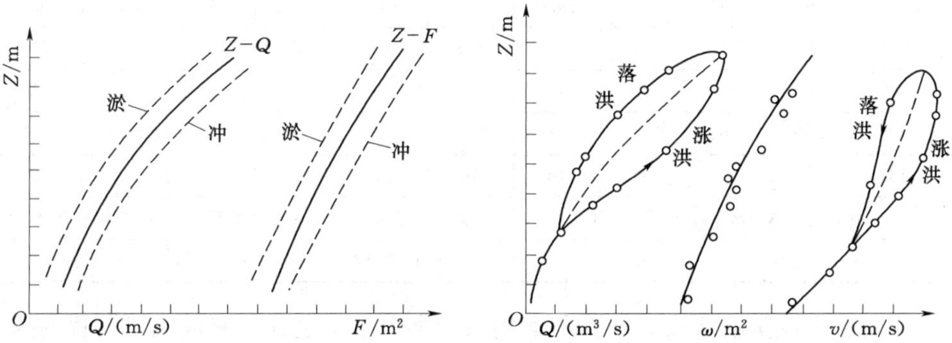

(a) 受断面冲淤变化的 $Z-Q$ 关系　　(b) 受洪水涨落影响的 $Z-Q$ 关系

图 7-10

他书籍。

另外，值得说明的是，利用水位流量关系曲线，由水位查求流量时，经常会遇到高水和低水部分的延长问题。因为流量施测时，经常会因故未能测得最大洪峰流量或最枯流量，使得水位流量关系曲线在高水和低水部分缺乏定线依据，通常可以采用一些间接方法进行延长。如高水延长可根据流速、面积曲线延长或用水力学（曼宁公式）方法延长；低水延长可用断流水位法等。但高水延长部分一般不应超过当年实测流量所占水位变幅的30%，低水延长部分一般不应超过10%。

四、流量资料整编

水位流量关系曲线确定后，由实测的水位过程记录资料在相应的水位流量关系曲线上查求流量，并绘制流量过程线。流量资料整编主要内容如下：

(1) 计算日平均流量，编制逐日平均流量表。当一日中水位变化不大，可以由日平均水位查求日平均流量；当水位变化较大，可用面积包围法计算日平均流量，计算方法与日平均水位计算方法相同。然后编制逐日平均流量表，并进行月年统计，计算出年平均流量、年径流量、年径流深、年径流模数、统计出年最大流量、年最小流量等。见表7-3。

表7-3　　××站逐日平均流量表（$F=2473km^2$）　　流量：m^3/s

日＼月	1	2	3	4	5	6	7	8	9	10	11	12
1	11.8	9.23	7.88	7.61	12.5	60.5	141	51.3	171	46.1	20.7	16.3
2	11.8	9.23	7.61	8.15	11.4	40.7	189	48.7	137	42.3	19.4	15.3
3	11.7	9.50	7.88	8.42	10.6	83.4	241	53.1	133	40.7	188	15.3
4	…	…	…	…	…	…	…	…	…	…	…	…
…	…	…	…	…	…	…	…	…	…	…	…	…
30	…		7.81	13.8	35.9	84.5	59.6	54.8	49.6	23.1	16.8	11.6
31	9.23		7.61		106		53.9	106		21.3		11.2
平均	10.9	8.69	7.64	9.68	19.6	86.9	137	41.4	119	30.0	19.1	13.1
最大	12.2	9.50	8.42	26.4	142	318	261	171	284	46.1	25.6	18.8
日期	9	3	20	22	16	15	3	31	9	1	18	1
最小	8.96	6.80	6.60	6.40	7.34	16.3	53.1	23.8	48.7	18.8	15.3	10.3
日期	28	23	25	9	14	10	31	21	30	27	29	28
年统计	最大流量 $318m^3/s$，6月15日					最小流量 $6.4m^3/s$，4月9日				平均流量 $42.0m^3/s$		
	年径流量13.25亿 m^3					径流模数 $17.0L/(s \cdot km^2)$				径流深535.8mm		

（2）编制洪水流量摘录表。根据前面摘录的洪水水位过程，完成流量过程的摘录，并与洪水水位摘录表汇总于同一表中，称为洪水水文要素摘录表。见表7-4。

表7-4　　××站洪水水文要素摘录表

时间			水位/m	流量/(m^3/s)	时间			水位/m	流量/(m^3/s)
月	日	时分			月	日	时分		
7	27	8	62.07	967	8	3	14	65.59	3580
		20	62.03	950			20	65.47	3390
	28	8	62.07	973		4	5	65.11	2980
	29	8	62.11	997			17	64.73	2620
	30	8	62.25	1080		5	5	64.51	2420
	31	8	62.45	1210			14	64.19	2220
8	1	5	63.13	1710		6	8	64.13	2150
		23	62.62	2100			20	64.12	2100
	2	8	64.32	2670		7	20	64.00	2090
		16：30	64.87	3130		8	8	63.76	2000
		23	65.27	3450		9	2	63.38	1820
	3	5	65.56	3620		10	8	63.06	1360

（3）编制实测流量成果表。将全年实测的流量按时间次序编成表格。见表7-5。

表 7-5　××站实测流量成果表

施测号数	施测时间						断面位置	测验方法	基本水尺水位/m	流量/(m^3/s)	断面面积/m^2	流速/(m/s)		水面宽/m	水深/m	
	月	日	起		迄							平均	最大		平均	最大
			时	分	时	分										
…	…	…	…	…	…	…	…	…	…	…	…	…	…	…	…	…
25	4	12	15	02	15	45	基本	流速仪(25-1)	92.46	1660	1080	1.54	1.84	219	4.93	6.5
26		13	9	20	10	10	基本	流速仪(25-1)	94.17	2680	1420	1.89	2.29	229	6.2	8.0
…	…	…	…	…	…	…	…	…	…	…	…	…	…	…	…	…

第三节　降水与蒸发的观测

一、降水观测

1. 降水观测仪器与方法

观测降水量的常用仪器有 20cm 口径雨量器和自记雨量计。

(1) 雨量器。目前人工观测降水所用的仪器为直径 20cm 的雨量器，如图 7-11 所示。雨水由承雨器经漏斗进入储水瓶内。常用分段定时观测，例如常用的两段制（每日 8 时、20 观测），汛期应根据需要选择四段制（14 时、20 时、2 时、8 时）、八段制，雨大时还需增加测次。观测时，用空的储水瓶换出；用专用的量杯量出降雨量，观测精度为 0.1mm。降雪时将雨量筒的漏斗和储水瓶取出，仅留外筒，作为承雪器具；定时将其换下来加盖带回室内，加温融化后计算降水深度。

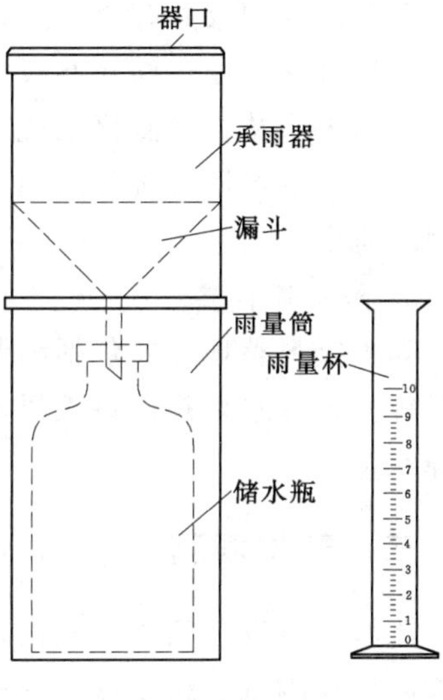

图 7-11

(2) 自记雨量计。自记雨量计能够自动连续地把降雨过程记录下来，常用仪器有虹吸式雨量计和翻斗式自记雨量计。

1) 虹吸式雨量计：构造如图 7-12 所示，采用浮子式传感器，机械传动，图形记录降水量。其工作原理是雨水进入承雨器后，通过小漏斗进入浮子室，将浮子升起并带动自记笔在自记钟外围的记录纸上作出记录。当浮子室内雨水储满时，水通过虹吸管排出到储水瓶，同时自记笔又下降到起点，继续随着雨量增加而上升。

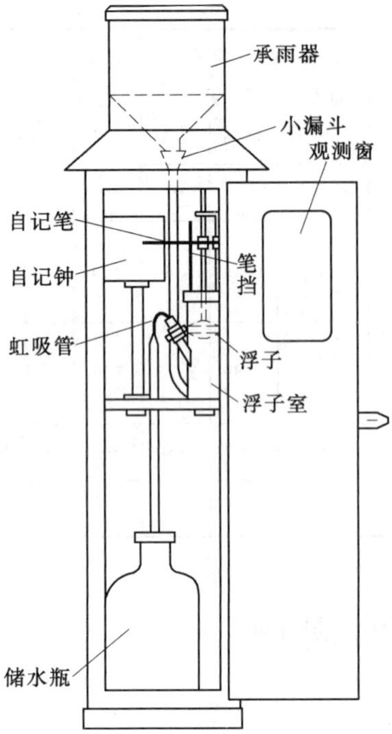

图 7－12

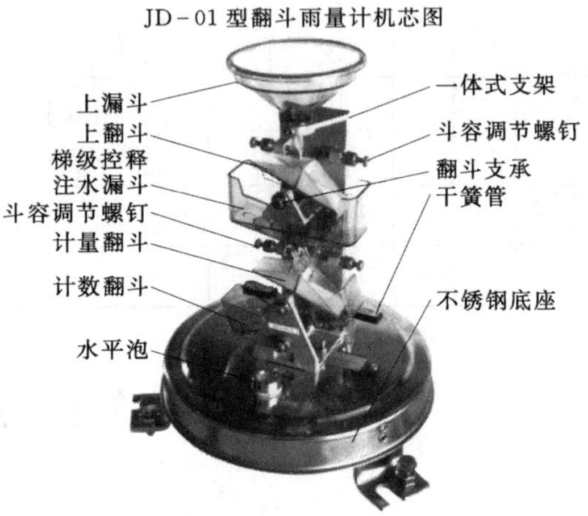

图 7－13

2）翻斗式自记雨量计：主要由传感器与记录器两部分组成，传感器部分由承雨器、翻斗、转换开关等组成，其作用是把降雨量转换成电信号输出。记录器可以将传感器传递的雨量电信号记录并存储下来，可以通过专用软件直接调入计算机进行资料的整理。这种仪器工作可靠，便于雨量有线远传和无线遥测；固态存储时间长，读、写灵活自由，目前已广泛用于水文自动测报系统与雨量资料收集，如图 7－13 所示。

降水观测场地应选在四周空旷、地形平坦的地方，避开树木、建筑物等影响，以保证观测的质量。

2. 降水资料整理

降水资料整理主要包括编制逐日降水量表、汛期降水量摘录表和统计各种时段最大降水量等。日降水量是以每天早上 8 时作为日分界，即本日 8 时至次日 8 时的降水量作为本日降水量。

二、蒸发观测

流域总蒸发包括水面蒸发、土壤蒸发和植物散发三部分。但土壤蒸发、植物散发，由于施测比较困难、精度低，一般只在试验站进行。目前水文气象部门普遍观测的为水面蒸发。下面只对水面蒸发观测作一介绍。

1. 水面蒸发的观测仪器与方法

水面蒸发量常用蒸发器进行观测。水文气象部门常用的蒸发器有 20cm 口径的小型蒸发器、80cm 口径蒸发器和标准水面蒸发器。

20cm 直径的小型蒸发器和 80cm 口径蒸发器，易于安装、观测方便；但因暴露在空间，水体很小，受周围气象因子变化影响很大，特别是太阳辐射强烈时，小水体升温很高，测得的蒸发量和天然水体实际蒸发量形成很大差异，目前，只在少数站使用。

标准水面蒸发器埋入地表，使仪器内水体和仪器外土壤之间的热交换接近自然水体情况，且设有水圈，不仅有助于减轻溅水对蒸发的影响，且起到增大蒸发面积的作用，因而测得的蒸发量和天然水体实际蒸发量比较接近，标准水面蒸发器是水文气象站网水面蒸发观测的标准仪器，如图 7-14 所示。

蒸发量以每日 8 时为日分界。每日 8 时观测时，用测针测出蒸发器内水面高度。日蒸发量的观测值是根据蒸发器中测针所示的水面高度的日变化量，以及该日的降水量、溢流桶水量折合成蒸发器面积上的水深，用水量平衡关系计算得出的。

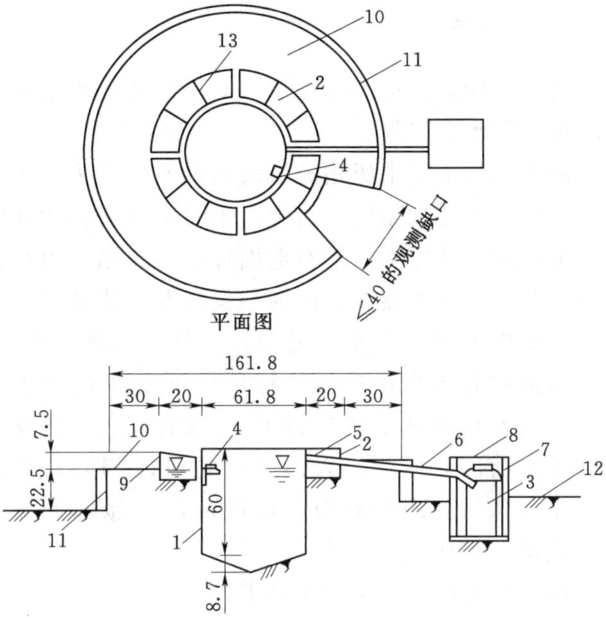

图 7-14

1—蒸发器；2—水圈；3—溢流桶；4—测针桩；5—器内水面指示针；6—溢流用胶管；7—放溢流桶的箱；8—箱盖；9—溢流嘴；10—水圈外缘的撑挡；11—直管；12—直管支撑；13—排水孔

观测资料分析表明，当蒸发器的直径超过 3.5m 时，蒸发器观测的水面蒸发量与天然水体的蒸发量才基本相同。因此，各种蒸发器观测值应乘一个折算系数，才能作为天然水面蒸发量的估计值，即

$$E=KE_{器} \tag{7-15}$$

式中　E——天然水面蒸发量，mm；

$E_{器}$——蒸发器实测水面蒸发量，mm；

K——水面蒸发折算系数。

水面蒸发折算系数 K 一般可通过与大型蒸发池（如面积为 $100m^2$）的对比观测资料确定。在实际工作中，应根据当地资料分析采用，《水利水电工程水文计算规范》（SL 278—2002）附录 C 给出了我国各地的标准水面蒸发器水面蒸发折算系数，可供使用。

2. 水面蒸发资料整理

水面蒸发资料整理主要是针对器测蒸发资料编制逐日蒸发量表，其中还包括蒸发量的月、年统计值等。

前已述及，由于缺乏土壤蒸发、植物散发资料，实际工作中常用流域水量平衡方程，根据实测降水量、径流量资料推算流域总蒸发量。我国已绘制了全国及各地范围的多年平均蒸发量等值线图，可供查用。

第四节 泥 沙 测 算

一、概述

河流泥沙，也称固体径流，对于河流的水情及河流的变迁有重大的影响。泥沙资料是一项重要的水文资料。

河流泥沙主要来源是流域表面的水土流失。由于地面径流对流域表面土壤的侵蚀和冲刷，部分土壤随水流携入河中。来自流域表面的泥沙在河水中数量的多少，主要取决于水土流失程度，其影响因素有地面坡度、土壤、植被、降雨等自然条件和人类活动情况。其次是来源于河床的侵蚀，即河岸侵蚀和河槽冲刷等。

河流中的泥沙，按其运动方式可分为悬移质、推移质和河床质三类。悬移质泥沙悬浮于水流中并随之运动；推移质泥沙受水流冲击沿河床移动或滚动；河床质泥沙是指受水流的作用而处于相对静止状态的泥沙。随着水流条件不同，如水流流速、水深、比降等水力因素变化，它们之间是可以相互转化的。水流挟沙能力增大时，原为推移质甚至河床质的泥沙颗粒，可能从河底掀起而成为悬移质；反之，悬移质亦可能成为推移质甚至河床质。

通常河流泥沙计量方法如下：

（1）含沙量。单位体积浑水中所含干沙的质量，用 ρ 表示，以 kg/m^3 计。

（2）输沙率。单位时间内通过河流某一过水断面的干沙质量，用 Q_s 表示，以 kg/s 或 t/s 计。若用 Q 表示断面流量，以 m^3/s 计，则有

$$Q_s = \rho Q \tag{7-16}$$

（3）输沙量。某一时段内通过某一过水断面的干沙质量，用 W_s 表示，以 kg 或 t 计。若时段为 T 以 s 计；W_s 以 kg 计，则

$$W_s = Q_s T \tag{7-17}$$

（4）侵蚀模数。单位面积上的输沙量，用 M_s 表示，以 t/km^2 计。若 W_s 以 t 计，F 为计算输沙量的流域或区域面积，以 km^2 计，则

$$M_s = \frac{W_s}{F} \tag{7-18}$$

目前，河流泥沙测验主要是针对悬移质泥沙开展的，因此，下面主要介绍悬移质泥沙的测算。

二、悬移质测算

河流中悬移质泥沙的测验主要是测定水流中含沙量，推求输沙率、断面平均含沙量等。由于过水断面上各点的含沙量不同，因此，输沙率测验与流量测验原理相似，要在断面上布置测沙垂线，原则上测沙垂线数目少于测速垂线数目，并且在测速垂线中挑选若干

条兼作测沙垂线。具体布设方法和垂线数目应由试验分析确定。测沙垂线数目可依据《河流悬移质泥沙测验规范》（GB/T 50159—2015）确定。各测沙垂线上布置测点，从测点含沙量测验入手，其测验和计算步骤如下。

1. 测点含沙量测验

测量悬移质含沙量的仪器种类较多，有横式、瓶式和抽气式采样器，以及目前较为先进的同位素测沙仪和光学测沙仪等。最常用的采样仪器可分两类：瞬时式采样器是采集过水断面预定测点极短时间间隔内泥沙水样的仪器，如横式采样器，如图 7－15 所示。另一类积时式采样器是采集过水断面预定测点某一时段内泥沙水样的仪器，如瓶式采样器（图 7－16）、调压式采样器、皮囊式采样器。测验时，采样工作一般和流量测验同时进行，然后经过测量水样的体积 $V(m^3)$，再静置待泥沙沉淀后，将泥沙过滤烘干，称得干沙质量 W_s(kg 或 g)，求出各测点含沙量 ρ：

$$\rho=\frac{W_s}{V} \tag{7-19}$$

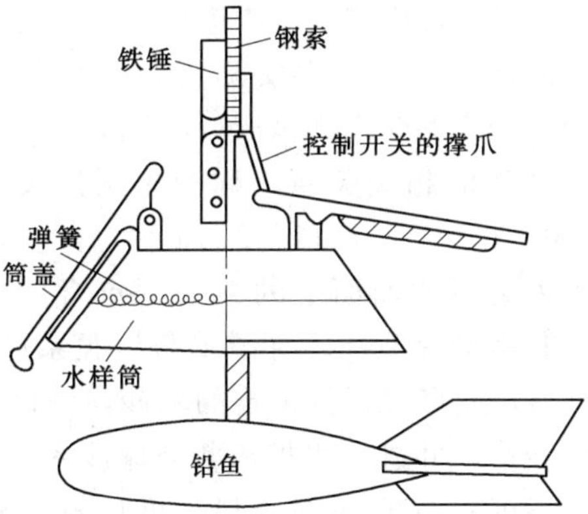

图 7－15

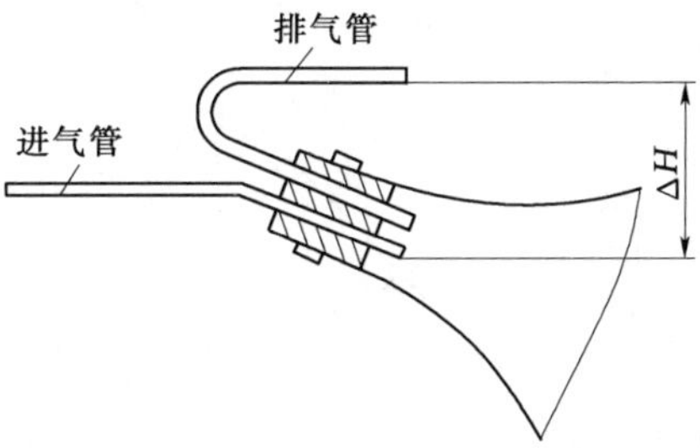

图 7－16

2. 垂线平均含沙量计算

有了垂线各测点含沙量 ρ，用流速加权计算垂线平均含沙量，公式如下：

2 点法：
$$\rho_m=\frac{\rho_{0.2}v_{0.2}+\rho_{0.8}v_{0.8}}{v_{0.2}+v_{0.8}} \tag{7-20}$$

3 点法：
$$\rho_m=\frac{\rho_{0.2}v_{0.2}+\rho_{0.6}v_{0.6}+\rho_{0.8}v_{0.8}}{v_{0.2}+v_{0.6}+v_{0.8}} \tag{7-21}$$

5 点法：
$$\rho_m=\frac{\rho_{0.0}v_{0.0}+3\rho_{0.2}v_{0.2}+3\rho_{0.6}v_{0.6}+2\rho_{0.8}v_{0.8}+\rho_{1.0}v_{1.0}}{10v_m} \tag{7-22}$$

式中　ρ_m——垂线平均含沙量，kg/m³；

$\rho_{0.0}$、$\rho_{0.2}$、$\rho_{0.6}$、$\rho_{0.8}$、$\rho_{1.0}$——各相对水深处的含沙量，kg/m³；

v_m——垂线平均流速，m/s；

$v_{0.0}$、$v_{0.2}$、$v_{0.6}$、$v_{0.8}$、$v_{1.0}$——各相对水深处的测点流速，m/s。

3. 断面输沙率计算

断面输沙率的计算方法与流速仪测流时计算流量的方法类似，先根据垂线平均含沙量计算部分平均含沙量，再与部分面积的部分流量相乘，即得部分面积的输沙率，最后相加得断面输沙率。计算公式为

$$Q_s=\rho_{m1}q_0+\frac{\rho_{m1}+\rho_{m2}}{2}q_1+\cdots+\frac{\rho_{mn-1}+\rho_{mn}}{2}q_{n-1}+\rho_{mn}q_n \tag{7-23}$$

式中 Q_s——断面输沙率，kg/s；

ρ_{mi}——第 i 条测沙垂线的垂线平均含沙量，kg/m^3；

q_0，q_1，…，q_n——以测沙垂线分界的部分面积相应的部分流量，m^3/s。

4. 断面平均含沙量计算

断面平均含沙量为输沙率除以断面流量，即

$$\bar{\rho}=\frac{Q_s}{Q} \tag{7-24}$$

5. 单样含沙量及单断沙关系

由于泥沙测验工作量比较大，不宜采用此法逐时逐日施测以求得断面输沙率的变化过程。通常是根据多次实测资料研究断面平均含沙量（简称断沙）与单样含沙量（简称单沙）之间的相关关系，称为单断沙关系。所谓单样含沙量，是指与断面平均含沙量有较好相关关系的断面上的某一测点含沙量或某一垂线平均含沙量。有了单断沙关系后，（图 7-17），就可以根据测定的单沙，查得断面平均含沙量，并进一步推求断面输沙率。

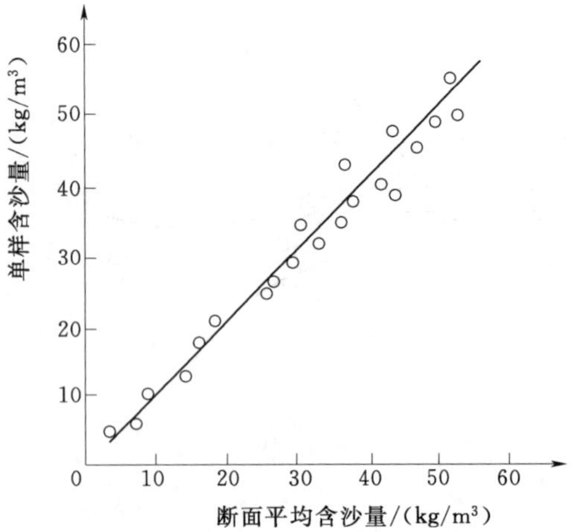

图 7-17

根据实测输沙率资料，可计算逐日平均输沙率及各月、年平均输沙率等，并可进一步求得各时段的输沙量。

水文年鉴中刊布成果有逐日平均悬移质输沙率表、逐日平均含沙量表、洪水水文要素摘录表中的含沙量过程摘录以及实测输沙率成果表等。

推移质泥沙粒径较粗，沿河底移动，总量一般比悬移质少。目前，天然河流推移质的测验开展较少，测验仪器和方法有待完善。实际工程中常借用悬移质资料估算推移质泥沙。

第五节 水 质 监 测

一、水质监测的任务

1. 水体中主要污染物质

我国目前的水资源问题不仅表现为水量不足，水质问题也日益突出。水体一旦受到严

重污染，便对工业、农业、渔业及人类健康和生态环境等方面产生很大危害。对水体质量有较大影响的污染物如下：

(1) 需氧污染物。主要来自生活污水和某些轻工业废水，以及一般腐殖质、人体排泄物、垃圾废弃物等。这是一种可生物降解的有机物如动植物纤维、脂肪、糖类、蛋白质、有机原料、人工合成有机物等，在被微生物分解时要消耗水中的氧，故称需氧污染物。如果水中的溶解氧消耗殆尽，水体发臭发浑，危害鱼类和人体健康。

(2) 植物营养物。如从施肥农田中排出的氮、磷以及初级污水处理厂排出的污水。这些营养物对农作物生长是宝贵的物质，但过多的进入天然水体，将导致藻类大量繁殖，使水体严重缺氧，造成鱼类大量死亡。这种氮、磷在湖泊水体积蓄过多而造成富营养化，破坏水域生态平衡，加速湖泊衰亡过程。

(3) 有机和无机有毒污染物。有机有毒物主要是酚类化合物和难以降解的蓄积性极强的有机农药和多氯联苯。这些物质来自农田排水和有关的工业废水。有些有机毒物还被认为是致癌物质，如稠环芳香胺等。无机有毒物质主要是重金属等有潜在长期影响的有毒物质。汞、镉、铅、铬及类金属砷等，毒性大，有人称为五毒。水体重金属污染，不能被微生物降解，能通过食物链富集积累，这些物质直接作用于人体而引起严重的疾病。如日本的水俣病是由汞污染所致，骨痛病是由于镉污染造成的。其他还有氟化物、氰化物等。

(4) 无机污染物质。主要是酸、碱和一些无机盐类。它们主要来自矿山排水和工业废水。酸碱污染水体 pH 值发生变化，妨碍水体自净，抑制或灭杀细菌和其他微生物，腐蚀建筑物等。无机盐含量增加，将提高水的硬度，降低水中的溶解氧，对淡水生物有不良影响等。

(5) 病原微生物。水体中病原微生物主要来自生活污水、医院污水和制革、屠宰、洗毛等工业废水。它含有各种病菌、病毒和寄生虫，能引起传染病的高发病率和高死亡率。

此外，对水体污染主要物质还有石油、放射性物质、热污染、悬浮物质等。

2. 水质监测的基本任务

水体污染加剧，水质下降，影响制约了经济的发展，同时也直接危害了人民群众的生活。为防止水污染，国家已颁布了相应的法规、标准，并采取了许多措施，其中包括对水质的监测。水质监测是水资源保护的一项基础工作。其目的是为了及时掌握水质变化动态，防止水体污染，合理使用水资源。其基本任务是：

(1) 定期或连续监测水体质量，及时提出监测数据，适时地提出评价报告。

(2) 结合水资源保护要求，对污染源进行调查，提出防治水污染的要求，评价防治措施的效果。

(3) 研究污染物在水体中迁移转化的规律，确定水体自净能力，为制定、修订水质指标标准及水质规划提供依据。

(4) 积累资料，开展水质方面的服务工作。

二、水质监测站网

1. 水质站

水质站是进行水环境监测采样和现场测定，定期收集和提供水质、水量等水环境资料的基本单元。按目的与作用水质站可分为基本站和专用站。基本站长期监测水系的水质变化动态，收集和积累水质基本资料，并与水文站、雨量站、地下水位观测井等统一规划设置。专用站是为某种专门用途而设立的。

按监测水体的不同水质站又可分为地表水水质站、地下水水质站与大气降水水质站等。

2. 水质监测站网

水质监测站网是按一定目的与要求，由适量的各类水质站组成的水质监测网络。监测站网应与水文站网、地下水观测井站网、雨量站网相结合。监测站网应按水系（河道分布、水文特性、生态系统状态等）和污染源分布特征设立。对已有或拟建大中型工矿企业的河段、重点城市、大型灌区、主要风景游览区、河道水文特性和自然环境因素显著变化地区，有特殊要求地区（严重水土流失、盐碱化、有地方病和地下水分区地区及防震预报地区等）均应设站等。

三、地面水采样

1. 采样断面的布设

采样断面布设要充分考虑河段取水口、排污口数量和分布及污染物排放情况、水文情况。力求以较少的监测断面和测点获取最具代表性的样品，能客观地反映该区域水环境质量及污染物的时空分布与特征。尽量与水文观测断面相结合等。

一般采样断面分为三类：

（1）对照断面。设在城市或工业排污区（口）河流上游，不受污染影响地段。

（2）控制断面。在排污区（口）下游，能反映本污染区污染状态的地段。按排污口分布及排污状况可设一至几个控制断面。

（3）消减断面。设在控制断面下游，水质已被稀释的河段。

对于河段内有较大支流汇入时，应在汇合点支流上游处及充分混合后的干流处布设断面。河流或水系背景断面可设置在上游接近河流源头处，或未受人类活动明显影响的河段。一些特殊地点或地区，如饮用水源或水资源丰富地区，可视其需要设采样断面。重要河流入海口应布设断面。水文地质或地球化学异常河段，应在上、下游布置断面等。

湖泊、水库主要出入口、中心区、饮用水源地、主要排污汇入处等应布设采样断面。

采样断面确定后，应布置采样垂线。一般水面宽小于50m，只设一条中泓垂线；水面宽50～100m，设左、中、右三条；大于100m，设3～5条垂线等。垂线上采样点布设要求是：水深小于5m，水面下0.5m，不足1m，取1/2水深；水深5～10m，水面下0.5m，河底上0.5m；水深大于10m，水面下0.5m，1/2水深，河底以上0.5m。

2. 水样的采集和监测项目

采样器可用无色硬质玻璃瓶或聚乙烯塑料瓶或其他采样器。按一定方法采集各采样点水样。采样频率和时间应按《水环境监测规范》（SL 219—2013）要求进行。如长江、黄河干流和全国重点基本站每年不得少于12次，每月中旬采样。一般中小河流每年不得少于6次，丰、平、枯水期各2次。设有全国重点基本站或具有向城市供水功能的湖泊、水库，每月采样1次。一般湖泊、水库全年采样3次，丰、平、枯水期各1次等。水样的采集、处理、运算及存放，按规范规定执行。

水质监测项目要反映本地区水体中主要污染物的监测项目，监测项目可分必测与选测项目两类。如河流必测项目有：水温、pH值、悬浮物、总硬度、电导率、溶解氧、高锰酸盐指数、五日生化需氧量、氨氮、硝酸盐氮、亚硝酸盐氮、挥发酚、氰化物、氟化物、硫酸盐、氯化物、六价铬、总汞、总砷、镉、铅、铜、大肠菌群23项。选测项目有：硫化物、矿化度、非离子氨、凯氏氮、总磷、化学需氧量、溶解性铁、总锰、总锌、硒、石油类、阴离子表面活性剂、有机氯农药、苯并（α）芘、丙烯醛、苯类、总有机碳等17项。饮用水源地、湖泊水库监测项目可参见《水环境监测规范》（SL 219—2013）。

水样采集后应及时送样分析化验，确定各水质（监测项目）含量，获取水质数据，为水资源品质评价、规划和管理与污染防治提供依据。

四、水体污染源调查

水体污染源分人为污染源和自然污染源两类。人为污染又分工、矿等排污和城市生活污水对河流的点污染及雨水把大气中和地面的面污染物带入水体。查找主要污染源，为控制及消除污染，保护水资源提供科学依据。

1. 污水直接排入河道等水域的工业污染源调查内容

（1）企业名称、厂址、企业性质、生产规模、产品、产量、生产水平等。

（2）工艺流程、工艺原理、工艺水平、能源和原材料种类及成分、消耗量。

（3）供水类型、水源、供水量、水的重复利用率。

（4）生产布局、污水排放系统和排放规律、主要污染物种类、排放浓度和排放量、排污口位置和控制方式以及污水处理工艺及设施运行状况。

2. 城镇生活污染源调查内容

（1）城镇人口、居民区布局和用水量。

（2）医院分布和医疗用水量。

（3）城市污水处理厂设施、日处理能力及运行状况。

（4）城市下水道管网分布状况。

（5）生活垃圾处置状况。

3. 农业污染源应调查内容

（1）农药品种、品名、有效成分、含量、使用方法、使用量和使用年限及农作物品种等。

（2）化肥的使用品种、数量和方式。

（3）其他农业废弃物。

调查直接污染河道（湖、库）水域的以上点和面污染源时，调查者主要通过资料搜集、访问、现场查勘和实测等形式进行调查；并填写、整理相应调查表格。为掌握污染源的变化状况，污染源调查每5年进行一次；新增与扩建污染源应及时调查上报。

第六节　水文资料的收集

水文资料是水文计算基础。水文观测资料经过系统地分析计算和整编，由国家有关部门统一整理刊布并存储。水文资料的主要来源有水文年鉴、水文数据库、水文手册、水文图集和各种水文调查资料等，可供水文设计查用。

一、水文年鉴和水文数据库

实测水文资料经整理后，其测验成果的传统存储方式是刊印水文年鉴。水文年鉴是以年为单位刊印水文资料的专用文献。全国的水文年鉴按流域划分共有10卷，计75册，见表7-6。水文年鉴内容包括测站分布图，水文站说明表及位置图，各测站的水位、流量、泥沙、水温、冰凌、水化学、地下水、降水量、蒸发量、水文调查等资料的整编成果。是水文主管部门提供水文资料的主要形式之一。

表7-6　　　　全国各流域水文年鉴卷、册表

卷号	流域	分册数	卷号	流域	分册数
1	黑龙江	5	6	长江	20
2	辽河	4	7	浙闽台河流	6
3	海河	7	8	珠江	10
4	黄河	8	9	藏南滇西河流	2
5	淮河	7	10	内陆河湖	6

注　表中数据来源于《水文年鉴汇编刊印规范》(SL/T 460—2020)。

如果需要使用近期尚未刊布的水文资料或查阅原始观测记录，可向有关流域机构或水文部门搜集。水文年鉴中未刊布专用站的水文资料，需要时应向主管部门搜集。

水文数据库是用电子计算机储存、编目和检索水文资料的系统。我国水文数据库由基本水文数据库和若干专用水文数据库所组成。基本水文数据库系统以计算机为基础，用关系数据库管理软件建库，系统的覆盖范围在当前以水文年鉴为主，基本的存储项目为：水文、水质及地下水等资料的整编成果。系统提供服务的形式为数据、表格、图形（包括各类曲线）以至地理图形。用户可按需要查询和检索有关水文资料。专用水文数据库是存储为某些专门应用的水文资料，如防汛抗旱专用数据库、水资源专用数据库和水质专用数据库等。

二、水文手册和水文图集

水文年鉴或水文数据库仅刊布、存储了各水文测站每年观测整编的水文资料。而对于众多的中小河流，由于未设立水文测站，缺乏实测水文资料，便不能直接应用水文资料进行工程设计。为此，水文部门研究编制了不同形式的区域水文分析成果，如各地区水文手册和水文图集，利用这些资料，可以解决无实测水文资料地区的水文计算，为中小型水利水电工程的规划设计与运行管理中推求设计水文数据提供依据。

水文手册和水文图集是在分析综合各地区历年实测水文资料的基础上编制的地区综合资料。其主要内容包括：本地区自然地理和气候资料，降水、蒸发、径流、暴雨、洪水、泥沙、水化学、地下水、水情等水文要素的统计表、等值线图、分区图，计算各种径流特征值和设计值的经验公式、水文要素之间的关系曲线等，有关它们的应用，将在后续各章内容中加以介绍。

内 容 小 结

本章主要学习水文要素观测与水文资料收集的方法和技术。

水文测站是进行水文观测、获取水文水资源分析计算时所必需的水文资料的基层单位。水文测站的主要任务是按照统一标准，对指定地点的水位、流量、泥沙、降水、蒸发、水温、冰情、水质、地下水位等水文要素进行系统观测并对观测资料进行计算分析和整编。

降水量的观测场地应选在四周空旷平坦的地方，避开局部地形、地物的影响，观测降水的仪器目前一般采用20cm口径的雨量计和自记雨量计。降水资料整理主要内容包括：编制汛期降水量摘录表；统计不同时段最大降水量；计算日、月、年降水量等，日降水量以8时为分界，即以昨日8时至今日8时的降水量作为昨日的日降水量。

水面蒸发按蒸发场的设置方式分为陆上水面蒸发场和漂浮水面蒸发场两种。水面蒸发观测仪器有标准水面蒸发器，口径为80cm的带套盆的蒸发器和口径为20cm的蒸发器，其他还有水上漂浮蒸发器，20m^2及100m^2大型蒸发池等。蒸发资料整理是指对观测值进行日、月、年蒸发量的计算，并对有关特征值进行统计。

水位是水利建设、防洪抗旱的重要依据，是指自然水体某位置某时刻的自由水面相对于某一固定基面的高程，其单位以m表示。水位是水文要素中一项重要的基本资料，在水位观测中常用的观测设备有人工水尺和自记水位计两种类型。观测所得的原始水位资料记录，需要通过整理分析及计算，整编成系统的资料，主要内容包括计算日平均水位、编制逐日平均水位表，绘制水位过程线及编制洪水水位摘录表等。

流量是单位时间内流过江河某一断面的水量体积，以m^3/s计。流量是反映河流水资源和水量变化的基本资料，在水利水电工程规划和管理运用中都具有重要意义。

目前，国内外采用的流量测验方法很多，按测流时的工作原理可分为：流速面积法、水力学法、化学法、物理法、直接测流法等，本章重点介绍了流速面积法。采用流速面积法进行流量测验是由过水断面测量、流速测量及流量计算三部分工作组成的。流量资料整编中所用的方法很多，水位流量关系曲线法是流量资料整编中最常用、最基本的方法。

河流泥沙是指组成河床和随水流运动的矿物、岩石固体颗粒。悬移质泥沙含沙量的测算与流速相同，先由垂线测点含沙量推求垂线平均含沙量，再求部分面积的平均含沙量，用部分含沙量与部分流量相乘得部分输沙率，各部分输沙率之和即为全断面输沙率。断面输沙率除以断面流量得断面平均含沙量。悬移质输沙率资料整理的内容包括：收集整理有关资料；对实测悬移质测点含沙量和输沙率测验成果进行校核和分析；编写实测输沙率成果表；推求断面平均含沙量；逐日平均输沙率表；逐日平均含沙量表等。

在水资源开发利用中，不仅要关注量的多少，同时也要关注其质如何，因此水质观测也是水文观测的重要内容之一。其主要工作是在室内进行分析。

水文资料是水文分析计算的依据，因此在进行水文分析计算前，应尽可能收集有关水文资料，使资料更加充分，收集水文资料可借助于水文年鉴、水文手册和水文图集、水文数据库等。

自测练习题

一、填空题

1. 水文测站是进行水文观测、获取基本水文资料的基层单位。根据其性质和作用可以分为________，________，________。

2. 降水观测的仪器分为人工观测雨量筒和自记雨量计，其口径为________ cm。

3. 人工水尺观测水位：水位＝零点高程＋________。

4. 河流泥沙按照运动方式分为________，________。

5. 流量资料整理中最常用的方法是____________。

6. 基层水利工作中最常用的地区综合水文资料是____________。

二、简单计算题

1. 某水文站实测水位过程（部分）见表 7－7，分别用算术平均法和面积包围法计算该站 7 月 5 日的日平均水位。

表 7－7　　某水文站实测水位过程

时间 t	7 月 4 日	7 月 5 日						7 月 6 日
	20 时	2 时	8 时	12 时	16 时	18 时	20 时	4 时
水位 Z/m	20.4	19.8	18.6	17.5	18.2	17.8	19.2	21.0

2. 某站一次流速仪测流成果如图 7－18 和表 7－8 所示。按照所给资料进行计算，并将计算成果填入表中。岸边系数 α＝0.70，测流起讫水位为 28.31m，流速仪公式为 $v=0.698N/T+0.013$。

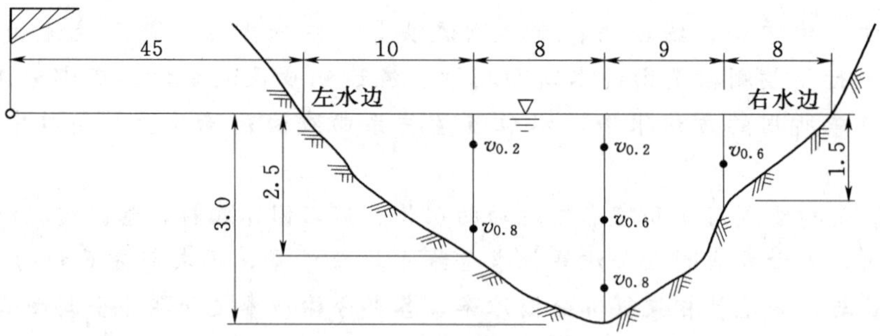

图 7－18

表 7-8　　流速仪测流断面流量计算表（简化表）

垂线编号		起点距 /m	垂线水深 /m	仪器位置		测速记录		流速/(m/s)			测深垂线间			部分面积 /m^2	部分流量 /(m^3/s)
测深	测速			相对	测点深 /m	总历时 T /s	总转数 /N	测点	垂线平均	部分平均	平均水深 /m	间距 /m	面积 /m^2		
左水边		45	0												
1	1	55	2.5	0.2		150	210								
				0.8		132	150								
2	2	63	3.0	0.2		105	160								
				0.6		110	150								
				0.8		115	140								
3	3	72	1.5	0.6		120	150								
右水边		80	0												
断面流量		m^3/s				断面面积		m^2			断面平均流速			m/s	

3. 某水库集水面积为 125km^2，查该地区水文手册得该流域多年平均侵蚀模数为 1500t/km^2，坝址断面多年平均流量为 15.1m^3/s，试计算多年平均输沙量、多年平均输沙率和含沙量。

第八章　水文统计的基本方法

【学习指导】 工程水文的主要任务是为工程规划设计、施工与管理运用提供设计水文数据。由于水文现象的随机性，要对未来长时期内的水文情势作出确切预报是困难的，而只能进行概率预估。应用概率论与数理统计的原理和方法，研究水文变量随机规律及其应用的技术，称为水文统计。本章内容主要学习水文统计的基本概念和方法，包括概率、频率、重现期、统计参数等概念；频率计算适线法；频率与重现期的换算；相关分析与计算等。其中频率计算是有资料情况下推求设计的水文特征值的主要方法，广泛应用于后续的工作任务中；而相关分析与计算则用于插补延长水文特征值系列，为频率计算奠定基础，此外还应用于经验公式的选配等。因此，学会频率计算、相关分析与计算技术，对完成后续工作任务至关重要。

第一节　水文统计的主要任务

一、水文现象的统计规律

水文现象是一种自然现象，它的产生、发展和演变过程，既有必然性的一面，又有偶然性的一面。例如一条河流每年必有一个最大的洪峰流量，它是由水文循环所决定的，因此是必然的；而各年的最大洪峰流量数量的多少，何时发生，这又是未知的，带有一定的偶然性（数学上称为随机性），因此可以说水文现象也是一种随机现象。对于随机现象，从表面上看似乎是无规律的，但分析大量实测水文资料后便知，它是遵循一定规律的。如河流某断面年径流量的多年平均值是一个比较稳定的数值，在长期过程中，河流每年的径流量接近于多年平均值的年份出现较多，而特大值或特小值出现的年份则比较少。随机现象的这种规律性，只有通过大量的观测、统计、分析后，才能发现，故称为统计规律。而数理统计法正是揭示这种规律的一种有力工具，所以也就成为水文分析计算的主要方法，在水文学中称为水文统计。

二、水文统计及其任务

在水利水电工程建设的全过程，都需要掌握河流未来的水文情势，以此为工程的规划设计、施工和管理运用提供合理的水文依据。而从目前的水文预报技术水平来看，要想解决中长期的定量水文预报，是很难做到的。因此水文上解决此类问题的主要方法是用数理统计法，研究分析各种水文资料的统计规律，并根据这一规律对河流未来时期的水文情势作出较为科学的预估。通常“预估”出河流未来长时期内各种水文要素量值出现的机会（可能性）。例如，预估某河流某断面某一洪峰流量值发生的可能性为多大；反过来就是预估在一定的可能性条件下会发生多大的洪峰流量。诸如此类的问题就是水文分析计算研究的主要内容。所以水文统计的任务就是将数学上的概率论和数理统计知识应用到水文上来，通过分析研究大量实测水文资料，寻找其统计规律，并由其统计规律对河流未来的水文情势作出概率预估，为水利水电工程建设提供合理的水文数据。

第二节　概率、频率、重现期

概率、频率、重现期是水文统计中最基本的三个概念。

一、概率

1. 随机试验与随机事件

首先我们介绍随机试验的概念。

在日常生活中我们会遇到各种各样的试验，如科学种田试验，导弹发射试验等等。可以说试验具有广泛的意义。在概率论中提出这样一种试验：①可以在相同的条件下重复进行；②每次试验的可能结果不止一个，并且能事先知道试验所有可能出现的结果或范围；③每次试验之前无法确定究竟哪种结果会出现。如掷硬币、掷骰子、摸扑克牌等均是如此。具有这种特性的试验，概率论中称之为随机试验。随机试验中所有可能出现或不可能出现的事情，称为事件。事件按照其发生的可能性大小分为三类：

（1）必然事件。即在一定的条件下肯定会发生的事件。如天然河流中洪水到来时水位必然上涨，水在0℃以下的气温条件下肯定会结冰等。

（2）不可能事件。即在一定条件下肯定不会发生的事件。如天然河流在洪水到来时，河水断流就是绝不可能发生的，水在0℃以下的气温及正常气压条件下沸腾也是不可能的等。

（3）随机事件。即在一定的条件下有可能发生，也有可能不发生的事件。例如，掷硬币试验中，每掷一次，其正面（国徽面）有可能出现，也有可能不出现；黄河花园口水文站测流断面的年最大洪峰流量为10000m^3/s，在某一年当中有可能发生，也有可能不发生等。这类事件共有的一个重要特性就是在事件未发生之前，其结果是无法准确预言出来的，或者说它的发生是带有一定可能性的。要定量的描述其出现可能性的大小，就引出了概率。所以说随机事件是概率论中研究的主要对象。

2. 概率

简单地说，概率就是用来描述某一随机事件发生可能性大小的数量指标。

在概率论当中，常用大写字母A、B、C、…表示随机事件，而用$P(A)$、$P(B)$、$P(C)$、…分别表示各随机事件发生的概率。对于一些简单随机事件，其概率可用下式计算：

$$P(A)=\frac{k}{n} \tag{8-1}$$

式中　$P(A)$——在一定条件下随机事件A发生的概率；

n——在试验中所有可能出现的结果总数；

k——在试验中属于事件A的结果数。

例如掷骰子试验，所有可能出现的结果数 $n=6$，即可能出现 1、2、3、4、5、6 点。设事件 A 表示为 3 点出现，则所有可能出现的六种结果中，属于 3 点出现的结果数为 $k=1$，因此 3 点出现的概率为 $P(A)=\frac{k}{n}=\frac{1}{6}$；若事件 B 表示大于 3 点的点数出现，则属于事件 B 可能出现的结果数为 $k=3$（即 4、5、6 点出现），同理，$P(B)=\frac{3}{6}$。假若将骰子的六个面全部刻成 3 点，则 $P(A)=\frac{6}{6}=1$；$P(B)=0$。此时，事件 A 为必然事件，事件 B 为不可能事件。由此可以得出随机事件出现的概率介于 0 和 1 之间。

式（8-1）只适用于所谓的“古典概型事件”。即试验的所有可能结果都是等可能的，且试验中所有可能出现的结果总数是有限的简单随机事件。而对于水文上的复杂随机事件而言，通常试验所有可能出现的结果数 n 是无限的，无法知道。因此，其出现的可能性大小无法用古典概型的概率来描述，这便引出了频率的概念。

二、频率

设随机事件 A 在 n 次随机试验中，实际出现了 m 次，则

$$p(A)=\frac{m}{n} \tag{8-2}$$

称为随机事件 A 在 n 次试验中出现的频率，简称为频率。

实践证明，当试验次数 n 较少时，事件的频率很不稳定，有时大，有时小；但当试验次数 n 无限增多时，事件的频率就逐渐趋近于一个稳定值，这个稳定值便是事件发生的概率。如掷硬币试验，从理论上讲，正面（或反面）出现的概率为 0.5 [即 $n=2$，$k=1$，代入式（8-1）计算得]。而其频率却随试验的不同有不同的值。例如曾经有人所做试验结果见下表：

试　验　者	掷硬币次数	正面出现的次数	正面出现的频率
蒲丰（Buffon）	4040	2048	0.5080
皮尔逊（K. Pearson）	12000	6019	0.5016
皮尔逊（K. Pearson）	24000	12012	0.5005

从表中看出，随着试验次数 n 的增加，随机事件出现的频率也愈来愈接近事件发生的概率。随机事件频率的这种稳定性，已为大量的实践所证实，这是观察随机现象所得出的基本规律之一。因此，当试验资料足够多时，可以用频率来近似地代替概率。这一做法在水文统计中普遍应用。因为各种水文随机事件可能出现的结果总数是无限的，实际上只能根据一定数量的观测资料来计算它出现的频率，从而估计概率。

综上所述，频率和概率既有区别又有联系。概率是描述随机事件出现可能性大小的抽象数，是个理论值；对于简单事件可事先确定，对于复杂事件则无法事先确定。频率是描述随机事件出现可能性大小的一个具体数，是个经验值，随试验的不同而变化，但随试验次数的增多而逐渐稳定，并趋近于概率。

三、重现期

由于频率是概率论中的一个概念，比较抽象，因此在水文分析计算中又常用“重现期”来代替频率表示随机事件出现的可能性（机会）大小。

所谓重现期，是指某随机事件在长期过程中平均是多少年出现一次，称为“多少年一遇”，用字母 T 表示。例如，$p=5\%$，即表示平均 100 年可以出现 5 次，或平均是 20 年出现一次，亦即重现期 $T=20$ 年，称为“20 年一遇”。

频率与重现期的关系，在不同的情况下有不同的表示方法。

在研究暴雨洪水时，一般设计频率 $p<50\%$，其重现期为

$$T=\frac{1}{p}\quad（年）\tag{8-3}$$

例如，某防洪工程设计依据洪水频率为 $p=5\%$，则重现期 $T=\frac{1}{p}=\frac{1}{0.05}=20$（年），即该洪水是平均 20 年一遇，表示在长期过程中，平均 20 年出现一次大于或等于该级别的洪水，此时工程的安全可能得不到保证，需要采取应急措施。

在灌溉、发电、供水工程规划设计时，需要研究枯水问题，一般设计频率 $P>50\%$，其重现期为

$$T=\frac{1}{1-p}\quad（年）\tag{8-4}$$

例如，某灌区设计依据的枯水频率为 $p=95\%$，则其重现期 $T=\frac{1}{1-0.95}=20$（年），表示该工程按 20 年一遇的枯水作为设计标准。因为对用水部门来说，所关心是多少年一遇的枯水，即小于或等于某一级别的枯水径流量是多少年一遇。此处 20 年一遇的枯水，表示平均 20 年中只有 1 年供水得不到满足，其余 19 年用水均可以得到保证，故设计枯水的频率为设计用水的保证率。

必须指出，因为水文现象一般并无固定的周期，所谓“多少年一遇”，是指长期过程中的平均情况。如“百年一遇”，表示大于或等于某一级别的洪水平均是 100 年出现一次，但并不意味着每隔 100 年就必须会遇上一次。此处着重强调的是长期过程中的平均情况，对于某个历史时段（如 1900—1999 年）具体的 100 年来说，等于或大于这个级别的洪水可能出现几次，也有可能一次都未出现。

第三节　随机变量及其频率分布

一、随机变量

将随机试验的结果用一个变量表示，其取值随每一次试验不同而不同，且每一个取值都对应一定的可能性（概率或频率），这种变量就称为随机变量。如水文上的某地年降水量；河流某断面的年最高水位或最大洪峰流量等。这些随机变量的取值都是一些数值，还有一些随机变量，其结果是事实型的。如掷硬币试验，其结果分别是“正面出现”或“反

面出现”，对于此类随机变量，可以人为规定用一些确定的数值来代替事实，像用1代替“正面出现”，用0代替“反面出现”等。在数理统计中，常用大写字母表示随机变量，而用相应的小写字母表示其取值，如用 X 表示某随机变量，则其取值就可记为 x_i（$i=1$，2，…）。

另外，按照随机变量可能取值情况，可分为离散型随机变量和连续型随机变量两种基本类型。离散型随机变量的一切可能取值为有限个或可列个，这些数值可以逐个写出来，并且相邻二值之间不存在中间值。如掷骰子试验的结果用随机变量 X 表示，其取值 x_i 为1、2、3、4、5、6点等；连续型随机变量可能取的数值不能一一列举出来，而是充满某一区间的值，即可以取得区间内的任何数值。水文上的许多变量都是连续型的，如年降水量、年径流量、河流水位等。

综上所述，随机变量与其他普通数学变量的主要区别在于：它取什么值在试验之前是无法准确知道的，只有在随机试验发生以后才能确定，各个取值对应的概率（或频率）大小有些是相等的，有些是不相等的。

在数理统计中，把随机变量所有取值的全体称为总体。从总体中任意抽取的一部分称为样本。样本的项数称为样本容量。水文上的随机变量总体都是无限的，实际无法获得。例如某地的年降水量，其总体是指自古到今以至未来无限年代的所有年降水量，人类是不可能全部观测得到的。目前设站所观测到的几十年甚至上百年降水量资料，只不过是无限总体中的一小部分，是一个很有限的样本。此类例子在水文上比比皆是。因此，在水文分析计算中，遇到的都是样本资料。

总体和样本之间有着一定的区别，但也有着密切的联系。由于样本是总体中的一部分，因而样本的特征在一定程度上（或部分地）反映了总体的特征，故总体的规律可以借助样本的规律来逐步地认识，这就是目前用已有水文资料来推估总体规律的依据。但样本毕竟只是总体中的一部分，当然不能完全用以代表总体的情况，其中存在着一定的差别。这就要求不能仅仅依靠数理统计法来解决问题，还需结合成因分析法和地区综合法对水文现象的统计规律进行分析修正，使得结果更合理、可靠。可以相信，随着科学技术的发展，随着资料和经验的积累，总体的规律将越来越为人们所认识。

二、随机变量的频率分布

随机变量在随机试验中可以取得所有可能值中的任何一个值，而且每一个取值都对应一定的概率，有的概率大，有的概率小，将随机变量各个取值与其概率之间的一一对应关系，称为随机变量概率分布或分布律。

如离散型随机变量 X 的概率分布就可表示为

$$p(X=x_i)=p_i \quad (i=1,2,\cdots) \tag{8-5}$$

也可用表格或图来表示。

连续型随机变量由于其可能取值是无限个，而且取个别值的概率趋近于零，因而无法研究个别值的概率，只能研究某个区间取值的概率分布规律。例如某地的年降水量值在600～700mm之间，也就是说在此区间的雨量每年发生的概率最大，但是实际就某一数值而言（如651.7mm）发生的概率却很小，甚至趋近于零。因此，在水文上，对于连续型随机变量，除了研究某个区间值的概率分布外，更多的是研究随机变量 X 取值大于或等于某一数值的概率分布，即 $p(X \geqslant x_i)$。当然，有时也研究 X 的取值小于等于某值的概率，即 $p(X \leqslant x_i)$。而且二者可以相互转换，通常研究前者比较多，如暴雨、洪水、年径流等。另外，在水文上遇到的都是样本资料，通常要用样本的频率分布规律去估计总体的概率分布规律，所以以后重点研究频率分布。下面举一实例来说明水文变量的频率分布。

【例 8-1】 已知某雨量站 1935—1998 年共 64 年的年降水量，见表 8-1，试分析该样本系列的频率分布规律。

1）为了使研究问题简单而实用，将年降水量分组，并统计各组雨量的出现次数和累积次数，拟定分组的组距 $\Delta x = 100\text{mm}$，统计结果列于表 8-2 中①、②、③、④栏。

2）计算各组雨量出现的频率和累积频率。各组出现的频率均按式（8-2）计算，并表示成百分数，见表 8-2 中第⑤栏，再用第⑤栏的值除以分组组距 Δx，即 $\Delta p_i/\Delta x$ 称为频率密度，见表中第⑦栏。各组出现的累积频率可以用累积次数代入式（8-2）计算，也可以将第⑤栏的数据按序号逐次累积，见表中第⑥栏。

表 8-1　　某站年降水量表　　单位：mm

年份	年降水量	年份	年降水量	年份	年降水量	年份	年降水量	年份	年降水量
1935	476	1948	285	1961	549	1974	841	1987	556
1936	486	1049	528	1962	702	1975	386	1988	526
1937	905	1950	583	1963	563	1976	565	1989	548
1938	207	1951	618	1964	612	1977	623	1990	627
1939	472	1952	388	1965	760	1978	558	1991	672
1940	513	1953	609	1966	658	1979	585	1992	514
1941	598	1954	817	1967	528	1980	784	1993	346
1942	580	1955	464	1968	802	1981	561	1994	530
1943	436	1956	626	1969	554	1982	488	1995	491
1944	229	1957	446	1970	643	1983	543	1997	512
1945	328	1958	457	1971	592	1984	629	1998	726
1946	331	1959	641	1972	586	1985	410		
1947	430	1960	481	1973	745	1986	663		

表 8-2　　某站年降水量分组统计表

序号	年降水量/mm（组距 $\Delta x=100\text{mm}$）	各组出现次数/次	累积出现次数/次	各组出现频率 Δp/%	累积频率 p/%	组内平均频率密度 $\Delta p/\Delta x$/（10^{-4}/mm）
①	②	③	④	⑤	⑥	⑦
1	900～999	1	1	1.6	1.6	1.6
2	800～899	3	4	4.7	6.3	4.7
3	700～799	5	9	7.8	14.1	7.8

续表

序号	年降水量/mm（组距 Δx=100mm）	各组出现次数/次	累积出现次数/次	各组出现频率 Δp/%	累积频率 p/%	组内平均频率密度 $\Delta p/\Delta x$/（10^{-4}/mm）
①	②	③	④	⑤	⑥	⑦
4	600～699	12	21	18.7	32.8	18.7
5	500～599	23	44	36.0	68.8	36.0
6	400～499	12	56	18.7	87.5	18.7
7	300～399	5	61	7.8	95.3	7.8
8	200～299	3	64	4.7	100	4.7
总计		64		100		

3）绘图：由表 8－2 中②栏和⑦栏绘成年降水量频率分布直方图，各小矩形的面积为各组雨量出现所对应的频率 $p_i=(\Delta p/\Delta x)\Delta x$，如图 8－1 所示；②栏和⑥栏绘成累积频率阶梯图，如图 8－2 所示。

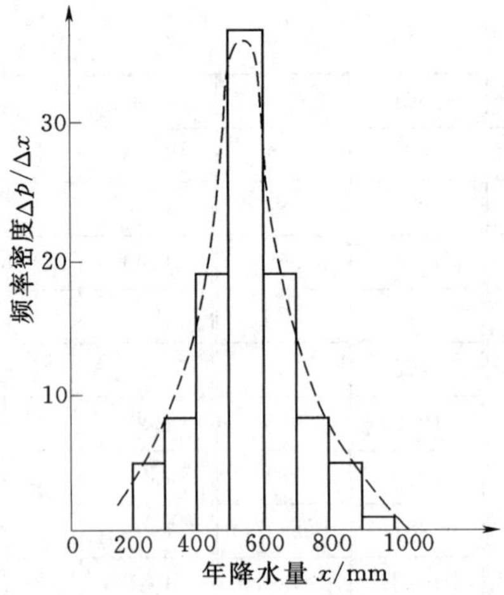

图 8－1

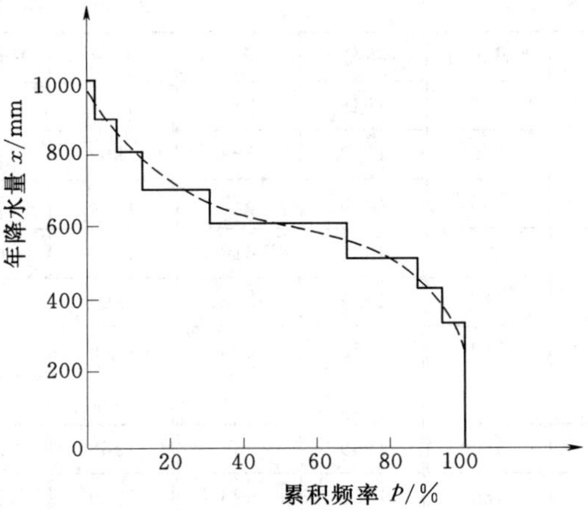

图 8－2

由图 8－1 可以看出，各组雨量出现所对应的频率是中间大两边小，即年降水量的特大值和特小值出现的机会都很小，而接近多年平均值的雨量出现机会大。像 500～599mm 组的雨量出现机会最大。由图 8－2 可以看出，累积频率分布图为一阶梯状图，每个台阶的宽度也就反映了该组降水量出现的频率大小。因此其分布的规律和直方图的规律是一致的，它们都反映了随机变量取值与频率之间对应关系的分布规律，只是表现形式不同而已。如果资料再增多，分组值 Δx 再取小，直至 $\Delta x \to 0$，则图 8－1 中小矩形的宽度也就越来越小，直方图的外包线就接近于比较光滑的铃形曲线（图中的虚线），则称为频率密度曲线；相应地图 8－2 中，台阶的高度也将越来越小，其外包线也就近似于一条“S”形曲线（图中的虚线），称为累积频率分布曲线。

在水文分析计算中，由于遇到的多为连续型随机变量，经常研究它取值大于或等于某一数值发生的频率，故而多用累积频率分布曲线。一般简称为频率曲线。

三、随机变量的统计参数

如前所述，随机变量的频率分布曲线比较完整地描述了随机变量的统计规律，但在许多实际问题中，很难确定随机变量的频率分布规律或者不一定要用完整的形式来说明随机变量的分别规律，这时就可以用一些统计参数（或数字特征）来描述随机变量频率分布的重要信息。

水文上常用的随机变量的统计参数有以下几个。

1. 算术平均数$\overline{x}$

设随机变量的样本系列为 x_1、x_2、…、x_n，则其算术平均数可用下式计算：

$$\overline{x}=\frac{x_1+x_2+\cdots+x_n}{n}=\frac{1}{n}\sum_{i=1}^{n}x_i \tag{8-6}$$

算术平均数简称为均值，它表示样本系列的平均情况，反映系列总体水平的高低。例如，甲乙两条河流的多年平均流量分别为 $1000m^3/s$ 和 $100m^3/s$，就说明甲河流域的水资源比乙河流域的丰富得多。

2. 均方差 σ 与变差系数 C_V

（1）均方差 σ。均值表示系列的平均水平。均方差则表示系列中各个值相对于均值的离散程度。当两个系列的均值相等时，它们各自的离散程度则不一定相同。例如有甲乙两个系列，其值为：甲系列：5，10，15；乙系列：2，10，18。

虽然两个系列的均值相等，都是 10，但两个系列中各个取值相对于均值的离散程度显然是不同的，可以用均方差来反映。均方差用 σ 表示，计算公式为

$$\sigma=\sqrt{\frac{\sum_{i=1}^{n}(x_i-\overline{x})^2}{n-1}} \tag{8-7}$$

以上甲乙两系列，各自的均方差可按式（8-7）计算：

$$\sigma_{甲}=\sqrt{\frac{(5-10)^2+(10-10)^2+(15-10)^2}{3-1}}=5$$

$$\sigma_{乙}=\sqrt{\frac{(2-10)^2+(10-10)^2+(18-10)^2}{3-1}}=8$$

可见 $\sigma_{甲}<\sigma_{乙}$，说明离散程度小，均方差就小；离散程度大，均方差就大。

（2）变差系数 C_V。均值相同的系列，可用均方差来比较它们的离散程度，进一步说明系列间的不同之处。但当系列的均值不相等时，就不能用均方差来进行比较，有时甚至说明不了问题。例如有丙、丁两个系列：丙系列：5，10，15；丁系列：995，1000，1005。

丙系列的均值$\overline{x}_{丙}=10$，丁系列$\overline{x}_{丁}=1000$，显然均值不等，可是按式（8-7）计算它们各自的均方差得到 $\sigma_{丙}=5$、$\sigma_{丁}=5$，这又说明了二者的离散程度是相同的。但由于均值相差悬殊，其离散情况的程度是不相同的。丙系列中最大值和最小值与均值的绝对差值都是 5，这相当于均值的 5/10=1/2；而丁系列中，最大值和最小值与均值之差的绝对值虽然也等于 5，但却只相当于均值的 5/1000=1/200，在近似计算中，这种差别甚至已达到

可以忽略不计的程度。

为了克服以均方差衡量系列离散程度的这种不足，数理统计中用均方差与均值的比值作为衡量系列相对离散程度的一个参数，称为变差系数或离差（势）系数，用 C_V 表示。变差系数为一无单位的小数，其计算公式为

$$C_V = \frac{\sigma}{\overline{x}} = \frac{1}{\overline{x}}\sqrt{\frac{\sum_{i=1}^{n}(x_i-\overline{x})^2}{n-1}} = \sqrt{\frac{\sum_{i=1}^{n}(k_i-1)^2}{n-1}} \tag{8-8}$$

$$k_i = \frac{x_i}{\overline{x}}$$

式中　k_i——模比系数。

有了变差系数的概念后，我们再来看丙、丁两系列的离散程度，用式（8－8）计算求得 $C_{V丙}=0.5$、$C_{V丁}=0.005$，这就说明丙系列的相对离散程度远比丁系列的相对离散程度大。

在水文学中，计算出某样本系列的变差系数后，通常需要分析其在地区上的变化规律，和邻近流域的变差系数进行比较，所以经常使用变差系数来反映样本系列的离散程度。

3. 偏差系数 C_S

偏差系数也称偏态系数，常用 C_S 表示。它是反映系列中各值在均值两侧分布是否对称或不对称（偏态）程度的一个参数。计算公式为

$$C_S = \frac{\sum_{i=1}^{n}(x_i-\overline{x})^3}{(n-3)\,\overline{x}^3\,C_V^3} = \frac{\sum_{i=1}^{n}(k_i-1)^3}{(n-3)C_V^3} \tag{8-9}$$

当样本系列中各值在均值两侧分布对称时，$C_S=0$，称为正态分布。若分布不对称时，$C_S\neq 0$，称为偏态分布。其中 $C_S>0$，称为正偏态分布。它表示随机变量取值系列中大于均值比小于均值的数值出现机会少，这种系列称为正偏系列；相反，$C_S<0$ 为负偏态分布，表示系列中大于均值比小于均值的数值出现机会多。水文上经常遇到的为正偏系列。

【例 8－2】 某站有 1957—1980 年共计 24 年的年降水量资料见表 8－3 中①、②栏，经审查其代表性较好，试计算该样本资料的统计参数。

表 8－3　　某站年降水量统计参数及频率计算表

年份	x_i /mm	序号	x_i /mm	$k_i=\frac{x_i}{\overline{x}}$	k_i-1 +	k_i-1 －	$(k_i-1)^2$	$(k_i-1)^3$	$p=\frac{m}{n+1}\times 100\%$
①	②	③	④	⑤	⑥	⑦	⑧	⑨	⑩
1957	745	1	841	1.47	0.47		0.2209	0.1038	4.0
1958	841	2	784	1.37	0.37		0.1369	0.0507	8.0
1959	386	3	745	1.31	0.31		0.0961	0.0298	12.0
1960	565	4	672	1.18	0.18		0.0324	0.0058	16.0
1961	623	5	663	1.16	0.16		0.0256	0.0041	20.0

续表

年份	x_i /mm	序号	x_i /mm	$k_i=\frac{x_i}{\overline{x}}$	k_i-1		$(k_i-1)^2$	$(k_i-1)^3$	$p=\frac{m}{n+1}\times100\%$
					+	−			
①	②	③	④	⑤	⑥	⑦	⑧	⑨	⑩
1962	558	6	629	1.10	0.10		0.0100	0.0010	24.0
1963	585	7	627	1.10	0.10		0.0100	0.0010	28.0
1964	784	8	623	1.09	0.09		0.0081	0.0007	32.0
1965	561	9	585	1.02	0.02		0.0004	0	36.0
1966	488	10	565	0.99		0.01	0.0001	0	40.0
1967	543	11	561	0.98		0.02	0.0004	0	44.0
1968	629	12	558	0.98		0.02	0.0004	0	48.0
1969	410	13	556	0.97		0.03	0.0009	0	52.0
1970	663	14	548	0.96		0.04	0.0016	−0.0001	56.0
1971	556	15	543	0.95		0.05	0.0025	−0.0001	60.0
1972	526	16	530	0.93		0.07	0.0049	−0.0003	64.0
1973	548	17	526	0.92		0.08	0.0064	−0.0005	68.0
1974	627	18	514	0.90		0.10	0.0100	−0.0010	72.0
1975	672	19	512	0.90		0.10	0.0100	−0.0010	76.0
1976	514	20	491	0.86		0.14	0.0196	−0.0027	80.0
1977	346	21	488	0.85		0.15	0.0225	−0.0034	84.0
1978	530	22	410	0.72		0.28	0.0784	−0.0220	88.0
1979	491	23	386	0.68		0.32	0.1024	−0.0328	92.0
1980	512	24	346	0.61		0.39	0.1521	−0.0593	96.0
Σ	13703		13703	24.00	1.80	1.80	0.9526	0.0737	

注　此表中③、④、⑩栏是为后面的频率计算所列，在此并不影响统计参数的计算。

1）将样本系列按由大到小的次序排列。即将表中第②栏由大到小排队后列入第④栏。

2）计算均值$\overline{x}$，k_i，k_i-1，$(k_i-1)^2$ 及 $(k_i-1)^3$，分别填入⑤～⑩栏；并以$\sum$②栏$=\sum$④栏，$\sum$⑥栏$=\sum$⑦栏，$\sum k_i=24.0$ 进行验算。

3）由表 8-3 中资料代入公式计算统计参数：

由式（8-6）知年降水量均值为

$$\overline{x}=\frac{1}{n}\sum_{i=1}^{n}x_i=\frac{1}{24}\times13703=571\ (\text{mm})$$

由式（8-8）知年降水量变差系数为

$$C_V=\sqrt{\frac{\sum_{i=1}^{n}(k_i-1)^2}{n-1}}=\sqrt{\frac{0.9526}{24-1}}=0.20$$

由式（8-9）知年降水量偏差系数为

$$C_S=\frac{\sum_{i=1}^{n}(k_i-1)^3}{(n-3)C_V{}^3}=\frac{0.0737}{(24-3)\times0.20^3}=0.44$$

四、抽样误差

对于水文现象而言，几乎所有水文变量的总体都是无限的，而目前掌握的资料仅仅是一个容量十分有限的样本，样本的分布不等于总体的分布。因此，由样本的统计参数去估计总体的统计参数，总会存在一定的误差，这种误差是由随机抽样而引起的，故称为抽样误差。各种参数的抽样误差都是以均方差表示的，为了区别于其他误差称为均方误。三个统计参数$\overline{x}$、C_V、C_S的均方误分别表示为$\sigma_{\overline{x}}$、σ_{C_V}、σ_{C_S}。

抽样误差的大小随抽取样本的不同而变化。由于水文变量的总体是无法获得的，故而抽样误差也无法直接计算，只能借助于概率论来研究。现以均值为例来研究，假设从某随机变量的总体中任意抽取k个容量相同的样本，分别计算出各个样本的均值$\overline{x}_1$，$\overline{x}_2$，$\overline{x}_3$，…，$\overline{x}_k$，这些均值与总体均值$\overline{x}_{总}$的抽样误差为$\Delta\overline{x}_i=\overline{x}_i-\overline{x}_{总}$（$i=1, 2, \cdots, k$）。其值有大有小，各种数值出现的机会不同，即每一数值都有一定的概率，也就是说抽样误差是随机变量，也应对应它的分布规律。

抽样误差的概率分布不同，各个统计参数的均方误计算公式就不同。当总体为皮尔逊Ⅲ型分布时，根据统计理论，可以推导出下列样本统计参数的均方误公式：

$$\sigma_{\overline{x}}=\frac{\sigma}{\sqrt{n}} \tag{8-10}$$

$$\sigma_{C_V}=\frac{C_V}{\sqrt{2n}}\sqrt{1+2C_V^2+\frac{3}{4}C_S^2-2C_VC_S} \tag{8-11}$$

$$\sigma_{C_S}=\sqrt{\frac{6}{n}\left(1+\frac{3}{2}C_S^2+\frac{5}{16}C_S^4\right)} \tag{8-12}$$

根据数理统计的理论和实践经验，样本统计参数的抽样误差一般随样本的均方差σ，变差系数C_V及偏差系数C_S的增大而增大；随样本容量n的增大而减小。因此一般来讲，样本系列越长，抽样误差将越小，样本对总体的代表性也就越好。反之，样本系列越短，抽样误差越大，样本对总体的代表性也就越差。所以在水文分析过程中，一般要求样本系列的容量要有足够长度。

另外，需要指出的是，上述误差计算公式只表示许多容量相同的样本误差的平均情况，至于某个实际样本的误差可能小于这些误差，也有可能大于这些误差，不是以上公式所能估算的。样本实际误差的大小要看样本对总体的代表性高低而定。

表8-4列出了在$C_S=2C_V$的条件下，由式（8-10）～式（8-12）计算的样本参数的均方误（以相对误差表示）。由表中可见，$\overline{x}$和C_V的误差较小，C_S的误差特别大。当$n=100$时，C_S的误差为40%～126%；当$n=10$时，C_S的误差则在126%以上，就说明误差已超出了C_S数值本身。通常水文资料都在100年以下，可见按式（8-9）算得的C_S值，其抽样误差太大而失去了使用价值，因此，实际工作中C_S值不用直接计算，而主要靠适线确定，具体方法将在下节内容中介绍。

用前面式（8-6）、式（8-8）和式（8-9）估算参数的方法一般称为矩法。经验表明，矩法估算参数，除了有上述的误差外，还具有一定的系统误差（一般小于总体的统计参数值）。因此，在实际的水文分析计算中，通常不直接使用矩法估计的参数，而是以矩法公式计算的参数作为初始参数值，然后经过适线来确定。这种方法是我国水文界目前广泛使用的一种方法，将在后面详细介绍。

表 8-4　　　样本参数的均方误（相对误差）　　　%

参数 / n / C_V	$\overline{x}$				C_V				C_S			
	100	50	25	10	100	50	25	10	100	50	25	10
0.1	1	1	2	3	7	10	14	22	126	178	252	390
0.3	3	4	6	10	7	10	15	23	51	72	102	162
0.5	5	7	10	12	8	11	16	25	41	58	82	130
0.7	7	10	14	22	9	12	17	27	40	56	80	126
1.0	10	14	20	23	10	14	20	32	42	60	85	134

第四节　频　率　计　算

一、概述

频率计算是水文统计中最常用的方法之一。其实质内容就是在资料审查的基础之上，由水文样本资料系列的频率分布（或统计参数）去估计总体的概率分布（或统计参数），并以此对河流未来的水文情势作出较为科学的预估，为水利工程的规划设计、施工和管理运用提供合理的水文数据。

二、经验频率曲线

1. 经验频率曲线的概念

所谓经验频率曲线，是根据某水文要素（或随机变量）的实测样本资料系列 x_i($i=1$，2，3，…，n)，将其由大到小排列，计算排队后各值对应的累积频率，在专用的频率格纸上（也称概率格纸）点绘经验点，目估过点群中心绘制的累积频率分布曲线。其绘制步骤如下：

(1) 将样本资料系列由大到小排队。

(2) 计算各值的经验频率（累积频率）。

(3) 在频率格纸上点绘经验点。

(4) 目估过点群中心绘经验频率曲线。

2. 经验频率计算

(1) 根据频率的定义式计算：

$$p=\frac{m}{n}\times 100\% \tag{8-13}$$

式中　p——随机变量取值大于或等于某值出现的累积频率，%；

m——系列按大到小排序时，各值对应的序号；

n——样本系列的容量。

但用式（8-13）计算，当 $m=n$ 时，则 $p=100\%$，即表示随机变量值大于或等于样本中最小值的出现是必然事件，或者也可以说是样本的最小值一定是总体的最小值。这显然是不合乎实际情况的，因此用式（8-13）计算经验频率对总体是适合的，但对于样本是不适合的。

（2）根据数学期望公式计算：

$$p=\frac{m}{n+1}\times 100\% \qquad (8-14)$$

该公式中符号含义和式（8-13）中完全相同，形式也很简单，而且在数理统计中有一定的理论依据，计算结果比较符合实际情况，这是水文分析计算中最常用的经验频率计算公式。

3. 经验频率曲线的绘制

首先介绍频率格纸，它是水文分析计算中绘制频率曲线的一种专用格纸，其纵坐标为均匀分格（有时也用对数分格），表示随机变量取值；横坐标为不均匀分格，表示累积频率（%）。在这种频率格纸上绘制频率曲线，两端的坡度比在普通方格纸上绘制大大变缓，对曲线的外延是较为有利的。

计算出各数值对应的经验频率后，在频率格纸上点绘经验点（p_i，x_i），目估过点群中心绘制一条光滑的频率曲线，即经验频率曲线。有了经验频率曲线，就可以在线上查出某一频率所对应的随机变量值。

【例 8-3】 资料同［例 8-2］，选用具有代表性的 1957—1980 年年降水量资料，绘制该样本系列的经验频率曲线。

（1）将系列由大到小排队（见表 8-3 第③、④栏），由式（8-14）计算排序后各值对应的频率，见表 8-3 第⑩栏。

（2）由④栏和⑩栏相对应的数值，在频率格纸上点绘经验点。

（3）分析点群分布趋势，目估过点群中心绘制经验频率曲线，如图 8-3 中的虚线(①线)。

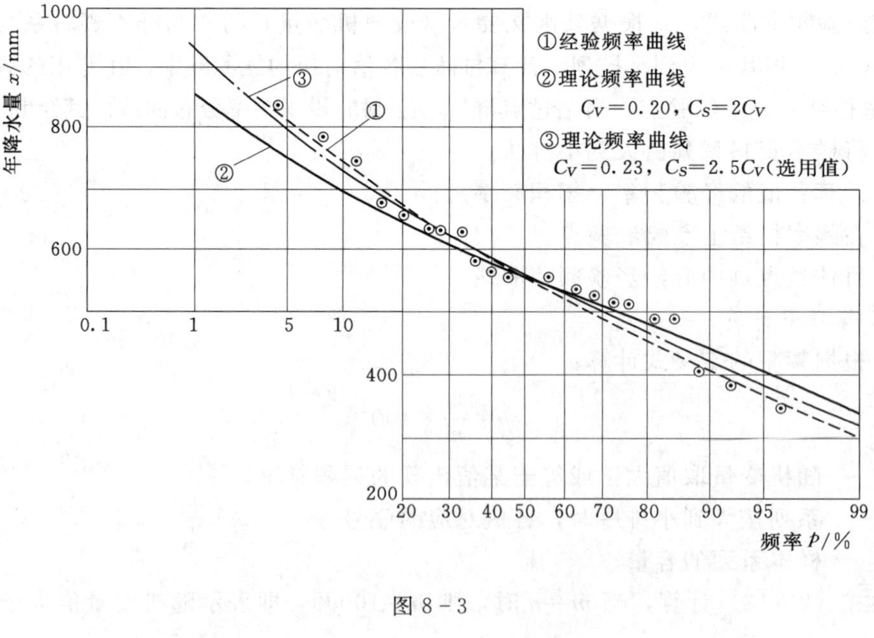

图 8-3

有了经验频率曲线以后，便可以由曲线上查得指定频率的水文变量值。如指定频率 $p=5\%$，则从图上可查得其对应的年降水量 $x_p=813.0$mm。

4. 经验频率曲线在应用中存在的问题

由于经验频率曲线是目估过点群中心绘制的，因此曲线的形状会因人而异，尤其在经验点分布较散时更是如此。这样，由一定的频率 p 在曲线上查得随机变量 x_p 就会有所不同。另外，由于样本系列长度有限，通常 $n<100$ 年，据此绘出的经验频率曲线往往不能满足工程设计的需要。如水利工程设计洪水的频率可小至1%、0.1%、0.01%等，一般在经验频率曲线上查不出相应的 x_p 值。若将曲线延长，则因无点子控制任意性更大，会直接影响设计成果的可靠性。还有经验频率曲线仅为一条曲线，在分析水文统计规律的地区分布规律时很难进行地区综合。正是由于以上原因，使经验频率曲线在实用上受到一定的限制，为了克服经验频率曲线的上述缺点，使设计成果标准统一，便于综合比较，实际工作中常常采用数理统计中已知的频率曲线来拟合经验点，这种曲线人们习惯上称为理论频率曲线。

三、理论频率曲线

1. 理论频率曲线的概念

目前，水文计算中所谓的"理论频率曲线"是指具有一定数学方程的频率曲线。它并不是从水文现象的物理成因方面推导出来的，而是根据大量实测资料的分布趋势从数学中已知频率曲线中挑选出来的。因此，它不能从根本上揭示水文现象的总体分布规律，只是作为一种数学工具，以弥补经验频率曲线的不足。

数学上有很多类型的频率曲线，严格地讲是概率分布曲线，而且各种曲线均有自己的数学方程，一般表示为

$$p=F(x) \text{ 或 } F(x)=p \quad (X \geqslant x_i) \tag{8-15}$$

式中　$F(x)$ ——概率分布函数，简称为分布函数。

究竟哪一条可以应用到水文上来，主要是看该曲线的形状与水文变量的分布规律是否吻合，按此原则，我国水文界应用最为广泛的为皮尔逊Ⅲ型曲线。下面主要介绍皮尔逊Ⅲ型曲线。

2. 皮尔逊Ⅲ型曲线简介

皮尔逊Ⅲ型曲线，通常简称为"P-Ⅲ"型线。它是英国生物学家皮尔逊于1895年根据分析大量实际资料建立起来的曲线簇中的一种线型，其概率密度曲线为一条一端有限，一端无限的不对称单峰，正偏曲线，如图8-4所示。

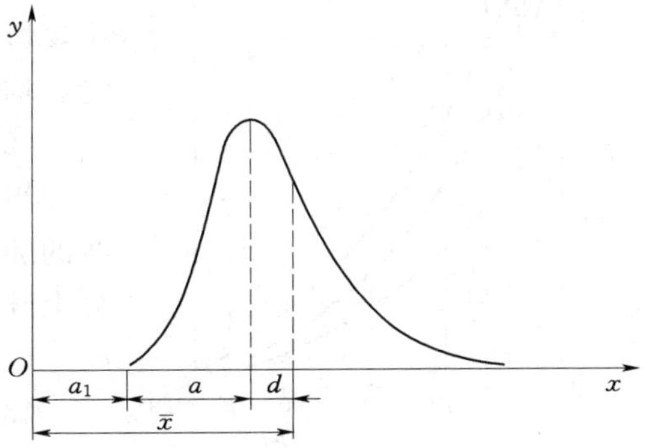

图8-4

P-Ⅲ型频率分布曲线的密度函数由三个统计参数 $\bar{x}$、C_V、C_S 决定，只要求出三个统计参数，就可以得出。在水文计算上常用的是累积频率分布曲线，所以对密度函数进行

积分得P-Ⅲ型频率分布曲线的分布函数 $p(X \geqslant x_p)$，当随机变量的 $\overline{x}$、C_V、C_S 已知时，即可按照求积分的方法解出随机事件 $X \geqslant x_p$ 发生的累积频率 p。但积分计算是比较复杂的，为了简化水文计算，前人已经通过数学推导，根据拟定的 C_S 值进行计算，制成了一套专用数表（见附表1和附表2）供查用。与数表相应的计算公式为

$$x_p = k_p \overline{x} = (\Phi_p C_V + 1)\overline{x} \tag{8-16}$$

式中 Φ_p——称为离均系数，是 $p(\%)$ 和 C_S 的函数，有表可查，见附表1。

k_p——称为模比系数，是 $p(\%)$ 和 C_V 的函数，见附表2。当 C_S 与 C_V 成一定的倍比时，可以直接查此表。

【例8-4】 由［例8-2］的计算成果 $\overline{x}=571$mm，$C_V=0.20$，选择 $C_S=2C_V$。查用附表1或附表2，计算绘制相应的P-Ⅲ型曲线。

（1）根据 $C_S=2C_V=0.4$，查 Φ_p 值表或 $C_V=0.2$ 查 k_p 值表（$C_S=2C_V$）得到不同 p 时的 Φ_p 值和 k_p 值。见表8-5②、③栏。

（2）根据表中 k_p 值，由 $x_p=k_p-\overline{x}$，计算各频率相应的 x_p，见表8-7中④栏。

（3）在频率格纸上点 (p, x_p)，并用曲线板过点绘出光滑曲线即可，参见图8-3。

表8-5　某站年降水量P-Ⅲ型频率分布曲线计算表

p/%	(0)	1	2	5	10	20	50	75	90	95	99
Φ_p	②	2.62	2.26	1.75	1.32	0.82	−0.07	−0.71	−1.23	−1.52	−2.03
k_p	③	1.52	1.45	1.35	1.26	1.16	0.99	0.86	0.75	0.70	0.59
x_p	④	868	828	771	719	662	565	491	428	400	337

有了P-Ⅲ型频率曲线，要推求某指定频率 p 对应的随机变量值 x_p，便可以从曲线直接查得。当然也可以利用查 Φ_p 或 k_p 值计算得出。

3. 三个统计参数（$\overline{x}$、C_V、C_S）对P-Ⅲ型频率曲线的影响

P-Ⅲ型频率曲线同其他数学上的曲线一样，其图像的位置、形状将随其方程中参数的不同而变化。下面就分别讨论三个统计参数（$\overline{x}$、C_V、C_S）对P-Ⅲ型频率曲线形状和位置的影响。

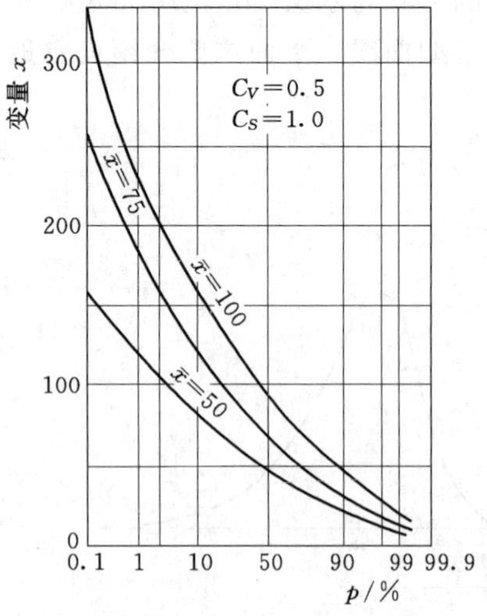

图8-5

（1）均值 $\overline{x}$ 对P-Ⅲ型频率曲线的影响。

当 C_V、C_S 一定时，根据式（8-16），均值 $\overline{x}$ 变化主要影响曲线的高低，均值增大，曲线统一升高；反之，均值减小，曲线统一降低，如图8-5所示。

（2）变差系数 C_V 对P-Ⅲ型频率曲线的影响。

当 $\overline{x}$、C_S 一定时，变差系数 C_V 变化主要影响曲线的陡缓程度。C_V 值越大，则曲线越陡。即左端部分上升，右端部分下降；$C_V=0$ 时，曲线变成一条 $k_p=1$（或 $x_p=\overline{x}$）的水平直线，如图8-6所示。

（3）偏差系数 C_S 对P-Ⅲ型频率曲线的影响。

当 $\overline{x}$、C_V 一定时，在 $C_S>0$（正偏）情况下，偏差系数 C_S 变化主要影响曲线的弯曲程度。C_S 增大

时，曲线变弯，即两端部上翘，中间下凹；当 $C_S=0$ 时，曲线变成一条直线，如图 8-7 所示。

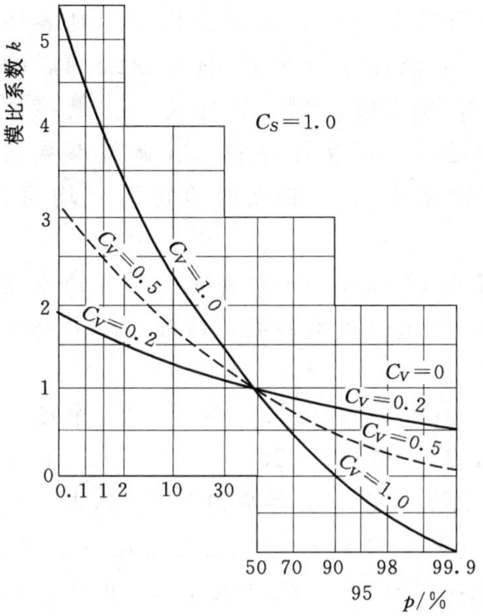

图 8-6

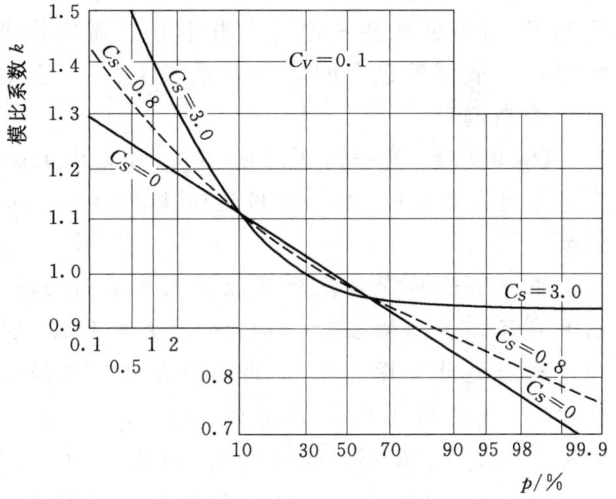

图 8-7

四、现行频率计算方法——适线法

根据前面叙述可知，提出理论频率曲线的主要目的是为了解决经验频率曲线的外延和地区综合问题。而我国水文界目前普遍选用的理论频率曲线为 P-Ⅲ型曲线，它是由三个统计参数（$\overline{x}$、C_V、C_S）决定的。三个参数从理论上讲应是相应总体的统计参数，但水文变量的总体是无法知道的，通常只能由样本资料用一定的方法（如矩法公式、3 点法等）求出其三个统计参数，而样本统计参数都具有抽样误差，有时还存在系统偏差，使得它和总体的统计参数有一定的差别，从而就决定了样本统计参数相对应的 P-Ⅲ型曲线不能很好地反映总体的分布规律。实际上常常需要调整样本的统计参数，尽可能减少其抽样误差和系统偏差，并用其相应的 P-Ⅲ曲线来拟合样本的经验点，直至两者配合最佳为止，这个过程在水文上便称为适线法。其实质也可以看成是由样本统计参数去估计总体的统计参数。

其做法步骤如下：

(1) 计算点绘经验频率点据。与绘制经验频率曲线的步骤相类似，即将审查后的水文样本资料按由大到小顺序排队，按式（8-14）计算各值的经验频率，然后将（p_i，x_i）点绘在频率格纸上。

(2) 估算统计参数初值。根据样本资料系列，列表代入式（8-6）和式（8-8）计算均值$\overline{x}$和变差系数 C_V；对于偏差系数 C_S，由于其抽样误差一般很大，故通常不用公式计算，而是根据实际经验进行假设。假设出一个数值之后与前面计算的$\overline{x}$、C_V一起作为适线的初始参数。

(3) 适线。即由统计参数初值$\overline{x}$、C_V、C_S查附表1或附表2，按式（8-16）计算并绘制第一条P-Ⅲ型曲线，判断与经验点据配合情况如何，若配合良好，则表明该线就是所求频率曲线。若配合不好，则要依据三个统计参数对P-Ⅲ型曲线的影响进行分析，合理地调整参数，再次适线，直至曲线与经验点配合最佳为止。最终适好的P-Ⅲ型曲线要能通过点群中心。需要说明的是，根据实际经验，在调整参数适线时，一般调整最多的为偏差系数C_S，其次是变差系数C_V，必要时也可以对均值$\overline{x}$值作适当调整。

【例8-5】 资料同［例8-3］，由某站具有代表性的1957—1980年的实测年降水量资料系列（见表8-3）。试用适线法求该站年降水量的理论频率曲线，估计总体的统计参数。

根据给予的资料先计算经验频率和统计参数。在［例8-2］、［例8-3］中已有初步成果，并知均值$\overline{x}=571\text{mm}$，变差系数$C_V=0.20$，设$C_S=2C_V=0.4$，作为初试值，进行适线如图8-3中的②线，可见与经验点配合不好，主要原因是C_V偏小。因此将C_V调整到0.23，再用$C_V=0.23$，$C_S=2C_V$适线，绘线后仍与经验点配合不好；经分析又是C_S偏小，故又将C_S调至$2.5C_V$；采用$C_V=0.23$，$C_S=2.5C_V$，均值不变绘线如图8-3中③线，可见与经验点配合良好，即为所求的频率曲线，其对应的三个参数$\overline{x}=571\text{mm}$、$C_V=0.23$、$C_S=2.5C_V$即是对总体参数的估计值。以上适线计算过程见表8-6。

表8-6 **某站年降水量频率计算表**

参数 \ p/%		1	2	5	10	20	50	75	90	95
$\overline{x}=571\text{mm}$ $C_V=0.20$ $C_S=2C_V$	k_p	1.52	1.45	1.35	1.26	1.16	0.99	0.86	0.75	0.70
	x_p	868	828	771	719	662	565	491	428	400
$\overline{x}=571\text{mm}$ $C_V=0.23$ $C_S=2C_V$	k_p	1.61	1.53	1.41	1.30	1.19	0.98	0.84	0.72	0.66
	x_p	919	874	805	742	679	560	480	411	377
$\overline{x}=571\text{mm}$ $C_V=0.23$ $C_S=2.5C_V$	k_p	1.64	1.54	1.41	1.31	1.19	0.98	0.84	0.73	0.66
	x_p	936	879	805	748	679	560	480	417	377

必须指出，在上例中，并没有将每条频率曲线都绘在图上，实际工作中，只需要将最后适好的一条理论频率曲线绘出即可。适线的中间过程不必一一列出。另外在查表计算时，若有k_p值可查，就可以直接查出k_p值表，否则就先查Φ_p，再由$k_p=\Phi_p C_V+1$计算k_p值。

另外上例中，适线用到的三个统计参数的初值是由矩法公式列表计算出来的，工作量相对较大，尤其当系列较长时更是如此。因此实际中还常用另一种估算统计参数初值的方法——3点法。

所谓3点法，是根据实测资料系列计算点绘出经验频率曲线后，在曲线上按照点子的频率范围选取3个点，并查出各点坐标值（p_1，x_{p_1}）、（p_2，x_{p_2}）、（p_3，x_{p_3}）分别代入$x_p=(\Phi_p C_V+1)\overline{x}=\overline{x}+\sigma\Phi_p$ 建立如下联立方程：

$$\left.\begin{aligned} x_{p_1}&=\overline{x}+\sigma\Phi_{p_1}\\ x_{p_2}&=\overline{x}+\sigma\Phi_{p_2}\\ x_{p_3}&=\overline{x}+\sigma\Phi_{p_3}\end{aligned}\right\}\tag{8-17}$$

解以上方程组，得出下列公式：

$$\left.\begin{aligned} S&=\frac{x_{p_1}+x_{p_3}-2x_{p_2}}{x_{p_1}-x_{p_3}}\\ C_S&=\Phi(s)\\ \sigma&=\frac{x_{p_1}-x_{p_3}}{\Phi_{p_1}-\Phi_{p_3}}\\ \overline{x}&=x_{p_2}-\sigma\Phi_{p_2}\end{aligned}\right\}\tag{8-18}$$

式中S称为偏度系数，是p和C_S的函数。当p一定，S仅为C_S的函数。S和C_S的关系由附表3查算，Φ_p由C_S查附表4。其他符号同前。

3点的取法应结合经验点最前一点和最后一点的频率大小分别选1%、50%、99%和3%、50%、97%；5%、50%、95%或10%、50%、90%等。与3个频率相应的变量值x_{p_1}、x_{p_2}、x_{p_3}可分别在曲线上查出。

【例8-6】 仍用例8-5资料，用3点法计算统计参数。

根据例8-3图8-3的经验频率曲线知其经验频率的范围为4%～96%，故可取3点的频率为5%、50%和95%。从经验频率曲线查出相应的纵坐标值x_p为818mm、549mm和368mm。

则
$$S=\frac{x_{p_1}+x_{p_3}-2x_{p_2}}{x_{p_1}-x_{p_3}}=\frac{813+368-2\times549}{813-368}=0.1865$$

由S查附表3得$C_S=0.68$，再用C_S查附表3得：

$$\Phi_{50\%}=-0.113\qquad \Phi_{5\%}-\Phi_{95\%}=3.249$$

代入
$$\sigma=\frac{x_{p_1}-x_{p_3}}{\Phi_{p_1}-\Phi_{p_3}}=\frac{813-368}{3.249}=137(\text{mm})$$

$$\overline{x}=x_{p_2}-\sigma\Phi_{p_2}=549-137\times(-0.113)=565(\text{mm})$$

$$C_V=\frac{\sigma}{\overline{x}}=\frac{137}{565}=0.24$$

$$C_S=0.68=2.8C_V$$

可见3点法计算的3个数与矩法公式列表计算的3个参数比较接近，但还是有一定的差别。无论是矩法还是3点法估算的统计参数，一般在实用中很少单独使用，通常都是与适线法相结合，作为适线法初选参数的一种手段。

在实际工作中，有两种适线方法：一种是人为目估适线法，即通过人为的主观判断，决定适线的优劣。此法简单灵活，并能反映设计人员的经验，但适线结果因人而异，任意性大；另一种是计算机适线，它是把理论频率曲线与经验点据的拟合误差最小作为适线准则，优选统计参数。但是这种方法不便于处理样本资料中的特大或特小值，难于区分点子的不同精度，因此使用有关程序时要特别注意。

第五节 相 关 分 析

一、概述

1. 相关关系的概念

在生产实际和科学研究工作中，经常要研究两个或两个以上随机变量之间的关系，以揭示变量之间的规律，解决实际问题。下面以两个变量为例进行讨论。一般两个变量之间的关系会呈现以下三种形式：

（1）完全相关，即函数关系，对变量 x 的每一数值，变量 y 有确定的值与之对应。x 与 y 的关系点完全落在函数的图像（直线或曲线）上，也称为一一对应关系。

（2）零相关，也称没有关系，是指两变量 x 与 y 之间毫无联系或相互独立。这种关系 x 与 y 的关系点杂乱无章，呈“满天星”分布，如图 8-8 所示。

（3）相关关系，指两个变量 x 与 y 之间的关系介于完全相关和零相关之间，这种关系 x 与 y 的关系点呈（直线或曲线）带状分布趋势，如图 8-9 所示。一般一个 x 值可能对应若干个 y 值，反之亦然。

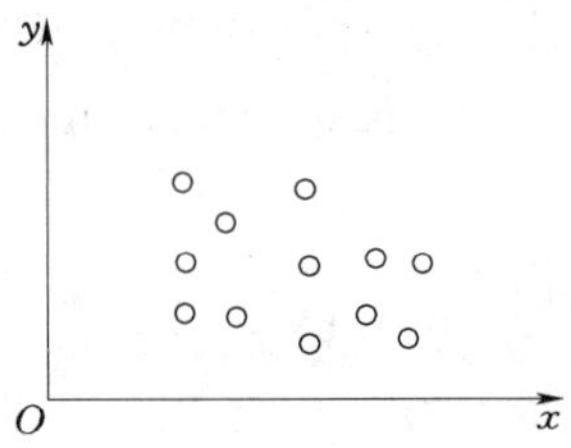

图 8-8

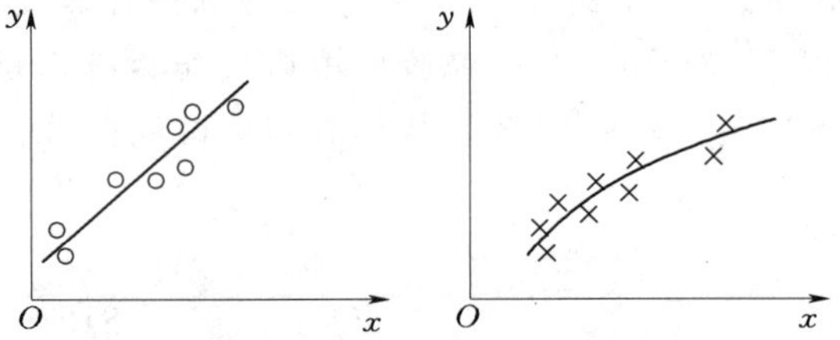

（a）直线相关　（b）曲线相关

图 8-9

例如，身高与体重之间的关系就是相关关系。通常一个身高，比如 1.70m，不同的人体重会不同，可能对应 55kg、58kg、60kg、…，反之，同一个体重也会对应很多身高。

研究变量之间相关关系的工作称为相关分析，其实质是研究变量之间的近似关系。

2. 相关分析的主要内容与相关关系的分类

相关分析的应用范围较广，例如经验方程的选配、由一个变量预测或控制另一变量等。工程水文中则常用于插补延长水文变量的样本系列，以便扩大样本容量，提高频率计算成果的精度。

相关分析的主要内容有：判断变量之间的密切程度；密切程度较高时建立相关方程，由已知变量的值估计待求变量的值；估计误差。

在相关分析中，只研究两个变量之间的关系，称简单相关。研究三个或三个以上变量之间的关系称复（杂）相关。无论是简单相关还是复相关，又有直线相关和曲线相关之分。本节重点介绍简单直线相关，其他相关仅作简介。

二、简单直线相关

设由变量 x、y 的同期样本系列构成 n 组观测值（x_i，y_i），$i=1\sim n$，并设待求变量为 y，称为倚变量，主要影响因素 x 为自变量。以倚变量 y 为纵坐标，自变量 x 为横坐标，点绘散点图，如图 8－9（a）所示，点群呈现密集的带状分布，且为直线趋势，则可用相关图解法或相关计算法进行简单直线相关分析，选配直线方程：

$$y=a+bx \tag{8-19}$$

1．相关图解法

根据散点图，通过点群中心，目估定出相关直线，如图 8－9（a）直线所示。由直线上的两点可确定式（8－19）中 a、b 两个参数；也可由图上直接求得，即 a 为直线在纵轴上的截距，b 为直线的斜率。

用目估定线时应注意以下几点：应使相关线两侧点据的正离差之和与负离差之和大致相等；对离差较大的个别点不得轻率的删略，须查明原因，如果没有错误或不合理之处，定线时还要适当照顾，但不易过分迁就，要全盘考虑相关点的总趋势；相关线应通过同步系列的均值点（$\overline{x}$，$\overline{y}$），这可由下述的相关计算法得到证明。

相关直线方程反映了相关变量之间的近似关系。根据相关直线或相关方程就可由 x 插补延长系列 y。

相关图解法简便实用，一般精度尚可，但目估定线有一定的任意性，且不能定量描述相关的密切程度和估计误差。

2．相关计算法

（1）确定相关方程的准则。根据散点图，可确定很多条直线，由于建立相关方程式（8－19）的目的是由 x 求 y，很自然的一个想法是希望观测点在倚变量 y 方向上最靠近所求相关直线。如图 8－10 所示，观测点（x_i，y_i）与相关直线在纵坐标方向上的离差 Δy_i 为

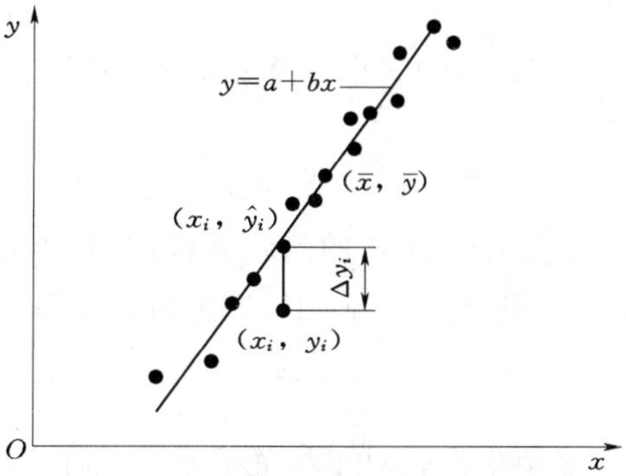

图 8－10

$$\Delta y_i=y_i-\hat{y}_i$$

式中　y_i——观测点的纵坐标，$i=1，2，\cdots，n$；

$\hat{y}_i$——由 x_i 根据相关直线求得的纵坐标值，$i=1，2，\cdots，n$。

我们希望整体拟合“最佳”，即

$$\sum_{i=1}^{n}(y_i-\hat{y}_i)^2=\sum_{i=1}^{n}(y_i-a-bx_i)^2 \tag{8-20}$$

为最小。按照这一准则确定的相关直线称最小二乘法准则，由此求得的相关方程称为 y 倚 x 的回归方程，相应相关直线也称为回归线。

(2) 回归方程的确定。确定回归方程，也即推求参数 a、b。欲使式 (8-20) 取得最小值，可分别对 a 及 b 求一阶偏导数并使其等于零导出：

$$b=\frac{\sum_{i=1}^{n}(x_i-\overline{x})(y_i-\overline{y})}{\sum_{i=1}^{n}(x_i-\overline{x})^2}=r\frac{s_y}{s_x} \tag{8-21}$$

$$a=\overline{y}-b\overline{x}=\overline{y}-r\frac{s_y}{s_x}\overline{x} \tag{8-22}$$

其中

$$r=\frac{\sum_{i=1}^{n}(x_i-\overline{x})(y_i-\overline{y})}{\sqrt{\sum_{i=1}^{n}(x_i-\overline{x})^2\sum_{i=1}^{n}(y_i-\overline{y})^2}}=\frac{\sum_{i=1}^{n}(k_{x_i}-1)(k_{y_i}-1)}{\sqrt{\sum_{i=1}^{n}(k_{x_i}-1)^2\sum_{i=1}^{n}(k_{y_i}-1)^2}} \tag{8-23}$$

式中 $\overline{x}$、$\overline{y}$——x、y 系列的均值；

s_x、s_y——x、y 系列的均方差；

k_{x_i}、k_{y_i}——x、y 系列的模比系数；

r——相关系数，表示 x、y 之间线性相关的密切程度。

将式 (8-21)、式 (8-22) 代入式 (8-19) 得 y 倚 x 的回归方程：

$$y-\overline{y}=r\frac{s_y}{s_x}(x-\overline{x}) \tag{8-24}$$

$r\frac{s_y}{s_x}$为回归线的斜率，称 y 倚 x 的回归系数，并记为 $R_{y/x}$，即

$$R_{y/x}=r\frac{s_y}{s_x} \tag{8-25}$$

上述是 y 倚 x 的回归方程，即 x 为自变量，y 为倚变量，应用于由 x 求 y。若由 y 求 x，则要建立 x 倚 y 的回归方程。同理，可推得 x 倚 y 的回归方程为

$$x-\overline{x}=r\frac{s_x}{s_y}(y-\overline{y}) \tag{8-26}$$

必须指出，对于相关关系，y 倚 x 与 x 倚 y 的两条回归线是不重合的，但有一公共交点 ($\overline{x}$，$\overline{y}$)。使用时，必须根据问题的需要正确确定倚变量和自变量系列。

(3) 回归线的误差。由回归方程所确定的回归线是在最小二乘法准则情况下与观测点的最佳配合线，观测点不会完全落在此线上，而是分布于两侧。因此，回归方程只反映两变量之间的平均关系，由 x 利用回归方程求 y 不可避免存在误差。数理统计中经过研究，由下式估计回归方程的误差：

$$\delta_y=\sqrt{\frac{\sum_{i=1}^{n}(y_i-\hat{y}_i)^2}{n-2}} \tag{8-27}$$

称 δ_y 为 y 倚 x 回归线的均方误。式中各符号含义同前。

回归线的均方误 δ_y 与 y 系列的均方差 s_y 从性质上是不同的。前者是由观测点 (x_i，y_i) 与相关直线在纵坐标方向上的离差求得，是回归线与所有观测点的平均误差，从平均意义上反映了相关直线与观测点配合的密切程度；后者是由 y 系列的各观测值 y_i 与系列

的均值$\overline{y}$之间的离差求得，反映的是 y 系列的离散程度。根据统计学原理，可以证明：

$$\delta_y = s_y\sqrt{1-r^2} \tag{8-28}$$

如前所述，由于回归方程反映 x 与 y 的近似关系，因此，对于任意给定的 x_0，由回归方程求得 $y_0=a+bx_0$，仅仅是许多可能值 y_{0i} 的平均数。按照误差原理，这些可能值 y_{0i} 落在回归线两侧一个均方误 δ_y 范围内的概率为 68.3%，落在回归线两侧 3 个均方误 δ_y 范围内的概率为 99.7%，如图 8-11 所示。

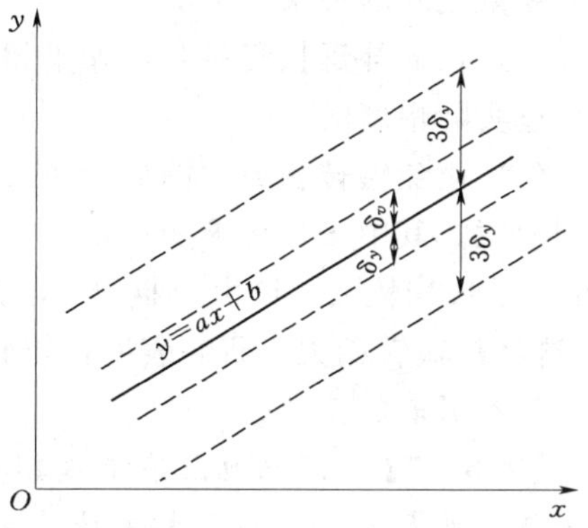

图 8-11

同理，对于 x 倚 y 的回归方程，回归线的均方误为

$$\delta_x = \sqrt{\frac{\sum_{i=1}^{n}(x_i-\hat{x}_i)^2}{n-2}} \tag{8-29}$$

$$\delta_x = s_x\sqrt{1-r^2} \tag{8-30}$$

必须指出，在讨论上述误差时，没有考虑样本的抽样误差。事实上，只要用样本资料来估计回归方程中的参数，抽样误差就必然存在。可以证明，这种抽样误差在回归线的中段误差较小，而在上下段较大，在使用回归线时，应给予注意。

（4）相关系数。由式（8-28）或式（8-30）容易得出，$r^2\leqslant 1$。

1）若 $r^2=1$，则均方误 $\delta_y=0$，表明关系点（x_i，y_i），$i=1，2，\cdots，n$，均落在回归线上，两变量为线性函数关系。

2）若 $r^2=0$，则均方误 $\delta_y=s_y$，此时误差达最大值，说明变量之间无线性关系。

3）若 $r^2<1$，即 $0<|r|<1$，则变量之间存在线性相关关系。$r>0$，称为正相关；$r<0$，称为负相关。$|r|$ 越大，两变量线性相关越密切。

那么，$|r|$ 多大时，可以认为两变量线性相关显著？水文计算中一般要求 n 在 10 或 12 以上，且 $|r|\geqslant 0.8$ 时，成果方可应用。研究表明，相关系数一定时，倚变量的变差系数越大，回归方程的均方误就越大。因此，仅用相关系数作为判别密切与否的标准不够全面，实际应用时，通常要求回归线的均方误 δ_y 应小于$\overline{y}$的 15%。

进一步指出，相关系数表示 x、y 之间线性相关的密切程度。若 $r=0$，只表示两变量之间无线性关系，但可能存在曲线关系，需要根据散点图的趋势进行分析，当曲线关系较密切时，则进行曲线相关。

3. 相关分析中应注意的问题

相关分析中除了上述对样本容量、相关系数、回归线的均方误等方面的要求外，还应注意以下几点：

（1）使用相关分析方法，首先应分析论证变量之间在物理成因上确实存在着联系。要防止假相关。所谓假相关是指本来不相关或弱相关的两个变量，由于通过数学上的某种处理（例如两者都加入第三个变量），而使相关关系变得十分密切。为避免假相关，应直接研究变量之间的关系。

（2）在插补延长资料时，如果超出实测点控制的部分，应特别慎重。外延部分一般不宜超过实际幅度的 50%。

（3）避免辗转相关。例如，有 x、y、z 三个变量的实测系列，x 系列较长，而 y、z 系列较短。其中 z 是待求变量，由 x 插补 z 时，z 与 x 的相关系数较小。而 y 与 x、y 与 z 相关系数均较大。欲由 x 插补 z，就先通过 y 与 x 相关插补 y，再进行 z 与 y 相关插补 z，这就是辗转相关。研究表明，辗转相关的误差，一定不会小于直接相关的误差，辗转相关是不可取的。

【例 8－7】 湿润地区某流域具有 1966—1978 年的年径流深和 1958—1978 的年降水量资料，见表 8－7。试用相关计算法进行相关分析，并插补流域的年径流深资料。

表 8－7　　某流域年降水量与年径流深资料　　单位：mm

年　份	1958	1959	1960	1961	1962	1963	1964
年降水量	1345.7	1396.2	1594.4	1559.9	1712.4	1854.2	1547.1
年径流深	—	—	—	—	—	—	—
年　份	1965	1966	1967	1968	1969	1970	1971
年降水量	1475.3	1464.1	1618.6	1643.2	1532.3	1562.6	1372.5
年径流深	—	820.0	789.2	826.8	700.4	676.5	587.6
年　份	1972	1973	1974	1975	1976	1977	1978
年降水量	1383.9	1380.1	1538.2	1541.0	1195.3	1680.5	1587.0
年径流深	536.4	533.0	710.6	717.5	389.5	905.4	847.3

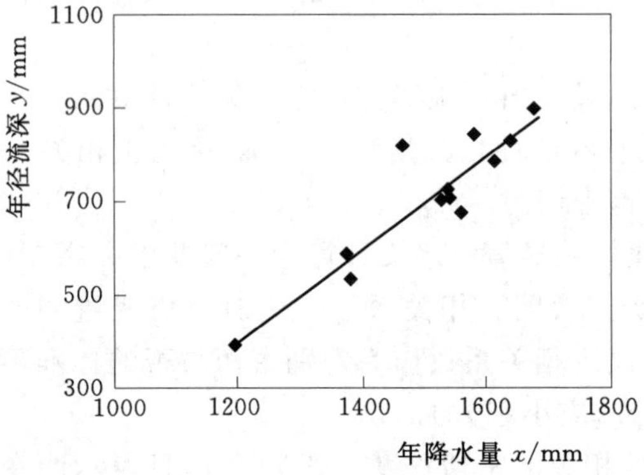

图 8－12

同一流域年径流深与年降水量成因上有联系，因此可进行相关计算。本例相关分析的目的是由年降水量插补延长年径流深系列，故年降水量为自变量 x，年径流深为倚变量 y。绘散点图如图 8－12 所示。由图可见，点群分布趋势呈直线，故可作 y 倚 x 的直线回归计算。

利用 Excel 完成直线回归计算是非常方便的，可采用两种途径进行计算。

第一种途径是利用 Excel 的计算功能，分步完成［例 8－7］相关计算的各项内容。计算操作步骤如下：

（1）新建一个 Excel 工作表，用常规数据格式在 A 列输入相关计算同步资料相应的年份，B 列输入自变量年降水量 x 值，C 列输入倚变量年径流深 y 值，并在单元格 D2～J2 中建立相关计算有关项目的表头，如图 8－13 所示。

（2）分别利用前述介绍的平均值函数“AVERAGE”计算年降水量 x 值和年径流深 y 的均值，其结果如图 8－13 的单元格 B17、C17 中的数据所示。

（3）利用“数学与三角函数”中的“ROUND”函数分别计算 D～J 列数据，并按指定的位数对数值进行四舍五入。例如，计算 D 列数据 k_{x_i}，并保留三位小数，具体方法是，在 D3 单元格输入“＝ROUND (B3/1499.9，3)”，然后按 Enter 键，即在 D3 单元格得到数据“0.976”；接着，选中 D3 单元格，鼠标指针变成黑十字时，按住鼠标左键，向下拖动填充 D4～D15 单元格，即得到 D 列数据 k_{x_i}；进一步利用工具栏“∑”求和，即得到该列合计值“13.001”。上述各个环节的结果，如图 8－13 中的 D 列数据所示。

采用与上述类似方法，指定欲计算数据要保留的小数位数，可分别计算 k_{y_i}、$(k_{x_i}-1)$、$(k_{y_i}-1)$、$(k_{x_i}-1)^2$、$(k_{y_i}-1)^2$、$(k_{x_i}-1)(k_{y_i}-1)$，计算结果如图 8－13 中的 E～J 列数据所示。

(4) 依据式 (8－7)、式 (8－23)、式 (8－25)、式 (8－22)、式 (8－28)，分别计算均方差、相关系数、回归系数、纵轴截距、回归线的均方误。为便于读者结合公式领会计算方法，图 8－13 中给出了各个量的计算公式。例如，计算年降水量 x 系列的均方差的方法是，在单元格 E20 中输入“＝B17 * SQRT(H16/(18－1))”，然后按 Enter 键，则在 E20 单元格得到数据“135.7”。与之类似，可计算其他各个量，并得到回归方程。结果如图 8－13 所示。当然，样本均方差的计算，也可采用前面介绍的函数 STDEV 计算。

Microsoft Excel - 相关分析.xls

文件(F)　编辑(E)　视图(V)　插入(I)　格式(O)　工具(T)　数据(D)　窗口(W)　帮助(H)

G25

	A	B	C	D	E	F	G	H	I	J
1	某流域年径流深与年降水量相关计算表									
2	年份	年降水量 x(mm)	年径流深 y(mm)	k_{x_i}	k_{y_i}	$k_{x_i}-1$	$k_{y_i}-1$	$(k_{x_i}-1)^2$	$(k_{y_i}-1)^2$	$(k_{x_i}-1)(k_{y_i}-1)$
3	1966	1464.1	820.0	0.976	1.179	-0.024	0.179	0.0006	0.0320	-0.0043
4	1967	1618.6	789.2	1.079	1.135	0.079	0.135	0.0062	0.0182	0.0107
5	1968	1643.2	826.8	1.096	1.189	0.096	0.189	0.0092	0.0357	0.0181
6	1969	1532.3	700.4	1.022	1.007	0.022	0.007	0.0005	0.0000	0.0002
7	1970	1562.6	676.5	1.042	0.973	0.042	-0.027	0.0018	0.0007	-0.0011
8	1971	1372.5	587.6	0.915	0.845	-0.085	-0.155	0.0072	0.0240	0.0132
9	1972	1383.9	536.4	0.923	0.771	-0.077	-0.229	0.0059	0.0524	0.0176
10	1973	1380.1	533.0	0.920	0.766	-0.080	-0.234	0.0064	0.0548	0.0187
11	1974	1538.2	710.6	1.026	1.022	0.026	0.022	0.0007	0.0005	0.0006
12	1975	1541.0	717.5	1.027	1.032	0.027	0.032	0.0007	0.0010	0.0009
13	1976	1195.3	389.5	0.797	0.560	-0.203	-0.440	0.0412	0.1936	0.0893
14	1977	1680.5	905.4	1.120	1.302	0.120	0.302	0.0144	0.0912	0.0362
15	1978	1587.0	847.3	1.058	1.218	0.058	0.218	0.0034	0.0475	0.0126
16	合计	19499.3	9040.2	13.001	12.999	0.001	-0.001	0.0982	0.5516	0.2127
17	平均	1499.9	695.4							
18										
19										
20		均方差	$s_x=\bar{x}\sqrt{\frac{\sum_{i=1}^{n}(k_{x_i}-1)^2}{n-1}}=$		135.7	相关系数	$r=\frac{\sum_{i=1}^{n}(k_{x_i}-1)(k_{y_i}-1)}{\sqrt{\sum_{i=1}^{n}(k_{x_i}-1)^2\sum_{i=1}^{n}(k_{y_i}-1)^2}}=$			0.914
21			$s_y=\bar{y}\sqrt{\frac{\sum_{i=1}^{n}(k_{y_i}-1)^2}{n-1}}=$		149.1	回归系数	$R_{y/x}=r\frac{s_y}{s_x}=$			1.004
22		纵轴截距	$a=\bar{y}-R_{y/x}\bar{x}=$		-810.5	回归方程	$y=1.004x-810.5$			
23		回归线的均方误	$\delta_y=s_y\sqrt{1-r^2}=$		60.5					
24										

图 8－13

(5) 由年降水量插补年径流深。由上述计算结果可见，本例 $n>12$，$r>0.8$，且 $\delta_y/\bar{y}=8.7\%<15\%$，故相关成果可用于插补年径流深。具体方法是，输入需插补年径流深的年

份及相应的年降水量，如图 8-14（a）所示，然后在 C3 单元格输入“=1.004 * B8-810.5”，再按下 Enter 键，即得到插补的 1958 年的年径流深 540.6mm。接着选中 C3 单元格，鼠标指针变成黑十字时，按住鼠标左键，向下拖动填充 C4～C10 单元格，即得到 1959—1965 年插补的年径流深，如图 8-14（b）所示。

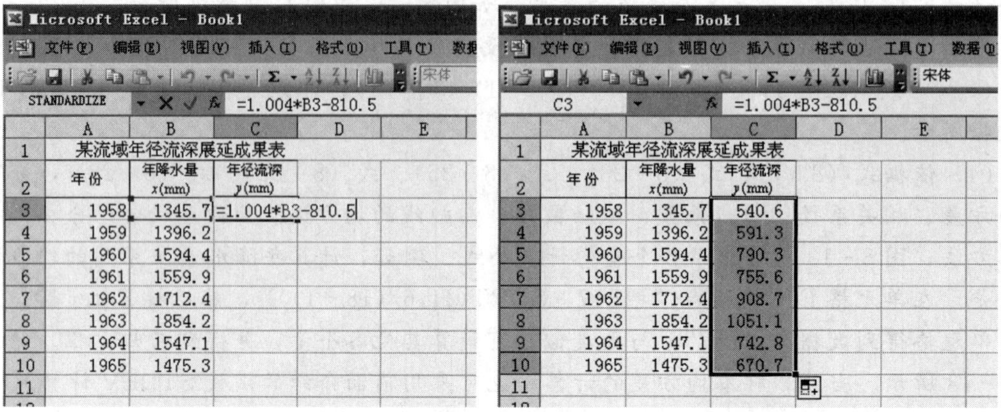

(a) 输入回收方程　　　　(b) 拖动填充

图 8-14

第二种途径是直接利用 Excel 软件的图表向导功能直接绘出相关直线，并求出相关直线方程及相关系数，其步骤如下。

（1）打开 Excel 新建一个工作簿，用常规数据格式在 A 列输入相关计算同步资料相应的年份，B 列输入自变量年降水量 x 值，C 列输入倚变量年径流深 y 值。

（2）点击菜单栏“插入”→“图表”，出现“图表向导—4 步骤之 1—图表类型”对话框后，选择 XY 散点图，单击“下一步”按钮。

（3）出现“图表向导—4 步骤之 2—图表源数据”对话框后，选择“数据区域=Sheet1！\$B\$3：\$C\$15，系列 X=Sheet1！\$B\$3：\$B\$15，系列 Y=Sheet1！\$C\$3：\$C\$15”；或者用鼠标拖动选择图 8-15 中的阴影数据区域；然后在“系列产生在”区选择“列”，再单击“下一步”按钮。

（4）出现“图表向导—4 步骤之 3—图表选项”对话框后，选择“标题”标签，在“图表标题”栏中输入“某站年降雨量与年径流深相关图”、在“数值 X 轴（A)”栏输入“年降雨量 X（mm)”“数值 Y 轴（V)”栏输入“年径流深 Y（mm)”；选择“坐标轴”标签，在“主坐标轴数值 X 轴（A）、数值 Y 轴（V）”前打“√”；选择“网格线”标签，在“数值 X 轴主要网格线、数值 Y 轴主要网格线”前打“√”；然后单击“下一步”按钮。

（5）出现“图表向导—4 步骤之 4—图表位置”对话框后，选择“作为其中的对象插入”，然后单击“完成”按钮，即得到如图 8-15 所示的散点图。

（6）将光标放在绘图区内任一相关点上并单击鼠标右键→选“添加趋势线”，在“类型”标签中，选“线性”；在“选项”标签中的“显示公式”“显示 R 平方值”前面打“√”，然后单击“确定”，即得到相关线及有关计算结果，如图 8-16 所示。对于线性相

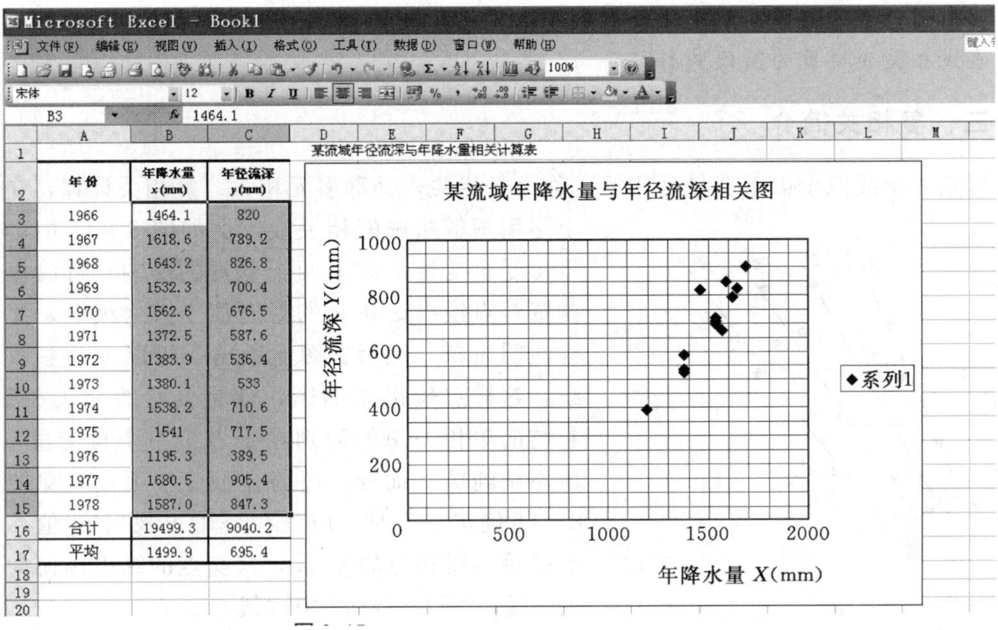

图 8 - 15

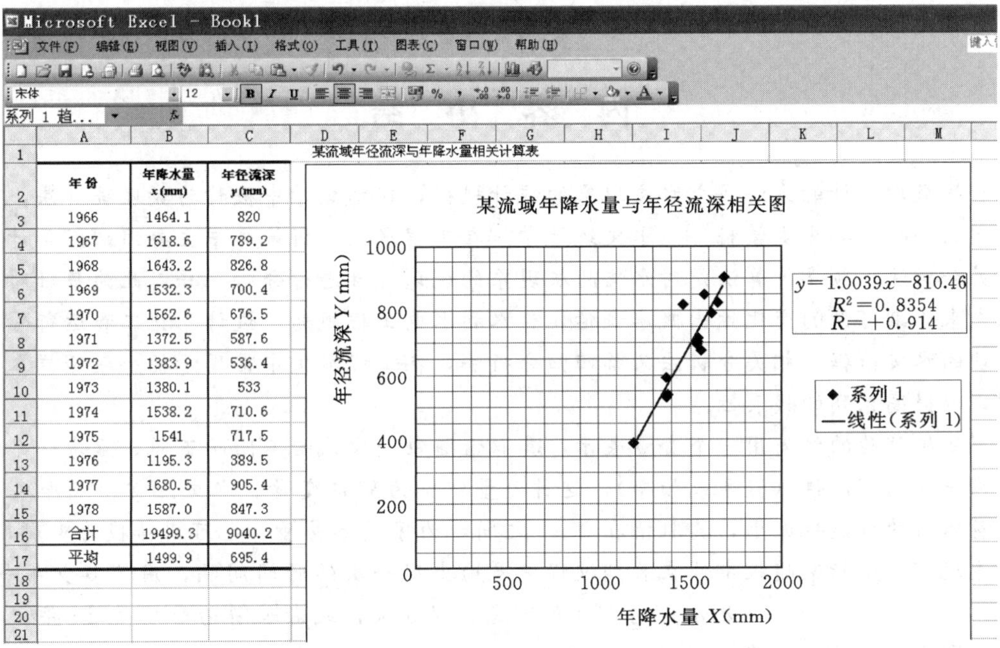

图 8 - 16

关分析，“R 平方值”即为线性相关系数的平方值。

进一步可对绘图区、坐标轴等处单击鼠标右键，选择有关项目，进而分别对绘图区、坐标轴等处的格式进行设置与修改，读者可上机练习，在此不详细介绍。

根据需要，可将上述各计算表或图形复制到 Word 文档中。

以上两种途径的计算结果完全一致。显然，采用 Excel 的图表功能计算与绘图，使得简单直线相关变得更为简便易行。

三、复相关简介

研究三个或三个以上变量的相关，称为复相关，又称多元相关。复相关计算，在工程上多用图解法选配相关线，例如图 8-17 中，倚变量 z 受自变量 x 和 y 两个变量的影响。可以根据实测资料点绘出 z 和 x 的对应值于方格纸上，并在点旁注明 y 值，然后在图上绘出一组以 y 为参数的直线，这样点绘出来的图，就是复直线相关关系图，它与简单相关图的区别在于多了一个自变量，即 z 值不单纯倚 x 而变，还倚 y 而变。因此，在使用图 8-17 确定 z 值时，应先在 x 轴上找出 x_i 值，并向上引垂线得相应的 y_i 值，其交点的纵坐标便为相应的 z_i 值，见图 8-17 中虚线。

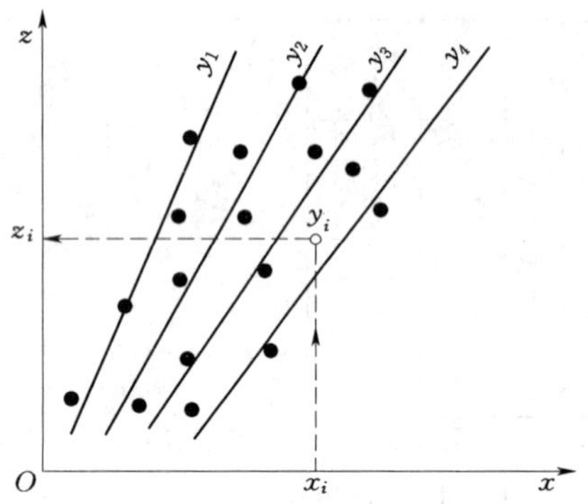

图 8-17

复相关关系可以是直线形式，也可以是曲线形式。复相关图在水文计算中是常用的。

复相关计算除采用图解法外，还可采用多元回归分析法，可参阅有关文献。

内　容　小　结

应用数理统计的方法寻求水文现象的统计规律，在水文学中被称为数理统计法，它是水文学的一个重要分支学科——水文统计学。在工程水文分析计算中主要用到频率计算法和相关分析法。频率计算法是对水文随机现象的统计特性进行分析，并以此为基础对水文现象未来长期可能的变化做出概率预估，为水利水电工程规划、设计、施工和运行管理提供合理的水文依据。相关分析法又称回归分析法，在工程水文中常用于插补展延样本资料系列，以提高系列的代表性。

将随机试验的结果用一个变量表示，其取值随每一次试验不同而不同，且每一个取值都对应一定的可能性（概率或频率），这种变量就称为随机变量。水文上常用频率表示随机变量取值的可能性大小，其取值在 0～1 之间，为了通俗易懂，也可以转换为重现期。

重现期，是指某随机事件在长期过程中平均出现一次的时间间隔，用“多少年一遇”表示。例如，$p=5\%$，即表示平均 100 年可能出现 5 次，或者理解为平均是 20 年出现一次，亦即重现期 $T=20$ 年，称为“20 年一遇”。

水文上随机变量的频率分布规律常用累积频率曲线表示，其数字特征可用算术平均数、变差系数和偏差系数来表示，也称随机变量的统计参数。在实际工作中常用的频率曲线有经验频率曲线和理论频率曲线。我国水文分析计算中使用最多的理论频率曲线是皮尔逊Ⅲ型曲线，简称 P-Ⅲ型曲线。绘制理论频率曲线的方法有人工目估适线法和计算机优化适线法。

所谓适线法就是调整样本的统计参数，尽可能减少其抽样误差，并用其相应的P－Ⅲ型曲线来拟合样本的经验点据，直至两者配合最佳为止，即使P－Ⅲ型曲线通过点群中心。其做法步骤为计算并点绘经验频率点据、估算统计参数初值、适线确定统计参数终值。适线用到的三个统计参数的初值可由矩法公式计算和三点法估算。

通常水文变量之间的关系表现为统计相关关系，假如将两个相关变量相应的点点绘成图，则点群的分布常表现为有规律的带状分布，可以是直线关系，也可以是曲线关系，称为简单直线相关和简单曲线相关。本章主要学习简单直线相关，其相关直线方程可以用图解法、列表计算法和Excel的图表功能求得。

自 测 练 习 题

一、填空题

1. 水文统计中常用的三个统计参数是________、________、________。

2. 要用实测水文要素的样本资料系列进行频率分析计算，必须首先对样本系列的________、________和________进行分析。

3. 用相关分析法对水文样本资料系列进行________或________，用以提高系列的代表性。

4. 随机变量的三个统计参数计算方法常用方法有________和________。

5. 在相关分析中用________来反映两个变量之间的关系密切程度。

二、简单计算题

1. 试将下表中年径流量的累积频率转换为重现期。

年平均流量 /(m^3/s)	18.8	12.7	7.5	4.8	1.4
累计频率 /%	5	25	50	75	95
重现期 /年					

2. 设有一水文样本系列为100，70，80，40，90。试用矩法公式计算该系列的均值$\overline{x}$、模比系数k_i、均方差σ、变差系数C_V、偏态系数C_S。

3. 已知某流域年径流深Y与年降水量H同期资料呈直线相关，且分析计算得到同期系列的$\overline{Y}=760$mm，$\overline{H}=1200$mm，$\delta_Y=160$mm，$\delta_H=125$mm，相关系数$r=0.90$，试计算写出Y倚H相关直线方程。并已知2005年年降水量为1800mm，用相关直线方程推求该年的年径流深。

第九章　年径流分析与计算

【学习指导】 年径流是反映河流水量大小及其变化的主要特征，对其分析计算是工程水文计算的重要内容，通过分析计算为水利工程规划设计与调度运用提供基本依据。本章重点学习年径流的概念，影响因素，具有长期实测资料情况下的年径流量及其年内分配计算，缺乏实测资料情况下的年径流量计算及年内分配等。在年径流量计算过程中应重点掌握频率计算法的具体应用。

第一节　概　　述

一、年径流及其表示方法

在一个年度内，通过河流某一断面的水量，称为该断面以上流域的年径流量。它可用年平均流量（m^3/s）、年径流深（mm）、年径流总量（m^3）或年径流模数［$m^3/(s\cdot km^2)$］表示。描述河流某一断面的水资源量多少，年径流量是一个重要的指标，但仅用年径流量是不够的，因为径流在一年内各个时段是不同的，处在不断变化之中。因此实际工作中描述河流某一断面的年径流，常用年径流量及其年内分配过程表示。

所谓年径流的年内分配是指年径流量在一年中各个月（或旬）的分配过程。常用月（旬）平均流量过程或月（旬）径流量过程表示。

二、年径流特征及其影响因素

1. 年径流的特征

我国水文资料中，年径流量是按日历年度统计的，而在水文水利计算中，年径流量通常是按水文年度或水利年度统计的。水文年度以水文现象的循环规律来划分，即从每年汛期开始时起到下一年汛期开始前止。由于各地气候条件不同，水文年的起讫日期各地不一。我国规定，长江及其以南地区河流的水文年一般从4月1日或5月1日开始；淮河流域及其以北河流包括华北及东北地区的河流从6月1日开始；对于北方春汛河流，则以融雪情况来划分水文年度。水利年度是以水库蓄泄循环周期作为一年，即从水库蓄水开始到第二年水库供水结束为一年。水利年的划分应视来水与用水的具体情况而定。通过对年径流观测资料的分析，可以发现年径流的变化具有以下特性。

（1）年径流具有大致以年为周期的汛期与枯期交替变化的规律，但各年汛、枯期有长有短，发生时间有迟有早，水量也有大有小，基本上年年不同，具有偶然性质。

（2）年径流量在年际间变化很大，有些河流年径流量的最大值可达到平均值的2～3倍，最小值仅为平均值的0.1～0.2倍。年径流量的最大值与最小值之比，长江、珠江为4～5；黄河、海河为14～16。年径流量的年际变化，也可以由年径流量的变差系数C_V来反映，C_V 越大，年径流量的年际变化越大。例如，淮河流域大部分地区在 0.6～0.8 之间，而华北平原一般超过 1.0，部分地区可达 1.4 以上。

(3) 年径流量在多年变化中有丰水年组和枯水年组交替出现的现象。例如黄河 1991—1997 年连续 7 年出现断流；海河出现过两三年甚至四五年的连续干旱；松花江 1960—1966 年出现过连续 7 年丰水年组等。

2. 年径流的影响因素

分析研究影响年径流的因素，对年径流的分析与计算具有重要的意义。尤其是只有短期实测径流资料时，常常需要利用年径流与其影响因素之间的相关关系来插补、展延年径流资料。同时，通过研究年径流的影响因素，也可对年径流计算成果的合理性作出分析论证。

由闭合流域年水量平衡方程式 $Y=H-E-\Delta W$ 可知，年径流深 Y、取决于年降水量 H、年蒸发量 E、时段始末的流域蓄水变化量 ΔW 三项因素。前两项属于流域的气候因素，ΔW 属于下垫面因素以及人类活动情况。

(1) 气候因素对年径流的影响。气候因素中，年降水量与年蒸发量对年径流的影响程度随地理位置不同而有差异。在湿润地区降水量较多，其中大部分形成了径流，年径流系数较大，年径流量与年降水量相关关系较密切，说明年降水量对年径流量起着决定性作用。在干旱地区，降水量较少，且极大部分消耗于蒸发，年径流系数很小，年径流量与年降水量的相关关系不很密切，说明年降水量和年蒸发量都对年径流量以及年内分配起着相当大的作用。

以冰雪补给为主的河流，其年径流量的大小以及年内分配主要取决于前一年的降雪量和当年的气温变化。

(2) 下垫面因素对年径流的影响。流域的下垫面因素包括地形、植被、土壤、地质、湖泊、沼泽、流域大小等。这些因素主要从两方面影响年径流量，一方面通过流域蓄水变量 ΔW 影响年径流量的变化；另一方面通过对气候因素的影响间接地对年径流量发生作用。

地形主要通过对降水、蒸发、气温等气候因素的影响间接地对年径流量发生作用。地形对降水的影响，主要表现在山地对气流的抬升和阻滞作用，使迎风坡降水量增大，增大的程度主要随水汽含量和抬升速度而定。同时，地形对蒸发也有影响，一般气温随地面高程的增加而降低，因而使蒸发量减少。所以，高程的增加对降水和蒸发的影响，一般情况下将使年径流量随高程的增加而增大。

湖泊对年径流的影响，一方面表现为湖泊增加了流域内的水面面积，由于水面蒸发往往大于陆面蒸发，因而增加了蒸发量，从而使年径流量减少；另一方面湖泊的存在增加了流域的调蓄作用，巨大的湖泊不仅会调节径流的年内变化，还可以调节径流的年际变化。

流域大小对年径流的影响，主要表现为对流域内蓄水量的调节作用而影响径流量的年内分配及年际变化。大流域调蓄能力大，使得径流在时间上的分配过程趋于均匀，通常使枯水季（或枯水年）径流增大。此外，流域面积越大，流域内部各地径流的不同期性越加显著，所起的调节作用就更加明显。因此，一般情况下，同一气候区大流域年径流量的年际变化较小流域的小。

（3）人类活动对年径流的影响。人类活动对年径流的影响，包括直接和间接两方面。直接影响如跨流域引水，将本流域的水量引到另一流域，直接减少本流域的年径流量。间接影响为通过增加流域蓄水量和流域蒸发量来减少流域的年径流量，如修水库、塘堰、旱地改水田、坡地改梯田、植树造林等，都将使流域蒸发量加大，而减少年径流量。这些人类活动在改变年径流量的同时也改变了径流的年内分配。

三、年径流分析计算的任务

年径流的变化特性往往与用水部门，如灌溉、发电、城市和工业用水等要求存在着矛盾。为了解决供需之间的矛盾，合理地开发利用水资源，就需要在河流上兴建一些水利工程，如水库、闸坝、水泵站等，对天然径流加以人工调节或控制，以满足用水部门的用水要求。

显然，这些工程的规模是由来水、用水间矛盾的大小，以及用来反映供水保证程度高低的设计标准（设计保证率）所决定的。通常将工程在多年期间，用水部门的正常用水得到保证的程度称作设计保证率，即在多年期间每年用水量能够得到充分满足的频率（%），并以此作为设计标准。在工程设计中，设计保证率是根据国家规范、用水要求、自然地理情况及经济条件由用水部门合理确定的。当设计保证率确定后，各项工程的规模就依据来水与用水的情况，经分析计算来确定。

因此，在规划设计阶段，必须首先掌握工程所在地的来水情况，需要对工程建成后相当长时期内的年径流量的年际、年内变化规律作出概率预估，为确定工程规模提供依据。

工程建成后，为充分发挥工程的效益，需要研究工程的调度运用方案，也必须具备河流的来水资料。

此外，合理开发利用水资源，除采取一定的工程措施外，近年来对一些非工程措施也日益重视，如地方性水资源法规的制定、各地区水资源长期供求计划的编制等，也必须是在对河川径流进行充分调查分析和正确预估的基础上作出的。

综上所述，设计年径流分析计算的目的就是为水利工程规划设计和运行管理以及水资源供需分析等提供主要依据——来水资料。

四、年径流分析计算的途径

由于水利工程调节性能的差异和水利计算的方法不同，要求水文计算提供两种形式的来水：

（1）设计的长期年、月径流量系列。这种形式的来水，通过长系列资料反映未来长时期内年径流量的年际年内变化规律。

（2）代表年的年、月径流量。具体又分为设计代表年和实际代表年。这种形式的来水，通过丰、平、枯水年的来水过程，反映未来不同年型的来水情况。

推求上述两种形式的来水，统称为设计年径流计算。

在实际工作中，所遇到的水文资料情况有三种：具有长期实测径流资料；具有短期实测径流资料；缺乏实测径流资料。本章重点介绍具有长期实测径流资料和缺乏实测径流资料两种情况下的年径流分析计算。

第二节 具有长期实测径流资料情况下年径流分析计算

一、年径流资料的搜集

搜集的充分的径流资料是指设计站断面或参证流域断面有实测径流系列，其长度不应小于规范规定的年数，根据《水利水电工程水文计算规范》（SL 278—2002）即不应小于30年。当具有长期实测径流资料时，通过水文分析计算提供的来水资料，按设计要求，可有三种类型：①设计长期年的年、月径流系列；②实际代表年的年、月径流量；③设计代表年的年、月径流量。所谓具有长期实测径流资料，一般指$n \geqslant 30$年，而且这些资料必须具备可靠性、一致性和代表性。

二、年径流资料的审查

水文资料是水文分析计算的依据，它直接影响着工程设计规模和工程安全。因此，对于所使用的水文资料必须认真地审查，审查、鉴定实测年径流量系列的可靠性、一致性和代表性。

1. 资料的可靠性审查

资料的可靠性是指资料的可靠程度。水文资料虽然经过水文部门的多次审核，层层把关后刊印或录入数据库，应该说大多数是可靠的，但也不能排除个别错误存在的可能性。因此，使用时必须进行审查，并对水量特丰、特枯或中华人民共和国成立以前以及其他有疑点的年份应进行重点审查。审查时可以从资料的来源，资料的测验和整编方法，尤其是水位流量关系曲线的合理性等方面着手。如发现问题，应查明原因，纠正错误。审查的具体方法各站有所不同。对水位和流量成果要着重进行审查。

（1）水位资料。主要审查基准面和水准点，水尺零点高程的变化情况。

（2）流量资料。主要审查水位—流量关系曲线定得是否合理，是否符合测站特性。同时，还可根据水量平衡原理，进行上下游站、干支流站的年、月径流量对照，检查其可靠性。

（3）水量平衡的审查。根据水量平衡的原理，上、下游站的水量应该平衡，即下游站的径流量应等于上游站径流量加区间径流量。通过水量平衡的检查即可衡量径流资料的精度。

（4）流量观测和计算的方法与精度。如高水测流时，浮标系数采用的过高、过低，均会导致所测汛期流量偏大或偏小。

中华人民共和国成立以前的水文资料质量较差，审查时应特别注意。

2. 资料的一致性审查

资料的一致性是指产生资料系列的条件是否一致。设计年径流计算时，需要的年径流系列必须在同一成因条件下形成，具有一致性。一致性是以流域气候条件和下垫面条件基本稳定为基础的。气候条件的变化是极其缓慢的，一般可认为在样本资料的几十年时间内是基本稳定的。但流域的下垫面条件在人类活动的影响下会发生较大变化，如修建水库、引水工程、分洪工程等，会造成产生径流的条件发生变化，从而使径流资料系列前后不一致。为此，需要对实测资料进行一致性修正。一般是将人类活动影响后的系列还原到流域大规模治理以前的天然状况下。还原的方法有多种，最常用的方法是分项调查法，该法以水量平衡为基础，即天然年径流量 $W_{天然}$ 应等于实测年径流量 $W_{实测}$ 与还原水量 $W_{还原}$ 之和。还原水量一般包括农业灌溉净耗水量 $W_{农业}$、工业净耗水量 $W_{工业}$、生活净耗水量 $W_{生活}$、蓄水工程的蓄水变量 $W_{调蓄}$（增加为正，减少为负）、水土保持措施对径流的影响水量 $W_{水保}$、水面蒸发增损量 $W_{蒸发}$ 和跨流域引水量 $W_{引水}$（引出为正，引入为负）、河道分洪水量 $W_{分洪}$（分出为正，分入为负）、水库渗漏水量 $W_{渗漏}$、其他水量 $W_{其他}$ 等，用公式表示如下：

$$W_{天然}=W_{实测}+W_{还原} \tag{9-1}$$

$$W_{还原}=W_{农业}+W_{工业}+W_{生活}\pm W_{调蓄}\pm W_{水保}+W_{蒸发}\pm W_{引水}\pm W_{分洪}+W_{渗漏}\pm W_{其他} \tag{9-2}$$

上式中各部分水量，可根据实测和调查的资料分析确定。还应注意用上下游、干支流和地区间的综合平衡进行验证校核。

3. 资料的代表性审查

资料的代表性指样本的统计特性接近总体的统计特性的程度。样本系列代表性好，则抽样误差就小，水文计算成果精度也就高。

由于水文系列的总体分布是未知的，对于 n 年的样本系列，无法从样本自身来分析评价其代表性高低。但根据水文统计的原理，一般样本容量越大，其抽样误差越小。因此，样本资料的代表性审查，通常可通过其他更长系列的参证资料的多年变化特性来分析评价实测年径流量系列的丰、枯状况与年际变化规律。常用方法是采用统计参数进行对比分析，具体方法如下：

选择与设计站年径流量成因上有联系，且具有长系列 N 年资料的参证变量，如邻近地区某站的年径流量或年降水量等。分别用矩法公式计算参证变量长系列 N 年的统计参数 $\overline{Q}_N$、C_{VN}，以及短系列 n 年（与设计站年径流量系列 n 年资料同期）的统计参数 $\overline{Q}_n$、C_{Vn}。如两者统计参数接近，可推断参证变量的 n 年短系列在 N 年长系列中具有较好的代表性，从而推断设计站 n 年的年径流量系列也具有较好的代表性。如两者统计参数相差较大（一般相差值超过 5%～10%），则认为设计站 n 年径流量系列代表性较差，这时应设法插补延长系列，以提高系列的代表性。

显然，应用上述方法应具备下列两个条件：①参证变量的长系列本身具有较高的代表性；②设计站年径流量与参证变量在时序上具有相似的丰枯变化。

三、年径流分析计算

1. 设计长期年、月径流量系列

实测径流系列经过审查和分析后，再按水利年度排列为一个新的年、月径流系列。然后，从这个长系列中选出代表段。代表段中应包括有丰、平、枯水年，并且有一个或几个完整的调节周期；代表段的年径流量均值、变差系数应与长系列的相近。用这个代表段的年、月径流量过程来代表未来工程运行期间的年、月径流量变化。这个代表段就是水利计算所要求的所谓“设计年、月径流系列”。并以列表形式给出，见表 9-1。它是用过去历年实测的年、月径流量的年际、年内变化规律来概括未来工程运行期间的来水规律。

表 9-1　　某河断面历年逐月平均流量

年份	月平均流量 /(m^3/s)												年平均流量 /(m^3/s)
	6月	7月	8月	9月	10月	11月	12月	1月	2月	3月	4月	5月	
1958—1959	16.5	22	43	17	4.63	2.46	4.02	4.84	1.98	2.47	1.87	21.6	11.86
1959—1960	7.25	8.69	16.3	26.1	7.15	7.5	6.81	1.86	2.67	2.73	4.2	2.03	7.77
1960—1961	8.21	19.5	26.4	26.4	7.35	9.62	3.2	2.07	1.98	1.9	2.35	13.2	10.18
1961—1962	14.7	17.7	19.8	30.4	5.2	4.87	9.1	3.46	3.42	2.92	2.48	1.62	9.64
1962—1963	12.9	15.7	41.6	50.7	19.4	10.4	7.48	2.79	5.3	2.67	1.79	1.8	14.38
1963—1964	3.2	4.98	7.15	16.2	5.55	2.28	2.13	1.27	2.18	1.54	6.45	3.87	4.73
1964—1965	9.91	12.5	12.9	34.6	6.9	5.55	2	3.27	1.62	1.17	0.99	3.06	7.87
1965—1966	3.9	26.6	15.2	13.6	6.12	13.4	4.27	10.5	8.21	9.03	8.35	8.48	10.64
1966—1967	9.52	29	13.5	25.4	25.4	3.58	2.67	2.23	1.93	2.67	1.41	5.3	10.22
1967—1968	13	17.9	33.2	43	10.5	3.58	1.67	1.57	1.82	1.42	1.21	2.36	10.94
1968—1969	9.45	15.6	15.5	37.8	42.7	6.55	3.52	2.54	1.84	2.68	4.25	9	12.62
1969—1970	12.2	11.5	33.9	25	12.7	7.3	3.65	4.96	3.18	2.35	3.88	3.57	10.35
1970—1971	16.3	24.8	41	30.7	24.2	8.3	6.5	8.75	4.25	7.96	4.1	3.8	15.06
1971—1972	5.08	6.1	24.3	22.8	3.4	3.45	4.92	2.79	1.76	1.3	2.23	8.76	7.24
1972—1973	3.28	11.7	37.1	16.4	10.2	19.2	5.75	4.41	5.53	5.59	8.47	8.89	11.38
1973—1974	15.4	38.5	41.6	57.4	31.7	5.84	6.65	4.55	2.59	1.63	1.76	5.21	17.74
1974—1975	3.28	5.48	11.8	17.1	14.4	14.3	3.84	3.69	4.67	5.16	6.26	11.1	8.42
1975—1976	22.1	37.1	58	23.9	10.6	12.4	6.26	8.51	7.3	7.54	3.12	5.56	16.87

有了长系列的来水，就可与相应的历年用水过程配合，推求逐年的缺水量，进而推求设计的兴利库容。水利计算中称这种方法为长系列法，具体方法将在兴利调节计算中介绍。在实际工作中，当不具备上述条件或在规划设计阶段进行多方案比较时为节省工作量，中小型水利水电工程广泛采用代表年法，即设计代表年法或实际代表年法，这就相应地要求提供设计代表年或实际代表年的来水，将它作为未来工程运行期间径流情势的概率预估。

2. 设计代表年法设计年径流计算

根据工程要求或计算任务，设计代表年又可分为设计丰、平（中）、枯水年三种情况，并且通过不同频率来反映丰、平、枯水情况。一般丰水年的频率不大于 25%，平水年的频率取 50%，枯水年的频率不小于 75%。对于灌溉工程、城镇供水工程只需推求设计保

证率 $p_{设}$ 相应的设计枯水年；对于水电工程一般应推求频率 $1-p_{设}$、50%、$p_{设}$ 分别相应的设计丰、平、枯三个代表年。水资源规划或供需分析中，一般需推求频率分别为 20%（丰水）、50%（平水）、75%（偏枯）、90%或 95%（枯水）的代表年。这些设计频率（也称为指定频率）相应的年径流量，称为设计年径流量；设计年径流量在年内各月（或旬）的分配称为设计年内分配。

当设计频率确定后，设计代表年的年、月径流量的计算内容包括两个环节：①设计年径流量及设计时段径流量的计算；②设计年内分配的计算。

（1）设计年径流量及设计时段径流量的计算。

1）计算时段的确定。在确定设计代表年的径流时，一般要求年径流量及一些计算时段的径流量达到指定的设计频率。因此在对年径流量进行频率计算时，常需对其他计算时段的径流量也进行计算。计算时段，也称统计时段，它是按工程要求确定的。对灌溉工程，则取灌溉期或灌溉期各月作为计算时段；对水电工程，年水量和枯水期水量决定发电效益，采用年及枯水期作为计算时段。

2）频率计算。如计算时段为年，则按水利年统计逐年年径流量，构成年径流量系列。如计算时段为枯水期 3 个月，则统计历年连续最枯的 3 个月总水量，组成时段枯水量系列。《水利水电工程水文计算规范》（SL 278—2002）规定，径流频率计算依据的系列应在 30 年以上。

通过对年径流量系列或时段径流量系列频率计算，可推求指定频率的年径流量或时段径流量，即为设计年径流量或设计时段径流量。

应注意，适线时在照顾大部分点据的基础上，应重点考虑中下部平水年和枯水年点群的趋势定线；C_S 值一般可采用 $(2\sim3)C_V$，当调查到历史特枯水年（或枯水期）径流量时，必须慎重考证确定其重现期，然后合理确定其在样本中的经验频率，再进行绘点配线确定统计参数。

3）成果的合理性检查。应用数理统计方法推求的成果必须符合水文现象的客观规律，因此，需要对所求频率曲线和统计参数进行下列合理性检查。

a. 要求年及其他各时段径流量频率曲线在实用范围内不得相交。即要求同一频率的设计值，长时段的要大于短时段的，否则应修改频率曲线。

b. 各时段的径流量统计参数在时间上能协调。即均值随时段的增长而加大，C_V 值一般随时段的增长而有递减的趋势。

c. 要求统计参数与上下游、干支流、邻近河流的同时段统计参数在地区上应符合一般规律。即流量的均值随流域面积的增大而增大，C_V 值一般随流域面积的增大有减小的趋势。如不符，应结合资料情况和流域特点进行深入分析，找出原因。

d. 可将年径流量统计参数与流域平均年降水量统计参数进行对比。即年径流量的均值应小于流域平均年降水量的均值；而一般以降雨补给为主的河流，年径流量的 C_V 值应大于年降水量的 C_V 值。

【例 9-1】 拟兴建一水利水电工程，某河某断面有 38 年（1958—1995 年）的流量资料，见表 9-1（部分）。试求 $p=10\%$的设计丰水年、$p=50\%$的设计平水年、$p=90\%$的设计枯水年的设计年径流量。

(1) 进行年、月径流量资料的审查分析，认为 38 年实测系列具有较好的可靠性、一致性和代表性。

(2) 将年平均径流量组成统计系列，按照适线法进行频率分析，从而求出指定频率的设计年径流量，频率计算结果如下：

均值$\overline{Q}=11.17\text{m}^3/\text{s}$，$C_V=0.32$，$C_S=2C_V$

$p=10\%$的设计丰水年　　$Q_{丰p}=K_{丰}\overline{Q}=1.76\times11.17=19.66(\text{m}^3/\text{s})$

$p=50\%$的设计平水年　　$Q_{平p}=K_{平}\overline{Q}=0.97\times11.17=10.83(\text{m}^3/\text{s})$

$p=90\%$的设计枯水年　　$Q_{枯p}=K_{枯}\overline{Q}=0.66\times11.17=7.37(\text{m}^3/\text{s})$

(2) 设计年内分配的计算。当求得设计年径流量及设计时段径流量之后，根据工程要求，求得设计频率的设计年径流量后，还必须进一步确定月径流过程。目前常用的方法是：先从实测年、月径流量资料中，按一定的原则选择代表年。然后依据代表年的年内径流过程，将设计年径流量按一定比例进行缩放，求得所需的设计年径流年内分配过程。

1) 代表年的选择。代表年从实测径流资料中选取，应遵循下述三条原则：

a. 水量相近。即选取的代表年年径流量或时段径流量应与相应的设计值接近。

b. 选取对工程不利的年份。在实测径流资料中水量接近的年份可能不只一年，为了安全起见，应选用水量在年内的分配对工程较为不利的年份作为代表年。如对灌溉工程而言，应选灌溉需水期径流量比较枯，而非灌溉期径流量又相对较丰的年份，这种年内分配经调节计算后，需要较大的库容才能保证供水，以这种代表年的年径流分配形式代表未来工程运行期间的径流过程，所确定的工程规模对供水来说具有一定的安全保证程度。对水电工程而言，则应选取枯水期较长、枯水期径流量又较小的年份。

c. 水电工程一般选丰水、平水和枯水 3 个代表年，而灌溉工程只选枯水 1 个代表年。

2) 设计年径流年内分配计算。按上述原则选定代表年后，求出设计年径流量与代表年年径流量之比值 $K_{年}$ 或求出设计年供水期水量与代表年的供水期水量之比值 $K_{供}$，即

$$K_{年}=\frac{Q_{年,p}}{Q_{年,d}} \quad 或 \quad K_{供}=\frac{Q_{供,p}}{Q_{供,d}} \tag{9-3}$$

然后，以 $K_{年}$ 或 $K_{供}$ 值乘代表年的逐月平均流量，即得设计年逐月的径流量，即得到径流的年内分配过程。

【例 9-2】 接前例，求设设计枯水年 $p=90\%$的设计年径流的年内分配。

(1) 代表年的选择。

$p=90\%$的设计枯水年，$Q_{年,90\%}=7.37\text{m}^3/\text{s}$，与之相近的年份有 1959—1960 年（$Q=7.77\text{m}^3/\text{s}$）、1964—1965 年（$Q=7.87\text{m}^3/\text{s}$），1965—1966 年（$Q=7.87\text{m}^3/\text{s}$）、1971—1972 年（$Q=7.24\text{m}^3/\text{s}$）等 4 年。考虑分配不利，即枯水期水量较枯，选取 1964—1965 年作为枯水代表年，1959—1960 年作比较用。

(2) 以年水量控制求缩放倍比 $K_{年}$，由式（9-3）得

设计枯水年　$K_{年}=\dfrac{Q_{年,p}}{Q_{年,d}}=\dfrac{7.37}{7.87}=0.936$（1964—1965 年代表年）

$$K_{年}=\frac{Q_{年,p}}{Q_{年,d}}=\frac{7.37}{7.77}=0.949\ (1959—1960\ 年代表年)$$

(3) 设计年径流年内分配计算。

以缩放倍比 $K_{年}$ 乘以各自代表年的逐月径流，即得设计年径流年内分配，结果见表 9-2。

表 9-2 设计年径流年内各月及全年径流量 单位：m^3/s

项目	6月	7月	8月	9月	10月	11月	12月	1月	2月	3月	4月	5月	全年	
													总量	平均
1964—1965年	9.91	12.5	12.9	34.6	6.9	5.55	2	3.27	1.62	1.17	0.99	3.06	94.47	7.87
同倍缩放比	0.936	0.936	0.936	0.936	0.936	0.936	0.936	0.936	0.936	0.936	0.936	0.936		
设计年年内分配过程	9.28	11.70	12.07	32.39	6.46	5.19	1.87	3.06	1.52	1.10	0.93	2.86	88.42	7.37
1959—1960年	7.25	8.69	16.3	26.1	7.15	7.5	6.81	1.86	2.67	2.73	4.2	2.03	93.29	7.77
同倍缩放比	0.949	0.949	0.949	0.949	0.949	0.949	0.949	0.949	0.949	0.949	0.949	0.949		
设计年年内分配过程	6.88	8.25	15.47	24.77	6.79	7.12	6.46	1.77	2.53	2.59	3.99	1.93	88.53	7.38

这种推求设计年径流年内分配的方法，称为同倍比缩放法。该方法简单易行，计算出来的年径流过程仍保持原代表年的径流分配形式，但求出的设计年径流过程，只是计算时段（年或某一时段）的径流量符合设计频率的要求。有时需要几个时段和全年的径流量同时满足设计频率，则需用同频率缩放法。即将各月径流量分段用不同的缩放系数进行相乘，具体计算方法与第十一章“由流量资料推求设计洪水”中的“同频率放大法”相似。

3. 实际代表年法代表年的选取

实际代表年法就是从实测年、月径流量系列中，选取出一个实际的干旱年作为代表年，用其年径流分配过程直接与该年的用水过程相配合而进行调节计算，求出调节库容，来确定工程规模。选出的年份称为实际代表年，其年、月径流量，就是实际代表年的年、月径流量。用这种方法求出的调节库容，不一定符合规定的设计保证率。但由于曾经发生的干旱年份给人以深刻的印象，认为只要这样年份的供水得到保证，就达到修建水库工程的目的。实际代表年法概念清楚，比较直观，在小型灌溉工程设计中应用较广。以此来水与该年的实际用水过程配合，进行调节计算，就可确定工程规模。

第三节 缺乏实测径流资料时年径流分析计算

一、计算途径

许多中小型流域往往缺乏实测径流资料。此种情况下，设计年径流量只能采用间接的方法，目前常用等值线图法和水文比拟法估算年径流量分布的三个统计参数（即均值$\overline{Q}$、变差系数 C_V 和偏态系数 C_S），然后计算出设计年径流量，进而推求设计年内分配。

二、年径流量分析计算

1. 等值线图法

缺乏实测径流资料时，可用水文手册或水文图集上的多年平均径流深、年径流量变差系数的等值线图来推求设计年径流流量。

(1) 多年平均年径流深的估算。水文特征值（如年径流深、年降水量等）的等值线图是表示这些水文特征值的地理分布规律的。当影响这些水文特征值的因素是分区性因素（如气候因素）时，则该特征值随地理坐标不同而发生连续变化，利用这种特性就可以在地图上绘出它的等值线图。反之，有些水文特征值（如洪峰流量、特征水位等）的影响因素主要是非分区性因素（如下垫面因素——流域面积、河床下切深度等），则该特征值不随地理坐标而连续变化，也就无法绘出等值线图。对于同时受分区性因素和非分区性因素两种因素影响的特征值，应当消除非分区性因素的影响，才能得出该特征值的地理分布规律。

影响闭合流域多年平均年径流量的因素主要是气候因素——降水与蒸发。由于降水量和蒸发量具有地理分布规律，所以多年平均年径流量也具有这一规律。为了消除流域面积这一非分区性因素的影响，多年平均年径流量等值线图是以径流深（mm）或径流模数[$m^3/(s\cdot km^2)$]来表示的。

绘制降水量、蒸发量等水文特征值的等值线图时，是把各观测点的观测数值点注在地图上各对应的观测位置上，然后勾绘该特征值的等值线图。但在绘制多年平均年径流深（或模数）等值线图时，由于任一测流断面的径流量是由断面以上流域面上的各点的径流汇集而成的，是流域的平均值，所以应该将数值点注在最接近于流域平均值的位置上。当多年平均年径流深在地区上缓慢变化时，则流域形心处的数值与流域平均值十分接近。但在山区流域，径流量有随高程增加而增加的趋势，则应把多年平均年径流深点注在流域的平均高程处更为恰当。将一些有实测资料流域的多年平均年径流深数值点注在各流域的形心处（或平均高程处），再考虑降水及地形特性勾绘等值线，最后用大、中流域的资料加以校核调整，并与多年平均年降水量、蒸发量等值线图对照，消除不合理现象，则构成适当比例尺的多年平均年径流深等值线图。

用等值线图推求设计流域的多年平均年径流深时，先在图上绘出设计流域的分水线，然后定出流域的形心。当流域面积较小，且等值线分布均匀时，用地理插值法求出通过流域形心处的等值线数值即可作为设计流域的多年平均年径流深。如流域面积较大，或等值线分布不均匀时，则采用各等值线间部分面积为权重的加权法，求出全流域多年平均年径流深。具体方法与等雨量线法计算流域平均雨量相同，这里不再赘述。

对于中等流域，多年平均年径流深等值线图有很大的实用意义，其精度一般也较高。对于小流域，等值线图的误差可能较大。这是由于绘制等值线图时主要依据的是大、中等流域的资料，用来推求小流域的多年平均年径流深一般得到的数值偏大，其原因是小流域河槽下切深度较浅，一般为非闭合流域，不能汇集全部地下径流。故实际应用时，要进行调查，必要时加以修正。

(2) 年径流量变差系数 C_V 及偏态系数 C_S 的估算。影响年径流量年际变化的因素主要是气候因素，因此也可以用等值线图来表示年径流量变差系数 C_V 在地区的变化规律，并用它来估算缺乏资料的流域年径流量的变差系数 C_V 值。年径流量变差系数 C_V 等值线图的绘制和使用方法与多年平均年径流深等值线图相似。但 C_V 等值线图的精度一般较低，特别是用于小流域时，读数一般偏小，其主要原因是大、中等流域与小流域调蓄能力的差异而导致径流的年际变化不同。因此，必要时应进行修正。

至于年径流量偏态系数 C_S 值，可用水文手册上给出的各分区 C_S 与 C_V 的比值，一般常取 $C_S=2C_V$。

(3) 设计年径流量的估算。求得上述三个统计参数后，根据指定的设计频率，查 P-Ⅲ型曲线模比系数值表确定 k_p，然后由公 $Q_P=k_p\overline{Q}$求得设计年径流量 Q_p。

2. 水文比拟法

水文比拟法是将参证流域的水文资料（指水文特征值、统计参数、典型时空分布）移用到设计流域上来的一种方法。这种移用是以设计流域影响径流的各项因素与参证流域影响径流的各项因素相似为前提。因此使用水文比拟法时，关键在于选择恰当的参证流域，具体选择条件为：①参证流域与设计流域必须在同一气候区，且下垫面条件相似；②参证流域应具有长期实测径流资料系列，而且代表性好；③参证流域与设计流域面积不能相差太大。常见的参证流域为与设计站处于同一河流的上下游、干支流站或邻近流域。

(1) 多年平均年径流量的估算。当选择了符合要求的参证流域后，确定设计流域的多年平均年径流深，常用以下两种方法：

1) 直接移用径流深。若设计站与参证站位于同一条河流的上下游，两站的控制面积相差不超过 3%时，一般可直接移用参证站的成果。

$$\overline{Y}_{设}=\overline{Y}_{参} \tag{9-4}$$

2) 用流域面积修正。若设计流域与参证流域流域面积相差在 3%～15%以内，但区间降雨和下垫面条件与参证流域相差不大时，则应按面积比修正的方法来推求设计站多年平均流量，即

$$\overline{Q}_{设}=(F_{设}/F_{参})\overline{Q}_{参} \tag{9-5}$$

式中　$\overline{Q}_{设}$、$\overline{Q}_{参}$——设计流域、参证流域的多年平均流量，m^3/s；

$F_{设}$、$F_{参}$——设计流域、参证流域的面积，km^2。

移用参证流域的多年平均流量时，式（9-5）考虑面积比进行修正，可以看出，其原理与式（9-4）是相同的。

3) 用降水量修正。如果设计流域与参证流域的多年平均年降水量不同，就不能直接移用径流深。可假设径流系数接近，即$\overline{Y}_{设}/\overline{H}_{设}=\overline{Y}_{参}/\overline{H}_{参}$，考虑年降水量差异进行修正，即

$$\overline{Y}_{设}=(\overline{H}_{设}/\overline{H}_{参})\overline{Y}_{参} \tag{9-6}$$

式中　$\overline{H}_{设}$、$\overline{H}_{参}$——设计流域、参证流域的多年平均年降水量，mm。

(2) 年径流量变差系数 C_V 和偏态系数 C_S 的估算。年径流量变差系数 C_V 一般可直接移用，无须进行修正，并常采用 $C_S=(2\sim3)C_V$。

(3) 设计年径流量的估算。有了上述三个统计参数后，推求设计年径流量 Q_P 的方法

同等值线图法。

三、年径流分配过程计算

为配合参数等值线图的应用，各省（区）水文手册、水文图集或水资源分析成果中，都按气候及地理条件划分了水文分区，并给出各分区的丰、平、枯各种年型的代表年分配过程，可供无资料流域推求设计年内分配查用。

当采用水文比拟法进行计算时，可同样将参证流域代表年的年内分配直接或间接移用到设计流域。

四、算例

【例 9-3】 拟在某河流 A 断面处修建一座水库，流域面积 $F=176\text{km}^2$。试用参数等值线法推求坝址断面 A 处的 $p=90\%$ 的设计年径流量及其年内分配。

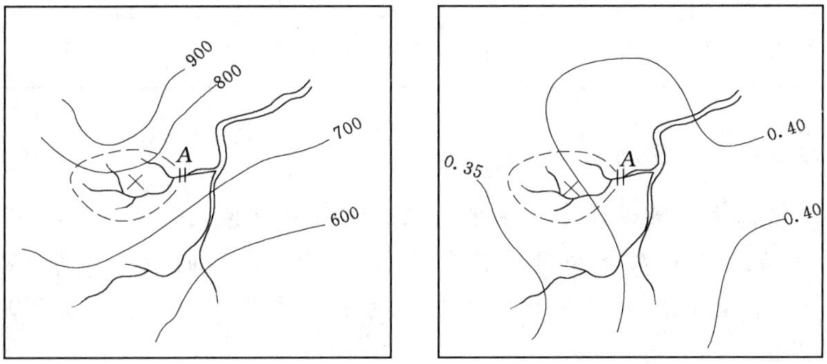

(a)某地区多年平均年径流深 Y 等值线图　　(b)年径流量 C_V 等值线图

图 9-1

(1) 设计年径流量的推求。如图 9-1 所示，在流域所在地区的多年平均年径流深$\overline{Y}$等值线及年径流量变差系数 C_V 等值线图上，分别勾绘出流域分水线，并定出流域形心位置。用直线内插法求出流域形心处数值为：$\overline{Y}=780\text{mm}$，$C_V=0.39$，采用 $C_S=2C_V$。

将多年平均年径流深$\overline{Y}$换算成多年平均径流量$\overline{Q}$，得

$$\overline{Q}=\frac{1000F\overline{Y}}{T}=\frac{1000\times176\times780}{31.54\times10^6}=4.35(\text{m}^3/\text{s})$$

由 $p=90\%$、$C_V=0.39$、$C_S=2C_V$ 查皮尔逊-Ⅲ型曲线模比系数 k_p 值表，查得 90%的设计频率对应的模比系数 $k_p=0.54$。故坝址断面 $p=90\%$的设计年径流量为

$$Q_P=k_p\overline{Q}=0.54\times4.35=2.35(\text{m}^3/\text{s})$$

(2) 设计年内分配的推求。由水文图集查得，流域所在分区的枯水代表年的年内分配比见表 9-3。只要用表中的各月分配比乘以设计年径流量，就可得到设计年内分配过程，结果见表 9-3。全年各月流量之和为 28.19，除以 12 得 2.35，等于设计值，计算正确。

表 9-3 $p=90\%$设计年径流量年内分配表

月 份	3	4	5	6	7	8	9	10	11	12	1	2	合计
$\frac{Q_{月}}{Q_{年}}$	2.24	1.88	3.44	3.71	0.46	0.03	0.00	0.00	0.01	0.04	0.03	0.16	12
$Q_{设月}/(m^3/s)$	5.26	4.42	8.08	8.72	1.08	0.07	0.00	0.00	0.02	0.09	0.07	0.38	28.19

【例 9-4】 拟在某河流 B 断面处筑坝，该断面以上控制流域面积 $190km^2$，已知该河流 B 断面上游 10km 处 A 断面作为参证站。A 断面处控制面积 $176km^2$，多年平均流量为 $4.4m^3/s$，$C_V=0.4$，$C_S=0.8$，枯水代表年的年内分配见表 9-4。试用水文比拟法推求 B 断面处 $p=90\%$设计年径流量及其年内分配。

表 9-4 参证站 $p=90\%$枯水代表年内分配计算表

年 份	月平均流量/(m^3/s)												全年总量
	3	4	5	6	7	8	9	10	11	12	1	2	
枯水代表年分配比/%	18.7	15.6	28.6	30.7	3.8	0.3	0.2	0.1	0.2	0.3	0.2	1.3	100

(1) 参证站多年平均径流深$\overline{Y}_A=\frac{\overline{Q}T}{1000F_A}=\frac{4.4\times3600\times24\times365}{1000\times176}=788(mm)$。

(2) 用水文比拟法求得设计站多年平均径流深（直接按比例求得）$4.08m^3/s$。

设计站的年径流变差系数和偏态系数直接采用参证站的成果。即 $C_V=0.4$，$C_S=2C_V=0.8$。查 P-Ⅲ型曲线 90%设计频率对应的模比系数 $k_p=0.53$，则 90%频率的设计年径流量为

$$Q_{90\%}=k_p\overline{Q_B}=0.53\times4.08=2.16(m^3/s)$$

(3) 直接移用参证站 $p=90\%$枯水代表年年内分配比，然后乘以设计年径流量 $Q_{90\%}$（还要再乘一年的月数 12）即得到设计年内分配，见表 9-5。

表 9-5 设计年径流量 $p=90\%$枯水年年内分配表

年 份	月平均流量/(m^3/s)												全年
	3	4	5	6	7	8	9	10	11	12	1	2	
枯水代表年分配比/%	18.7	15.6	28.6	30.7	3.8	0.3	0.2	0.1	0.2	0.3	0.2	1.3	100
$p=90\%$设计年月径流量/(m^3/s)	4.85	4.04	7.41	7.96	0.98	0.08	0.05	0.03	0.05	0.08	0.05	0.34	2.16

内 容 小 结

本章以年径流量的计算为重点，学习了径流的概念、径流影响因素，具有长期观测资料、无观测资料情况下的年径流量的计算和年内分配计算等内容。

（1）年径流量的概念。在一个年度内，通过河流某一断面的水量，称为该断面以上流域的年径流量。它常用年平均流量（m^3/s）、年径流深（mm）、年径流总量（m^3）或年径流模数［$m^3/(s \cdot km^2)$］表示。

（2）年径流量的影响因素。包括气候因素、下垫面因素和人类活动因素，其中气候因素主要指降雨和蒸发。

（3）年径流量的产生过程符合水量平衡方程，即 $Y = H - E - \Delta W - \Delta V$。

（4）年径流量资料的审查，包括可靠性审查、一致性审查和代表性审查。可靠性审查主要查看数据的真实性和准确性；一致性审查主要分析产生资料的系列的条件是否一致，不一致时，需对资料进行还原计算；代表性审查用对比分析的方法，通过分析参证站的水文特征，判断设计站的径流资料是否具有代表性。

（5）具有长期观测资料时，一般用设计代表年法确定不同水文频率的年径流量及设计年内分配。对于设计保证率较低的工程，也可以采用实际代表年法完成以上工作。

（6）无实测资料的情况，用等值线图法和水文比拟法确定不同水文频率的年径流量及设计年内分配。

（7）水文设计年一般包括丰水年、平水年和枯水年。农田灌溉工程、城镇供水工程只需推求设计保证率 p 设相应的设计枯水年；对于水电工程一般应包括设计丰、平、枯三个代表年。

自 测 练 习 题

一、填空题

1. 年径流是指河流某一断面一年通过的 ________。

2. 年径流量通常可以用 ________、________、________ 和 ________ 表示；年径流年内分配通常可以用 ________径流过程表示。

3. 年径流的影响因素主要有 ________、________ 和 ________。

4. 年径流资料的“三性”审查是指 ________、________、________。

5. 缺乏实测径流资料时推求设计年径流量常用方法有 ________ 和 ________。

二、简单计算题

1. 某水利工程，根据实测资料已求得设计断面处年径流的统计参数为$\overline{Q}=51.1m^3/s$，$C_V=0.35$，采用 $C_S=2C_V$，试求设计枯水年 $p=90\%$的设计年径流量；并根据表 9-6 所列资料选择代表年，推求设计年径流的年内分配。

表 9-6　　设计站枯水年逐月平均流量表

年　份	月平均流量/(m^3/s)											
	5月	6月	7月	8月	9月	10月	11月	12月	1月	2月	3月	4月
1955—1956	29.6	13.1	60.9	62.9	39.5	59.5	44.1	21.8	10.0	7.9	22.5	17.4
1972—1973	62.6	15.7	8.0	54.4	92.6	6.7	14.9	12.7	13.0	2.0	1.4	52.6

2. 某水库位于无资料区，设计流域的位置如图 9-2 所示，流域面积为 $326km^2$。已知多年平均年径流深等值线图［图 9-2（a）］及相应的 C_V 等值线图［图 9-2（b）］，并

根据流域所在分区，查得设计流域丰、平、枯三个代表年的分配百分比，见表9-7。丰水年设计频率 $p=10\%$，平水年设计频率 $p=50\%$，枯水年设计频率 $p=90\%$。采用 $C_S=2C_V$。求坝址处的丰、平、枯三个代表年的设计年径流量及年内分配。

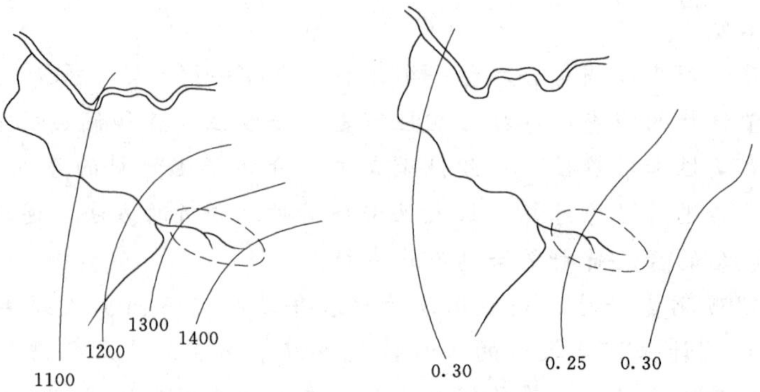

(a) 多年平均年径流深等值线图　(b) 年径流量变差系数 C_V 等值线图

图9-2

表9-7　设计年径流丰、平、枯三个代表年的年内分配百分比

类别	月份												全年
	3	4	5	6	7	8	9	10	11	12	1	2	
丰水代表年分配比/%	11.0	18.3	28.6	11.8	5.2	6.1	3.2	4.2	3.6	3.7	1.6	2.7	100.0
平水代表年分配比/%	9.8	9.3	27.3	20.2	10.2	5.9	2.9	4.0	2.6	1.9	3.1	2.8	100.0
枯水代表年分配比/%	10.5	13.2	13.7	36.6	7.3	5.9	2.1	3.5	1.7	1.2	1.0	3.3	100.0

第十章　设计洪水分析计算

【学习指导】　设计洪水是水利水电工程规划设计的重要依据。在可行性研究或初步设计阶段，设计洪水的主要参数应当确定。设计洪水计算主要根据《水利水电工程设计洪水计算规范》（SL 44—2006）进行。

水利水电工程设计所依据的各种标准的设计洪水，包括洪峰流量、时段洪量、洪水过程线。本章主要学习一般中小水利工程设计洪水计算的主要方法途径。一种是具有长期实测流量资料条件下的由流量资料推求设计洪水，另一种是缺乏实测资料时的小流域设计洪水估算方法。

第一节　设计洪水概述

一、洪水与设计洪水

洪水是指由暴雨或急促的冰雪融化等引起的江河水位、流量在一定时间内急剧变化的一种自然现象。当洪水超过江河的防洪能力时，如不加以防范就会造成洪水灾害，危及到城市工矿企业及人民的生命财产安全。

设计洪水是指符合设计标准的洪水，是堤防和各种水工建筑物设计的依据。设计洪水特性可以由三个控制性的要素来描述，即设计洪峰流量 Q_m，设计洪水总量 W 和设计洪水过程线。

设计洪峰流量是指设计洪水的最大流量。对于堤防、桥梁、涵洞及调节性能小的水库等，一般可只推求设计洪峰流量。例如，堤防的设计标准为百年一遇，只要求堤防能防御百年一遇的洪峰流量，至于洪水总量多大，洪水过程线形状如何，均不重要，故也称之为“以峰控制”。

设计洪水总量是指自洪水起涨至洪水落平时的总径流量，相当于设计洪水过程线与时间坐标轴所包围的面积。设计洪水总量随计算时段的不同而不同。1 天、3 天、7 天等固定时段的连续最大洪量，是指计算时段内水量的最大值，简称最大一日洪量、最大三日洪量、最大七日洪量等。对于大型水库其调节性能高，洪峰流量的作用就不显著，而洪水总量则对决定防洪库容大小起重要作用，当设计洪水主要由某一历时的洪量决定时，此称为“以量控制”。在水利工程的规划设计时，一般应同时考虑洪峰和洪量的影响，要以峰和量同时控制。

设计洪水过程线包含了设计洪水的所有信息，是水库防洪调节计算时的重要入库洪水资料。

二、防洪标准

1. 防洪标准及选定防洪标准的原则

洪水泛滥造成的洪灾是自然灾害中最重要的一种，它给城市、乡村、工矿企业、交通运输、水利水电工程、通信设施、文物古籍以及旅游设施等带来巨大的损失。为了保护上述对象不受洪水的侵害，减少洪灾损失，必须采取防洪措施，包括防洪的工程措施和非工程措施。防洪标准是指担任防洪任务的水工建筑物应具备的防御洪水能力的洪水标准，一般可用防御洪水相应的重现期或出现的频率来表示，如 50 年一遇、100 年一遇等。此外，有的部门根据调查实测的某次洪水或适当加成作为防洪标准，但也往往与相应的频率洪水对比。

值得注意的是上面所说的 50 年一遇、100 年一遇，绝不能错误地理解为 100 年或 50 年以后才发生一次，或者错误认为每 50 年或 100 年必定发生一次。实际上百年一遇是指在多年平均的情况下 100 年发生一次，即 100 年内可发生一次、二次或多次，甚至一次也不发生。所以，一定设计标准的水利工程每年都要承担一定的失事风险，其风险大小可以用风险率表示。为了说明工程的风险率，可作如下简单分析：

若某工程的设计频率为 $p(\%)$，该工程如果有效工作 L 年（L 称为工作寿命），由概率论知识可知，工程建成后一年其被破坏的可能性为 p（%），不遭破坏的可能性则为（$1-p$）；第二年继续不遭破坏的可能性由概率相乘定理应为$(1-p)\cdot(1-p)=(1-p)^2$。依此类推，在 L 年内不遭破坏的可能性为 $(1-p)^L$。那么，在 L 年内遭受破坏的可能性，也即该工程应承担的风险率为 $R=1-(1-p)^L$。如果一座设计标准为 $p=1\%$ 的工程使用 100 年和 200 年时，使用期内出现超标准洪水遭破坏的风险率分别为 63.4%和 86.6%。

为保证防护对象的防洪安全，需投入资金进行防洪工程建设和维持其正常运行。防洪标准高，工程规模、投资及运行费用大，工程风险就小，防洪效益大；相反，防洪标准低，工程规模小，工程投资少，所承担的风险就大，防洪效益小。因此，选定防洪标准的原则在很大的程度上是如何处理好防洪安全和经济的关系，应经过认真的分析论证考虑安全和经济的统一。中华人民共和国建设部根据国家计委要求，于 1994 年 6 月发布了由水利部会同有关部门共同制定的《防洪标准》（GB 50201），又于 2014 年进行了修订，2015 年 5 月 11 日起实施，作为强制性国家标准。其中有关城市防护区、水库工程、引水枢纽及泵站、供水工程的防洪标准见表 10-1、表 10-2、表 10-3、表 10-4。根据《水利水电工程等级划分及洪水标准》（SL 252—2017），水利水电工程根据工程规模、效益和在国民经济中的重要性分为五等，其分等指标见表 10-5。水利水电工程的永久性水工建筑物根据其所属工程的等别、作用和重要性分为五级，其级别见表 10-6。

表 10-1　城市防护区的防护等级和防洪标准

等　级	重 要 性	常住人口/万人	当量经济规模/万人	防洪标准/[重现期（年）]
Ⅰ	特别重要	≥150	≥300	≥200
Ⅱ	重要	<150，≥50	<300，≥100	200～100
Ⅲ	比较重要	<50，≥20	<100，≥40	100～50
Ⅳ	一般	<20	<40	50～20

注　当量经济规模为城市防护区人均 GDP 指数与人口的乘积，人均 GDP 指数为城市防护区人均 GDP 与同期全国人均 GDP 的比值。

表 10－2　　水库工程水工建筑物的防洪标准

水工建筑物级别	防洪标准/[重现期（年）]				
	山区、丘陵区			平原区、滨海区	
	设　计	校　核		设　计	校　核
		混凝土坝、浆砌石坝及其他水工建筑物	土坝、堆石坝		
1	1000～500	5000～2000	（PMF）或 10000～5000	300～100	2000～1000
2	500～100	2000～1000	5000～2000	100～50	100～300
3	100～50	1000～500	2000～1000	50～20	300～100
4	50～30	500～200	1000～300	20～10	100～50
5	30～20	200～100	300～200	10	50～20

注　PMF 为可能最大洪水的英文缩写。

表 10－3　　引水枢纽及泵站等主要水工建筑物的防洪标准

水工建筑物级别	防洪标准/[重现期（年）]	
	设　计	校　核
1	100～50	300～200
2	50～30	200～100
3	30～20	100～50
4	20～10	50～30
5	10	30～20

表 10－4　　供水工程主要建筑物的防洪标准

水工建筑物级别	防洪标准/[重现期（年）]	
	设　计	校　核
1	100～50	300～200
2	50～30	200～100
3	30～20	100～50
4	20～10	50～30

表 10－5　　水利水电工程分等指标

工程等别	工程规模	水库总库容 $/10^8m^3$	防　洪			治涝	灌溉	供　水		发电
			保护人口 $/10^4$ 人	保护农田面积 $/10^4$ 亩	保护区当量经济规模 $/10^4$ 人	治涝面积 10^4 亩	灌溉面积 10^4 亩	供水对象重要性	年引水量 10^8m^3	发电装机容量 /MW
Ⅰ	大(1)型	≥10	≥150	≥500	≥300	≥200	≥150	特别重要	≥10	≥1200
Ⅱ	大(2)型	＜10，≥1.0	＜150，≥50	＜500，≥100	＜300，≥100	＜200，≥60	＜150，≥50	重要	＜10，≥3	＜1200，≥300
Ⅲ	中型	＜1.0，≥0.10	＜50，≥20	＜100，≥30	＜100，≥40	＜60，≥15	＜50，≥5	比较重要	＜3，≥1	＜300，≥50
Ⅳ	小(1)型	＜0.1，≥0.01	＜20，≥5	＜30，≥5	＜40，≥10	＜15，≥3	＜5，≥0.5	一般	＜1，≥0.3	＜50，≥10
Ⅴ	小(2)型	＜0.01，≥0.001	＜5	＜5	＜10	＜3	＜0.5		＜0.3	＜10

注　1. 水库总库容指水库最高水位以下的静库容；治涝面积指设计治涝面积；灌溉面积指设计灌溉面积；年引水量指供水工程渠首设计年均引（取）水量。
2. 保护区当量经济规模指标仅限于城市保护区；防洪、供水中的多项指标满足 1 项即可。
3. 按供水对象的重要性确定工程等别时，该工程应为供水对象的主要水源。

表 10-6　　永久性水工建筑物的级别

工程等别	永久性水工建筑物级别	
	主要建筑物	次要建筑物
Ⅰ	1	3
Ⅱ	2	3
Ⅲ	3	4
Ⅳ	4	5
Ⅴ	5	5

2. 我国大江大河的防洪标准

中华人民共和国成立以来，我国对主要江河的干支流进行了不同程度的规划治理，修建了各类防洪工程，提高了原来的防洪标准。但是，与国家规定的防洪标准尚有一定的差距。根据2009年发布的《中国的减灾行动》白皮书："长江中下游干堤全部修完修好，黄河下游标准化堤防建设全面展开，治淮19项骨干工程基本建成，长江三峡、黄河小浪底、淮河临淮岗等枢纽工程全面发挥效益，中国大江大河防洪能力进一步提高，部分主要河段已基本具备防御100年一遇洪水的能力。"例如：经过多年建设，长江中下游干流主要河段的防洪能力有了较大的提高。荆江河段依靠堤防可防御约10年一遇洪水，配合分蓄洪区，防御约40年一遇洪水；城陵矶河段依靠堤防可防御10年一遇～15年一遇洪水，考虑比较理想的使用分蓄洪区，可基本满足防御1954年型洪水的需要；武汉河段依靠堤防可防御20年一遇～30年一遇洪水，考虑分蓄洪区比较理想地使用，可基本满足防御1954年实际洪水的防洪需要；湖口河段依靠堤防可防御20年一遇洪水，考虑分蓄洪区比较理想运用的情况，可达到防御1954年实际洪水的需要。黄河下游花园口可通过洪峰流量22000m^3/s，在金堤河和东平湖分蓄洪区配合运用下可使下游河道安全行洪，上游兰州市和宁蒙河段防洪标准为50年一遇；淮河中下游干流可防御1954年型洪水，相当于40年一遇；辽河干流能防御20年一遇洪水，重点城市如沈阳、抚顺、辽阳等城市可防御100年一遇洪水。

三、设计洪水计算的内容和途径

这里所指的设计洪水实际上包括校核洪水在内。设计洪水的计算内容一般包括设计洪峰流量、固定时段的设计洪量和设计洪水过程线三项。对于不同的水利水电工程可以选择"以峰控制"和"以量控制"，必要时还需计算出设计洪水过程线。目前，我国设计洪水的计算途径可分为有实测资料和缺乏实测资料两种情况。

1. 有实测资料情况下推求设计洪水的途径

（1）由流量资料推求设计洪水。这种方法与上一章由径流资料推求设计年径流及其年内分配的方法大体相似。即先用频率计算法求出加入历史调查洪水资料的指定频率的设计洪峰流量和各种固定时段的设计洪量，然后按典型过程经同倍比或同频率放大的方法求得设计洪水过程线。

（2）由暴雨资料推求设计洪水。此种方法先由暴雨资料经过频率计算求得设计暴雨，再经过产流和汇流计算推求出设计洪水过程。

（3）由水文气象资料推求设计洪水。根据气象资料首先推求可能最大暴雨，再用可能最大暴雨推算出可能最大洪水。

2. 缺乏实测资料情况下推求设计洪水的途径

在实际工程中，缺乏实测资料的流域通常多为小流域，工程规模较小，而且数量众多，设计洪水的要求相对较低，不同的地区有不同的方法，但比较常用的有以下几种。

这种情况下设计洪水常用的资料有各省（区）《雨洪图集》、各地（市）《水文手册》等。

（1）地区等值线插值法。对于缺乏资料的地区，根据临近地区的实测和调查资料，对洪峰流量模数、暴雨特征值、暴雨和径流的统计参数等进行地区综合，绘制相应的等值线图供无资料的小流域设计时使用。

（2）推理公式法。是利用暴雨资料推求设计洪峰流量的最早方法之一。它是把流域产汇流条件进行一定的概化，按照等流时线原理推导形成的小流域的洪峰流量计算公式。

（3）经验公式法。在地区综合分析的基础上，通过试验研究建立洪水与暴雨和流域特征值的经验公式用于估算无资料地区的设计洪水。

本章主要介绍两种设计洪水的计算方法途径。第二节介绍由流量资料推求设计洪水，第三节介绍小流域设计洪水的推理公式法等有关知识，限于篇幅，部分内容仅作简单介绍。

第二节 由流量资料推求设计洪水

由流量资料推求设计洪水和由流量资料推求设计年径流的基本思路相同，即利用实测流量资料推求规定标准的、用于水库规划和水工建筑物设计的洪水过程线。内容包括：资料的“三性”检查，加入历史洪水资料的频率计算，推求出符合设计标准的设计洪峰流量和各种时段的设计洪量，按典型洪水过程进行放大求得设计洪水过程线和成果的合理性检查。

一、洪水资料的选样与审查

在洪水频率计算中是把每年河流的洪水过程作为一次随机事件。实际上它包含若干次不同的洪水过程，根据频率计算的选样原则，从多场洪水过程中选出符合要求的洪水特征值。

对于洪峰流量，用年最大值法选样。即每年挑选一个最大的瞬时洪峰流量，若有 n 年资料，则可得到 n 个最大洪峰流量构成的样本系列。

对于洪量，采用固定时段年最大值法独立选样。首先根据当地洪水特性和工程设计的要求确定的统计时段（包括设计时段和控制时段），然后在各年的洪水过程中，分别独立地选取不同时段的年最大洪量，组成不同时段的洪量样本系列。所谓独立选样，是指同一年中最大洪峰流量及各时段年最大洪量的选取互不相干，各自都取全年最大值即可。几个特征值有可能在同一场洪水中，也有可能不在同一场洪水中。如图 10-1 所示，最大 1 日洪量 W_1 与最大 3 日洪量 W_3 分别在两场洪水中，而最大 5 日洪量 W_5 又包含最大 3 日洪量 W_3。如果有 n 年资料即可得到几组不同时段的年最大洪量系列：

$$W_{11}, W_{12}, \cdots, W_{1n}$$

$$W_{31}, W_{32}, \cdots, W_{3n}$$

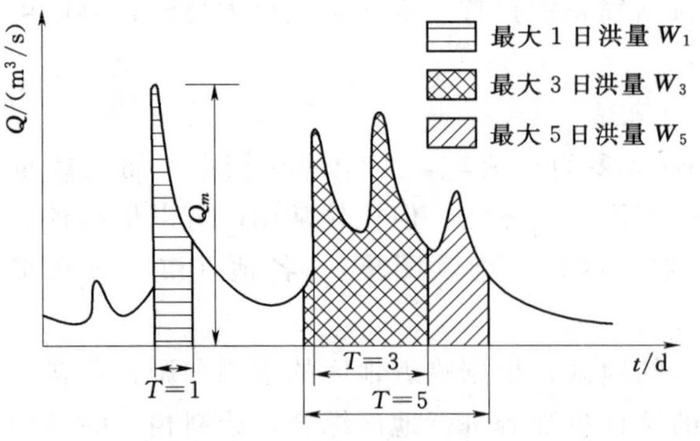

图 10-1　洪量独立选样图

$W_{51}, W_{52}, \cdots, W_{5n}$

年最大瞬时洪峰流量值和各种时段的年最大洪量值，可由水文年鉴上逐日平均流量表或水文要素摘录表统计求得，或者直接从水文特征值统计资料上查得。

洪水资料的审查，主要是审查它的可靠性、一致性和代表性，审查的方法和内容见第九章第二节。

如果审查发现洪水资料的代表性不高，可以通过相关分析进行插补展延。例如可以利用上下游站洪水资料进行相关分析延长洪峰及洪量资料，也可以利用本站的峰量关系进行插补延长，或者利用暴雨径流关系来插补延长。另外加入调查历史特大洪水资料是延长样本系列提高系列代表性的最重要的方法。

二、设计洪峰流量和洪量系列的频率计算

洪水资料经审查和插补延长后，用频率计算推求设计洪峰流量和各时段的设计洪量，其方法步骤与设计年径流的频率计算基本相同，只是洪水资料系列由于包含洪水特大值而使其经验频率和统计参数的计算及适线侧重点与设计年径流不同。下面只对洪水资料频率计算的特点作简单介绍。

1. 加入洪水特大值的作用

所谓特大洪水，目前还没有一个非常明确的定量标准，通常是指比实测系列中的一般洪水大得多的稀遇洪水，例如模比系数 $k \geqslant 2 \sim 3$。特大洪水包括调查历史洪水和实测洪水中的特大值。

目前，我国各条河流的实测流量资料多数都不长，经过插补延长后也得不到满意的结果。要根据这样短期的实测资料来推算百年一遇、千年一遇等稀遇洪水，难免存在较大的抽样误差。而且，每当出现一次大洪水后，设计洪水的数据及结果就会产生很大的波动，若以此计算成果作为水工建筑物防洪设计的依据，显然是不可靠的。因此设计洪水规范中明确提出，无论用什么方法推求设计洪水都必须考虑特大洪水的问题。如果能调查和考证到若干次历史洪水加入频率计算，就相当于将原来几十年的实测系列加以延长，这将大大提高资料系列的代表性，增加设计成果的可靠度。

例如：我国华北某水库，在 1955 年规划设计时，仅以 20 年实测洪峰流量系列计算设计洪水，推求出千年一遇设计洪峰流量为 $7500m^3/s$，其后于 1956 年发生了特大洪水，实测洪峰流量 $Q_m = 13100m^3/s$，超过了原千年一遇洪峰流量。加入该年洪水后重新按照 21 年进行频率计算，求得千年一遇洪峰流量为 $25900m^3/s$，比原设计值大 3 倍多，原设计值的可靠性大大降低，使人们认识到必须更深入地研究特大洪水对频率计算结果的影响。经过调查后，将历史上 1794 年、1853 年、1917 年和 1939 年发生的 4 次特大洪水一并加入系列，再作洪水频率计算，其千年一遇洪峰流量设计值为 $22600m^3/s$，紧接着 1963 年又

发生了 $Q_m=12000\mathrm{m}^3/\mathrm{s}$ 的实测特大洪水，再加入系列进行频率计算，求得千年一遇洪峰流量设计值为 $23300\mathrm{m}^3/\mathrm{s}$，与 $22600\mathrm{m}^3/\mathrm{s}$ 的设计成果相差只有3%，设计成果基本趋于稳定。这一实例充分说明考虑特大洪水（历史调查洪水和实测特大洪水），并做特大值处理，对于设计洪水的成果的稳定可靠具有重要作用。

2. 加入特大洪水不连序系列的几种情况

由于特大洪水的出现机会总是比较少的，因而其相应的考证期（调查期）N 必然大于实测系列的年数 n，而在 $N-n$ 时期内的各年洪水信息尚不确知。把特大洪水和实测一般洪水加在一起组成的样本系列，在由大到小排队时其序号无法连贯（即不连序），中间有空缺的序位，这种样本系列称为不连序系列。若由大到小排队时序号是连贯不间断的，这种样本系列则称为连序系列，一般地讲，实测年径流系列为连序系列，含洪水特大值的洪水系列为不连序系列。不连序系列有三种可能情况，如图10-2所示。

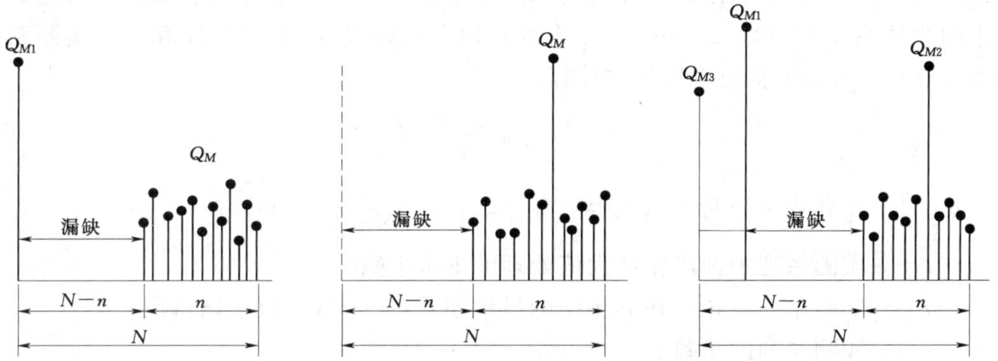

(a) 实测期外有特大洪水　(b) 实测期内有特大洪大　(c) 实测期内、外均有特大洪水

图10-2

图10-2(a)中为实测系列 n 年以外有调查的历史大洪水 Q_{M1}，其调查期为 N 年。

图10-2(b)中没有调查的历史大洪水，而实测系列中的 Q_M 远比一般洪水大，经论证其考证期可延长为 N 年，将 Q_M 放在 N 年内排位。

图10-2(c)中既有调查历史大洪水又有实测的特大值，这种情况比较复杂，关键是要将各特大值的调查考证期考证准确，并弄清排位的次序和范围。

对于不连序系列样本资料，其经验频率及统计参数的计算，与连序系列样本资料有所不同，这就是所谓的特大洪水的处理问题。

3. 洪峰流量经验频率的计算

考虑特大洪水的不连序系列，其经验频率计算常常是将特大值和一般洪水分开，分别计算。目前我国采用的计算方法有以下两种：

(1) 独立样本法（或分别处理法），即将实测一般洪水样本与特大洪水样本，分别看作是来自同一总体的两个连序随机样本，则各项洪水分别在各自的样本系列内排位计算经验频率。其中特大洪水按下式计算经验频率：

$$p_M=\frac{M}{N+1}\times 100\% \tag{10-1}$$

式中 M——特大洪水排位的序号，$M=1，2，\cdots，a$；

N——特大洪水首项的考证期，即为调查最远的年份迄今的年数；

p_M——特大洪水第 M 项的经验频率，%。

同理，n 个一般洪水的经验频率按下式计算：

$$p_m=\frac{m}{n+1}\times 100\% \tag{10-2}$$

式中 m——实测洪水排位的序号，$m=l+1、l+2、\cdots、n$；

n——实测洪水的项数；

p_m——实测洪水第 m 项的经验频率，%。

(2) 统一样本法（或统一处理法），即将实测系列和特大值系列都看作是从同一总体中任意抽取的一个随机样本，各项洪水均在 N 年内统一排位计算其经验频率。

设调查考证期 N 年中有 a 个特大洪水，其中有 l 项发生在实测系列中，则此 a 个特大洪水的排位序号 $M=1、2、\cdots、a$，其经验频率仍按式（10－1）计算。而实测系列中剩余的（$n-l$）项的经验频率按下式计算：

$$p_m=p_{Ma}+(1-p_{Ma})\frac{m-l}{n-l+1}\times 100\% \tag{10-3}$$

式中 p_{Ma}——N 年中末位特大值的经验频率，$p_{Ma}=\frac{a}{N+1}\times 100\%$；

l——实测系列中抽出作特大值处理的洪水个数；

m——实测系列中各项在 n 年中的排位序号，l 个特大值应该占位；

n——实测系列的年数。

【例 10－1】 某站 1938—1982 年共 45 年洪水资料，其中 1949 年洪水比一般洪水大得多，应从实测系列中提出作特大值处理。另外通过查阅调查历史洪水资料，得知本站自 1903 年以来的 80 年间有两次特大洪水，分别发生在 1921 年和 1903 年。经分析考证，可以确定 80 年以来没有遗漏比 1903 年更大的洪水，洪水资料见表 10－7，试用两种方法分析计算各次洪水的经验频率，并进行比较。

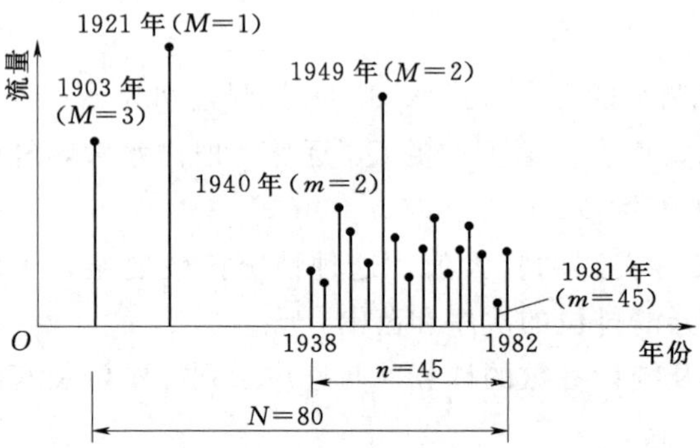

图 10－3

(1) 先用独立样本法计算。根据资料绘制示意图 10－3。

按式（10－1）和式（10－2）分别计算洪水特大值系列及实测洪水系列的各项经验频率。

1921 年洪水 $Q_m=8540\text{m}^3/\text{s}$，在特大值系列中（$N=80$ 年）排第一，则有

$$p_{1921}=\frac{1}{80+1}\times 100\%=1.23\%$$

$$p_{1949}=\frac{2}{80+1}\times 100\%=2.47\%$$

$$p_{1903}=\frac{3}{80+1}\times100\%=3.70\%$$

实测系列中各项的经验频率应在 n 年内排位，即 $m=1$、2、…、n。但由于将 1949 年提出作特大值处理，所以排位实际上应从 $m=2$ 开始，即 1940 年洪水经验频率为

$$p_{1940}=\frac{2}{45+1}\times100\%=4.35\%$$

(2) 统一样本法计算。a 个特大值洪水的经验频率仍用式 (10-1) 计算，结果与独立样本法相同。$(n-l)$ 项实测洪水的经验频率按式 (10-3) 计算，如 1940 年为

$$p_{1940}=\left[\frac{3}{80+1}+\left(1-\frac{3}{80+1}\right)\times\frac{2-1}{45-1+1}\right]\times100\%=5.84\%$$

$$p_{1979}=\left[\frac{3}{80+1}+\left(1-\frac{3}{80+1}\right)\times\frac{3-1}{45-1+1}\right]\times100\%=7.98\%$$

…

其余各项实测洪水的经验频率可仿此计算，成果列入表 10-7 中。

表 10-7　　某站洪峰流量系列经验频率分析计算表

洪水资料	洪水性质	特大洪水			一般洪水				
	年份	1921	1949	1903	1949	1940	1979	…	1981
	洪峰流量	8540	7620	7150		5020	4740		2580
排位情况	排位时期	1903—1982 年 ($N=80$ 年)			1938—1982 年 ($n=45$)				
	序号	1	2	3	—	2	3	…	45
独立取样分别排位（方法 1）	计算公式	式 (10-1)			式 (10-2)				
	经验频率/%	1.23	2.47	3.70	—	4.35	6.52	…	97.8
统一取样统一排位（方法 2）	计算公式	式 (10-1)			式 (10-3)				
	经验频率/%	1.23	2.47	3.70	—	5.84	7.98	…	97.8

由表 10-7 中计算结果可以看出，特大洪水的经验频率两种方法计算一致；而实测一般洪水的经验频率两种方法计算结果不同，如 1940 年洪水 ($m=2$)，独立样本法计算频率为 4.35%，统一样本法计算为 5.84%，可见第二种方法计算的经验频率比第一种方法计算值大。

上述两种方法，目前都在使用。一般来说，独立样本法适用于实测系列代表性较好，而历史洪水排位可能有遗漏的情况；统一样本法适用于在调查考证期 N 年内为首的数项历史洪水确系连序而无错漏的情况。两种方法计算结果比较接近，第一种方法计算比较简单，但存在特大洪水的经验频率与实测洪水的经验频率重叠的现象。

4. 统计参数初值的计算

对于不连序系列，统计参数初值的估算仍可采用矩法公式进行。但计算公式要做适当修正。

设调查考证期 N 年内共有 a 个特大洪水，其中 l 个发生在实测系列中，$(n-l)$ 项为一般洪水。假定除去特大洪水后的 $(N-a)$ 年系列，其均值和均方差与 $(n-l)$ 年系列的均值和均方差相等，即

$$\overline{Q}_{N-a}=\overline{Q}_{n-l}$$

$$\sigma_{N-a}=\sigma_{n-l}$$

于是推导出不连序系列的均值和变差系数的计算公式如下：

$$\overline{Q}_m=\frac{1}{N}\left(\sum_{j=1}^{a}Q_j+\frac{N-a}{n-l}\sum_{i=l+1}^{n}Q_i\right) \tag{10-4}$$

$$C_V=\frac{1}{\overline{Q}_m}\sqrt{\frac{1}{N-1}\left(\sum_{j=1}^{a}(Q_j-\overline{Q}_m)^2+\frac{N-a}{n-l}\sum_{i=l+1}^{n}(Q_i-\overline{Q}_m)^2\right)}$$

$$=\sqrt{\frac{1}{N-1}\left(\sum_{j=1}^{a}(k_j-1)^2+\frac{N-a}{n-l}\sum_{i=l+1}^{n}(k_i-1)^2\right)} \tag{10-5}$$

式中 $\overline{Q}_m$、C_V——加入特大值后系列的均值和变差系数；

Q_j——特大洪水洪峰流量，$j=1$、2、…、a；$k_j=Q_{mj}/\overline{Q}_m$；

Q_i——一般洪水洪峰流量，$i=l+1$、$l+2$、$l+3$、…、n；$k_i=Q_{mi}/\overline{Q}_m$；

N——调查洪水的考证期；

a——特大洪水个数；

n——一般洪水个数；

l——实测系列中特大洪水的项数。

偏差系数 C_S、抽样误差较大，一般不直接计算，而是参考相似流域分析成果，选用一定的 C_S/C_V 值作为初始值。

5. 洪水频率计算的适线原则

洪峰洪量频率计算时，无论采用何种方法估算统计参数，最终仍以理论频率曲线与经验点群配合最佳，通过适线来确定统计参数。适线时如何正确地掌握“最佳”的配合，需要遵循以下适线的原则。

(1) 适线时尽量照顾点群趋势，使曲线上、下两侧点子数目大致相等，并在曲线两侧交错均匀分布。

(2) 考虑到P-Ⅲ型曲线的应用仍有一定的假定性，在适线过程中应着重配合曲线中上部，对下部点的配合可适当放宽要求。

(3) 应注意各次历史洪水点据的精度以便区别对待，使曲线尽量靠近精度较高的点据。

(4) 要考虑不同历时洪水特征值参数的变化规律，以及同一历时的参数在地区上变化规律的合理性。

不连序系列的频率计算方法同时也包括各固定时段的洪量系列的频率计算，根据以上原则分别对洪峰流量和各时段洪量的样本系列进行适线后，选定配合最佳的理论频率曲线及其参数，从而在该曲线上查得设计洪峰流量和各时段的设计洪量。

【例 10-2】 某流域拟建中型水库一座。经分析确定水库枢纽本身永久水工建筑物正常运用洪水标准（设计标准）$p=1\%$，非常运用洪水标准（校核标准）$p=0.1\%$。该工程坝址位置有 31 年实测洪水资料（1958—1988 年），经选样审查后洪峰流量资料列入表 10-8第②栏，为了提高资料代表性，曾多次进行洪水调查，得知 1900 年发生特大洪水，洪峰流量为 3750m^3/s，考证期为 80 年，试推求 $p=1\%$、$p=0.1\%$的设计洪峰流量。

（1）根据已知资料分析，1975 年洪水与 1900 年洪水属于同一量级，仅次于 1900 年居第二位，且与实测洪水资料相比洪峰流量值明显偏大。因而，可从实测系列中抽出作特大值处理，所以 $l=1$，$a=2$，$N=80$，$n=31$。

（2）经验频率按独立样本法列表计算，见表 10-8。

（3）用矩法公式计算统计参数初始值。

$$\overline{Q}_m=\frac{1}{N}\left(\sum_{j=1}^{a}Q_j+\frac{N-a}{n-l}\sum_{i=l+1}^{n}Q_i\right)=\frac{1}{80}\left(7050+\frac{80-2}{31-1}\times 33230\right)=1168(m^3/s)$$

$$C_V=\frac{1}{\overline{Q}_m}\sqrt{\frac{1}{N-1}\left(\sum_{j=1}^{a}(Q_j-\overline{Q}_m)^2+\frac{N-a}{n-l}\sum_{i=l+1}^{n}(Q_i-\overline{Q}_m)^2\right)}$$

$$=\frac{1}{1168}\sqrt{\frac{1}{80-1}\left(\sum_{j=1}^{2}(Q_j-1168)^2+\frac{80-2}{31-1}\times\sum_{i=2}^{31}(Q_i-1168)^2\right)}$$

$$=0.58$$

选取 $C_S=3.0C_V$。

表 10-8　　　　经验频率曲线计算成果表

年份	洪峰流量 Q_m/(m^3/s)	序号 M、m	Q_m 由大到小排队 /(m^3/s)	经验频率 p/%	年份	洪峰流量 Q_m/(m^3/s)	序号 M、m	Q_m 由大到小排队 /(m^3/s)	经验频率 p/%
①	②	③	④	⑤	①	②	③	④	⑤
1900	3750	一	3750	1.23	1974	1380	17	875	53.1
1958	639	二	3300	2.46	1975	3300	18	850	56.3
1959	1475	2	2510	6.3	1976	406	19	815	59.4
1960	984	3	2300	9.4	1977	926	20	810	62.5
1961	1100	4	2050	12.5	1978	1800	21	786	65.6
1962	661	5	1800	15.6	1979	780	22	780	68.8
1963	1560	6	1690	18.8	1980	615	23	720	71.9
1964	815	7	1560	21.9	1981	2050	24	714	75
1965	2510	8	1470	25	1982	875	25	710	78.1
1966	710	9	1450	28.1	1983	714	26	661	81.3
1967	1000	10	1410	31.3	1984	786	27	639	84.4
1968	479	11	1380	34.4	1985	810	28	615	87.5
1969	1450	12	1230	37.5	1986	1410	29	510	90.6
1970	510	13	1100	40.6	1987	1230	30	479	93.8
1971	2300	14	1000	43.8	1988	1690	31	406	96.9
1972	720	15	984	46.9	合计	33230		7050 33230	
1973	850	16	926	50					

（4）理论频率曲线推求时先以样本统计参数 $Q_m=1168m^3/s$，$C_V=0.58$，$C_S=3.0C_V$ 作为初始值查表并绘制 P-Ⅲ型曲线，具体做法可参见第三章第四节和本节前述的适线原则。图 10-4 曲线Ⅰ为初试结果，可以看出，曲线上半部系统偏低，应重新调整统计参

数，调整结果见表 10-9，$C_V=0.65$，$C_S=3.5C_V$ 时所得理论频率曲线与中高水点据配合较好，见图 10-4 中曲线Ⅱ。此线即为所求的频率曲线，相应的统计参数为 $Q_m=1168\text{m}^3/\text{s}$，$C_V=0.58$，$C_S=3.5C_V$，据此可从图 10-4 曲线Ⅱ上查出洪峰流量的设计值为 $p=1\%$ 时，$Q_{m,p}=4080\text{m}^3/\text{s}$；$p=0.1\%$ 时，$Q_{m,p}=5930\text{m}^3/\text{s}$。

表 10-9　　　　理论频率曲线适线计算成果表

频率 p/%		0.1	0.5	1	2	5	10	20	50	75	90	95
第一次适线 $\overline{Q}_m=1168\text{m}^3/\text{s}$ $C_V=0.58$ $C_S=3.0C_V$	K_p	4.32	3.38	3.01	2.64	2.14	1.77	1.38	0.84	0.58	0.45	0.40
	Q_p	4940	3948	3516	3084	2500	2067	1612	981	677	526	467
第二次适线 $\overline{Q}_m=1168\text{m}^3/\text{s}$ $C_V=0.65$ $C_S=3.5C_V$	K_p	5.08	3.92	3.44	2.94	2.30	1.83	1.36	0.78	0.55	0.46	0.44
	Q_p	5933	4578	4018	3434	2686	2137	1588	911	642	537	514

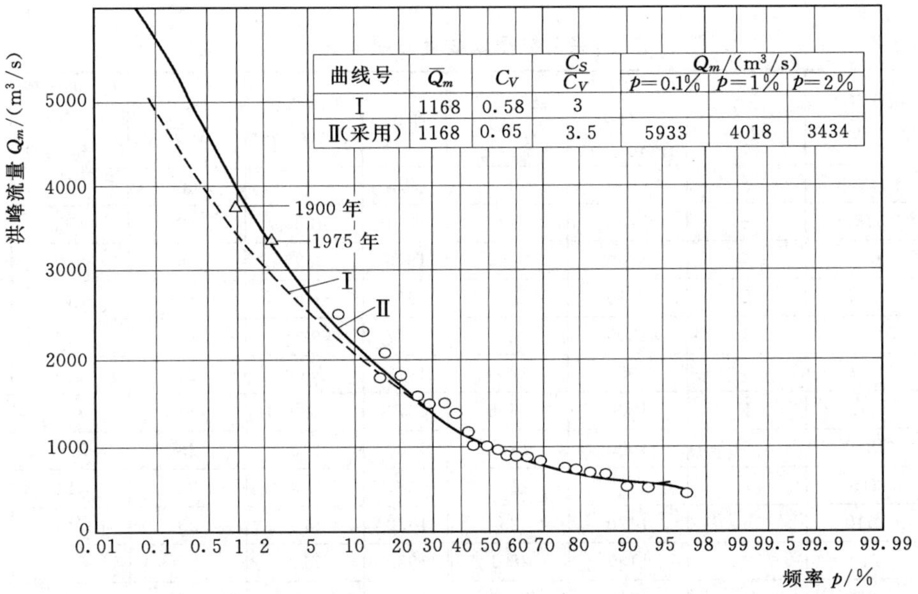

图 10-4

6. 设计成果的合理性分析

主要是对洪峰流量及洪量设计成果（包括各项统计参数）进行合理性检查。检查时，一方面根据邻近地区河流的一般规律，检查设计成果有无偏大偏小的情况，从而发现问题并及时修正。另一方面，也要注意设计站与邻近站的差别，不要机械地强求一致。

在自然地理条件比较一致的地区，一般来说，随着河流流域面积的增大，年最大洪峰流量和洪量的多年均值及一定频率的设计值都将有所增大，而 C_V 值减小。设计站不同时段的洪量之间也可以检查，时段不同的频率曲线在实用范围内不应相交。洪量随时段长度的增加而增大，而 C_V、C_S/C_V 值则逐渐减小。计算的统计参数可与流域周围站的统计参数对照比较，看是否符合地区规律以及从统计参数随时间变化关系上分析；还可以由设计暴雨量和暴雨径流关系来检查比较。值得注意的是，有时也会出现反常现象，这就要求对具体问题做具体分析。

三、设计洪水流量过程线

推求设计洪水过程线就是寻求设计情况下可能出现的洪水过程，并用它进行防洪调节计算，以确定水库的防洪规模和溢洪道的形式、尺寸。其方法是采用典型洪水放大法，即从实测洪水中选出和设计要求相近的洪水过程线作为典型，然后按设计的峰和量将典型洪水过程线放大。此法的关键是如何恰当地选择典型洪水和如何进行放大。

1. 典型洪水过程线的选择

典型洪水的选取可考虑以下几个方面：

（1）从资料完整，精度较高，接近设计值的实测大洪水过程线中选择。

（2）要选择具有代表性的对防洪偏于不利的洪水过程线作为典型，即在发生季节、峰型、主峰位置、洪水历时及峰、量关系等方面能够代表设计流域大洪水的特性。所谓对防洪不利的典型，一般说来，调洪库容较小时，“尖瘦型”洪水对防洪不利；调洪库容较大时，矮胖型洪水对防洪不利。对多峰洪水来说，一般峰型集中、主峰靠后的洪水过程线对调洪更为不利。

（3）如水库下游有防洪要求，应考虑与下游洪水遭遇的不利典型。

2. 典型洪水过程线的放大方法

（1）同倍比放大法。该法是按同一放大系数 K 放大典型洪水过程线的纵坐标，使放大后的洪峰流量等于设计洪峰 $Q_{m,p}$，或使放大后的洪量等于设计洪量 W_p。如果，使放大后的洪水过程线的洪峰等于设计洪峰 $Q_{m,p}$，称为峰比放大。放大系数为

$$K_Q=\frac{Q_{m,p}}{Q_{m,d}} \tag{10-6}$$

如果使放大后的洪水过程线洪量等于设计洪量，称为量比放大，放大系数为

$$K_W=\frac{W_p}{W_d} \tag{10-7}$$

式中　$Q_{m,d}$，W_d——典型洪水的洪峰流量和典型洪水的洪量。

同倍比放大，方法简单，计算工作量小，但在一般情况下，K_Q 和 K_W 不会完全相等，所以按峰放大后的洪量不一定等于设计洪量，按量放大后的洪峰不一定等于设计洪峰。

（2）同频率放大法。在放大典型过程线时，若按洪峰和不同历时的洪量分别采用不同的倍比，使放大后的过程线的洪峰流量及各种历时的洪量分别等于设计洪峰和设计洪量。也就是说，放大后的过程线，其洪峰流量和各种历时的洪水总量都符合同一设计频率，称为“峰、量同频率放大”，简称“同频率放大”。此法能适应多种防洪工程，目前大、中型水库规划设计，主要采用此法。

如图 10－5 取洪量的历时为 1 日、3 日、7 日，计算典型洪水洪峰 $Q_{m,d}$ 及各历时洪量 $W_{1,d}$、$W_{3,d}$、$W_{7,d}$。计算典型洪水的峰和量时采用“长包短”，即把短历时洪量包在长历时洪量之中，以保证放大后的设计洪水过程线峰高量大，峰型集中，便于计算和放大。洪量的选

样不要求长包短，是为了所取得的样本是真正的年最大值，符合独立随机选样要求，两者都是从安全角度出发的。

典型洪水各段的放大倍比可计算如下：

洪峰的放大倍比：

$$K_Q=\frac{Q_{m,p}}{Q_{m,d}} \tag{10-8}$$

1 日洪量的放大倍比：

$$K_1=\frac{W_{1,p}}{W_{1,d}} \tag{10-9}$$

由于 3 天之中包括了 1 天，即 $W_{3,p}$ 中包括了 $W_{1,d}$，$W_{3,d}$ 中包括了 $W_{1,d}$，而典型 1 天的过程线已经按 K_1 放大了。因此，就只需要放大 1 天以外，3 天以内的其余 2 天的，所以这一部分的放大倍比为

$$K_{3-1}=\frac{W_{3,p}-W_{1,p}}{W_{3,d}-W_{1,d}} \tag{10-10}$$

同理，在放大典型过程线 3～7 天部分时，放大倍比为

$$K_{7-3}=\frac{W_{7,p}-W_{3,p}}{W_{7,d}-W_{3,d}} \tag{10-11}$$

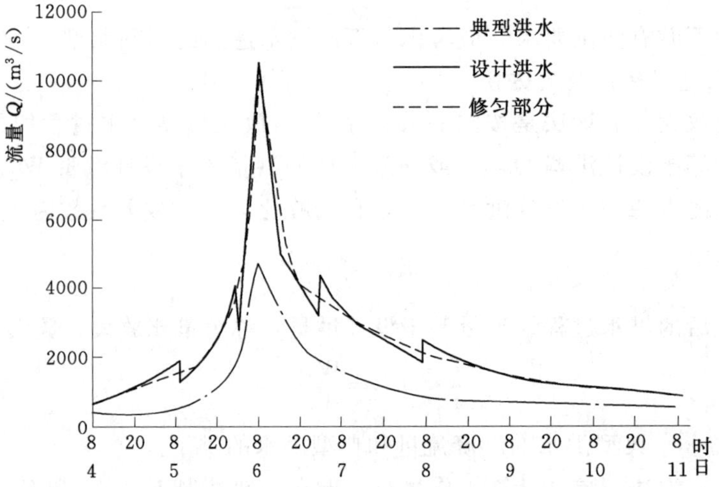

图 10-5

在典型放大过程中，由于两种控制时段衔接的地方放大倍比不一致，同一时刻两个放大系数，因而放大后的交界处往往产生不连续的突变现象，使过程线呈“锯齿形”，如图 10-5 所示。此时可以手工修匀，使成为光滑曲线，但要保持设计洪峰和各历时设计洪量不变。同频率放大法推求的设计洪水过程线，较少受到所选典型的影响，比较符合设计标准。其缺点是可能与原来的典型相差较远，甚至形状有时也不能符合自然界中河流洪水形成的规律。为改善这种情况，尽量减少放大的层次，例如除洪峰和最长历时的洪量外，只取一种对调洪计算起直接控制作用的历时，称为控制历时，并依次按洪峰、控制历时和最长历时的洪量进行放大，以得到设计洪水过程线。

【例 10-3】 某水库千年一遇设计洪峰和各历时设计洪量计算成果如表 10-10 所示，用同频率法推求设计洪水过程线。

经分析选定 1991 年 8 月的一次洪水为典型洪水，计算典型洪水的各历时洪量。计算洪峰及各历时洪量的放大倍比，结果列于表 10-10。以此进行逐时段放大，并修匀，最后所得设计洪水过程线见表 10-11 及图 10-5。

表 10-10　设计洪水和典型洪水特征值统计成果表

项　目	洪峰/(m^3/s)	洪量/[(m^3/s)·h]		
		1 日	3 日	7 日
$p=0.1\%$的设计洪峰及各历时洪量	10245	114000	226800	348720
典型洪水的洪峰及各历时洪量	4900	74718	121545	159255
起讫日期	6 日 8 时	6 日 2 时—7 日 2 时	5 日 8 时—8 日 8 时	4 日 8 时—11 日 8 时
设计洪水洪量差 ΔW_p		114000	112800	121920
典型洪水洪量差 ΔW_d		74718	46827	37710
放大倍比	2.09	1.53	2.41	3.23

表 10-11　8 月同频率放大法设计洪水过程线计算表

典型洪水过程线			放大倍比 K	设计流量过程/(m^3/s)	修匀后设计洪水流量过程/(m^3/s)
日	时	Q/(m^3/s)			
4	8	268	3.23	866	866
	20	375	3.23	1211	1211
5	8	510	3.23/2.41	1647/1229	1440
	20	915	2.41	2205	2205
6	2	1780	2.41/1.53	4290/2723	7010
	8	4900	2.09/1.53	10245/7497	10245
	14	3150	1.53	4820	4820
	20	2583	1.53	3952	3952
7	2	1860	1.53/2.41	2846/4483	3660
	8	1070	2.41	2579	2579
	20	885	2.41	2133	2133
8	8	727	2.41/3.23	1752/2348	2050
	20	576	3.23	1860	1860
9	8	411	3.23	1328	1328
	20	365	3.23	1179	1179
10	8	312	3.23	1008	1008
	20	236	3.23	762	762
11	8	230	3.23	743	743

第三节 小流域设计洪水估算

在基层建设的水利工程中以小型为主，多修建在小流域上，而且数量众多，分布广泛，应用面宽。因此，小流域设计洪水计算是设计洪水计算的重要内容。

一、小流域设计洪水的特点

小流域与大中流域的特性有所不同，目前全国没有统一的划分标准，一般情况下流域面积在 300～500km^2 以下可认为是小流域。

从水文学角度看小流域汇流以坡面汇流为主、集水面积小、河长短等。另外，由于我国目前水文站网密度较小，小流域多数没有设立水文站，因此，小流域修建的小工程多数缺乏实测水文资料。

从计算任务上来看，小流域上兴建的水利工程一般规模较小，没有多大的调洪能力，所以计算时常以计算设计洪峰流量为主，对洪水总量及洪水过程线要求相对较低。

从计算方法上来看，为满足众多的小型水利水电、公路、铁路工程短时期提交设计成果的要求，小流域设计洪水的方法必须具有简便易于掌握的特点。

小流域设计洪水计算方法较多，归纳起来主要有：推理公式法、经验公式法、综合单位线法、调查洪水法等。本节重点介绍推理公式法。

二、推理公式法计算设计洪峰流量

推理公式法是由暴雨资料推求小流域设计洪水的一种简化方法。它把流域的产流、汇流过程均作了概化，利用等流时线原理，经过一定的推理过程，得出小流域的设计洪峰流量的计算公式。

1. 推理公式的基本形式

在一个小流域中，若流域的最大汇流长度为 L，流域最远一点的净雨汇集到流域出口断面所需要的时间称为汇流时间 τ。根据线性汇流原理（等流时线原理），当净雨历时 t_c 大于等于汇流历时 τ（$t_c \geqslant \tau$）时称全面汇流，即全流域面积 F 上的净雨汇流形成洪峰流量；当 $t_c < \tau$ 时称部分汇流，即部分流域面积上 F_{t_c} 的净雨汇流形成洪峰流量。

当 $t_c \geqslant \tau$ 时，根据小流域的特点，假定 τ 历时内净雨强度均匀，流域出口断面的洪峰流量 Q_m 为

$$Q_m = 0.278 \frac{h_\tau}{\tau} F \tag{10-12}$$

式中 h_τ——τ 历时内的净雨深，mm；

0.278——Q_m 为 m^3/s、F 为 km^2、τ 为 h 的单位换算系数。

当 $t_c < \tau$ 时，只有部分面积 F_{t_c} 上的净雨产生出口断面最大流量，计算公式为

$$Q_m = 0.278 \frac{h_R}{t_c} F_{t_c} \tag{10-13}$$

式中 h_R——次降雨产生的全部净雨深，mm。

F_{t_c} 与流域形状、汇流速度和净雨历时 t_c 大小等有关，详细计算是比较复杂的，生产实际中一般采用水文研究所的简化方法，其近似假定 F_{t_c} 随汇流时间的变化可概化为线性关系，即

$$F_{t_c}=\frac{F}{\tau}t_c \tag{10-14}$$

将式（10-14）代入式（10-13），则部分汇流计算洪峰流量的简化公式为

$$Q_m=0.278\frac{h_R}{\tau}F \tag{10-15}$$

综合上述全面汇流（$t_c\geqslant\tau$）与部分汇流情况（$t_c<\tau$），计算洪峰流量公式为

$$Q_m=0.278\frac{h_\tau}{\tau}F\quad(t_c\geqslant\tau) \tag{10-16}$$

$$Q_m=0.278\frac{h_R}{\tau}F\quad(t_c<\tau) \tag{10-17}$$

式（10-16）及式（10-17）即为推理公式的基本形式，式中 τ 可用式（10-18）计算：

$$\tau=\frac{0.278L}{mJ^{1/3}Q_m^{1/4}} \tag{10-18}$$

式中　J——流域平均坡度，包括坡面和河网，实用上以主河道平均比降来代表，以小数计；

L——流域汇流的最大长度，实用上用主河道长度代替，km；

m——汇流参数，与流域及河道情况等条件有关，可查有关资料确定。

式（10-16）及式（10-17）中的地面净雨计算可分为两种情况，如图 10-6 所示。

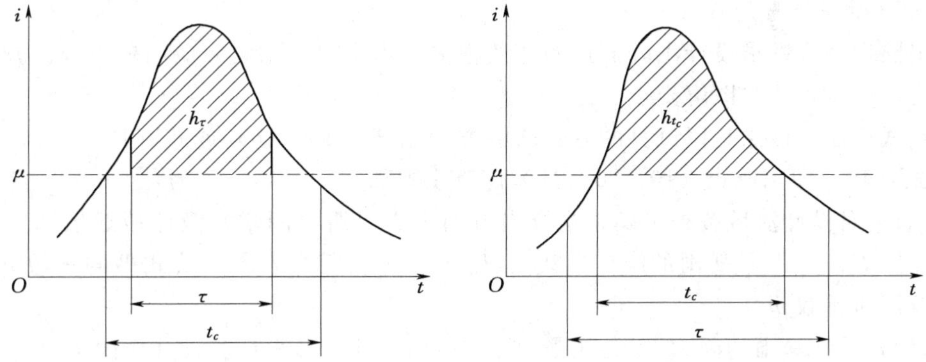

(a) 全面汇流 $t_c\geqslant\tau$　　(b) 部分汇流 $t_c<\tau$

图 10-6

当 $t_c\geqslant\tau$ 时，汇流历时 τ 内的地面净雨深 h_τ 可用式（10-19）计算：

$$h_\tau=(\bar{i}_\tau-\mu)\tau=S_p\tau^{1-n}-\mu\tau \tag{10-19}$$

当 $t_c<\tau$ 时，产流历时（即净雨历时）t_c 内的净雨深 h_R 可用式（10-20）计算：

$$h_R=(\bar{i}_{t_c}-\mu)t_c=S_pt_c^{1-n}-\mu t_c=nS_pt_c^{1-n} \tag{10-20}$$

式中　$\bar{i}_\tau$、$\bar{i}_{t_c}$——汇流历时与产流历时内的平均雨强，mm/h；

μ——产流参数，mm/h；

S_p——设计雨力，mm，根据短历时暴雨公式（6－6）推导有 $S_p=H_{t,p}t^{1-n}$。

经推导，净雨历时 t_c 可用式（10－21）计算：

$$t_c=\left[(1-n)\frac{S_p}{\mu}\right]^{\frac{1}{n}} \tag{10-21}$$

可见，由推理公式计算小流域设计洪峰流量的参数有三类：流域特征参数 F、J、L；暴雨特性参数 n、S_p；产、汇流参数 m、μ、Q_m 可以看成是上述参数的函数，即

$$Q_m=f(F、L、J;n、S_p;m、\mu)$$

流域特征参数可根据第六章的方法确定；暴雨特性参数和产汇流参数的确定相对比较复杂，各地的差异也比较大，因此，这里不做详细介绍，具体方法可参考各地《雨洪图集》和《水文手册》中有关内容。

产流参数 μ 代表产流历时 t_c 内地面平均入渗率，又称损失参数。推理公式法假定流域各点的损失率相同，把 μ 视为常数。μ 值的大小与所在地区的土壤透水性能、植被情况、降雨量的大小及分配、前期影响雨量等因素有关，不同地区其数值不同，且变化较大。

汇流参数 m 是反映水力因素的一个指标，用以说明洪水汇集运动的特性。它与流域地形、植被、坡度、河道糙率和河道断面形状等因素有关。一般可根据雨洪资料反算，然后进行地区综合，建立它与流域特征因素间的关系，以解决无资料地区确定 m 的问题。各省在分析大暴雨洪水资料后都提供了 μ 和 m 值的简便计算方法，可在当地的水文手册（或水文图集）中查到。

2. 设计洪峰流量的推求

应用推理公式推求设计洪峰流量的方法很多，本章仅介绍实际应用较广且比较简单的两种方法——试算法和图解交点法。

（1）试算法。该法是以试算的方式联解方程组式（10－16）或式（10－17）；式（10－18）、式（10－19）或式（10－20）具体计算步骤如下：

1）通过对设计流域调查了解，结合当地的水文手册（图集）及流域地形图。确定流域的特征值 F、L、J，暴雨的统计参数（$\overline{H}$、C_V、C_S/C_V）及暴雨公式中的参数 n，产流参数 μ 及汇流参数 m。

2）计算设计暴雨的雨力 S_p 与雨量 H_{tp}，并由产流参数 τ 计算设计净雨历时 t_c。

3）将 F、L、J、t_c、m 代入式（10－16）或式（10－17），其中 $Q_{m,p}$、τ、h_τ（或 h_R）未知，且 h_τ 与 τ 有关，故需用试算法求解。

试算的步骤为：先假设一个 $Q_{m,p}$，代入式（10－18）计算出一个相应的 τ，将它与 t_c 比较判断属于何种汇流情况，用式（10－19）或式（10－20）计算出 h_τ（或 h_R），再将该 τ 值与 h_τ（或 h_R）代入式（10－16）或式（10－17），求出一个 $Q'_{m,p}$，若 $Q'_{m,p}$ 与假设的 $Q_{m,p}$ 一致（误差在1%以内），则该 $Q_{m,p}$ 及 τ 即为所求；否则，另设 $Q_{m,p}$ 重复上述试算步骤，直至满足要求为止。

（2）图解交点法。该法是对式（10－16）～式（10－18）分别作曲线 $Q_{m,p}-\tau$ 及 $\tau-Q'_{m,p}$，

点绘在同一张图上，如图 10－7 所示，二线交点的读数显然同时满足上述两个方程，因此交点读数 $Q_{m,p}$、τ 即为两式的解。

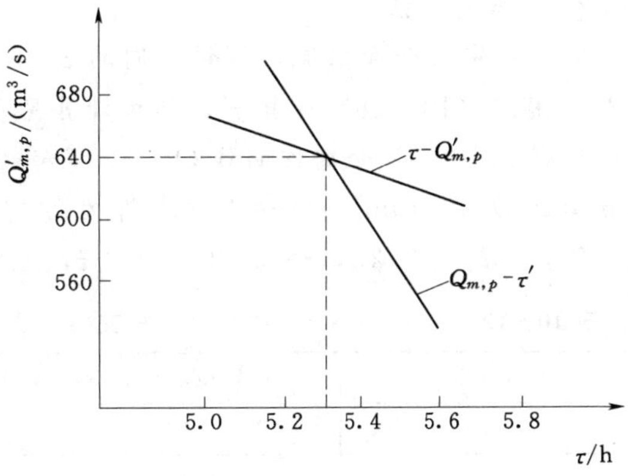

图 10－7

【例 10－4】 在某小流域拟建一小型水库，已知该水库所在流域为山区，且土质为黏土。其流域面积 $F=84km^2$，流域的长度 $L=20km$，主河道平均坡度 $J=0.01$，查本地水文手册得流域形心处的暴雨的参数为 $H_{24}=100mm$，$C_V=0.50$，$C_S=3.5C_V$，$t_0=1h$，$n_2=0.65$，设计暴雨历时为 2h。试用推理公式法计算坝址处 $p=1\%$ 的设计洪峰流量。

1. 试算法

(1) 设计暴雨计算。

1) 求最大 24h 设计暴雨量，由暴雨统计参数和 $p=1\%$，查附表 2 得 $K_p=2.74$，故

$$H_{24,p}=K_p\overline{H}_{24}=2.74\times100=274(mm)$$

2) 设计雨力 S_p 计算。由暴雨公式（6－6）导出设计雨力为

$$S_p=H_{24,p}24^{n_2-1}=274\times24^{0.65-1}=90(mm/h)$$

3) $t=2h$，$p=1\%$的设计暴雨量

$$H_{2,p}=S_pt^{1-n_2}=90\times2^{(1-0.65)}=115(mm)$$

根据暴雨公式得任意历时 t 的设计暴雨量 $H_{t,p}$，为

$$H_{t,p}=S_pt^{1-n_2}=90t^{0.35}$$

(2) 设计净雨计算。根据该流域的自然地理特性，查当地《水文手册》得设计条件下的产流参数 $\mu=3.0mm/h$，按式（10－21）计算净雨历时 t_c 为

$$t_c=\left[(1-n)\frac{S_p}{\mu}\right]^{\frac{1}{n}}=\left[(1-0.65)\frac{90}{3.0}\right]^{\frac{1}{0.65}}=37.4(h)$$

(3) 计算设计洪峰流量。根据该流域的汇流条件，$\theta=L/J^{1/3}=90.9$，由该省《水文手册》确定本流域的汇流系数为 $m=0.28\theta^{0.275}=0.97$。

假设 $Q_{m,p}=500m^3/s$，代入式（10－18），计算汇流历时 τ 为

$$\tau=\frac{0.278L}{mJ^{1/2}Q_m^{1/4}}=\frac{0.278\times20}{0.97\times0.01^{1/3}500^{1/4}}=5.5(h)$$

因 $t_c>\tau$，属于全面汇流，由式（10－16）计算得

$$h_\tau=S_p\tau^{1-n}-\mu\tau=90\times5.5^{1-0.65}-3.0\times5.5=147(mm)$$

将所有参数代入式（10－23）得

$$Q_{m,p}=0.278\frac{h_\tau}{\tau}F=0.278\times\frac{147}{5.5}\times84=624(m^3/s)$$

所求结果与原假设不符，应重新假设 $Q_{m,p}$ 值，经多次试算求得：$\tau=5.28h$，$Q_{m,p}=640m^3/s$。

2. 图解交点法

首先假定为全面汇流，假设不同的τ，用式（10－16）计算相应的$Q'_{m,p}$；再假设不同的$Q_{m,p}$用式（10－18）计算τ'，具体计算见表10－12。

根据表10－12分别作曲线$Q_{m,p}-\tau'$及$\tau-Q'_{m,p}$，点绘在同一张图上，如图10－16所示，交点读数$Q_m=640\mathrm{m}^3/\mathrm{s}$、$\tau=5.29\mathrm{h}$即为两式的解，与试算法结果基本一致。

验算：$t_c=37.2\mathrm{h}$，$\tau=5.29\mathrm{h}$，$t_c>\tau$，原假设为全面汇流是合理的，不必重新计算。

表10－12 交点法计算表

假设τ/h	计算$Q'_{m,p}/(\mathrm{m}^3/\mathrm{s})$	假设$Q_{m,p}/(\mathrm{m}^3/\mathrm{s})$	计算τ'/h
(1)	(2)	(3)	(4)
5.60	615	550	5.49
5.40	632	600	5.37
5.20	649	650	5.27
5.00	668	700	5.17

三、经验公式法

经验公式是根据本地区实测洪水资料或调查的相关洪水资料进行综合归纳，直接建立洪峰流量与影响因素之间的经验相关关系，用数学方程或图示表示洪水特征值的方法。经验公式方法简单，应用方便，如果公式能考虑到影响洪峰流量的主要因素，且建立公式时所依据的资料有较好的可靠性与代表性时，则计算成果可以有很好的精度。

按建立公式时考虑的因素，经验公式可分为单因素公式与多因素公式。

1. 单因素经验公式

以流域面积为参数的单因素经验公式是经验公式中最为简单的一种形式。把流域面积看做是影响洪峰流量的主要影响因素，其他因素可用一些综合参数表达，公式的形式为

$$Q_{m,p}=C_pF^n \tag{10-22}$$

式中 $Q_{m,p}$——频率为p的设计洪峰流量，m^3/s；

C_p，n——经验系数和经验指数；

F——流域面积，km^2。

2. 多因素经验公式

多因素经验公式是以流域特征与设计暴雨等主要影响因素为参数建立的经验公式。它认为洪峰流量主要受流域面积、流域形状与设计暴雨等因素的影响，而其他因素可用一些综合参数表达，公式的形式为

$$Q_{m,p}=CH_{24,p}F^n \tag{10-23}$$

$$Q_{m,p}=Ch_{24,p}^{\alpha}K^mF^n \tag{10-24}$$

式中 $H_{24,p}$、$h_{24,p}$——最大24h设计暴雨量与净雨量；

C、α、m、n——经验参数和经验指数；

K——流域形状系数。

经验公式不是着眼于流域的产汇流原理，只进行该地区资料的统计归纳，故地区性很

强，两个流域洪峰流量公式的基本形式相同，它们的参数和系数会相差很大。所以，外延时一定要谨慎。很多省（区）的《水文手册》（图集）上都刊有经验公式，使用时一定要注意公式的适用范围。

四、小流域设计洪水过程线的推求

对于一些有一定调节能力的中小型水库，为分析这些工程的调洪能力和防洪效果，除推求设计洪峰流量外，还需计算相应的设计洪水过程线。配合推理公式法、经验公式法计算设计洪水线经常用概化三角形、五边形和无因次过程线等。

1. 概化三角形过程线

一般小流域洪水过程多为陡涨陡落，洪峰持续时间较短，过程近似为三角形。因此通常假定洪水涨水和退水均按直线变化，洪水过程线是最简单的三角形，如图 10-8 所示。

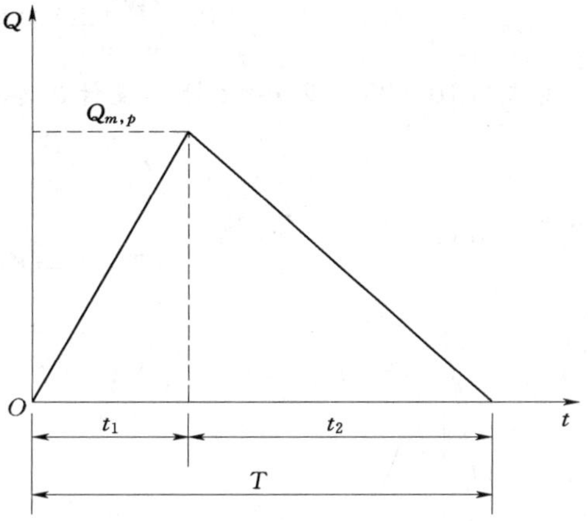

图 10-8

三角形洪水过程线的设计洪峰流量，已由前述推理公式法或经验公式法求得。设计洪量可用下式计算：

$$W_p = 10^3 h_p F \qquad (10-25)$$

式中　W_p——设计洪水总量，m^3；

F——流域面积，km^2；

h_p——设计净雨总量，mm，可由最大 24h 设计暴雨量扣损求得。

由三角形特性知

$$W_p = \frac{1}{2} Q_{m,p} T \qquad (10-26)$$

所以设计洪水总历时为

$$T = \frac{2W_p}{Q_{m,p}} \qquad (10-27)$$

式中　T——设计洪水总历时，h；

W_p——设计洪水总量，m^3；

$Q_{m,p}$——设计洪峰流量，m^3/s。

由图 10-24 可见，$T=t_1+t_2$。t_1 为涨水历时，t_2 为退水历时。一般情况下 $t_2>t_1$，根据有些地区的分析 $t_2/t_1=1.5\sim3.0$。令 $t_2/t_1=r$，称为洪水过程线因素，则有

$$T = t_1 + t_2 = t_1(1+r) \quad 或 \quad t_1 = \frac{T}{1+r} \qquad (10-28)$$

当 $Q_{m,p}$、T、t_1 确定后，便可以绘出三角形过程线。

【例 10-5】　资料同［例 10-4］，已经计算得出 $Q_m=640m^3/s$、$\tau=5.29h$、$t_c=37.2h$，选取洪水过程线因素 $r=2$，试推求概化三角形洪水过程线。

首先计算设计洪水总量W_p。

由式（10-20）计算总设计净雨量：

$$h_p=nS_pt_c^{1-n}=0.65\times90\times37.4^{1-0.65}=207.8(\text{mm})$$

由式（10-25）计算设计洪水总量：

$$W_p=10^3h_pF=10^3\times207.8\times84=1745\times10^4(\text{m}^3)$$

由式（10-27）计算设计洪水总历时：

$$T=\frac{2W_p}{Q_{m,p}}=\frac{2\times1745\times10^4}{640}=15.1(\text{h})$$

由式（10-28）及$r=2$计算设计洪水涨水历时：

$$t_1=\frac{T}{1+r}=\frac{15.1}{1+2}=5.0(\text{h})$$

退水历时：

$$t_2=T-t_1=15.1-5.0=10.1(\text{h})$$

由T、$Q_{m,p}$、t_1、t_2即可绘出设计洪水概化三角形过程线。

2. 概化五边形过程线

概化五边形过程线是在三角形过程的基础之上，略加改进，将涨水段和退水段各增加一个转折点，控制△ACD和△EHB面积相等，使其变成五边形过程，如图10-9所示。过程线上各点的坐标，可根据本地区小流域的实测单峰大洪水过程线综合分析概化定出。

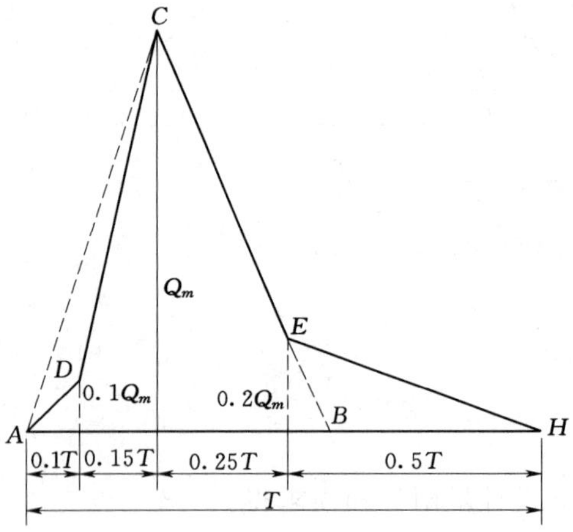

图10-9

例如，江西省根据全省集水面积在650km²以下的81个水文站，1048次洪水资料分析的五边形概化过程线，其各转折点坐标如图10-9所示。图中T为洪水总历时，可按下式计算：

$$T=9.662\frac{W_p}{Q_{m,p}} \tag{10-29}$$

式中$Q_{m,p}$、W_p、T的单位分别为m³/s、10⁴m³、h，9.66为单位转换系数。算出T后，洪水各转折点坐标即可算出。

内 容 小 结

在进行水利水电工程设计时，为了建筑物本身的安全和防护区的安全，必须按照某种标准的洪水进行设计，这种作为水工建筑物设计依据的洪水称为设计洪水。设计洪水包含三个要素，即设计洪峰流量、设计洪水总量和设计洪水流量过程线。

设计洪水的计算内容一般包括设计洪峰流量、固定时段的设计洪量和设计洪水过程线三项。目前，我国设计洪水的计算途径可分为有资料和无资料两种情况。本章主要学习由实测流量资料推求设计洪水的计算方法和缺乏实测资料情况下小流域设计洪水的估算方法。

（1）由流量资料推求设计洪水与径流资料推求设计年径流及其年内分配的方法大体相似。即首先进行洪峰、洪量样本系列的选样，资料的可靠性、一致性、代表性审查；特大洪水的处理，即不连序系列的经验频率和统计参数的计算；然后选择典型洪水按典型过程经同倍比或同频率放大的方法求得设计洪水过程线。

（2）小流域设计洪水估算，与大中流域有所不同，一般小流域设计洪水具有以下主要特点：小流域具有流域汇流以坡面汇流为主；缺乏实测水文资料，实际采用的资料多为地区综合资料，如《雨洪图集》《水文手册》等；由于小型工程调洪能力有限，计算设计洪水的主要任务是推求设计洪峰流量；小型工程量多面广，力求计算方法简便可行。

通常采用推理公式法和经验公式进行洪水的推求。

自测练习题

一、填空题

1. 设计洪水的标准按保护对象的不同分为两类：第一类为保障防护对象免除灾害的防洪标准；第二类为确保________的防洪标准。

2. 设计洪水标准高，意味着其对应频率数值________，相应的重现期数值________，对应的洪水量级就________。

3. 设计永久性水工建筑物需考虑________及________两种洪水标准，通常称前者为设计标准，后者为校核标准。

4. 通常用________、________及________三要素描述设计洪水。

5. 在洪水频率计算中考虑特大洪水的主要作用是________________。

6. 由典型洪水放大推求设计洪水过程中常用放大方法有________和________。

7. 小流域设计洪水的主要任务是推求________。

二、简单计算题

1. 某站具有1950—2005年的实测洪水资料，按年最大值法选样构成洪峰流量系列，其中1号洪峰流量为$4650m^3/s$，2号洪峰流量为$4080m^3/s$，最小洪峰流量为$460m^3/s$，该站调查历史洪水分别发生在1901和1933年，洪峰流量分别为$5860m^3/s$和$6420m^3/s$，经论证从1900年以来没有发生比二者更大的洪水，试用独立样本法计算特大值和实测值（部分）的经验频率。

2. 已知某站1979年7月的洪水为所选的典型洪水，洪峰流量及最大1日、3日、7日洪量分别为：$Q_{m,d}=1280m^3/s$、$W_{1,d}=0.75$亿m^3、$W_{3,d}=1.06$亿m^3、$W_{7,d}=1.85$亿m^3，并已求得该站百年一遇的洪峰流量、1日最大洪量、3日最大洪量及7日最大洪量分别为：$Q_{m,p}=2790m^3/s$、$W_{1,p}=1.20$亿m^3、$W_{3,p}=1.97$亿m^3、$W_{7,p}=2.55$亿m^3。要求计算同频率放大法的放大倍比。

第十一章　水库基本常识

【学习指导】 水库是基层最为常见的蓄水工程，也是农业灌溉、城市供水、工业用水、水力发电的基本水源。本章主要学习水库工程的作用、分类、主要构成，水库的两条特性曲线的绘制，以及水库的特征水位、特征库容等基本常识。

第一节　水库工程概述

一、水库工程的作用

水库工程是基层最为常见的蓄水工程，一般是通过在河流上筑坝形成一定的库容，拦截并蓄积丰水期水量，在缺水期放出供给用户，满足不同的用水要求，它常常作为农田灌溉、城市供水、工业用水、水力发电的基本水源。同时，大多数水库也具有一定的防洪和调洪作用，主要体现在利用水库的部分库容拦蓄洪水洪量，然后按照防洪要求逐步下泄，从而削减并滞后洪峰流量，对下游起到防洪作用。

水库大坝的形式有很多种，常按主体筑坝材料分为土石坝（图 11-1）、混凝土坝（图 11-2）、砌石坝、橡胶坝等；按坝的构造特征可分为重力坝、拱坝、支墩坝等；按坝的高度可分为高坝（＞100m）、中坝（30～100m）和低坝（＜30m）；按坝顶可否溢流又可以分为溢流坝和非溢流坝，通常土石坝坝顶均不得溢流。近年来由于城市生态建设的需要，在城市河段建设橡胶坝形成人工湖泊，以改善生态环境，形成水景观。

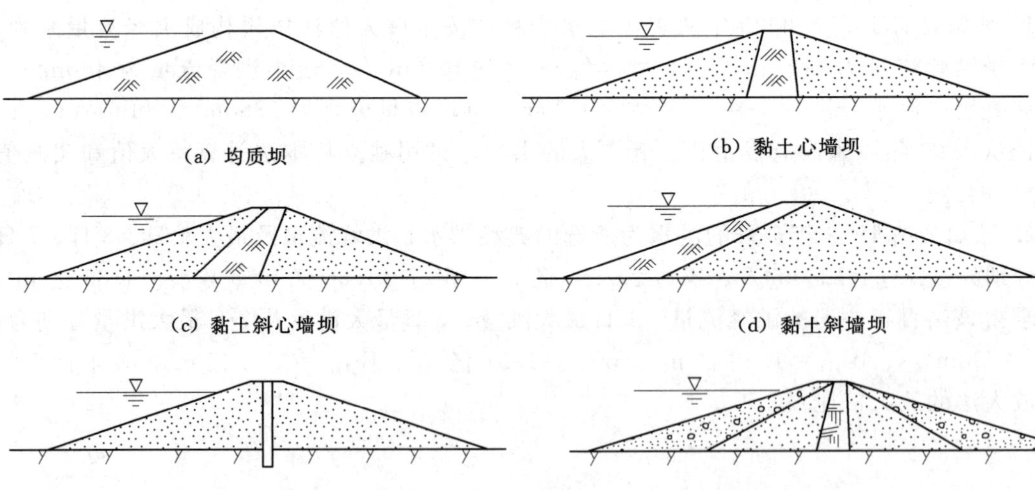

(a) 均质坝　(b) 黏土心墙坝
(c) 黏土斜心墙坝　(d) 黏土斜墙坝
(e) 刚性心墙土坝　(f) 黏土心墙多种土质坝

图 11-1

水库最为主要的作用就是将河流的天然来水过程通过在时间上再分配，以解决河流来水与用户用水之间的矛盾，满足用水的不同需求。因此，简单地讲，水库的作用就是调余补缺，满足需要。其次，不同水库也还有其他作用，比如防洪、生态补水、航运、跨地区调水等。

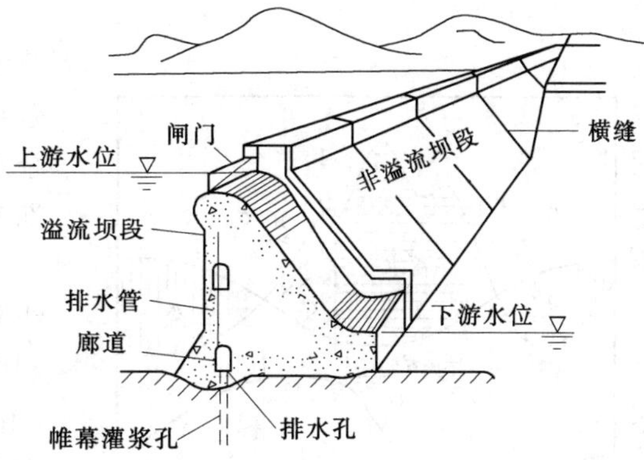

图 11-2

二、水库的分类

水库工程的分类方法有多种，最为常见的是按库容大小分类和按调节周期长短分类。

1. 按水库库容大小分类

根据《水利水电工程等级划分与洪水标准》(SL 252—2017)，按照水库总库容将水库分为五等，分别是大（1）型、大（2）型、中型、小（1）型、小（2）型，具体库容指标如下：

大（1）型水库库容不小于 10 亿 m^3。

大（2）型水库库容为 1 亿～10 亿 m^3。

中型水库库容为 1000 万～1 亿 m^3。

小（1）型水库库容为 100 万～1000 万 m^3。

小（2）型水库库容为 10 万～100 万 m^3。

库容小于 10 万 m^3 的称为水池、池塘等。

一般基层数量最多的水库为中小型水库。

2. 按水库调节周期分类

水库来水、用水和蓄水都是经常变化的，水库由库空→库满→库空，循环一次所经历的平均时间，称为调节周期。按调节周期的长短来分，兴利调节可划分为日调节、周调节、月调节、年调节和多年调节等类型。对于以灌溉为主的水库常为年调节或多年调节水库。

(1) 日调节和周调节。日调节和周调节均是短周期调节，一般用于发电水库。河川径流在一天或一周内的变化是不大的，而用电负荷，白天和夜晚，或工作日与休息日之间，差异却较大。有了水库就可把夜间或休息日负荷小时的多余水量，蓄存起来增加白天和工作日高负荷时的发电量。这种在一天、一周内将径流进行重新分配的调节称为日调节、周调节。如图 11-3 所示为日调节示意图。

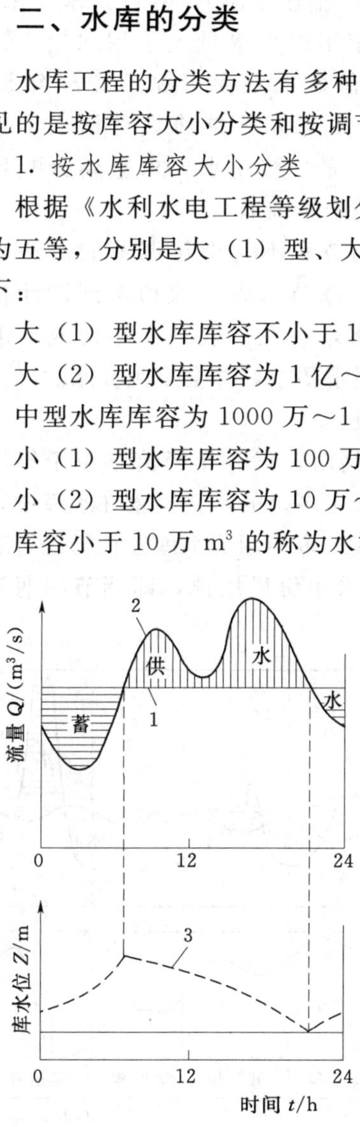

图 11-3

1—$Q(t)$；2—$q(t)$；3—$Z(t)$

(2) 年调节。在我国一般河流径流的季节性变化是很大的，丰水期和枯水期水量相差悬殊。径流年调节的任务就是将丰水期多余水量存蓄在水库中，供枯水期用。调节周期为一年，称为年调节，如图 11-4 所示。

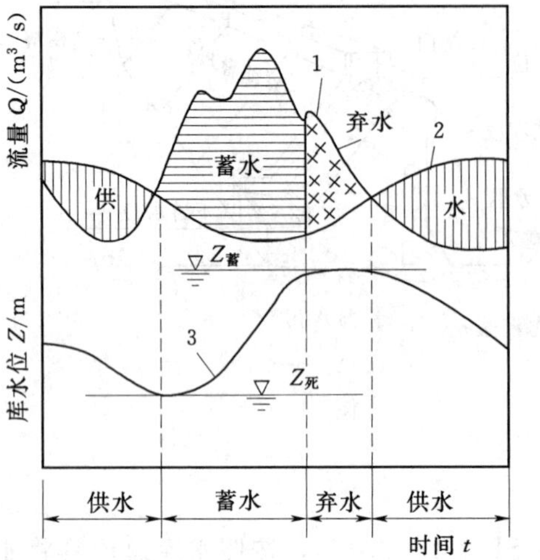

图 11-4

1—Q(t)；2—q(t)；3—Z(t)

图中横线阴影面积表示水库蓄水量，竖线阴影面积表示水库供水量，当水库蓄满兴利库容来水仍大于用水时，水库将发生弃水（由泄水建筑物排往下游）。对设计水库来说，在设计枯水年年内来水量大于用水量，经水库调节，尚有弃水发生，称不完全年调节（或季调节）。如果水库能将设计枯水年年内全部来水量，完全按用水要求重新分配且没有弃水，称完全年调节。

完全年调节和不完全年调节的概念是相对的。完全年调节水库一般指遇到设计枯水年时没有弃水，而在一般枯水年份或丰水年份来水量大、用水量小，不必进行完全年调节即能满足用水要求，并会发生弃水。

年调节水库一般可同时进行周和日的短周期径流调节。

(3) 多年调节。当用水量较大时，或设计保证率较高时，设计年径流量小于年用水量，这时修建年调节水库满足不了用水的要求，需把丰水年多余的水量拦蓄在水库中，补充枯水年供水量之不足。这种跨年度的调节称为多年调节。多年调节水库往往需经过若干个丰水年才能蓄满，然后将存蓄的水量分配在随后的枯水年份里用掉，即调节周期为多年，如图 11-5 所示。

三、水库工程的构成

水库工程要能调节河川径流，以达到兴利除害的目的，一般主要由三大部分构成。

一是挡水建筑物，即水库大坝，主要作用是将河流拦断，在大坝上游形成一定的水库容积，用来蓄纳水量，发挥作用。

二是泄水建筑物，可以是溢流坝段、泄洪孔洞，也可以是溢洪道，是水库保证自身防洪安全和维持下游河道用水及生态及流量的主要设施。任何一个水库都不可能将河流完全拦

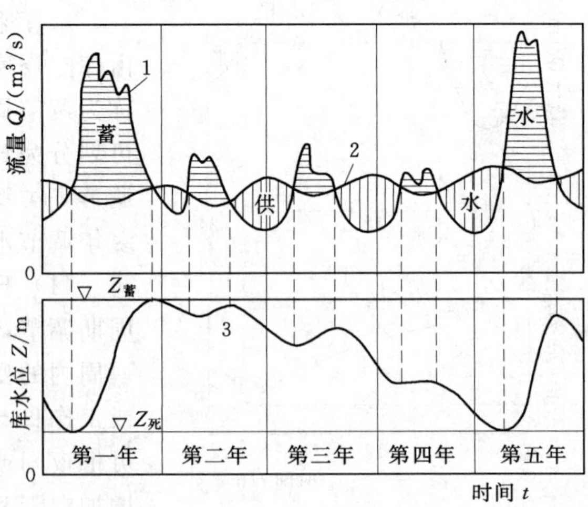

图 11-5

1—Q(t)；2—q(t)；3—Z(t)

断，让下游河流干涸，在平时要留有一定的生态基流满足下游河道的生态需要，在洪水期间要保证水库自身的安全，将多余的水量下泄。对于常见的土石坝一般泄水建筑物多为溢洪道或泄洪洞；对于混凝土坝，可以是溢流坝段、泄洪孔洞等。

三是输水建筑物。一般水库要满足灌溉、发电、供水等要求，需要通过放水涵管（或隧洞）将库水引入渠道或管道。输水建筑物一般包括工作闸门、检修闸门和输水管（洞）组成。

除了以上三大部分之外，还有其他的建筑物如水电站厂房、船闸、冲沙洞、过鱼建筑物等等。因此，通常也将由多个水工建筑物构成水利工程称为水利枢纽，如蓄水枢纽、发电枢纽、引水枢纽等。

第二节　水库特性曲线与特征水位（库容）

一、水库特性曲线

在河流上拦河筑坝形成人工湖用来进行径流调节，这就是水库。一般地说，坝筑得越高，水库的容积（简称库容）就越大。但在不同的河流上，即使坝高相同，但其库容一般却不相同，这主要与库区内的地形及河流的比降等特性有关。如库区内地形开阔，则库容较大，如为一峡谷，则库容较小。河流比降小的库容就大，比降大的库容较小。根据库区河谷形状，水库有河道型和湖泊型两种类型。

水库的形体特征，其定量关系的表示，主要是水库水位—面积关系和水库水位—容积关系。对于一座水库来讲，水位越高则水库面积越大，库容越大。不同水位有相应的水库面积和库容，对径流调节有直接影响。因此，在设计时，必须先作出水库水位—面积以及水库水位—容积关系曲线，这两者是最主要的水库特性资料。

为绘制水库水位—面积以及水库水位—容积关系曲线，一般可根据1/10000～1/5000比例尺的地形图，用求积仪或数方格等方法，求得不同高程（高程的间隔可用1m、2m或5m）时水库的面积，即水库某一水位相应的等高线与坝轴线所包围的面积。然后以水库水位为纵坐标，水库面积为横坐标，绘制水库水位—面积关系曲线。水库面积特性曲线是研究水库库容、淹没范围和计算水库蒸发损失的依据。

水库水位与容积关系曲线，可由水库面积特性曲线求得。方法是：①按水库面积曲线中的水位分层，得相应的水面面积；②自库底向上逐层计算各相邻水位间的容积 ΔV_i；③将ΔV_i 由库底自下而上依次逐层累加，即得各级水位下的容积 V；④以水位 Z 为纵坐标，相应的容积 V 为横坐标 ，点绘 $Z-V$ 关系点据，并连成光滑曲线，即得水库水位容积关系曲线。水库水位—容积关系曲线是估算渗漏损失水量和确定水库水位或库容的依据。

相邻高程（水位）间的部分，其容积可按式（11-1）计算：

$$\Delta V=\frac{F_1+F_2}{2}\Delta Z \tag{11-1}$$

式中 ΔV——相邻高程间（即相邻水位间）的容积，万 m^3；

F_1、F_2——相邻上、下水位相应的水库面积，万 m^2；

ΔZ——高程间隔（相邻水位差），m。

或用较精确的公式：

$$\Delta V=\frac{1}{3}(F_1+\sqrt{F_1F_2}+F_2)\Delta Z \tag{11-2}$$

当库区地形变化不大时，用式（11－1）计算；当库区地形变化较大时，用式（11－2）计算较为精确。水库面积关系曲线和容积关系曲线的一般形状，如图11－6所示。

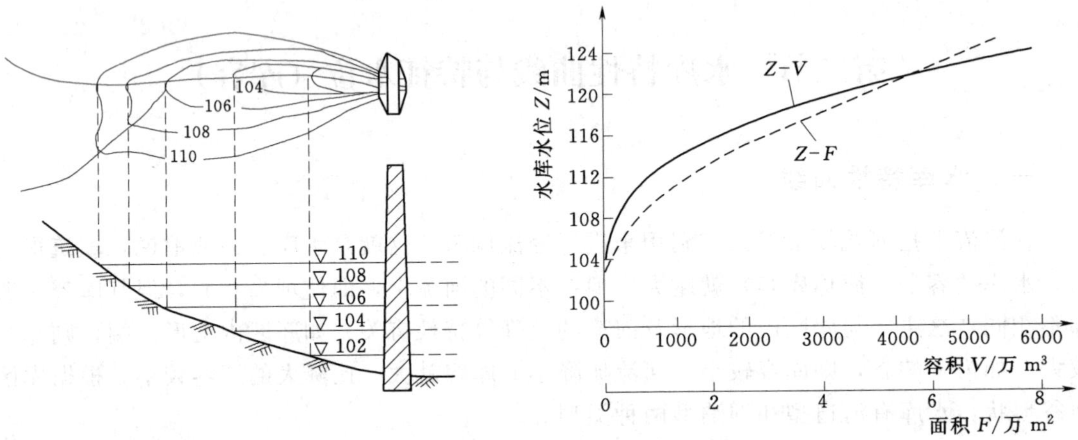

图11－6

上述面积特性曲线和容积特性曲线，均是假定入库流量为零时，水面是水平的。因此，这种库容称为静库容。如有一定入库流量（水流有一定流速）时，则水库水面从坝址处起，沿程上溯的回水曲线并非水平，越往上游，水面越上翘，直到入库端与天然水面相交为止。静库容以上与洪水的水面线之间包含的水库容积为楔形蓄量。静库容与楔形蓄量的总和为动库容。以入库流量为参数的坝前水位与相应动库容的关系曲线，称为动库容曲线。

当研究水库回水淹没和浸没的确实范围，或做库区洪水演进计算时，或当动库容占调洪库容比重较大时，必须考虑和研究动库容的影响。应当指出，动库容的计算，需要的资料较多，比较麻烦，为计算简便起见，一般调节计算多采用静库容。

二、水库的特征水位及库容

水库的规划设计，首先要合理确定各种库容和相应的库水位，也就是要根据河流的水文条件、坝址的地形地质条件和各用水部门的需水要求，通过调节计算，并从政治、技术、经济等方面进行全面的综合分析论证，来确定水库的各种特征水位及相应的库容值。这些特征水位和库容各有其特定的任务和作用，体现着水库利用和正常工作的各种特定要求。它们也是规划设计阶段，确定主要水工建筑物的尺寸（如坝高和溢洪道大小），估算工程投资、效益的基本依据。这些特征水位和相应的库容，通常有下列几种。

1. 死水位和死库容

水库建成后，并不是全部库容都可用来进行径流调节的。首先，泥沙的沉积迟早会将部分库容淤满；自流灌溉、发电、航运、渔业以及旅游等用水部门，也要求水库水位不能低于某一高程。死水位是指在正常运用情况下，允许水库消落的最低水位。死水位以下的库容称为死库容或垫底库容。水库正常运行时一般不能低于死水位。除非特殊干旱年份或其他特殊情况，如战备要求、地震等，为保证紧要用水、安全等要求，经慎重研究，才允许临时动用死库容部分存水。

2. 正常蓄水位和兴利库容

在正常运行条件下，为了满足兴利部门枯水期的正常用水，水库在供水开始时应蓄到的最高水位，称为正常蓄水位，又称正常高水位。正常蓄水位到死水位之间的库容，是水库实际可用于径流调节的库容，称为兴利库容，又称调节库容（图 11－7）。正常蓄水位与死水位之间的深度，称为消落深度，又称工作深度。

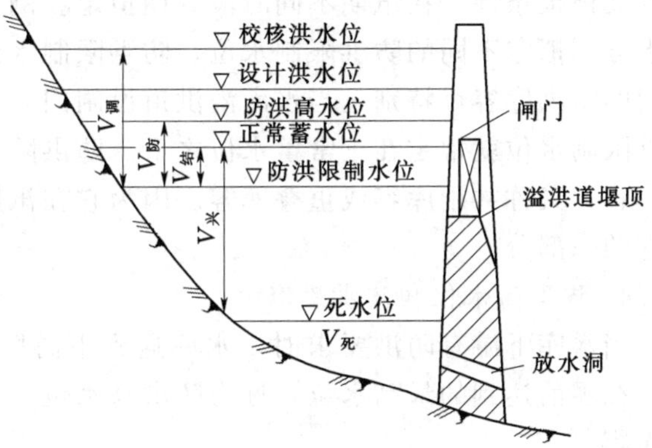

图 11－7

溢洪道无闸门时，正常蓄水位就是溢洪道堰顶的高程；溢洪道有操作闸门时，多数情况下正常蓄水位也就是闸门关闭时的门顶高程。

正常蓄水位是水库最重要的特征水位之一。因为它直接关系到一些主要水工建筑物的尺寸、投资、淹没、综合利用效益以及其他工作指标。大坝的结构设计，其强度和稳定性计算，也主要以它为依据。因此，大中型水库正常蓄水位的选择是一个重要问题，往往牵涉到技术、经济、政治、社会环境影响等方面，需要全面考虑，综合分析确定。而一般的考虑原则，有下列几点：

（1）根据兴利的实际需要。即从水库要负担的综合利用任务和对天然来水的调节程度要求，以及可能投资的多少等来考虑水库规模和正常蓄水位的高低。

（2）考虑淹没和浸没情况。如果库区的重要城镇、工矿企业、重要交通线路、大片耕地、名胜古迹等的淹没，使水库淹没损失过大或安置移民困难较大时，则必须限制正常蓄水位的提高。

（3）考虑坝址及库区的地形地质条件。例如坝基及两岸地基的承载能力、库区周边的地形、库岸和分水岭的高程等。当库水位达某一高程后，可能由于地形的突然开阔或坝肩出现垭口等，将使大坝工程量明显增大而不经济，或可能引起水库大量渗漏而限制库水位的抬高。

（4）考虑河段上下游已建和拟建的水库枢纽情况。主要是梯级水库水头的合理衔接问题，以及不影响已建工程的效益等。

正常蓄水位是一个重要的设计数据。因此，在水库建成运行时，必须严格遵守设计规定，才能保证工程效能的正常发挥，满足对用户正常供水、供电的需要。有些水库一度出现的"正常蓄水位不正常"的现象，或任意超高蓄水，加重淹没，或水库多年达不到满蓄要求，这些都是不允许的。

3. 防洪限制水位和结合库容

水库为了起到防洪作用，在汛期允许兴利蓄水的上限水位，称为防洪限制水位，又称汛期限制水位。兴建水库后，为了汛期安全泄洪和减少泄洪设备，常要求有一部分库容作为拦蓄洪水和削减洪峰之用。这个水位以上的库容就是作为滞蓄洪水的库容。只有在出现洪水时，水库水位才允许超过防洪限制水位。当洪水消退时，水库水位应回降到防洪限制水位。在我国，防洪限制水位是个很重要的参数，它比死水位更重要，它牵涉的面更广，如库尾淹没问题就常取决于这个水位的高低。防洪限制水位，可根据洪水特性、防洪要求和水文预报条件，在汛期不同时段分期拟定。例如，按主汛期、非主汛期，或按分期设计洪水分别拟定不同的防洪限制水位。防洪限制水位应尽可能定在正常蓄水位以下，以减少专门的防洪库容，特别是当水库溢洪道设闸门时，一般闸门顶高程与正常蓄水位齐平，而防洪限制水位就常定在正常蓄水位之下。防洪限制水位与正常蓄水位之间的库容，称为结合库容，又称共用库容或重叠库容。因为它在汛期是防洪库容的一部分，在汛后又是兴利库容的一部分。

4. 防洪高水位和防洪库容

当水库下游有防洪要求时，水库遇到下游防护对象的设计标准洪水时，经水库调洪后，在坝前达到的最高水位，称为防洪高水位。它与防洪限制水位之间的水库容积称为防洪库容。

5. 设计洪水位

当遇到大坝设计标准洪水时，经水库调洪，在坝前达到的最高水位，称为设计洪水位。

设计洪水位是水库的重要参数之一，它决定了设计洪水情况下的上游洪水淹没范围，它同时又与泄洪建筑物尺寸、型式有关。而泄洪设备型式（包括溢流堰、泄洪孔、泄洪隧洞）的选择，则应根据设计工程的地形、地质条件和坝型、枢纽布置等的特点拟定，并应注意以下几点：

(1) 如拦河坝为不允许溢流的土坝、堆石坝等当地材料坝，则除有专门论证外，都应设置开敞式溢洪道。

(2) 为增加水库运用的灵活性，尤其是下游有防洪任务的水库，一般均宜设置部分泄洪底孔和中孔。泄洪底孔要尽可能与排沙、放空底孔相结合。

(3) 泄洪设备的型式选择，应考虑经济性和技术可靠性。当在河床布置有困难时，可研究在河岸布置部分旁侧溢洪道和泄洪隧洞。

(4) 泄洪闸门的类型和启闭设备的选择，应满足洪水调度等方面的要求。

6. 校核洪水位和调洪库容

当遇到大坝校核标准洪水时，经水库调洪后，在坝前达到的最高水位，称为校核洪水位。它与防洪限制水位间的水库容积称为调洪库容。

校核洪水位以下的全部水库容积就是水库的总库容。总库容是水库最主要的一个指标。

设计洪水位或校核洪水位加上一定数量的风浪爬高值和安全超高值，即为坝顶高程。水库的各种特征水位及其相应库容，如图 11-7 所示。

内容小结

水库是最常见的蓄水工程之一。其主要作用是“调余补缺”，通过改变径流在时间上的分配，来满足用水需求，实现“兴利”。同时，也可以利用水库部分库容进行洪水调节，起到防洪作用，起到“除害”。因此，从宏观层面讲水库的作用就是“兴利除害”。

水库按照总库容大小分为五级，分别是大（1）型、大（2）型、中型、小（1）型、小（2）型。中小型水库数量最多，基层分布最广。

水库按照调节周期分为日调节、年调节和多年调节，在日调节与年调节之间还可能有周调节、月调节等类型。

水库枢纽最主要的建筑物有挡水建筑物、泄水建筑物、输水建筑物等。

水库的特性曲线是指水位—面积曲线和水位—库容曲线。水位面积曲线是根据库区大比例尺地形图绘制，水位库容曲线是根据水位面积曲线计算绘制。

水库的特征水位分别有死水位、正常蓄水位、防洪限制水位、防洪高水位、设计洪水位、校核洪水位；特征库容分别有死库容、兴利库容、防洪库容、调洪库容、总库容。

自测练习题

一、填空题

1. 水库的主要作用是 ＿＿＿＿＿ 。

2. 水库按照总库容大小分为＿＿＿＿＿、＿＿＿＿＿、＿＿＿＿＿、＿＿＿＿＿、＿＿＿＿＿。

3. 水库枢纽的主要水工建筑物包括＿＿＿＿＿、＿＿＿＿＿、＿＿＿＿＿。

4. 水库的特性曲线是指＿＿＿＿＿ 和 ＿＿＿＿＿ 。

5. 水库在正常运用情况下允许消落的最低水位是 ＿＿＿＿＿ ；在正常运用情况下为兴利所蓄水达到的最高水位是 ＿＿＿＿＿ ；水库在汛期为了防洪需要蓄水达到的最高水位是 ＿＿＿＿＿ 。

6. 水库正常蓄水位与死水位之间的库容称为 ＿＿＿＿＿ 。校核洪水位以下的库容称为 ＿＿＿＿＿ 。

二、计算绘图

已知某水库水位—面积曲线如下表，试计算水位—库容曲线，并在方格纸上绘制水位—面积曲线和水位—库容曲线。[部分容积计算公式建议采用式（11-2）]

水库水位 Z/m	50.5	51.0	52.0	53.0	54.0	55.0	56.0
水面面积 F /$10^4 m^2$	0	2.84	11.2	21.0	31.78	43.05	54.95
部分容积 ΔV/$10^4 m^3$							
库容 V /$10^4 m^3$							
水库水位 Z/m	57.0	58.0	59.0	60.0	61.0	62.0	63.0
水面面积 F /$10^4 m^2$	67.2	79.8	92.75	105.7	119.0	132.65	146.3
部分容积 ΔV/$10^4 m^3$							
库容 V /$10^4 m^3$							

附　　表

附表 1　　**皮尔逊Ⅲ型曲线的离均系数 Φ_p 值表**

C_S \ p/%	0.01	0.1	0.2	0.33	0.5	1	2	5	10	20	50	75	90	95	99	p/% / C_S
0.0	3.72	3.09	2.88	2.71	2.58	2.33	2.05	1.64	1.28	0.84	0.00	−0.67	−1.28	−1.64	−2.33	0.0
0.1	3.94	3.23	3.00	2.82	2.67	2.40	2.11	1.67	1.29	0.84	−0.02	−0.68	−1.27	−1.62	−2.25	0.1
0.2	4.16	3.38	3.12	2.92	2.76	2.47	2.16	1.70	1.30	0.83	−0.03	−0.69	−1.26	−1.59	−2.18	0.2
0.3	4.38	3.52	3.24	3.03	2.86	2.54	2.21	1.73	1.31	0.82	−0.05	−0.70	−1.24	−1.55	−2.10	0.3
0.4	4.61	3.67	3.36	3.14	2.95	2.62	2.26	1.75	1.32	0.82	−0.07	−0.71	−1.23	−1.52	−2.03	0.4
0.5	4.83	3.81	3.48	3.25	3.04	2.68	2.31	1.77	1.32	0.81	−0.08	−0.71	−1.22	−1.49	−1.96	0.5
0.6	5.05	3.96	3.60	3.35	3.13	2.75	2.35	1.80	1.33	0.80	−0.10	−0.72	−1.20	−1.45	−1.88	0.6
0.7	5.28	4.10	3.72	3.45	3.22	2.82	2.40	1.82	1.33	0.79	−0.12	−0.72	−1.18	−1.42	−1.81	0.7
0.8	5.50	4.24	3.85	3.55	3.31	2.89	2.45	1.84	1.34	0.78	−0.13	−0.73	−1.17	−1.38	−1.74	0.8
0.9	5.73	4.39	3.97	3.65	3.40	2.96	2.50	1.86	1.34	0.77	−0.15	−0.73	−1.15	−1.35	−1.66	0.9
1.0	5.96	4.53	4.09	3.76	3.49	3.02	2.54	1.88	1.34	0.76	−0.16	−0.73	−1.13	−1.32	−1.59	1.0
1.1	6.18	4.67	4.20	3.86	3.58	3.09	2.58	1.89	1.34	0.74	−0.18	−0.74	−1.10	−1.28	−1.52	1.1
1.2	6.41	4.81	4.32	3.95	3.66	3.15	2.62	1.91	1.34	0.73	−0.19	−0.74	−1.08	−1.24	−1.45	1.2
1.3	6.64	4.95	4.44	4.05	3.74	3.21	2.67	1.92	1.34	0.72	−0.21	−0.74	−1.06	−1.20	−1.38	1.3
1.4	6.87	5.09	4.56	4.15	3.83	3.27	2.71	1.94	1.33	0.71	−0.22	−0.73	−1.04	−1.17	−1.32	1.4
1.5	7.09	5.23	4.68	4.24	3.91	3.33	2.74	1.95	1.33	0.69	−0.24	−0.73	−1.02	−1.13	−1.26	1.5
1.6	7.31	5.37	4.80	4.34	3.99	3.39	2.78	1.96	1.33	0.68	−0.25	−0.73	−0.99	−1.10	−1.20	1.6
1.7	7.54	5.50	4.91	4.43	4.07	3.44	2.82	1.97	1.32	0.66	−0.27	−0.72	−0.97	−1.06	−1.14	1.7
1.8	7.76	5.64	5.01	4.52	4.15	3.50	2.85	1.98	1.32	0.64	−0.28	−0.72	−0.94	−1.02	−1.09	1.8
1.9	7.98	5.77	5.12	4.61	4.23	3.55	2.88	1.99	1.31	0.63	−0.29	−0.72	−0.92	−0.98	−1.04	1.9
2.0	8.21	5.91	5.22	4.70	4.30	3.61	2.91	2.00	1.30	0.61	−0.31	−0.71	−0.895	−0.949	−0.989	2.0
2.1	8.43	6.04	5.33	4.79	4.37	3.66	2.93	2.00	1.29	0.59	−0.32	−0.71	−0.869	−0.914	−0.945	2.1
2.2	8.65	6.17	5.43	4.88	4.44	3.71	2.96	2.00	1.28	0.57	−0.33	−0.70	−0.844	−0.879	−0.905	2.2
2.3	8.87	6.30	5.53	4.97	4.51	3.76	2.99	2.00	1.27	0.55	−0.34	−0.69	−0.820	−0.849	−0.867	2.3
2.4	9.08	6.42	5.63	5.05	4.58	3.81	3.02	2.01	1.26	0.54	−0.35	−0.68	−0.795	−0.820	−0.831	2.4
2.5	9.30	6.55	5.73	5.13	4.65	3.85	3.04	2.01	1.25	0.52	−0.36	−0.67	−0.772	−0.791	−0.800	2.5
2.6	9.51	6.67	5.82	5.20	4.72	3.89	3.06	2.01	1.23	0.50	−0.37	−0.66	−0.748	−0.764	−0.769	2.6
2.7	9.72	6.79	5.92	5.28	4.78	3.93	3.09	2.01	1.22	0.48	−0.37	−0.65	−0.726	−0.736	−0.740	2.7
2.8	9.93	6.91	6.01	5.36	4.84	3.97	3.11	2.01	1.21	0.46	−0.38	−0.64	−0.702	−0.710	−0.714	2.8

续表

C_S \ p/%	0.01	0.1	0.2	0.33	0.5	1	2	5	10	20	50	75	90	95	99	p/% \ C_S
2.9	10.14	7.03	6.10	5.44	4.90	4.01	3.13	2.01	1.20	0.44	−0.39	−0.63	−0.680	−0.687	−0.690	2.9
3.0	10.35	7.15	6.20	5.51	4.96	4.05	3.15	2.00	1.18	0.42	−0.39	−0.62	−0.658	−0.665	−0.667	3.0
3.1	10.56	7.26	6.30	5.59	5.02	4.08	3.17	2.00	1.16	0.40	−0.40	−0.60	−0.639	−0.644	−0.645	3.1
3.2	10.77	7.38	6.39	5.66	5.08	4.12	3.19	2.00	1.14	0.38	−0.40	−0.59	−0.621	−0.624	−0.625	3.2
3.3	10.97	7.49	6.48	5.74	5.14	4.15	3.21	1.99	1.12	0.36	−0.40	−0.58	−0.604	−0.606	−0.606	3.3
3.4	11.17	7.60	6.56	5.80	5.20	4.18	3.22	1.98	1.11	0.34	−0.41	−0.57	−0.587	−0.588	−0.588	3.4
3.5	11.37	7.72	6.65	5.86	5.25	4.22	3.23	1.97	1.09	0.32	−0.41	−0.55	−0.570	−0.571	−0.571	3.5
3.6	11.57	7.83	6.73	5.93	5.30	4.25	3.24	1.96	1.08	0.30	−0.41	−0.54	−0.555	−0.556	−0.556	3.6
3.7	11.77	7.94	6.81	5.99	5.35	4.28	3.25	1.95	1.06	0.28	−0.42	−0.53	−0.540	−0.541	−0.541	3.7
3.8	11.97	8.05	6.89	6.05	5.40	4.31	3.26	1.94	1.04	0.26	−0.42	−0.52	−0.526	−0.526	−0.526	3.8
3.9	12.16	8.15	6.97	6.11	5.45	4.34	3.27	1.93	1.02	0.24	−0.41	−0.506	−0.513	−0.513	−0.513	3.9
4.0	12.36	8.25	7.05	6.18	5.50	4.37	3.27	1.92	1.00	0.23	−0.41	−0.495	−0.500	−0.500	−0.500	4.0
4.1	12.55	8.35	7.13	6.24	5.54	4.39	3.28	1.91	0.98	0.21	−0.41	−0.484	−0.488	−0.488	−0.488	4.1
4.2	12.74	8.45	7.21	6.30	5.59	4.41	3.29	1.90	0.96	0.19	−0.41	−0.473	−0.476	−0.476	−0.476	4.2
4.3	12.93	8.55	7.29	6.36	5.63	4.44	3.29	1.88	0.94	0.17	−0.41	−0.462	−0.465	−0.465	−0.465	4.3
4.4	13.12	8.65	7.36	6.41	5.68	4.46	3.30	1.87	0.92	0.16	−0.40	−0.453	−0.455	−0.455	−0.455	4.4
4.5	13.30	8.75	7.43	6.46	5.72	4.48	3.30	1.85	0.90	0.14	−0.40	−0.444	−0.444	−0.444	−0.444	4.5
4.6	13.49	8.85	7.50	6.52	5.76	4.50	3.30	1.84	0.88	0.13	−0.40	−0.435	−0.435	−0.435	−0.435	4.6
4.7	13.67	8.95	7.57	6.57	5.80	4.52	3.30	1.82	0.86	0.11	−0.39	−0.426	−0.426	−0.426	−0.426	4.7
4.8	13.85	9.04	7.64	6.63	5.84	4.54	3.30	1.80	0.84	0.09	−0.39	−0.417	−0.417	−0.417	−0.417	4.8
4.9	14.04	9.13	7.70	6.68	5.88	4.55	3.30	1.78	0.82	0.08	−0.38	−0.408	−0.408	−0.408	−0.408	4.9
5.0	14.22	9.22	7.77	6.73	5.92	4.57	3.30	1.77	0.80	0.06	−0.379	−0.400	−0.400	−0.400	−0.400	5.0
5.1	14.40	9.31	7.84	6.78	5.95	4.58	3.30	1.75	0.78	0.05	−0.374	−0.392	−0.392	−0.392	−0.392	5.1
5.2	14.57	9.40	7.90	6.83	5.99	4.59	3.30	1.73	0.76	0.03	−0.369	−0.385	−0.385	−0.385	−0.385	5.2
5.3	14.75	9.49	7.96	6.87	6.02	4.60	3.30	1.72	0.74	0.02	−0.363	−0.377	−0.377	−0.377	−0.377	5.3
5.4	14.92	9.57	8.02	6.91	6.05	4.62	3.29	1.70	0.72	0.00	−0.358	−0.370	−0.370	−0.370	−0.370	5.4
5.5	15.10	9.66	8.08	6.96	6.08	4.63	3.28	1.68	0.70	−0.01	−0.353	−0.364	−0.364	−0.364	−0.364	5.5
5.6	15.27	9.74	8.14	7.00	6.11	4.64	3.28	1.66	0.67	−0.03	−0.349	−0.357	−0.357	−0.357	−0.357	5.6
5.7	15.45	9.82	8.21	7.04	6.14	4.65	3.27	1.65	0.65	−0.04	−0.344	−0.351	−0.351	−0.351	−0.351	5.7
5.8	15.62	9.91	8.27	7.08	6.17	4.67	3.27	1.63	0.63	−0.05	−0.339	−0.345	−0.345	−0.345	−0.345	5.8
5.9	15.78	9.99	8.32	7.12	6.20	4.68	3.26	1.61	0.61	−0.06	−0.334	−0.339	−0.339	−0.339	−0.339	5.9
6.0	15.94	10.07	8.38	7.15	6.23	4.68	3.25	1.59	0.59	−0.07	−0.329	−0.333	−0.333	−0.333	−0.333	6.0
6.1	16.11	10.15	8.43	7.19	6.26	4.69	3.24	1.57	0.57	−0.08	−0.325	−0.328	−0.328	−0.328	−0.328	6.1
6.2	16.28	10.22	8.49	7.23	6.28	4.70	3.23	1.55	0.55	−0.09	−0.320	−0.323	−0.323	−0.323	−0.323	6.2
6.3	16.45	10.30	8.54	7.26	6.30	4.70	3.22	1.53	0.53	−0.10	−0.315	−0.317	−0.317	−0.317	−0.317	6.3
6.4	16.61	10.38	8.60	7.30	6.32	4.71	3.21	1.51	0.51	−0.11	−0.311	−0.313	−0.313	−0.313	−0.313	6.4

附表 2

皮尔逊Ⅲ型曲线的模比系数 k_p 值表

(1) $C_S = C_V$

C_V \ p/%	0.01	0.1	0.2	0.33	0.5	1	2	5	10	20	50	75	90	95	99	p/% / C_S
0.05	1.19	1.16	1.15	1.14	1.13	1.12	1.11	1.09	1.07	1.04	1.00	0.97	0.94	0.92	0.89	0.05
0.10	1.39	1.32	1.30	1.28	1.27	1.24	1.21	1.17	1.13	1.08	1.00	0.93	0.87	0.84	0.78	0.10
0.15	1.61	1.50	1.46	1.43	1.41	1.37	1.32	1.26	1.20	1.13	1.00	0.90	0.81	0.77	0.67	0.15
0.20	1.83	1.68	1.62	1.58	1.55	1.49	1.43	1.34	1.26	1.17	0.99	0.86	0.75	0.68	0.56	0.20
0.25	2.07	1.86	1.80	1.74	1.70	1.63	1.55	1.43	1.33	1.21	0.99	0.83	0.69	0.61	0.47	0.25
0.30	2.31	2.06	1.97	1.91	1.86	1.76	1.66	1.52	1.39	1.25	0.98	0.79	0.63	0.54	0.37	0.30
0.35	2.57	2.26	2.16	2.08	2.02	1.91	1.78	1.61	1.46	1.29	0.98	0.76	0.57	0.47	0.28	0.35
0.40	2.84	2.47	2.34	2.26	2.18	2.05	1.90	1.70	1.53	1.33	0.97	0.72	0.51	0.39	0.19	0.40
0.45	3.13	2.69	2.54	2.44	2.35	2.19	2.03	1.79	1.60	1.37	0.97	0.69	0.45	0.33	0.10	0.45
0.50	3.42	2.91	2.74	2.63	2.52	2.34	2.16	1.89	1.66	1.40	0.96	0.65	0.39	0.26	0.02	0.50
0.55	3.72	3.14	2.95	2.82	2.70	2.49	2.29	1.98	1.73	1.44	0.95	0.61	0.34	0.20	−0.06	0.55
0.60	4.03	3.38	3.16	3.01	2.88	2.65	2.41	2.08	1.80	1.48	0.94	0.57	0.28	0.13	−0.13	0.60
0.65	4.36	3.62	3.38	3.21	3.07	2.81	2.55	2.18	1.87	1.52	0.93	0.53	0.23	0.07	−0.20	0.65
0.70	4.70	3.87	3.60	3.42	3.25	2.97	2.68	2.27	1.93	1.55	0.92	0.50	0.17	0.01	−0.27	0.70
0.75	5.05	4.13	3.84	3.63	3.45	3.14	2.82	2.37	2.00	1.59	0.91	0.46	0.12	−0.05	−0.33	0.75
0.80	5.40	4.39	4.08	3.84	3.65	3.31	2.96	2.47	2.07	1.62	0.90	0.42	0.06	−0.10	−0.39	0.80
0.85	5.78	4.67	4.33	4.07	3.86	3.49	3.11	2.57	2.14	1.66	0.88	0.37	0.01	−0.16	−0.44	0.85
0.90	6.16	4.95	4.57	4.29	4.06	3.66	3.25	2.67	2.21	1.69	0.86	0.34	−0.04	−0.22	−0.49	0.90
0.95	6.56	5.24	4.83	4.53	4.28	3.84	3.40	2.78	2.28	1.73	0.85	0.31	−0.09	−0.27	−0.55	0.95
1.00	6.96	5.53	5.09	4.76	4.49	4.02	3.54	2.88	2.34	1.76	0.84	0.27	−0.13	−0.32	−0.59	1.00

续表

(2) $C_S=2C_V$

p/% / C_V	0.01	0.1	0.2	0.33	0.5	1	2	5	10	20	50	75	90	95	99	p/% / C_S
0.05	1.20	1.16	1.15	1.14	1.13	1.12	1.11	1.08	1.06	1.04	1.00	0.97	0.94	0.92	0.89	0.10
0.10	1.42	1.34	1.31	1.29	1.27	1.25	1.21	1.17	1.13	1.08	1.00	0.93	0.87	0.84	0.78	0.20
0.15	1.67	1.54	1.48	1.46	1.43	1.38	1.33	1.26	1.20	1.12	0.99	0.90	0.81	0.77	0.69	0.30
0.20	1.92	1.73	1.67	1.63	1.59	1.52	1.45	1.35	1.26	1.16	0.99	0.86	0.75	0.70	0.59	0.40
0.22	2.04	1.82	1.75	1.70	1.66	1.58	1.50	1.39	1.29	1.18	0.98	0.84	0.73	0.67	0.56	0.44
0.24	2.16	1.91	1.83	1.77	1.73	1.64	1.55	1.43	1.32	1.19	0.98	0.83	0.71	0.64	0.53	0.48
0.25	2.22	1.96	1.87	1.81	1.77	1.67	1.58	1.45	1.33	1.20	0.98	0.82	0.70	0.63	0.52	0.50
0.26	2.28	2.01	1.91	1.85	1.80	1.70	1.60	1.46	1.34	1.21	0.98	0.82	0.69	0.62	0.50	0.52
0.28	2.40	2.10	2.00	1.93	1.87	1.76	1.66	1.50	1.37	1.22	0.97	0.79	0.66	0.59	0.47	0.56
0.30	2.52	2.19	2.08	2.01	1.94	1.83	1.71	1.54	1.40	1.24	0.97	0.78	0.64	0.56	0.44	0.60
0.35	2.86	2.44	2.31	2.22	2.13	2.00	1.84	1.64	1.47	1.28	0.96	0.75	0.59	0.51	0.37	0.70
0.40	3.20	2.70	2.54	2.42	2.32	2.16	1.98	1.74	1.54	1.31	0.95	0.71	0.53	0.45	0.30	0.80
0.45	3.59	2.98	2.80	2.65	2.53	2.33	2.13	1.84	1.60	1.35	0.93	0.67	0.48	0.40	0.26	0.90
0.50	3.98	3.27	3.05	2.88	2.74	2.51	2.27	1.94	1.67	1.38	0.92	0.64	0.44	0.34	0.21	1.00
0.55	4.42	3.58	3.32	3.12	2.97	2.70	2.42	2.04	1.74	1.41	0.90	0.59	0.40	0.30	0.16	1.10
0.60	4.85	3.89	3.59	3.37	3.20	2.89	2.57	2.15	1.80	1.44	0.89	0.56	0.35	0.26	0.13	1.20
0.65	5.33	4.22	3.89	3.64	3.44	3.09	2.74	2.25	1.87	1.47	0.87	0.52	0.31	0.22	0.10	1.30
0.70	5.81	4.56	4.19	3.91	3.68	3.29	2.90	2.36	1.94	1.50	0.85	0.49	0.27	0.18	0.08	1.40
0.75	6.33	4.93	4.52	4.19	3.93	3.50	3.06	2.46	2.00	1.52	0.82	0.45	0.24	0.15	0.06	1.50
0.80	6.85	5.30	4.84	4.47	4.19	3.71	3.22	2.57	2.06	1.54	0.80	0.42	0.21	0.12	0.04	1.60
0.90	7.98	6.08	5.51	5.07	4.74	4.15	3.56	2.78	2.19	1.58	0.75	0.35	0.15	0.08	0.02	1.80

续表

(3) $C_S = 3C_V$

C_V \ $p/\%$	0.01	0.1	0.2	0.33	0.5	1	2	5	10	20	50	75	90	95	99	$p/\%$ \ C_S
0.20	2.02	1.79	1.72	1.67	1.63	1.55	1.47	1.36	1.27	1.16	0.98	0.86	0.76	0.71	0.62	0.60
0.25	2.35	2.05	1.95	1.88	1.82	1.72	1.61	1.46	1.34	1.20	0.97	0.82	0.71	0.65	0.56	0.75
0.30	2.72	2.32	2.19	2.10	2.02	1.89	1.75	1.56	1.40	1.23	0.96	0.78	0.66	0.60	0.50	0.90
0.35	3.12	2.61	2.46	2.33	2.24	2.07	1.90	1.66	1.47	1.26	0.94	0.74	0.61	0.55	0.46	1.05
0.40	3.56	2.92	2.73	2.58	2.46	2.26	2.05	1.76	1.54	1.29	0.92	0.70	0.57	0.50	0.42	1.20
0.42	3.75	3.06	2.85	2.69	2.56	2.34	2.11	1.81	1.56	1.31	0.91	0.69	0.55	0.49	0.41	1.26
0.44	3.94	3.19	2.97	2.80	2.65	2.42	2.17	1.85	1.59	1.32	0.91	0.67	0.54	0.47	0.40	1.32
0.45	4.04	3.26	3.03	2.85	2.70	2.46	2.21	1.87	1.60	1.32	0.90	0.67	0.53	0.47	0.39	1.35
0.46	4.14	3.33	3.09	2.90	2.75	2.50	2.24	1.89	1.61	1.33	0.90	0.66	0.52	0.46	0.39	1.38
0.48	4.34	3.47	3.21	3.01	2.85	2.58	2.31	1.93	1.65	1.34	0.89	0.65	0.51	0.45	0.38	1.44
0.50	4.55	3.62	3.34	3.12	2.96	2.67	2.37	1.98	1.67	1.35	0.88	0.64	0.49	0.44	0.37	1.50
0.52	4.76	3.76	3.46	3.24	3.06	2.75	2.44	2.02	1.69	1.36	0.87	0.62	0.48	0.42	0.36	1.56
0.54	4.98	3.91	3.60	3.36	3.16	2.84	2.51	2.06	1.72	1.36	0.86	0.61	0.47	0.41	0.36	1.62
0.55	5.09	3.99	3.66	3.42	3.21	2.88	2.54	2.08	1.73	1.36	0.86	0.60	0.46	0.41	0.36	1.65
0.56	5.20	4.07	3.73	3.48	3.27	2.93	2.57	2.10	1.74	1.37	0.85	0.59	0.46	0.40	0.35	1.68
0.58	5.43	4.23	3.86	3.59	3.38	3.01	2.64	2.14	1.77	1.38	0.84	0.58	0.45	0.40	0.35	1.74
0.60	5.66	4.38	4.01	3.71	3.49	3.10	2.71	2.19	1.79	1.38	0.83	0.57	0.44	0.39	0.35	1.80
0.65	6.26	4.81	4.36	4.03	3.77	3.33	2.88	2.29	1.85	1.40	0.80	0.53	0.41	0.37	0.34	1.95
0.70	6.90	5.23	4.73	4.35	4.06	3.56	3.05	2.40	1.90	1.41	0.78	0.50	0.39	0.36	0.34	2.10
0.75	7.57	5.68	5.12	4.69	4.36	3.80	3.24	2.50	1.96	1.42	0.76	0.48	0.38	0.35	0.34	2.25
0.80	8.26	6.14	5.50	5.04	4.66	4.05	3.42	2.61	2.01	1.43	0.72	0.46	0.36	0.34	0.34	2.40

续表

(4) $C_S=3.5C_V$

C_V \ p/%	0.01	0.1	0.2	0.33	0.5	1	2	5	10	20	50	75	90	95	99	C_S
0.20	2.06	1.82	1.74	1.69	1.64	1.56	1.48	1.36	1.27	1.16	0.98	0.86	0.76	0.72	0.64	0.70
0.25	2.42	2.09	1.99	1.91	1.85	1.74	1.62	1.46	1.34	1.19	0.96	0.82	0.71	0.66	0.58	0.88
0.30	2.82	2.38	2.24	2.14	2.06	1.92	1.77	1.57	1.40	1.22	0.95	0.78	0.67	0.61	0.53	1.05
0.35	3.26	2.70	2.52	2.39	2.29	2.11	1.92	1.67	1.47	1.26	0.93	0.74	0.62	0.57	0.50	1.22
0.40	3.75	3.04	2.82	2.66	2.53	2.31	2.08	1.78	1.53	1.28	0.91	0.71	0.58	0.53	0.47	1.40
0.42	3.95	3.18	2.95	2.77	2.63	2.39	2.15	1.82	1.56	1.29	0.90	0.69	0.57	0.52	0.46	1.47
0.44	4.16	3.33	3.08	2.88	2.73	2.48	2.21	1.86	1.59	1.30	0.89	0.68	0.56	0.51	0.46	1.54
0.45	4.27	3.40	3.14	2.94	2.79	2.52	2.25	1.88	1.60	1.31	0.89	0.67	0.55	0.50	0.45	1.58
0.46	4.37	3.48	3.21	3.00	2.84	2.56	2.28	1.90	1.61	1.31	0.88	0.66	0.54	0.50	0.45	1.61
0.48	4.60	3.63	3.35	3.12	2.94	2.65	2.35	1.95	1.64	1.32	0.87	0.65	0.53	0.49	0.45	1.68
0.50	4.82	3.78	3.48	3.24	3.06	2.74	2.42	1.99	1.66	1.32	0.86	0.64	0.52	0.48	0.44	1.75
0.52	5.06	3.95	3.62	3.36	3.16	2.83	2.48	2.03	1.69	1.33	0.85	0.63	0.51	0.47	0.44	1.82
0.54	5.30	4.11	3.76	3.48	3.28	2.91	2.55	2.07	1.71	1.34	0.84	0.61	0.50	0.47	0.44	1.89
0.55	5.41	4.20	3.83	3.55	3.34	2.96	2.58	2.10	1.72	1.34	0.84	0.60	0.50	0.46	0.44	1.92
0.56	5.55	4.28	3.91	3.61	3.39	3.01	2.62	2.12	1.73	1.35	0.83	0.60	0.49	0.46	0.43	1.96
0.58	5.80	4.45	4.05	3.74	3.51	3.10	2.69	2.16	1.75	1.35	0.82	0.58	0.48	0.46	0.43	2.03
0.60	6.06	4.62	4.20	3.87	3.62	3.20	2.76	2.20	1.77	1.35	0.81	0.57	0.48	0.45	0.43	2.10
0.65	6.73	5.08	4.58	4.22	3.92	3.44	2.94	2.30	1.83	1.36	0.78	0.55	0.46	0.44	0.43	2.28
0.70	7.43	5.54	4.98	4.56	4.23	3.68	3.12	2.41	1.88	1.37	0.75	0.53	0.45	0.44	0.43	2.45
0.75	8.16	6.02	5.38	4.92	4.55	3.92	3.30	2.51	1.92	1.37	0.72	0.50	0.44	0.43	0.43	2.62
0.80	8.94	6.53	5.81	5.29	4.87	4.18	3.49	2.61	1.97	1.37	0.70	0.49	0.44	0.43	0.43	2.80

续表

(5) $C_S=4C_V$

C_V \ p/%	0.01	0.1	0.2	0.33	0.5	1	2	5	10	20	50	75	90	95	99	p/% / C_S
0.20	2.10	1.85	1.77	1.71	1.66	0.58	1.49	1.37	1.27	1.16	0.97	0.85	0.77	0.72	0.65	0.80
0.25	2.49	2.13	2.02	1.94	1.87	1.76	1.64	1.47	1.34	1.19	0.96	0.82	0.72	0.67	0.60	1.00
0.30	2.92	2.44	2.30	2.18	2.10	1.94	1.79	1.57	1.40	1.22	0.94	0.78	0.68	0.63	0.56	1.20
0.35	3.40	2.78	2.60	2.45	2.34	2.14	1.95	1.68	1.47	1.25	0.92	0.74	0.64	0.59	0.54	1.40
0.40	3.92	3.15	2.92	2.74	2.60	2.36	2.11	1.78	1.53	1.27	0.90	0.71	0.60	0.56	0.52	1.60
0.42	4.15	3.30	3.05	2.86	2.70	2.44	2.18	1.83	1.56	1.28	0.89	0.70	0.59	0.55	0.52	1.68
0.44	4.38	3.46	3.19	2.98	2.81	2.53	2.25	1.87	1.58	1.29	0.88	0.68	0.58	0.55	0.51	1.76
0.45	4.49	3.54	3.25	3.03	2.87	2.58	2.28	1.89	1.59	1.29	0.87	0.68	0.58	0.54	0.51	1.80
0.46	4.62	3.62	3.32	3.10	2.92	2.62	2.32	1.91	1.61	1.29	0.87	0.67	0.57	0.54	0.51	1.84
0.48	4.86	3.79	3.47	3.22	3.04	2.71	2.39	1.96	1.63	1.30	0.86	0.66	0.56	0.53	0.51	1.92
0.50	5.10	3.96	3.61	3.35	3.15	2.80	2.45	2.00	1.65	1.31	0.84	0.64	0.55	0.53	0.50	2.00
0.52	5.36	4.12	3.76	3.48	3.27	2.90	2.52	2.04	1.67	1.31	0.83	0.63	0.55	0.52	0.50	2.08
0.54	5.62	4.30	3.91	3.61	3.38	2.99	2.59	2.08	1.69	1.31	0.82	0.62	0.54	0.52	0.50	2.16
0.55	5.76	4.39	3.99	3.68	3.44	3.03	2.63	2.10	1.70	1.31	0.82	0.62	0.54	0.52	0.50	2.20
0.56	5.90	4.48	4.06	3.75	3.50	3.09	2.66	2.12	1.71	1.31	0.81	0.61	0.53	0.51	0.50	2.24
0.58	6.18	4.67	4.22	3.89	3.62	3.19	2.74	2.16	1.74	1.32	0.80	0.60	0.53	0.51	0.50	2.32
0.60	6.45	4.85	4.38	4.03	3.75	3.29	2.81	2.21	1.76	1.32	0.79	0.59	0.52	0.51	0.50	2.40
0.65	7.18	5.34	4.78	4.38	4.07	3.53	2.99	2.31	1.80	1.32	0.76	0.57	0.51	0.50	0.50	2.60
0.70	7.95	5.84	5.21	4.75	4.39	3.78	3.18	2.41	1.85	1.32	0.73	0.55	0.51	0.50	0.50	2.80
0.75	8.76	6.36	5.65	5.13	4.72	4.03	3.36	2.50	1.88	1.32	0.71	0.54	0.51	0.50	0.50	3.00
0.80	9.62	6.90	6.11	5.53	5.06	4.30	3.55	2.60	1.91	1.30	0.68	0.53	0.50	0.50	0.50	3.20

附表 3　　　　**3 点法用表——S 与 C_S 关系表**

(1) $p=1\%-50\%-99\%$

S	0	1	2	3	4	5	6	7	8	9
0.0	0.00	0.03	0.05	0.07	0.10	0.12	0.15	0.17	0.20	0.23
0.1	0.26	0.28	0.31	0.34	0.36	0.39	0.41	0.44	0.47	0.49
0.2	0.52	0.54	0.57	0.59	0.62	0.65	0.67	0.70	0.73	0.76
0.3	0.78	0.81	0.84	0.86	0.89	0.92	0.94	0.97	1.00	1.02
0.4	1.05	1.08	1.10	1.13	1.16	1.18	1.21	1.24	1.27	1.30
0.5	1.32	1.36	1.39	1.42	1.45	1.48	1.51	1.55	1.58	1.61
0.6	1.64	1.68	1.71	1.74	1.78	1.81	1.84	1.88	1.92	1.95
0.7	1.99	2.03	2.07	2.11	2.16	2.20	2.25	2.30	2.34	2.39
0.8	2.44	2.50	2.55	2.61	2.67	2.74	2.81	2.89	2.97	3.05
0.9	3.14	3.22	3.33	3.46	3.59	3.73	3.92	4.14	4.44	4.90

例：当 $S=0.43$ 时，$C_S=1.13$。

(2) $p=3\%-50\%-97\%$

S	0	1	2	3	4	5	6	7	8	9
0.0	0.00	0.04	0.08	0.11	0.14	0.17	0.20	0.23	0.26	0.29
0.1	0.32	0.35	0.38	0.42	0.45	0.48	0.51	0.54	0.57	0.60
0.2	0.63	0.66	0.70	0.73	0.76	0.79	0.82	0.86	0.89	0.92
0.3	0.95	0.98	1.01	1.04	1.08	1.11	1.14	1.17	1.20	1.24
0.4	1.27	1.30	1.33	1.36	1.40	1.43	1.46	1.49	1.52	1.56
0.5	1.59	1.63	1.66	1.70	1.73	1.76	1.80	1.83	1.87	1.90
0.6	1.94	1.97	2.00	2.04	2.08	2.12	2.16	2.20	2.23	2.27
0.7	2.31	2.36	2.40	2.44	2.49	2.54	2.58	2.63	2.68	2.74
0.8	2.79	2.85	2.90	2.96	3.02	3.09	3.15	3.22	3.29	3.37
0.9	3.46	3.55	3.67	3.79	3.92	4.08	4.26	4.50	4.75	5.21

(3) $p=5\%-50\%-95\%$

S	0	1	2	3	4	5	6	7	8	9
0.0	0.00	0.04	0.08	0.12	0.16	0.20	0.24	0.27	0.31	0.35
0.1	0.38	0.41	0.45	0.48	0.52	0.55	0.59	0.63	0.66	0.70
0.2	0.73	0.76	0.80	0.84	0.87	0.90	0.94	0.98	1.01	1.04
0.3	1.08	1.11	1.14	1.18	1.21	1.25	1.28	1.31	1.35	1.38
0.4	1.42	1.46	1.49	1.52	1.56	1.59	1.63	1.66	1.70	1.74
0.5	1.78	1.81	1.85	1.88	1.92	1.95	1.99	2.03	2.06	2.10
0.6	2.13	2.17	2.20	2.24	2.28	2.32	2.36	2.40	2.44	2.48
0.7	2.53	2.57	2.62	2.66	2.70	2.76	2.81	2.86	2.91	2.97
0.8	3.02	3.07	3.13	3.19	3.25	3.32	3.38	3.46	3.52	3.60
0.9	3.70	3.80	3.91	4.03	4.17	4.32	4.49	4.72	4.94	5.43

(4) $p=10\%-50\%-90\%$

S	0	1	2	3	4	5	6	7	8	9
0.0	0.00	0.05	0.10	0.15	0.20	0.24	0.29	0.34	0.38	0.43
0.1	0.47	0.52	0.56	0.60	0.65	0.69	0.74	0.78	0.83	0.87
0.2	0.92	0.96	1.00	1.04	1.08	1.13	1.17	1.22	1.26	1.30
0.3	1.34	1.38	1.43	1.47	1.51	1.55	1.59	1.63	1.67	1.71
0.4	1.75	1.79	1.83	1.87	1.91	1.95	1.99	2.02	2.06	2.10
0.5	2.14	2.18	2.22	2.26	2.30	2.34	2.38	2.42	2.46	2.50
0.6	2.54	2.58	2.62	2.66	2.70	2.74	2.78	2.82	2.86	2.90
0.7	2.95	3.00	3.04	3.08	3.13	3.18	3.24	3.28	3.33	3.38
0.8	3.44	3.50	3.55	3.61	3.67	3.74	3.80	3.87	3.94	4.02
0.9	4.11	4.20	4.32	4.45	4.59	4.75	4.96	5.20	5.56	—

附表 4　　**3 点法用表——C_S 与有关 Φ 值的关系表**

C_S	$\Phi_{50\%}$	$\Phi_{1\%}-\Phi_{99\%}$	$\Phi_{3\%}-\Phi_{97\%}$	$\Phi_{5\%}-\Phi_{95\%}$	$\Phi_{10\%}-\Phi_{90\%}$
0.0	0.000	4.652	3.762	3.290	2.564
0.1	−0.017	4.648	3.756	3.287	2.560
0.2	−0.033	4.645	3.750	3.284	2.557
0.3	−0.052	4.641	3.743	3.278	2.550
0.4	−0.068	4.637	3.736	3.273	2.543
0.5	−0.084	4.633	3.732	3.266	2.532
0.6	−0.100	4.629	3.727	3.259	2.522
0.7	−0.116	4.624	3.718	3.246	2.510
0.8	−0.132	4.620	3.709	3.233	2.498
0.9	−0.148	4.615	3.692	3.218	2.483
1.0	−0.164	4.611	3.674	3.204	2.468
1.1	−0.179	4.606	3.656	3.185	2.448
1.2	−0.194	4.601	3.638	3.167	2.427
1.3	−0.208	4.595	3.620	3.144	2.404
1.4	−0.223	4.590	3.601	3.120	2.380
1.5	−0.238	4.586	3.582	3.090	2.353
1.6	−0.253	4.586	3.562	3.062	2.326
1.7	−0.267	4.587	3.541	3.032	2.296
1.8	−0.282	4.588	3.520	3.002	2.265
1.9	−0.294	4.591	3.499	2.974	2.232
2.0	−0.307	4.594	3.477	2.945	2.198
2.1	−0.319	4.603	3.469	2.918	2.164
2.2	−0.330	4.613	3.440	2.890	2.130
2.3	−0.340	4.625	3.421	2.862	2.095
2.4	−0.350	4.636	3.403	2.833	2.060
2.5	−0.359	4.648	3.385	2.806	2.024
2.6	−0.367	4.660	3.367	2.778	1.987
2.7	−0.376	4.674	3.350	2.749	1.949
2.8	−0.383	4.687	3.333	2.720	1.911
2.9	−0.389	4.701	3.318	2.695	1.876
3.0	−0.395	4.716	3.303	2.670	1.840
3.1	−0.399	4.732	3.288	2.645	1.806
3.2	−0.404	4.748	3.273	2.619	1.772
3.3	−0.407	4.765	3.259	2.594	1.738
3.4	−0.410	4.781	3.245	2.568	1.705
3.5	−0.412	4.796	3.225	2.543	1.670
3.6	−0.414	4.810	3.216	2.518	1.635
3.7	−0.415	4.824	3.203	2.494	1.600
3.8	−0.416	4.837	3.189	2.470	1.570
3.9	−0.415	4.850	3.175	2.446	1.536
4.0	−0.414	4.863	3.160	2.422	1.502
4.1	−0.412	4.876	3.145	2.396	1.471
4.2	−0.410	4.888	3.130	2.372	1.440
4.3	−0.407	4.901	3.115	2.348	1.408
4.4	−0.404	4.914	3.100	2.325	1.376
4.5	−0.400	4.924	3.084	2.300	1.345
4.6	−0.396	4.934	3.067	2.276	1.315
4.7	−0.392	4.942	3.050	2.251	1.286
4.8	−0.388	4.949	3.034	2.226	1.257
4.9	−0.384	4.955	3.016	2.200	1.229
5.0	−0.379	4.961	2.997	2.174	1.200
5.1	−0.374		2.978	2.148	1.173
5.2	−0.370		2.960	2.123	1.145
5.3	−0.365			2.098	1.118
5.4	−0.360			2.072	1.090
5.5	−0.356			2.047	1.063
5.6	−0.350			2.021	1.035

附表 5　瞬时单位线 S 曲线查用表

t/K \ n	1.0	1.1	1.2	1.3	1.4	1.5	1.6	1.7	1.8	1.9	2.0	2.1	2.2	2.3	2.4	2.5	2.6	2.7	2.8	2.9	3.0
0	0	0	0	0	0	0	0	0	0	0	0	0	0	0	0	0	0	0	0	0	0
0.1	0.095	0.072	0.054	0.041	0.030	0.022	0.017	0.012	0.009	0.007	0.005	0.003	0.002	0.002	0.001	0.001	0.001	0	0	0	0
0.2	0.181	0.147	0.118	0.095	0.075	0.060	0.047	0.036	0.029	0.022	0.018	0.014	0.010	0.008	0.006	0.004	0.003	0.002	0.002	0.001	0.001
0.3	0.259	0.218	0.182	0.152	0.126	0.104	0.086	0.069	0.057	0.045	0.037	0.030	0.024	0.019	0.015	0.012	0.010	0.007	0.006	0.005	0.004
0.4	0.330	0.285	0.244	0.209	0.178	0.150	0.127	0.107	0.089	0.074	0.061	0.051	0.042	0.034	0.028	0.023	0.019	0.015	0.012	0.010	0.008
0.5	0.393	0.346	0.305	0.266	0.230	0.198	0.171	0.146	0.126	0.106	0.090	0.076	0.065	0.054	0.045	0.037	0.031	0.025	0.022	0.018	0.014
0.6	0.451	0.403	0.360	0.318	0.281	0.237	0.216	0.188	0.164	0.142	0.122	0.104	0.090	0.076	0.065	0.055	0.046	0.039	0.033	0.028	0.023
0.7	0.503	0.456	0.411	0.369	0.331	0.294	0.261	0.231	0.200	0.178	0.156	0.136	0.117	0.101	0.088	0.075	0.065	0.056	0.044	0.039	0.034
0.8	0.551	0.505	0.461	0.418	0.378	0.340	0.306	0.273	0.243	0.216	0.191	0.169	0.149	0.130	0.113	0.098	0.086	0.074	0.064	0.056	0.047
0.9	0.593	0.549	0.505	0.464	0.423	0.385	0.349	0.315	0.285	0.255	0.228	0.202	0.180	0.160	0.141	0.124	0.109	0.096	0.084	0.073	0.063
1.0	0.632	0.589	0.547	0.506	0.466	0.428	0.392	0.356	0.324	0.293	0.264	0.238	0.213	0.190	0.170	0.151	0.134	0.118	0.104	0.092	0.080
1.1	0.667	0.626	0.585	0.545	0.506	0.468	0.431	0.396	0.363	0.331	0.301	0.273	0.247	0.222	0.200	0.179	0.160	0.143	0.127	0.113	0.100
1.2	0.699	0.660	0.621	0.582	0.544	0.506	0.470	0.436	0.400	0.368	0.337	0.308	0.281	0.255	0.231	0.219	0.188	0.169	0.151	0.135	0.121
1.3	0.728	0.691	0.654	0.616	0.579	0.543	0.506	0.471	0.447	0.405	0.373	0.343	0.315	0.288	0.262	0.239	0.216	0.196	0.171	0.159	0.143
1.4	0.753	0.719	0.684	0.648	0.612	0.577	0.541	0.507	0.473	0.440	0.408	0.378	0.348	0.321	0.294	0.269	0.246	0.224	0.203	0.184	0.167
1.5	0.777	0.744	0.711	0.677	0.643	0.608	0.574	0.540	0.507	0.474	0.442	0.411	0.382	0.353	0.326	0.300	0.275	0.252	0.231	0.210	0.191
1.6	0.798	0.768	0.736	0.704	0.671	0.638	0.605	0.572	0.539	0.507	0.475	0.444	0.414	0.385	0.357	0.331	0.305	0.281	0.258	0.237	0.217
1.7	0.817	0.789	0.759	0.729	0.698	0.666	0.634	0.602	0.570	0.538	0.507	0.476	0.446	0.417	0.389	0.361	0.335	0.310	0.287	0.264	0.243
1.8	0.835	0.808	0.781	0.752	0.722	0.692	0.661	0.630	0.599	0.568	0.537	0.507	0.477	0.448	0.419	0.392	0.365	0.330	0.315	0.292	0.269
1.9	0.850	0.826	0.800	0.773	0.745	0.716	0.687	0.657	0.627	0.596	0.566	0.536	0.507	0.478	0.449	0.421	0.395	0.368	0.343	0.319	0.296
2.0	0.865	0.842	0.818	0.792	0.766	0.739	0.710	0.682	0.653	0.623	0.594	0.565	0.536	0.507	0.478	0.451	0.423	0.397	0.372	0.347	0.323
2.1	0.878	0.856	0.834	0.810	0.785	0.759	0.733	0.706	0.679	0.649	0.620	0.592	0.565	0.535	0.507	0.479	0.452	0.425	0.400	0.375	0.350
2.2	0.890	0.870	0.849	0.826	0.803	0.778	0.753	0.727	0.700	0.673	0.645	0.618	0.590	0.562	0.534	0.507	0.480	0.453	0.427	0.402	0.377
2.3	0.900	0.882	0.862	0.841	0.819	0.796	0.772	0.748	0.722	0.696	0.669	0.642	0.615	0.588	0.560	0.533	0.507	0.480	0.454	0.429	0.404
2.4	0.909	0.895	0.875	0.855	0.835	0.813	0.790	0.767	0.742	0.717	0.692	0.665	0.639	0.613	0.586	0.559	0.533	0.507	0.481	0.455	0.430

续表

n / t/K	1.0	1.1	1.2	1.3	1.4	1.5	1.6	1.7	1.8	1.9	2.0	2.1	2.2	2.3	2.4	2.5	2.6	2.7	2.8	2.9	3.0
2.5	0.918	0.902	0.886	0.868	0.849	0.828	0.807	0.784	0.761	0.737	0.713	0.688	0.662	0.636	0.610	0.584	0.558	0.532	0.506	0.481	0.456
2.6	0.926	0.912	0.896	0.879	0.861	0.842	0.822	0.801	0.779	0.756	0.733	0.708	0.684	0.659	0.634	0.608	0.582	0.557	0.532	0.506	0.482
2.7	0.933	0.920	0.905	0.890	0.873	0.855	0.836	0.816	0.796	0.774	0.751	0.728	0.704	0.680	0.656	0.631	0.606	0.581	0.556	0.531	0.506
2.8	0.939	0.928	0.914	0.899	0.884	0.867	0.849	0.831	0.811	0.790	0.769	0.747	0.724	0.701	0.677	0.653	0.629	0.604	0.579	0.555	0.531
2.9	0.945	0.934	0.922	0.908	0.894	0.878	0.862	0.844	0.825	0.806	0.785	0.764	0.742	0.720	0.697	0.674	0.650	0.626	0.602	0.578	0.554
3.0	0.950	0.940	0.929	0.916	0.903	0.888	0.873	0.856	0.839	0.820	0.801	0.781	0.760	0.738	0.716	0.694	0.671	0.648	0.624	0.600	0.577
3.1	0.955	0.946	0.935	0.924	0.911	0.898	0.883	0.868	0.851	0.834	0.815	0.796	0.776	0.756	0.734	0.713	0.691	0.668	0.645	0.622	0.599
3.2	0.959	0.951	0.941	0.930	0.919	0.906	0.893	0.878	0.863	0.846	0.829	0.811	0.792	0.772	0.752	0.731	0.709	0.688	0.665	0.643	0.620
3.3	0.963	0.955	0.946	0.936	0.926	0.914	0.902	0.888	0.873	0.858	0.841	0.824	0.806	0.787	0.768	0.748	0.727	0.706	0.685	0.663	0.641
3.4	0.967	0.959	0.951	0.942	0.932	0.921	0.910	0.897	0.883	0.869	0.853	0.837	0.820	0.802	0.783	0.764	0.744	0.724	0.703	0.682	0.660
3.5	0.970	0.963	0.956	0.947	0.938	0.928	0.917	0.905	0.892	0.879	0.864	0.849	0.832	0.815	0.798	0.779	0.760	0.741	0.721	0.700	0.679
3.6	0.973	0.967	0.960	0.952	0.944	0.934	0.924	0.913	0.901	0.888	0.874	0.860	0.844	0.828	0.811	0.794	0.776	0.757	0.738	0.718	0.697
3.7	0.975	0.970	0.963	0.956	0.948	0.940	0.930	0.920	0.909	0.897	0.884	0.870	0.856	0.840	0.824	0.807	0.790	0.772	0.753	0.734	0.715
3.8	0.978	0.973	0.967	0.960	0.953	0.945	0.936	0.926	0.916	0.905	0.893	0.880	0.866	0.851	0.846	0.820	0.804	0.786	0.768	0.750	0.731
3.9	0.980	0.975	0.970	0.964	0.957	0.950	0.941	0.932	0.923	0.912	0.901	0.889	0.876	0.862	0.848	0.834	0.817	0.800	0.783	0.765	0.747
4.0	0.982	0.977	0.973	0.967	0.961	0.954	0.946	0.938	0.929	0.919	0.908	0.897	0.885	0.872	0.858	0.844	0.829	0.813	0.796	0.779	0.762
4.2	0.985	0.981	0.971	0.973	0.967	0.962	0.955	0.948	0.940	0.931	0.922	0.912	0.901	0.890	0.877	0.864	0.851	0.837	0.822	0.806	0.790
4.4	0.988	0.985	0.981	0.977	0.973	0.968	0.962	0.956	0.949	0.942	0.934	0.925	0.915	0.905	0.894	0.883	0.870	0.857	0.844	0.830	0.815
4.6	0.990	0.987	0.985	0.981	0.975	0.973	0.963	0.963	0.957	0.951	0.944	0.936	0.928	0.919	0.909	0.899	0.888	0.876	0.864	0.851	0.837
4.8	0.992	0.990	0.987	0.985	0.981	0.978	0.974	0.969	0.964	0.958	0.952	0.946	0.938	0.930	0.922	0.913	0.903	0.892	0.881	0.870	0.857
5.0	0.993	0.992	0.990	0.987	0.984	0.981	0.978	0.974	0.970	0.965	0.960	0.954	0.947	0.940	0.933	0.925	0.916	0.907	0.897	0.886	0.875
5.5	0.996	0.995	0.994	0.992	0.990	0.988	0.986	0.983	0.980	0.977	0.973	0.969	0.965	0.960	0.955	0.949	0.942	0.935	0.928	0.920	0.912
6.0	0.998	0.997	0.996	0.995	0.994	0.993	0.991	0.989	0.987	0.985	0.983	0.980	0.977	0.973	0.969	0.965	0.961	0.956	0.950	0.944	0.938
7.0	0.999	0.999	0.998	0.998	0.998	0.997	0.996	0.996	0.995	0.994	0.993	0.991	0.990	0.998	0.986	0.984	0.982	0.980	0.977	0.974	0.970
8.0			0.999	0.999	0.999	0.999	0.999	0.998	0.998	0.997	0.997	0.996	0.996	0.995	0.994	0.993	0.992	0.991	0.989	0.988	0.986
9.0								0.999	0.999	0.999	0.999	0.999	0.998	0.998	0.997	0.997	0.997	0.996	0.995	0.995	0.994

续表

t/K \ n	3.0	3.1	3.2	3.3	3.4	3.5	3.6	3.7	3.8	3.9	4.0	4.1	4.2	4.3	4.4	4.5	4.6	4.7	4.8	4.9	5.0
0	0	0	0	0	0	0	0	0	0	0	0	0	0	0	0	0	0	0	0	0	0
0.5	0.014	0.012	0.010	0.008	0.006	0.005	0.004	0.003	0.003	0.002	0.002	0.001	0.001	0.001	0.001	0.001	0	0	0	0	0
1.0	0.080	0.070	0.061	0.053	0.046	0.040	0.035	0.030	0.026	0.022	0.019	0.016	0.014	0.012	0.010	0.009	0.007	0.006	0.005	0.004	0.004
1.1	0.100	0.088	0.077	0.068	0.060	0.052	0.045	0.040	0.034	0.030	0.026	0.022	0.019	0.016	0.014	0.012	0.010	0.009	0.008	0.006	0.005
1.2	0.121	0.107	0.095	0.084	0.074	0.066	0.058	0.051	0.044	0.039	0.034	0.029	0.026	0.022	0.019	0.017	0.014	0.012	0.011	0.009	0.008
1.3	0.143	0.128	0.114	0.102	0.091	0.081	0.071	0.063	0.056	0.049	0.043	0.038	0.033	0.029	0.025	0.022	0.019	0.017	0.014	0.012	0.011
1.4	0.167	0.150	0.135	0.121	0.109	0.097	0.087	0.077	0.069	0.061	0.054	0.047	0.042	0.037	0.032	0.028	0.025	0.022	0.019	0.016	0.014
1.5	0.191	0.173	0.157	0.142	0.128	0.115	0.103	0.092	0.083	0.074	0.066	0.058	0.052	0.046	0.040	0.036	0.031	0.028	0.024	0.021	0.019
1.6	0.217	0.198	0.180	0.164	0.148	0.134	0.121	0.109	0.098	0.088	0.079	0.070	0.063	0.056	0.050	0.044	0.039	0.035	0.031	0.027	0.024
1.7	0.243	0.223	0.204	0.186	0.170	0.154	0.140	0.127	0.115	0.103	0.093	0.084	0.075	0.067	0.060	0.054	0.048	0.043	0.038	0.033	0.030
1.8	0.269	0.248	0.228	0.210	0.192	0.175	0.160	0.146	0.132	0.120	0.109	0.098	0.089	0.080	0.072	0.064	0.058	0.051	0.046	0.041	0.036
1.9	0.296	0.274	0.253	0.234	0.215	0.197	0.181	0.166	0.151	0.138	0.125	0.114	0.103	0.093	0.084	0.076	0.068	0.061	0.055	0.049	0.044
2.0	0.323	0.301	0.279	0.258	0.239	0.220	0.203	0.186	0.171	0.156	0.143	0.130	0.119	0.108	0.098	0.089	0.080	0.072	0.065	0.059	0.053
2.1	0.350	0.327	0.305	0.283	0.263	0.244	0.225	0.208	0.191	0.176	0.161	0.148	0.135	0.123	0.112	0.102	0.093	0.084	0.076	0.069	0.062
2.2	0.377	0.354	0.331	0.309	0.287	0.267	0.248	0.230	0.212	0.196	0.181	0.166	0.153	0.140	0.128	0.117	0.107	0.097	0.088	0.080	0.072
2.3	0.404	0.380	0.356	0.334	0.312	0.291	0.271	0.252	0.234	0.217	0.201	0.185	0.171	0.157	0.144	0.132	0.121	0.111	0.101	0.092	0.084
2.4	0.430	0.406	0.382	0.359	0.337	0.316	0.295	0.275	0.256	0.238	0.221	0.205	0.190	0.175	0.161	0.149	0.137	0.125	0.115	0.105	0.096
2.5	0.456	0.432	0.408	0.385	0.362	0.340	0.319	0.299	0.279	0.260	0.242	0.225	0.209	0.194	0.179	0.166	0.153	0.141	0.129	0.119	0.109
2.6	0.482	0.457	0.433	0.410	0.387	0.364	0.343	0.322	0.302	0.283	0.264	0.246	0.229	0.213	0.198	0.183	0.170	0.157	0.145	0.133	0.123
2.7	0.506	0.482	0.458	0.434	0.411	0.389	0.367	0.346	0.325	0.305	0.286	0.268	0.250	0.233	0.217	0.202	0.187	0.174	0.161	0.149	0.137
2.8	0.531	0.506	0.482	0.459	0.436	0.413	0.391	0.369	0.348	0.328	0.308	0.289	0.271	0.253	0.237	0.221	0.206	0.191	0.178	0.165	0.152
2.9	0.554	0.530	0.506	0.483	0.460	0.437	0.414	0.392	0.371	0.350	0.330	0.311	0.292	0.274	0.257	0.240	0.224	0.209	0.195	0.181	0.168
3.0	0.577	0.553	0.530	0.506	0.483	0.460	0.438	0.416	0.394	0.373	0.353	0.333	0.314	0.295	0.277	0.260	0.244	0.228	0.213	0.198	0.185
3.1	0.599	0.576	0.552	0.529	0.506	0.483	0.461	0.439	0.417	0.396	0.375	0.355	0.355	0.316	0.298	0.280	0.263	0.246	0.231	0.216	0.202
3.2	0.620	0.603	0.574	0.552	0.528	0.506	0.484	0.462	0.440	0.418	0.397	0.377	0.357	0.338	0.319	0.301	0.283	0.266	0.250	0.234	0.219

续表

n t/K	3.0	3.1	3.2	3.3	3.4	3.5	3.6	3.7	3.8	3.9	4.0	4.1	4.2	4.3	4.4	4.5	4.6	4.7	4.8	4.9	5.0
3.3	0.641	0.618	0.596	0.573	0.551	0.528	0.506	0.484	0.462	0.441	0.420	0.399	0.379	0.359	0.340	0.321	0.304	0.286	0.269	0.253	0.237
3.4	0.660	0.638	0.616	0.594	0.572	0.550	0.528	0.506	0.484	0.463	0.442	0.421	0.400	0.380	0.361	0.342	0.324	0.306	0.289	0.272	0.256
3.5	0.679	0.658	0.636	0.615	0.593	0.571	0.549	0.528	0.506	0.485	0.462	0.442	0.422	0.404	0.382	0.363	0.344	0.326	0.308	0.291	0.275
3.6	0.697	0.677	0.656	0.634	0.613	0.592	0.570	0.549	0.527	0.506	0.484	0.464	0.443	0.423	0.403	0.384	0.365	0.346	0.328	0.311	0.293
3.7	0.715	0.695	0.674	0.653	0.633	0.612	0.590	0.569	0.548	0.527	0.506	0.485	0.464	0.444	0.424	0.404	0.385	0.366	0.348	0.330	0.313
3.8	0.731	0.712	0.692	0.672	0.651	0.631	0.610	0.589	0.568	0.547	0.527	0.506	0.485	0.465	0.445	0.425	0.406	0.387	0.368	0.350	0.332
3.9	0.747	0.728	0.709	0.689	0.670	0.649	0.629	0.609	0.588	0.567	0.548	0.526	0.506	0.485	0.465	0.446	0.426	0.407	0.388	0.370	0.352
4.0	0.762	0.744	0.725	0.706	0.687	0.667	0.647	0.627	0.607	0.587	0.567	0.546	0.526	0.506	0.486	0.466	0.446	0.427	0.403	0.389	0.371
4.2	0.790	0.773	0.756	0.738	0.720	0.701	0.682	0.663	0.644	0.624	0.605	0.585	0.565	0.545	0.525	0.506	0.486	0.467	0.448	0.429	0.410
4.4	0.815	0.799	0.783	0.767	0.750	0.733	0.715	0.697	0.678	0.660	0.641	0.621	0.602	0.582	0.563	0.544	0.525	0.506	0.486	0.468	0.449
4.6	0.837	0.823	0.809	0.793	0.778	0.761	0.745	0.728	0.710	0.692	0.674	0.656	0.637	0.619	0.600	0.581	0.562	0.543	0.524	0.505	0.487
4.8	0.857	0.845	0.831	0.817	0.803	0.788	0.772	0.756	0.740	0.723	0.706	0.688	0.671	0.653	0.634	0.616	0.598	0.579	0.560	0.542	0.524
5.0	0.875	0.864	0.851	0.838	0.825	0.811	0.797	0.782	0.767	0.751	0.735	0.718	0.702	0.683	0.667	0.650	0.632	0.614	0.596	0.578	0.560
5.2	0.891	0.881	0.870	0.858	0.846	0.833	0.820	0.806	0.792	0.777	0.762	0.746	0.731	0.714	0.698	0.681	0.664	0.647	0.629	0.612	0.594
5.4	0.905	0.896	0.886	0.875	0.864	0.852	0.840	0.828	0.814	0.801	0.787	0.772	0.757	0.742	0.726	0.710	0.694	0.678	0.661	0.644	0.627
5.6	0.918	0.909	0.900	0.891	0.880	0.870	0.859	0.847	0.835	0.822	0.809	0.796	0.782	0.768	0.753	0.738	0.722	0.707	0.691	0.671	0.658
5.8	0.928	0.921	0.913	0.904	0.895	0.885	0.875	0.865	0.854	0.842	0.830	0.818	0.805	0.791	0.777	0.763	0.749	0.734	0.719	0.703	0.687
6.0	0.938	0.930	0.924	0.916	0.908	0.899	0.890	0.881	0.870	0.860	0.849	0.837	0.825	0.813	0.800	0.787	0.773	0.759	0.745	0.730	0.715
6.5	0.957	0.952	0.947	0.941	0.935	0.927	0.921	0.913	0.905	0.897	0.888	0.879	0.869	0.859	0.848	0.837	0.826	0.814	0.802	0.789	0.776
7.0	0.970	0.967	0.963	0.958	0.954	0.949	0.943	0.938	0.932	0.925	0.918	0.911	0.903	0.895	0.887	0.878	0.868	0.859	0.848	0.838	0.827
7.5	0.980	0.977	0.974	0.971	0.968	0.964	0.960	0.956	0.951	0.946	0.941	0.935	0.929	0.923	0.916	0.911	0.602	0.894	0.886	0.877	0.868
8.0	0.986	0.984	0.982	0.980	0.978	0.975	0.972	0.969	0.965	0.962	0.958	0.953	0.949	0.944	0.939	0.933	0.927	0.921	0.915	0.908	0.900
9.0	0.994	0.993	0.991	0.990	0.989	0.988	0.986	0.985	0.983	0.981	0.979	0.976	0.974	0.971	0.968	0.965	0.961	0.958	0.954	0.950	0.945
10.0	0.997	0.997	0.996	0.996	0.995	0.994	0.994	0.993	0.992	0.991	0.990	0.988	0.987	0.985	0.984	0.982	0.980	0.978	0.976	0.973	0.971
11.0	0.999	0.999	0.998	0.998	0.998	0.997	0.997	0.997	0.996	0.996	0.995	0.994	0.994	0.993	0.992	0.991	0.990	0.989	0.988	0.986	0.985
12.0			0.999	0.999	0.999	0.999	0.999	0.998	0.998	0.998	0.998	0.997	0.997	0.997	0.996	0.996	0.995	0.994	0.994	0.993	0.992

续表

t/K \ n	5.0	5.1	5.2	5.3	5.4	5.5	5.6	5.7	5.8	5.9	6.0	6.1	6.2	6.3	6.4	6.5	6.6	6.7	6.8	6.9	7.0
0	0	0	0	0	0	0	0	0	0	0	0	0	0	0	0	0	0	0	0	0	0
0.5	0	0	0	0	0	0	0	0	0	0	0	0	0	0	0	0	0	0	0	0	0
1.0	0.004	0.003	0.003	0.002	0.002	0.002	0.001	0.001	0.001	0.001	0.001	0	0	0	0	0	0	0	0	0	0
1.5	0.019	0.016	0.014	0.012	0.011	0.009	0.008	0.007	0.006	0.005	0.004	0.004	0.003	0.003	0.002	0.002	0.002	0.001	0.001	0.001	0.001
2.0	0.053	0.047	0.042	0.038	0.034	0.030	0.027	0.024	0.021	0.019	0.017	0.015	0.013	0.011	0.010	0.009	0.008	0.007	0.006	0.005	0.004
2.5	0.109	0.100	0.091	0.083	0.076	0.069	0.063	0.057	0.051	0.047	0.042	0.038	0.034	0.031	0.028	0.025	0.022	0.020	0.018	0.016	0.014
3.0	0.185	0.172	0.160	0.148	0.137	0.127	0.117	0.108	0.099	0.091	0.084	0.077	0.071	0.065	0.059	0.054	0.049	0.045	0.041	0.037	0.034
3.2	0.219	0.205	0.192	0.179	0.166	0.155	0.144	0.133	0.123	0.114	0.105	0.098	0.090	0.083	0.076	0.070	0.064	0.059	0.053	0.049	0.045
3.4	0.256	0.240	0.226	0.211	0.198	0.185	0.173	0.161	0.150	0.139	0.129	0.120	0.111	0.103	0.095	0.088	0.081	0.075	0.069	0.063	0.058
3.6	0.294	0.217	0.261	0.246	0.231	0.217	0.204	0.191	0.179	0.167	0.156	0.146	0.135	0.126	0.117	0.109	0.100	0.093	0.086	0.080	0.073
3.8	0.332	0.315	0.298	0.282	0.266	0.251	0.237	0.223	0.210	0.197	0.184	0.173	0.162	0.151	0.141	0.132	0.122	0.114	0.106	0.098	0.091
4.0	0.371	0.353	0.336	0.319	0.303	0.287	0.271	0.256	0.242	0.228	0.215	0.202	0.190	0.178	0.167	0.157	0.146	0.137	0.128	0.119	0.111
4.1	0.391	0.373	0.355	0.338	0.321	0.305	0.289	0.274	0.259	0.244	0.231	0.218	0.205	0.193	0.181	0.170	0.159	0.149	0.139	0.130	0.121
4.2	0.410	0.392	0.374	0.357	0.340	0.323	0.307	0.291	0.276	0.261	0.247	0.233	0.220	0.208	0.195	0.184	0.172	0.162	0.151	0.142	0.133
4.3	0.430	0.411	0.393	0.375	0.358	0.341	0.325	0.309	0.293	0.278	0.263	0.249	0.236	0.223	0.210	0.198	0.186	0.175	0.164	0.154	0.144
4.4	0.449	0.430	0.412	0.394	0.377	0.360	0.343	0.327	0.311	0.295	0.280	0.266	0.251	0.238	0.225	0.212	0.200	0.189	0.177	0.167	0.156
4.5	0.468	0.449	0.431	0.413	0.395	0.378	0.361	0.345	0.328	0.312	0.297	0.282	0.268	0.254	0.240	0.227	0.214	0.203	0.191	0.180	0.169
4.6	0.487	0.469	0.450	0.432	0.414	0.397	0.379	0.363	0.346	0.330	0.314	0.299	0.284	0.270	0.256	0.243	0.229	0.217	0.205	0.193	0.182
4.7	0.505	0.487	0.469	0.451	0.433	0.415	0.398	0.381	0.364	0.348	0.332	0.316	0.301	0.286	0.272	0.258	0.244	0.232	0.219	0.207	0.195
4.8	0.524	0.505	0.487	0.469	0.451	0.433	0.416	0.399	0.382	0.365	0.349	0.333	0.318	0.303	0.288	0.274	0.260	0.247	0.234	0.221	0.209
4.9	0.542	0.524	0.505	0.487	0.469	0.452	0.434	0.417	0.400	0.383	0.366	0.350	0.335	0.320	0.304	0.290	0.276	0.262	0.249	0.236	0.223
5.0	0.560	0.541	0.523	0.505	0.487	0.470	0.452	0.435	0.418	0.401	0.384	0.368	0.352	0.336	0.321	0.306	0.292	0.278	0.264	0.251	0.238
5.1	0.577	0.559	0.541	0.523	0.505	0.488	0.470	0.453	0.435	0.418	0.402	0.385	0.369	0.353	0.338	0.323	0.308	0.294	0.279	0.266	0.253
5.2	0.594	0.576	0.558	0.541	0.523	0.505	0.488	0.470	0.453	0.436	0.419	0.403	0.386	0.370	0.354	0.339	0.324	0.310	0.295	0.281	0.268
5.3	0.610	0.593	0.575	0.558	0.540	0.523	0.505	0.488	0.471	0.453	0.437	0.420	0.403	0.387	0.371	0.356	0.340	0.326	0.311	0.297	0.283

续表

t/K \ n	5.0	5.1	5.2	5.3	5.4	5.5	5.6	5.7	5.8	5.9	6.0	6.1	6.2	6.3	6.4	6.5	6.6	6.7	6.8	6.9	7.0
5.4	0.627	0.609	0.592	0.575	0.557	0.540	0.522	0.505	0.488	0.471	0.454	0.437	0.421	0.404	0.388	0.373	0.357	0.342	0.327	0.313	0.298
5.5	0.642	0.626	0.608	0.591	0.574	0.557	0.539	0.522	0.505	0.488	0.471	0.454	0.438	0.421	0.405	0.389	0.374	0.358	0.343	0.328	0.314
5.6	0.658	0.641	0.624	0.607	0.590	0.573	0.556	0.539	0.522	0.505	0.488	0.471	0.455	0.438	0.422	0.406	0.390	0.375	0.359	0.345	0.330
5.7	0.673	0.656	0.640	0.623	0.606	0.590	0.573	0.556	0.539	0.522	0.505	0.488	0.472	0.455	0.439	0.423	0.407	0.391	0.376	0.361	0.346
5.8	0.687	0.671	0.655	0.639	0.622	0.606	0.589	0.572	0.555	0.538	0.522	0.505	0.488	0.472	0.456	0.439	0.423	0.408	0.392	0.377	0.362
5.9	0.701	0.686	0.670	0.654	0.638	0.621	0.605	0.588	0.571	0.555	0.538	0.522	0.505	0.489	0.472	0.456	0.440	0.424	0.408	0.393	0.378
6.0	0.715	0.700	0.684	0.668	0.652	0.636	0.620	0.604	0.587	0.571	0.554	0.538	0.521	0.505	0.489	0.472	0.456	0.440	0.425	0.409	0.394
6.2	0.741	0.726	0.712	0.696	0.681	0.666	0.650	0.634	0.618	0.602	0.586	0.570	0.553	0.537	0.521	0.505	0.489	0.473	0.457	0.441	0.426
6.4	0.765	0.751	0.737	0.723	0.708	0.693	0.678	0.663	0.648	0.632	0.616	0.600	0.585	0.568	0.553	0.537	0.521	0.505	0.489	0.473	0.458
6.6	0.787	0.774	0.761	0.748	0.734	0.720	0.705	0.690	0.676	0.661	0.645	0.630	0.614	0.597	0.583	0.568	0.552	0.536	0.520	0.505	0.489
6.8	0.808	0.796	0.783	0.771	0.758	0.744	0.730	0.716	0.702	0.688	0.673	0.658	0.643	0.628	0.613	0.597	0.582	0.566	0.551	0.536	0.520
7.0	0.827	0.816	0.804	0.792	0.780	0.767	0.754	0.741	0.727	0.713	0.699	0.685	0.671	0.656	0.641	0.626	0.611	0.596	0.581	0.566	0.550
7.2	0.844	0.834	0.823	0.812	0.800	0.788	0.776	0.764	0.751	0.738	0.724	0.710	0.697	0.682	0.668	0.654	0.639	0.627	0.610	0.595	0.580
7.4	0.860	0.851	0.841	0.830	0.819	0.808	0.797	0.785	0.773	0.760	0.747	0.734	0.721	0.708	0.694	0.680	0.666	0.652	0.637	0.623	0.608
7.6	0.875	0.866	0.857	0.845	0.837	0.826	0.816	0.805	0.793	0.781	0.769	0.757	0.744	0.732	0.718	0.705	0.691	0.678	0.664	0.650	0.635
7.8	0.888	0.880	0.871	0.862	0.853	0.843	0.833	0.823	0.812	0.801	0.790	0.778	0.766	0.754	0.741	0.729	0.716	0.702	0.689	0.675	0.662
8.0	0.900	0.893	0.885	0.877	0.868	0.859	0.850	0.840	0.830	0.819	0.809	0.798	0.786	0.775	0.763	0.751	0.738	0.725	0.713	0.700	0.687
8.5	0.926	0.920	0.913	0.907	0.899	0.892	0.884	0.876	0.868	0.859	0.850	0.841	0.831	0.821	0.811	0.800	0.790	0.778	0.767	0.755	0.744
9.0	0.945	0.940	0.935	0.930	0.924	0.918	0.912	0.906	0.899	0.892	0.884	0.876	0.869	0.860	0.851	0.842	0.833	0.823	0.814	0.804	0.793
9.5	0.960	0.956	0.952	0.948	0.943	0.938	0.933	0.928	0.923	0.917	0.911	0.905	0.898	0.891	0.884	0.877	0.869	0.861	0.853	0.844	0.835
10.0	0.971	0.968	0.965	0.932	0.958	0.955	0.951	0.946	0.942	0.938	0.933	0.928	0.922	0.917	0.911	0.905	0.898	0.892	0.885	0.877	0.870
11.0	0.985	0.983	0.982	0.979	0.978	0.975	0.973	0.971	0.968	0.965	0.962	0.959	0.956	0.952	0.949	0.945	0.940	0.936	0.931	0.926	0.921
12.0	0.992	0.992	0.991	0.990	0.988	0.981	0.986	0.985	0.983	0.981	0.980	0.978	0.976	0.974	0.971	0.969	0.966	0.963	0.961	0.957	0.954
13.0	0.996	0.995	0.995	0.995	0.994	0.993	0.993	0.992	0.991	0.990	0.989	0.988	0.987	0.986	0.984	0.983	0.981	0.980	0.978	0.976	0.974
14.0	0.998	0.998	0.998	0.997	0.997	0.997	0.996	0.996	0.996	0.995	0.994	0.994	0.993	0.993	0.992	0.991	0.990	0.989	0.988	0.987	0.986
15.0	0.999	0.999	0.999	0.999	0.999	0.998	0.998	0.998	0.998	0.997	0.997	0.997	0.997	0.996	0.996	0.995	0.995	0.994	0.994	0.993	0.992

自测练习题（计算题）参考答案

上篇　工程水力计算基础

第一章　静水压强与静水压力计算

1. $m=1kg$，$G=9.8N$。

2. $p=29.4kPa$；$P=92.3kN$。

3. $p_1=4.9kPa$/0.05 个工程大气压/0.5m 水柱；

   $p_2=0kPa$；

   $p_3=-4.9kPa$/−0.05 个工程大气压/真空高度 0.5m 水柱。

4. $p=-26.67kPa$；$p'=71.34kPa$。

5. $h=8m$（水柱）；$h_p=0.603m$（水银柱）。

6. $p_1-p_2=43.23kPa$。

7. 绘图（略）。

8. $P=2822.4kN$，$e=8m$。

9. （1）$\theta=60°$时，$P=141.1kN$，$e=0.96m$；

   （2）$\theta=90°$时，$P=122.5kN$，$e=0.83m$。

10. $P=4.33kN$，$y_D=0.24m$；

11. 绘图（略）。

12. $P=145.9kN$，$\alpha=57.5°$，$Z_D=1.69m$。

13. $P=9496.2kN$，$\alpha=28.1°$，$Z_D=5.65m$。

第二章　水流运动的基本原理

1. $Q=0.083m^3/s$，$v=2.64m/s$。

2. $Q=15.7L/s$，$v_1=0.5m/s$，$v_2=0.89m/s$。

3. $H_A-H_B=1.69m$，流向 $A \rightarrow B$。

4. $v=4.43m/s$，$Q=0.035m^3/s$。

5. $Q=0.031m^3/s$。

6. $R=98.4kN$，方向垂直指向闸门。

7. $R=12.05kN$，$\alpha=33.5°$。

8. 紊流，$v=3.03cm/s$。

9. 紊流。

10. $h_f=18.86m$。

11. v=1.51m/s，Q=29.0m^3/s。

第三章　恒定有压管流水力计算

1. Q=2.14m^3/s，h_s=5.33m。

2. Q=0.68m^3/s（铸铁管糙率 n 取 0.012）。

3. （1）h_s=5.32m；（2）H=33.8m；（3）N=44.2kW。

第四章　明渠均匀流水力计算

1. v=1.32m/s，Q=6.66m^3/s。

2. b=2.37m，h=3.89m。

3. h_0=1.24m。

4. i=1/760，出口底部高程 51.91m。

5. i=1/16600。

第五章　堰、闸水力计算

1. Q=90.3m^3/s。

2. （1）Q=8.77m^3/s；（2）Q=7.02m^3/s。

3. Q=213m^3/s。

4. Q=202m^3/s。

下篇　工 程 水 文 基 础

第六章　河 流 水 文 基 本 知 识

1. J=1.97‰。

2. H_F=34.6mm。

3. $W_0=466.7\times10^4m^3$；Y_0=405.9mm；E_0=394.1mm；M_0=12.9L/(s·km^2)；α_0=0.51。

第七章　水文测验与资料收集

1. $\overline{Z}$=18.76m。

2. Q=51.1m^3/s；A=60.75m^2；v=0.84m/s。

3. $\overline{W}_s=18.75\times10^4$t；$\overline{Q}_s$=5.95kg/s；$\rho$=0.39kg/$m^3$。

第八章　水文统计的基本方法

1. 重现期分别为 20 年、4 年、2 年、4 年、20 年。

2. $\overline{x}$=76，k_i（i=1，2，3，4，5）=1.32，0.92，1.05，0.53，1.18；σ=23；C_V=0.3；C_S=−1.22。

3. Y=1.152H−622.4；Y=1271.2mm。

第九章 年径流分析与计算

1. $Q_p=30.2m^3/s$，选1972—1973年为典型年，缩放系数 $k=1.07$，分别乘以典型年各月平均流量即为设计年径流过程。

2. 查图流域形心处为 $\overline{Y}=1350mm$，$C_V=0.26$，按 $C_S=2C_V$ 查皮尔逊Ⅲ型曲线模比系数 k_p 值表分别计算三种频率的设计年径流量，然后用典型年各月径流百分数进行分配计算（过程省略）。

第十章 设计洪水分析计算

1. $N=106$，$p_{1933}=0.93\%$；$p_{1901}=1.87\%$；

$n=56$，$p_1=3.59\%$，$p_2=5.31\%$，…，$p_{56}=98.3\%$。

2. $k_Q=2.18$，$k_1=1.6$，$k_{3-1}=2.48$，$k_{7-3}=0.73$。

第十一章 水库基本常识

水库水位库容曲线计算省略。

参 考 文 献

[1] 张朝晖，拜存有．工程水文水力学［M］．杨凌：西北农林科技大学出版社，2004.
[2] 拜存有．工程水文及水利计算［M］．北京：中国水利水电出版社，2010.
[3] 拜存有．《工程水文及水利计算》工学结合案例及技能训练项目集［M］．北京：中国水利水电出版社，2010.
[4] 张春娟．工程水力计算［M］．北京：中国水利水电出版社，2010.
[5] 李序量．水力学［M］．3版．北京：水利电力出版社，1991.
[6] 张耀先，夏于廉．水力学水文学［M］．南京：河海大学出版社，1995.
[7] 张耀先，丁新求．水力学［M］．郑州：黄河水利出版社，2002.
[8] 丁新求．水力学基础［M］．北京：中国水利水电出版社，2003.
[9] 丁坚钢．水力学［M］．北京：中国水利水电出版社，2005.
[10] 郑文康，刘翰湘．水力学［M］．北京：水利电力出版社，1991.
[11] 刘润生．水力学［M］．南京：河海大学出版社，1992.
[12] 刘智均．水力学［M］．北京：水利电力出版社，1993.
[13] 徐正凡．水力学［M］．北京：高等教育出版社，1986
[14] 吴持恭．水力学（上、下册）［M］．3版．北京：高等教育出版社，2003.
[15] 韩梅，拜存有．水力学［M］．北京：科学出版社，2005.
[16] 李炜．水力计算手册［M］．2版．北京：中国水利水电出版社，2006.
[17] 朱岐武，拜存有．水文与水利水电规划［M］．2版．郑州：黄河水利出版社，2008.
[18] 张子贤．工程水文及水利计算［M］．2版．北京：中国水利水电出版社，2008.
[19] 蒋金珠．工程水文与水利计算［M］．北京：水利电力出版社，1992.
[20] 水文与水利计算复核［M］．北京：中国水利水电出版社，1994.
[21] 詹道江，叶守泽．工程水文学［M］．3版．北京：中国水利水电出版社，2000.
[22] 吴明远，詹道江．工程水文学［M］．北京：水利电力出版社，1987.
[23] 袁作新．水利计算［M］．北京：水利电力出版社，1987.
[24] 叶守泽．水文水利计算［M］．北京：水利电力出版社，1987.
[25] 朱伯俊．水利水电规划［M］．北京：水利电力出版社，1992.
[26] 丁炳坤．工程水文学［M］．3版．北京：中国水利电力出版社，1994.
[27] 杨邦柱．水工建筑物［M］．北京：中国水利水电出版社，2001.
[28] 范世香．工程水文与水利计算［M］．北京：中国水利水电出版社，2013.
[29] GB 50201—2014 防洪标准［S］．北京：中国计划出版社，1994.
[30] SL 44—2006 水利水电工程设计洪水计算规范［S］．北京：中国水利水电出版社，2006.
[31] SL 252—2017 水利水电工程等级划分及洪水标准［S］．北京：中国水利水电出版社，2017.